AF549265

DIE WERKZEUGKISTE DES ANARCHISTEN

DIE WERKZEUGKISTE DES ANARCHISTEN

2. korrigierte Auflage

HolzWerken

Originally published in the United States of America by The Lost Art Press LLC in 2011

Deutsche Ausgabe: © 2019/2022 HolzWerken,
ein Imprint von Vincentz Network GmbH & Co. KG, Hannover
Fotos: Christopher Schwarz, Narayan Nayar
Übersetzung:
Andrew Kevill, Sigmaringen
Michael Auwers, Dassel
Martin Gerhards, München

Redaktion: Michael Auwers

Produktion: Print Media Network, Oldenburg
Printed in Europe

2. korrigierte Auflage

ISBN 978-3-7486-0608-6
Best.-Nr. 22010

HolzWerken
Ein Imprint von Vincentz Network GmbH & Co. KG
Plathnerstr. 4c, 30175 Hannover
www.holzwerken.net

Best.-Nr. 22010
ISBN 978-3-7486-0608-6
9 783748 606086

Für Roy Underhill.
Ohne ihn hätten sich meine Gedanken über
das Arbeiten mit Holz nie so entwickelt.

Und für den genialen John Brown.
Er war der Erste, der die Wörter „Holzwerken“
und „Anarchismus“ zusammenbrachte.

INHALT

Weitere Materialien kostenlos online verfügbar!

http://www.holzwerken.net/bonus

Ihr exklusiver Bonus an Informationen!

Ergänzend zu diesem Buch bietet Ihnen *HolzWerken* Bonus-Materialien zum Download an. **Scannen Sie den QR-Code oder geben Sie den Buch Code unter www.holzwerken.net/bonus ein und erhalten Sie kostenfreien Zugang zu Ihren persönlichen Bonus-Materialien!**

Buch-Code: TE1047

VORWORT:
BITTE NICHT
GEHORCHEN!

Wenn ich zu erschöpft, krank oder beschäftigt bin, um zu tischlern, schlurfe ich die Treppe hinunter zu meiner 35 qm großen Werkstatt und stehe einfach ein paar Minuten lang mit den Händen auf den Werkzeugen da.

Zugegeben, wegen dieser Marotte dachte ich, ich sei ein bisschen verrückt, aber nachdem ich mündlich überlieferte Geschichten und Tagebücher von Handwerkern der letzten drei Jahrhunderte gelesen hatte, wurde mir klar, dass dies bei Handwerkern sogar häufig vorkommt. Ich fühle mich zu den Dingen hingezogen, bin mit ihnen verheiratet oder vielleicht sogar nach ihnen süchtig – den Dingen, die es mir erlauben, einem Stück Holz in eine neue Form zu geben. Meine Beziehung zu Werkzeugen, die ich hege und pflege, gleicht einer chaotischen Mischung aus einem italienischen Familiendrama, der Entscheidung eines Bigamisten, mit wem er schlafen will, und einem sorgfältigen Gärtner.

Meine Frau Lucy vermutet, dass ich engere Beziehungen zu leblosen Gegenständen als zu Menschen eingehe. Vielleicht hat sie Recht. Ich kann mich nicht an das letzte Mal erinnern, als ich vor Wut die Stimme erhob oder im Umgang mit Freunden oder Familienangehörigen emotional wurde. Aber einmal schlug ich mit einem Tischbein auf ein Falzgerät für Papier ein, weil es einfach weiter meine Papiere zerknüllte, nachdem ich es gereinigt, geölt und gehätschelt hatte wie ein kleines Kind ...

Am anderen Ende meines verkümmerten emotionalen Spektrums habe ich drei Werkzeuge, die so zuverlässig sind, dass ich Gefühle für sie habe, die ich wahrscheinlich mit einem Therapeuten besprechen sollte. Diese Werkzeuge – ein Schlichthobel, eine Zinkensäge und ein Kombiwinkel – sind an den Stellen abgerieben, an denen ich sie halte. Sie sind immer in Reichweite, wenn ich etwas mache, und sie sind die Werkzeuge, nach denen ich greife, um Probleme zu diagnostizieren und zu korrigieren, wenn etwas schiefgeht.

Dieses Buch entstand aus meinen Erfahrungen mit Werkzeugen während der letzten 30 Jahre, von dem Zeitpunkt an, als ich mit 11 Jahren meine erste Laubsäge bekam, bis zu dem Tag, an dem ich mich entschied, viele der Werkzeuge zu verkaufen, die ich als Erwachsener angehäuft hatte. Es ist die Geschichte meiner manchmal schwierigen Beziehung zu meinen Werkzeugen, und wie diese in der Hand gehaltenen Stücke aus Eisen, Stahl, Messing und Elektrokabeln die Art und Weise verändert haben, wie ich meine Arbeit und Leben in Angriff nehme.

Ich hoffe, dass diese Geschichte es dem Leser erleichtert, einen Werkzeugsatz zusammenzustellen, der ihn lebenslang begleiten wird. Und wenn man zu alt ist, um die Werkzeuge zu verwenden, hoffe ich, dass man abends die Treppe zur Werkstatt hinunterschlurft und die Hände auf die warme und abgeriebenen Holzgriffe der Werkzeuge legt.

Ich habe den Titel dieses Buches sorgfältig gewählt: Es war nicht die Entscheidung irgendeiner zynischen Werbeabteilung. Der Titel *Die Werkzeugkiste des Anarchisten* geht weit über die wörtliche Bedeutung hinaus. Wenn man die Worte zusammenstellt, hoffe ich, dass ihre Bedeutung mehr ist als die Summe der Einzelteile.

Der „Anarchist" im Titel bin ich. Ich mag das Wort nicht besonders, es ist aber das richtige. Ich hoffe beweisen zu können, dass die meisten Holzwerker, die ich kennengelernt habe, „ästhetische Anarchisten" sind, das heißt Menschen, die mit ihren Händen arbeiten, ihre eigene Werkzeuge besitzen, und die in einer Welt leben möchten, in der das Tagesziel darin besteht, etwas zu erschaffen.

Meist arbeiten Tischler allein, um Gegenstände zu erschaffen, die das Ergebnis ihrer Werkzeuge, Hände und Seelen sind. Die Dinge, die sie bauen, sind eine Zurückweisung des Spanplattenmists, den man uns bei jeder Gelegenheit aufzwingen will.

Obwohl Holzwerken als eine traditionelle, altmodische Beschäftigung erscheinen mag, ist es eigentlich eine ziemlich radikale Tätigkeit in diesem Zeitalter des Konsums, in dem Kaufen gut ist und Nichtkaufen für exzentrisch gehalten wird.

Das „Werkzeug" des Titels stellt das Herz des Buches dar. Werkzeuge erlauben es uns, unsere Umgebung umzugestalten. Der Kauf der falschen Werkzeuge ist aber eine ungemeine Verschwendung, die das Bankkonto leeren kann, den eigenen Fortschritt als Tischler verlangsamen oder einem sogar die Lust am Handwerk nehmen könnte. In den letzten 14 Jahren habe ich mehr über Werkzeuge gelernt und mehr davon benutzt als die meisten Menschen in ihrem ganzen Leben. Obwohl das prahlerisch klingt, bin ich nicht besonders stolz darauf. Außerdem muss man nicht die Fehler machen, die ich gemacht habe.

Die „-kiste" folgt logisch aus den anderen zwei Begriffen. Nachdem ich eingesehen hatte, dass ich ein ästhetischer Anarchist bin und dass ich das ganze Angebot an Werkzeugen aus dem Fachgeschäft nicht brauche, baute ich eine Kiste für die Werkzeuge, die ich wirklich brauche (ich baute sie mit eben diesen Werkzeugen), und füllte sie damit. Wenn ein Werkzeug nicht in die Kiste passt, war zu vermuten, dass ich mich seiner entledigen sollte.

Ich hoffe, das Versprechen der zwei magischen Worten im Titel des Buches zu erfüllen, und den Leser von einer radikalen Idee zu überzeugen, die sich in mein Leben eingeschlichen hat, und ich hoffe, dass sie auch ihn ansteckt: Die einfache Tatsache, echte Handwerkzeuge zu besitzen und sie verwenden zu können, ist im

Grunde eine radikale und seltsame Idee, die zu einer Änderung unserer Welt beitragen kann, und – wenn wir uns fest daran halten – auch das Handwerk in die Zukunft retten kann.

Wir werden diese Geschichte mit dem Kauf meines ersten Werkzeuges beginnen. Ich besitze es noch, aber zurzeit liegt es in einem Pappkarton mit anderen Werkzeugen, die ich vielleicht verkaufen werde.

VORWORT ZUR DEUTSCHEN AUSGABE

Das erste Mal als ich *The Anarchist's Tool Chest* öffentlich diskutiert habe, war 11 Monate vor seiner Veröffentlichung, während eines Lehrgangs, den ich in der Dictum-Werkstatt in der Nähe von Metten gab. Nachdem ich die Philosophie des Buches erklärt hatte – man kann mit wenigen, hochqualitativen Werkzeugen besser arbeiten – hat einer der Teilnehmer mich gefragt, wie das Buch heißen sollte.

Nachdem ich seine Frage mit *The Anarchist's Tool Chest* beantwortet hatte, gab es ein langes Schweigen. Dann hat der Teilnehmer höflich vorgeschlagen, „Ich glaube, Du solltest dir einen anderen Titel überlegen. Anarchismus ist kein gutes Wort".

Ab diesem Moment, als ich begann das Buch zu schreiben, ist es mir bewusst geworden, dass Leute auf beiden Seiten des atlantischen Ozeans mit dem „A-"Wort Schwierigkeiten haben würden. In Europa wird das Wort normalerweise mit asozialen Revolutionären in Verbindung gebracht und in Amerika mit wohlhabenden, städtischen Teenies, die schwarzes Leder tragen und Punkrock mögen.

Weder die eine noch die andere Gruppe hat etwas gemeinsam mit dem wahren, amerikanischen Anarchismus, der seine Wurzeln in den religiösen Freiheitsbewegungen in New England hatte und der später eine Reaktion auf die kommunistischen Experimente im amerikanischen Mittelwesten darstellte.

Amerikanischer Anarchismus ist einfach die Neigung einzelner Personen, sich von großen Unternehmen, Regierungen und Religionen zu trennen. Es stellt keinen Versuch dar, Regierungen zu stürzen, Unternehmen zu zerstören oder organisierte Religion zu verleumden. Anstelle dessen wollen wir einfach unsere eigenen Werkzeuge und die Ergebnisse unserer Arbeit besitzen und mit anderen Personen konstruktiv zusammenarbeiten.

Die meisten Möbelschreiner, die ich kenne, gehören zu dieser Art von Menschen. Die eigenen Möbel herzustellen ist eine radikale Tätigkeit, ob Du es zugibst oder nicht. Wenn Du einen Stuhl baust, anstatt einen massenhergestellten Stuhl zu kaufen, weigerst Du Dich damit, die globale Wirtschaft zu unterstützen. Wenn Du einen Stuhl, einen Tisch oder ein Regal baust, die Jahrzehnte lang Dienst leisten werden, leistest Du einen Beitrag zum Schrumpfen der Wegwerf-Wirtschaft für zukünftigen Generationen.

Ich hoffe also, dass du beim Lesen der deutschen Ausgabe von *The Anarchist's Tool Chest* über das Wort „Anarchismus" und die Ideen wofür es steht, neu nachdenkst.

Diese Übersetzung wäre ohne die entschlossenen Bemühungen von Andy Kevill und Martin Gerhards unmöglich gewesen. Sie haben freiwillig die Aufgabe auf sich genommen, dieses Buch einer deutschen Leserschaft nahe zu bringen. Sie haben fast ein ganzes Jahr damit verbracht, den Text so zu übersetzen, dass mein amerikanisches Idiom den deutschen Lesern verständlich wird. Ohne sie würde diese Übersetzung einfach nicht existieren und so sind wir ihnen alle für ihre Leistungen dankbar.

Ich hoffe, dass das Buch Dir gefällt und, dass Du dadurch ermutigt wirst, Deinen eigenen Werkzeugsatz zusammenzustellen und ihn zu benutzen, um Dinge zu machen, die nützlich, schön und langlebig sind.

1 | LEISTENSCHNEIDER

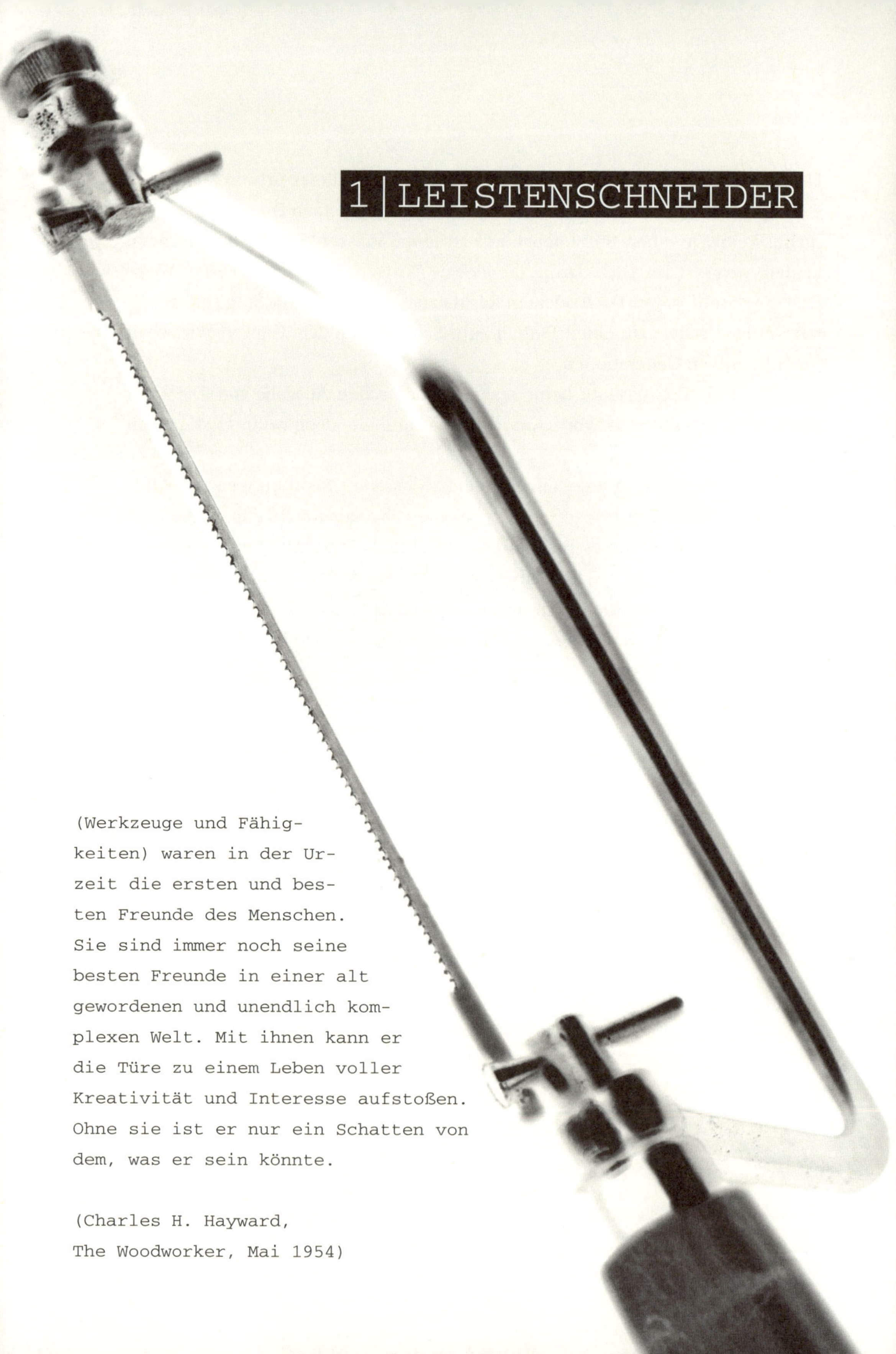

(Werkzeuge und Fähigkeiten) waren in der Urzeit die ersten und besten Freunde des Menschen. Sie sind immer noch seine besten Freunde in einer alt gewordenen und unendlich komplexen Welt. Mit ihnen kann er die Türe zu einem Leben voller Kreativität und Interesse aufstoßen. Ohne sie ist er nur ein Schatten von dem, was er sein könnte.

(Charles H. Hayward,
The Woodworker, Mai 1954)

Als Junge bestanden meine Wochenenden aus zweierlei: aus Angelausflügen zum See in der Nähe unseres Hauses und aus Fahrradfahrten zum Werkzeuggeschäft Ace Hardware und zum Kaufhaus Sears, um die Werkzeuge anzugaffen und zu streicheln.

Kurz gesagt, war ich davon besessen alles Lebendige im Wasser zu umzubringen und alle Laubbäume in der Gegend umzusägen. Stundenlang hing ich in der Werkstatt meines Vaters herum – seine Maschinen durfte ich nicht benutzen –, oder ich versuchte, neue Angelmethoden auszuklügeln, die kein teures Zubehör erforderten. Irgendwann hatte ich genug vom Angeln. Am See hingen giftige Copperheadschlangen und die Perversen meiner Heimatstadt herum. Die Werkzeuggeschäfte waren dagegen angefüllt mit Dingen, die ich nicht berühren durfte: Werkzeuge, die ich besitzen wollte, mir aber nicht leisten konnte.

Während eines Sommers kratzte ich irgendwie genügend Geld zusammen, um eine Laubsäge zu kaufen. Ich machte mir viele Gedanken über die Entscheidung, weil sowohl Ace Hardware als auch Sears Laubsägen anboten, und ich kann mich daran erinnern, wie ich über den Parkplatz zwischen den beiden Geschäften hin und her ging, bis ich meine Entscheidung traf. Ich entschied mich für eine Laubsäge von Craftsman.

Was für ein Stück Mist. Ich bereue diese Entscheidung noch heute.

Die Laubsäge habe ich immer noch in meinem Keller, und sie ist ein glänzendes Beispiel für Schrott. Nichts an ihr lässt sich anspannen, außer meinen Nerven. Das Sägeblatt dreht sich schwergängig und schmerzhaft wie eine verrenkte Schulter. Die Säge hat aber einen schön gedrechselten Griff aus Laubholz und einen verchromten Bügel.

Das war meine erste Erfahrung mit einer Gattung, die ich „werkzeugähnliche Gegenstände“ nenne. Es sind Dinge, die wirklich wie Werkzeuge aussehen, aber sie tun nicht das, was man von einem Werkzeug erwartet. Damals hätte ich die Säge mit Unterlegscheiben, durch Schweißen oder mit Kaugummi reparieren sollen. Stattdessen tat ich etwas viel Dümmeres: Ich kaufte mir noch eine Laubsäge.

Es war der Anfang eines Verhaltensmusters. Ich kaufte Werkzeuge, weil ich den Behauptungen auf den Verpackungen glaubte. Wenn sie nicht funktionierten, suchte ich nach einem Werkzeug, das mehr versprach. Mit anderen Worten: Ich versuchte mir den Weg ins handwerkliche Können zu erkaufen. Ich verbrachte Stunden in der Werkstatt, um an Werkzeugen herumzufummeln. Ich hätte diese Zeit besser mit dem Üben von Grundfähigkeiten verbringen sollen.

Aus diesem Nebel von Messing- und Eisensucht kam ich mithilfe vieler längst verstorbener Männer heraus. Einige von ihnen waren bekannt und andere fast anonym – Joseph Moxon, André Roubo, Randle Holme, Charles Hayward, Benjamin Seaton, Robert Simms. Ihre Bücher, die Inventare ihrer Werkzeuge und ihre erhaltenen Werkzeugkisten warfen einen großen Stein in den Teich meines Bewusstseins, und ich spüre, während ich dies schreibe, immer noch die Wellen, die von ihm ausgehen.

Das Ergebnis ist, dass ich heute viel weniger Werkzeuge besitze als vor fünf Jahren. Obwohl ich 2010 kistenweise Werkzeug verkaufte, bleiben noch die hart erworbenen Kenntnisse darüber: wie man sie herstellt und was ihre Geheimnisse sind. Dieses Wissen gewann ich, während ich 14 Jahre lang ‚einen riesigen Satz von unabdingbaren Werkzeugen' ansammelte. Das ist ein schonender Begriff für ‚eine unglaublich unsinnige Sammlung'.

Nichts dergleichen wäre passiert, wäre ich nicht ganz spontan an einem Sonntagmorgen 1996 in ein Lebensmittelgeschäft in Lexington, Kentucky gegangen. Damals war ich ein stinknormaler Hobbytischler. Ich besuchte Kurse an der Universität von Kentucky, und ich benutzte Werkzeuge und Geräte meines Opas, um auf der hinteren Veranda unseres viktorianischen Hauses (Baujahr 1899) Möbel zu bauen.

Ich hatte immer noch meine nutzlose Laubsäge von Craftsman und ihren etwas weniger nutzlosen Ersatz von Ace. Die Mehrheit meiner Werkzeuge war am unteren Ende der Fresskette angesiedelt. Ich hatte Stechbeitel und einen Einhandhobel von Walmart. Eine Bohrmaschine von Black & Decker. Meine anderen Elektrowerkzeuge stammten aus den 60er und 70er Jahren, waren voller Chrom und wogen ungefähr so viel wie ein Weihnachtsschinken in der Dose.

Aber da ich es nicht besser wusste, mochte ich meine Werkzeuge und ihren Duft von verrottender Elektroisolierung.

Dieser Sonntagmorgen war etwas anders als die vorherigen. Am Abend zuvor hatten meine Frau und ich beschlossen, in die Gegend in Nordkentucky, wo sie groß geworden war umzuziehen. Wir hatten eine Tochter im Alter von 5 Monaten, die nicht gerne schlief, und wo wir damals lebten, hatten wir keine Verwandten, die uns dort gehalten hätten. Ich ging also zum Lebensmittelgeschäft und kaufte den *Cincinnati Enquirer*, um die Stellenangebote für die nächstgelegenen Großstadt zu lesen. Es gab zwei Inserate, die mir interessant schienen: Abteilungsleiter für Veröffentlichungen des Cincinnati Art Museum und Chefredakteur des *Popular Woodworking* Magazin.

Am nächsten Morgen bewarb ich mich um beide Stellen. Ich bekam ein freundliches Absageschreiben vom Museum, aber von F&W Publications, den Eignern von *Popular Woodworking*, kam ein Anruf. Ich musste zwei Vorstellungsgespräche und zwei Eignungstests bestehen, und dann wurde mir eine Stelle angeboten. Das Gehalt betrug 30 % weniger als mein vorheriges. Ich nahm die Stelle sofort an.

Das erste Jahr war ein einziger, anhaltender Lernprozess in Sachen Holzbearbeitung. Zuvor hatte ich noch nie eine Tischfräse oder Lackierkabine gesehen, nie mit einer Schlitzstemmmaschine oder einer Trommelschleifmaschine gearbeitet. Ich hatte nie einen Parallelanschlag an einer Tischkreissäge erlebt, der wirklich parallel zum Sägeblatt stand. Ich hatte nie einen Akkubohrer mit Kupplung benutzt, die nicht qualmte oder Funken sprühte, wenn sie sich drehte.

Fast täglich kamen per Post neue Werkzeuge zum Testen. Ich wiederhole es, damit man es mir vielleicht wirklich glaubt: Fast täglich kamen per Post neue Werkzeuge zum Testen.

Es war alles Mögliche dabei: von einer Formatkreissäge bis zu einer Packung von Kunststoffnägeln für Druckluftwerkzeuge.

Dieser Flut von Werkzeugen wird mir noch heute ins Büro geschickt. Meist haben wir sie nicht angefordert, und natürlich dürfen wir sie nicht behalten. Aber sie kommen trotzdem, auch wenn man manchmal sagt, „Nein danke, lieber Vertreter". Manchmal kommt es auch ganz verrückt: Einmal wollten wir eine neue Schlitzfräse für Formfedern von der Firma Porter-Cable testen. Der Pressesprecher fragte, ob wir auch die neue Pendelstichsäge der Firma testen wollten. „Nööö" antworteten wir, „Wir brauchen nur die Lamellofräse".

Einige Tage später kam eine Kiste von Porter-Cable an. Es war die Fräse. Die Firma hatte zwei (zwei!) Pendelstichsägen mit eingepackt, um die Kiste aufzufüllen. Die Pendelstichsägen dienten als Füllstoff.

Natürlich ist dieser enorme Zustrom von Kunststoffgehäusen und Stahl ein Versuch der Werkzeughersteller, preisgünstige Werbung für sich zu machen. Eine kurze positive Rezension in einer Fachzeitschrift mit einer Leserschaft von 200 000 Holzwerkern kann eine wunderbare Wirkung auf die Verkaufszahlen eines Werkzeugs haben – einer Zeitschrift ein paar Werkzeuge zukommen zu lassen, ist also keine große Sache für einen großen Werkzeughersteller.

Bevor wir jetzt in den Ruch kommen, total verkommen zu sein, möchte ich etwas beteuern. Wir nehmen nie Werkzeuge mit nach Hause. In vielen Fällen schicken wir sie an die Hersteller zurück, nachdem wir sie getestet haben. Falls der Hersteller sie nicht zurückhaben will, verkaufen wir sie günstig an die Arbeitnehmer unseres Mutterkonzerns, und schicken das Geld zurück an den Hersteller. Manchmal will der Hersteller das Geld nicht (es wäre ein Albtraum für dessen Buchhaltung), dann kam es in die Kasse unserer Werkstatt, so dass wir Holz und Leim kaufen können, um Sachen zu bauen.

Journalistisch betrachtet war das nicht vollkommen ethisch, es war aber das Beste, was wir unter den Umständen tun konnten. Auf keinem Fall konnten wir es uns leisten, 10 Tischkreissägen zu kaufen, um sie zu testen – kleine Zeitschriften wie die unsere haben Jahreseinkünfte wie eine McDonalds-Filiale. Wir sind ein kleines Unternehmen.

Ich mochte dieses Verfahren nie. Als ich also begann, Handwerkzeuge für das Magazin zu rezensieren, nahm ich mir vor, die Werkzeuge einfach selbst zu kaufen. Der begrenzte Werkzeugetat des Magazins hätte nie gereicht, also kaufte ich die Mehrheit der Werkzeuge von meinem eigenen Geld, sodass ich schließlich irgendwie zu einem Dutzend Anreißmesser gekommen war. In einigen Fällen konnte ich es mir nicht leisten, die Werkzeuge zu kaufen (besonders z. B. Infillhobel), also musste ich sie bei den Herstellern oder bei jemandem, der sie schon gekauft hatte, ausleihen und nach dem Testen wieder zurückschicken.

Das Ergebnis war, dass ich mehr Werkzeuge besaß, als ich oder irgendein anderer Mensch je gebrauchen kann. Ich hatte einige komplette Sätze Bankhobel, sowohl alte als neue. Ich hatte Schubladen voll mit Stechbeiteln, Kombiwinkeln, Schweifhobeln, Hirnholzhobeln, Zinkensägen und anderem mehr.

Gleichzeitig entwickelte ich ein großes Interesse an der Geschichte der Herstellung von Werkzeugen. Also kaufte ich antike Werkzeuge, um herauszufinden, wie sie funktionierten, oder um sie mit ihren modernen Nachfolgern zu vergleichen. Ich wurde Mitglied in Werkzeugsammlergruppen, und ich begann, ihre Treffen zu besuchen.

Es ging aber nicht nur um Handwerkzeuge. Ich gab auch mehr Geld als nötig für Maschinen aus. Mein Problem mit Elektrowerkzeugen war allerdings nicht, dass ich fünf Bohrmaschine oder drei Gehrungssägen in einer Werkstatt aufstellte. Das Problem war, dass ich immer zu etwas Besserem wechseln und aufrüsten wollte.

Meine Bohrmaschine von *Black & Decker* hörte nach kaum mehr als 200 Löchern zu bohren auf. Das Ding ging buchstäblich in meinen Händen in Flammen auf und schmolz gleichzeitig vom innen. Ich brauchte eine neue Bohrmaschine. Ich fing an, die Akkubohrer in der hauseigenen Werkstatt der Zeitschrift für Werkstücke zu benutzen. Ich verliebte mich sofort in eine 12-Volt-Bohrmaschine von Bosch. Ich hatte nie ein Elektrowerkzeug besessen, das sich so solide und präzise anfühlte. Alles daran erinnerte mich an den alten Mercedes-Benz meines Opas.

Profischaber – Luxusversion. Meine Werkzeugleidenschaft kannte kaum Grenzen. Dieses Werkzeug für Kannelierungen von Windsor ist im Vergleich zu einem selbst angefertigten Profilschaber ein eher verrücktes Vielzweckwerkzeug. Aber ich wollte wirklich einmal probieren, wie sich damit arbeiten lässt.

Ich kaufte mir eine Bohrmaschine von Bosch, und wurde von da an wählerischer in Bezug auf Elektrowerkzeuge.

Ich sah mir meine alte Tischkreissäge von Craftsman aus den 1970er Jahren genauer an. Sie hat einen der berüchtigten Jet-Lock-Anschläge, die sich nie genau parallel zum Sägeblatt arretieren lassen. Jeder Längsschnitt verlangte dreimaliges Nachmessen des Abstandes vom Sägeblatt zum Anschlag und anschließendes Justieren des Anschlags.

Als ich einmal eine Tischkreissäge mit 5-PS-Starkstrommotor und Schiebeschlitten von Powermatic benutzte, war ich im siebten Himmel.

Meine eigene Werkstatt zu Hause war winzig, und ich kam zum Schluss, dass ich eine kleine Tischkreissäge mit einem großartigen Anschlag brauchte. Die Lösung schien eine Baustellensäge mit Zahnstangenverstellung für den Parallelanschlag von DeWalt zu sein. Sie hatte einen besseren Anschlag als meine alte Craftsman-Säge, aber einen Universalmotor wie die kreischenden Motoren in Handoberfräsen. Es mangelte ihr an Kraft.

Ich ersetzte sie durch eine Profisäge von Delta. Das war ein Fortschritt, und ich war viele Jahre damit zufrieden. Aber wenn man an der Arbeitsstelle täglich eine Formatkreissäge benutzt, ist es schwer, ihren Vorteilen zu widerstehen. Also kaufte ich eine Unisaw von Delta.

Solche Aufrüstungen fanden immer wieder statt. Ich hatte drei Elektrohobel, drei Flachdübelfräsen, drei Gehrungssägen, mehr als fünf Bohrmaschinen, vier Bandsägen, vier Schleifgeräte und sieben Handoberfräsen (mindestens). Wenn man das durchrechnet und den Wertverlust von Elektrowerkzeugen einkalkuliert, erkennt man schnell, wie diese ständige Aufrüstung das Bankkonto entleert, die Werkzeugfirmen aber bereichert.

Und dann noch die Vorrichtungen. Ich habe mehr Winkel- und Gehrungsanschläge für meine Tischkreissägen besessen, als ich noch zählen könnte. Dazu kamen Vorrichtungen zum Zinken mit der Handoberfräse, mindestens fünf Geräte mit Namen wie „Fräser-XY-Z“ und noch sechs andere, die „Dingsda 2000“ hießen. Die Regale meiner Kellerwerkstatt waren vollgestopft. Ich baute eine größere Werkstatt, aber die Regale darin waren auch bald voll.

Wann hat man in diesem Universum den absoluten Tiefpunkt erreicht? Für mich war es der Tag, an dem ich überlegte, Richtscheite von Highland Hardware zu kaufen, die aus dem vollen Material gefräst waren und auf Hunderstelmillimeter genau waren. Irgendwie konnte ich der Versuchung widerstehen, sie zu kaufen.

Die guten Bücher

Merkwürdigerweise war es meine verrückte Besessenheit, Tischlerwerkzeug und -maschinen zu kaufen, die mir geholfen hat, eine ausgewogenere Beziehung zu diesem Handwerk zu entwickeln. Ich wurde von einer ebenso starken Besessenheit ergriffen, die sich auf Bücher über das Holzwerken bezog. Ich war schon immer ein eifriger Leser gewesen, also war das Lesen von Büchern über die Tischlerei und Werkzeuge eine Selbstverständlichkeit. (Zu der Zeit betreute ich auch freiberuflich als Redakteur den *Woodworkers“ Book Club Newsletter*. Eine Arbeit, die zu einer fünfjährigen Zwangslektüre von Schriften über das Holzwerken führte.)

Wenn man so viele moderne Bücher zum Thema Holzbearbeitung liest, wünscht man sich irgendwann zu erblinden. Sie sind einander alle so ähnlich, so seicht und mit eigenartiger Information gefüllt. Ich kann nicht sagen, wie oft ich Folgendes las: „Dies mag nicht die richtige Methode sein, aber sie funktioniert für mich.“

Irgendetwas in mir zwang mich, über den ‚richtigen Weg‘ nachzudenken, von dem der Autor abgewichen war.

Zufälligerweise telefonierte ich ungefähr zu jener Zeit mit Graham Blackburn, einem der Holzwerker, die ich schon immer verehrt hatte. Ich besaß einige seiner Bücher aus den 1970er Jahren, und ich wusste, dass er sich gut in der Geschichte des Holzwerkens auskannte. Ich befragte ihn für einen Artikel zum Thema des Ursprungs des Begriffes *jack in jack plane* (die englische Bezeichnung der Kurzraubank).

Dann fingen wir an, über Sägen zu sprechen.

Während des Gesprächs sagte Blackburn, die Antwort auf eine meiner Fragen könnte im Buch *Grimshaw on Saws* finden.

„Häh?", antwortete ich.

Ich werde nie vergessen, was er als Nächstes sagte: „Du bist der Redakteur einer Zeitschrift über Holzwerken und hast kein Exemplar vom Grimshaw? Hmmm."

Ich schämte mich. Ich schämte mich so sehr, dass ich am selben Wochenende in die Stadtbücherei in Cincinnati ging, um Robert Grimshaws Werk über Sägen aus dem Jahr 1882 auszuleihen. Es stand im Regalbrett neben einer Ansammlung anderer alter Bücher zum Thema Holzwerken, die mir völlig unbekannt waren. Ich fragte mich, welche von diesen Büchern Blackburn auch als Pflichtlektüre betrachtete. Ich lieh so viele von diesen alten, mit Leinen gebunden Büchern aus, wie es die Bibliothek erlaubte. Dann ging ich nach Hause und fing an zu lesen. Seitdem habe ich nicht mehr damit aufgehört.

Das Wissen, das ich aus den alten Büchern gewonnen habe, war anders als ich erwartete. Eigentlich hatte ich erwartet, dass die Werkstattpraxis anders als die unsere sein würde – z. B. dass damals andere Methoden verwendeten worden waren, um Schlitze, Zapfen und Schwalbenschwänze zu schneiden. Aber eigentlich hat sich nicht viel an der Weise geändert, in der man mit Stahl Holz bearbeitet.

Obwohl er über eine ganze Palette von Techniken verfügte, um jede normale Aufgabe zu erledigen, scheint der vorindustrielle Handwerker keine geheimnisvollen Arbeitsverfahren gehabt zu haben. Er hatte vielmehr häufig Gelegenheit zu üben, sodass ihm die Arbeit schnell von der Hand ging.

Was mich jedoch überraschte, war der geringe Umfang des Werkzeugsatzes, der für den angehenden Tischler vorgeschrieben war.

Joseph Moxon, der früheste englische Chronist des Holzwerkens, beschreibt in seinem Buch *Mechanik Exercises* (1678) 44 Arten von Werkzeugen, die für die Tischlerei nötig sind. Einige dieser Werkzeuge (etwa Stechbeitel) brauchte man in mehreren Größen, aber in vielen Fällen benötigte man nur eines der von Moxon beschriebenen Werkzeuge (z. B. Hobelbank, Axt, Raubank usw.).

Randle Holmes *Academie of Armory* (Buch III, 1688) nennt etwa 46 unterschiedliche Tischlerwerkzeuge. Es ist schwierig, die genaue Anzahl zu nennen, weil einige Werkzeuge zweimal beschrieben werden, z. B. Klüpfel, Schlichthobel und Beil, und manche Werkzeuge scheinen auch von Zimmerleuten benutzt worden zu sein.

Wenn wir 150 Jahre nach vorne springen, sehen wir, dass der Stand der Dinge sich nicht sehr geändert hat. Die empfohlene Liste von Werkzeugen für den ländlichen Schreiner, die in *The Joiner and Cabinet Maker* (1839) aufgeführt wird, unterscheidet sich nicht wesentlich von denen bei Mixon und Holme. *The Joiner and Cabinet Maker* listet ungefähr 40 Werkzeuge auf, die der Lehrling auf seinem Weg zu Gesellen braucht.

Als während der Industriellen Revolution massenhaft Werkzeuge hergestellt wurden, wurde die Liste der grundlegenden Tischlerwerkzeuge länger. Neue Arten von Bohrern wurden entwickelt, neue Arten von Metallhobeln (wie Hirnholz-, Sims- und Grundhobel), und neue Sägen, darunter die Laubsäge.

Charles Hayward, der als Tischler ausgebildete Altmeister der Holzschriftstellerei, schreibt in seinen Büchern, dass Anfang des zwanzigsten Jahrhunderts etwa 63 Werkzeuge als Grundausstattung aufgelistet wurden. Wenn ich Haywards Liste anschaue, scheint sie im Vergleich zur Ausstattung meiner Werkstatt dennoch eher kurz zu sein. (Im Anhang dieses Buches findet sich ein Vergleich dieser Werkzeuglisten.)

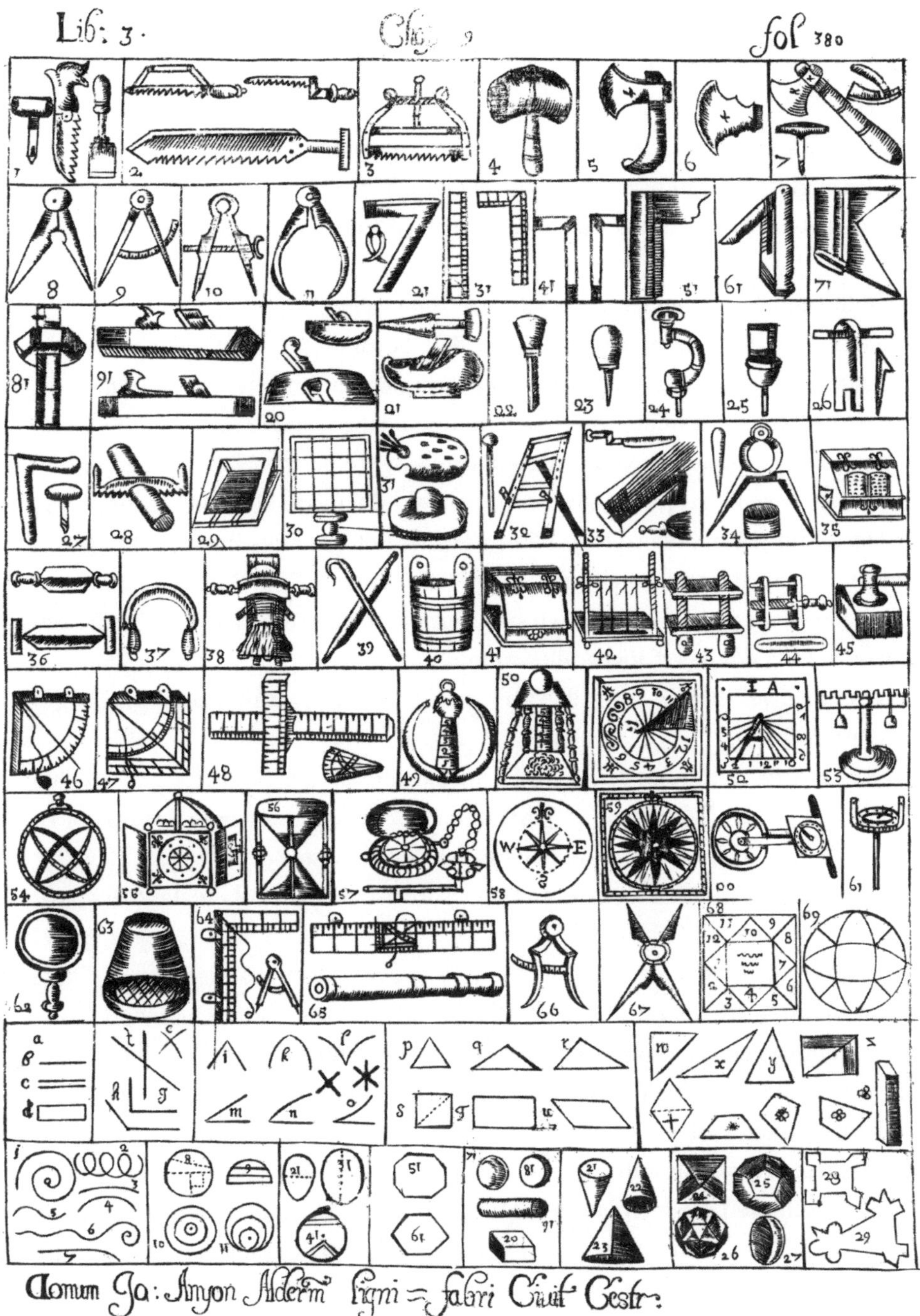

Akademie der geistigen Gesundheit. Randle Holmes Buch aus dem Jahr 1688 stellte einen kleinen Werkzeugsatz vor, mit dem man viele verschiedene Möbel bauen konnte.

Zuerst dachte ich, es gäbe drei Gründe für diese kurzen Listen:

- In der vorindustriellen Zeit müsste alles teurer gewesen sein, weil alles in Handarbeit hergestellt wurde.
- Der wirtschaftliche Wohlstand war im Allgemeinen niedriger.
- Technologische Innovationen hatte noch nicht zur Entwicklung der wunderbaren neuen Werkzeuge geführt, die in den modernen Katalogen zu finden sind.

Ich wollte den Tatsachen einfach nicht ins Auge sehen.
Beschreibungen der Arbeitsweisen in der Zeit, bevor die Massenherstellung ihren Siegeszug antrat, lassen zwei miteinander verbundenen Phänomene erkennen, die man heute leicht übersieht. Zum einen brauchten die Handwerker weniger Werkzeuge, weil sie geschickter waren als wir. Die Beschreibungen von Handarbeit untermauern diese Behauptung. (Wer mir nicht glaubt, möge Moxons Beschreibung der Herstellung eines achtseitigen Rahmens in Teil 19 seines Buchs lesen. Nachdem man dann selbst versucht hat, einen Rahmen auf diese Weise anzufertigen – ich habe es versucht – können wir uns gerne noch einmal über das Thema unterhalten. Falls das noch nicht überzeugt, kann man einmal André Roubos Beschreibungen von Boulle-Technik lesen – und dann in Zukunft Überzüge für Blumentöpfe häkeln).

Außerdem unterschieden sich die wirtschaftlichen Strukturen und Mechanismen des 17., 18. und frühen 19. Jahrhunderts von denen unseres Zeitalters – es war im Wesentlichen eine vorkapitalistische Zeit. Ein großer Anteil der Bevölkerung war selbstständig tätig. Die moderne Konsumgesellschaft entstand erst später – zum Guten oder Schlechten.

Sicher gab es Handwerker mit großen Werkzeugsätzen. Es wird immer einige Werkzeughuren in der Zunft geben. (Ja, ich meine Dich, Duncan Phyfe!) Trotzdem deuten Werkzeuginventare und andere veröffentlichte Quellen darauf hin, dass der vorindustrielle Holzwerker weniger Werkzeuge brauchte, um Möbel zu machen, die so gut oder noch besser waren, als die, die wir heutzutage herstellen.

In diesem Zusammenhang ist etwas wichtig: Ihre Werkzeuge waren anders. Dem ungeschulten Auge scheinen die Werkzeuge des 17. und 18. Jahrhunderts ungeschlacht zu sein. Wenn man aber einmal einen Profilhobel aus dem 18. Jahrhundert untersucht, der nicht vollkommen verschlissen ist, stellt man fest, dass sie in einer Weise raffiniert sind, die viele moderne Werkzeuge übertrifft.

Alles Überflüssige wurde weggelassen. Alles, was nötig ist, sitzt genau dort, wo man es haben will, und es ist einfach zu justieren.

Ich habe einige ältere Werkzeuge, darunter ein Polstererhammer, und ich kann mir einfach nicht vorstellen, wie eine einzige Eigenschaft daran verbessert werden könnte. Dieses Werkzeug ist der Inbegriff von Einfachheit, hat aber eine schlichte Schönheit, die alles übertrifft, was ich aus der viktorianischen Zeit gesehen habe. Nachdem ich einiges über Werkzeugsätze der Vergangenheit gelesen hatte, fing ich an einzusehen, dass ich nicht sehr viele Werkzeuge brauchte, um die vielen Arbeiten zu erledigen, die auf meiner To-do-Liste standen. Aber dann stellte ich fest, dass eins zum anderen führt.

Nachdem ich das Konzept des kleineren Werkzeugsatzes verinnerlicht hatte, erschien die Logik und Schönheit der vorindustriellen Wirtschaftsweise, die zu ihm geführt hatten, bald so ansprechend wie mein alter Polstererhammer.

Der Anarchismus aus der Sicht des Tischlers

Ich habe gezögert, das Wort „Anarchist“ im Titel dieses Buches zu verwenden, weil es für viele Leute negativ besetzt ist. In meiner Highschool trugen die selbsternannten Anarchisten Punk-Lederjacken, schwarze Schminke (das waren die Jungs), und ihre persönliche Hygiene war fragwürdig.

Das waren keine Anarchisten. Sie nannten sich Anarchisten, aber sie wussten ungefähr so viel über Anarchismus wie über Zahnseide.

Anarchismus ist genau das richtige Wort für meine Situation. Wer die Geduld hat, weiter zu lesen, wird – glaube ich – verstehen, wie ein langweiliger Kerl aus der Vorstadt, der gerne Jeans und Oberhemden mit Kentkragen trägt, ein leiser Anarchist sein kann.

Für mich ist es leichter zu erklären, was Anarchismus nicht ist: Es geht nicht um Gewalt, den Sturz von Regierungen, das Zerlegen von großen Konzernen oder gar das Rauchen eines milden Halluzinogens, das aus gekochten Bananenschalen produziert wird. (Ich habe es tatsächlich probiert: nicht zu empfehlen.) Anarchismus ist eher die Einsicht, dass alle großen Organisationen – Regierungen, Konzerne, Kirchen – unsere Arbeit bis zu einem solchen Grad in kleinste Aufgaben und Schritte aufgeteilt haben, dass diese Institutionen ungestraft verschwenderische, enthumanisierende und dumme Dinge tun können.

In ihrem Buch *Native American Anarchism* definiert Eunice Minette Schuster den amerikanischen ästhetischen Anarchismus als „die Isolierung des Individuums – sein Recht auf seine eigenen Werkzeuge, seinen Geist und Körper und die Produkte seiner Arbeit".

Es ist der Wunsch, für sich zu arbeiten und ein soziales und wirtschaftliches Umfeld zu haben, das aus anderen Handwerkern besteht.

Hey! Das bin ja ich! Es drängt sich mir sogar auf, dass Schusters Beschreibung auf alle anderen Tischler zutrifft, die ich kenne. Meist arbeiten wir allein, und die Ergebnisse entstammen unseren Werkzeugen, unserem Geist und unseren Händen. Das, was wir herstellen, stellt einen Schlag ins Gesicht der billigen, massenhaft hergestellten Möbel der Discounter dar, die prädestiniert sind, im Sperrmüll zu enden. Und wir sind stolz darauf, dass unsere Möbel besser sind als das, womit die Massen abgespeist werden.

Obwohl das Holzwerken wie eine traditionelle, altmodische Fertigkeit erscheinen mag, ist sie in unserem Zeitalter eine seltene und radikale Tätigkeit.

Nachdem sich also all diese Ideen in meinem Kopf herauskristallisiert hatten, sah ich ein, dass ich mit weniger Werkzeugen Möbel besserer Qualität herstellen wollte. Ich wollte Stücke bauen, die ich in keinem Laden kaufen konnte. Ich wollte Möbel anfertigen, für die man mehr Geschick als Geld benötigte. Und ich wollte nicht ein System unterstützen, das endlosen Konsum fordert.

All diese utopischen Wünsche brachten mich zu der Einsicht, dass meine Werkstatt ein trostloser Ort war, um sie zu verwirklichen. Das wurde mir beson-

ders klar, als ich sie mit den Werkstätten aus den alten Büchern verglich, vor allem mit jenen, die in den Büchern von Roubo, in André Félebiens *Des Principes de l'Architecture* und in Denis Diderots *Encyclopédie* abgebildet waren (und das waren wahrscheinlich auch mehr oder weniger Ausbeuterbetriebe).

Meine Werkstatt befindet sich in meinem Keller. Wenn ich ein paar Stunden auf ihrem Betonboden herumging, fing meine Wirbelsäule an, darunter zu leiden. Die drei Wände aus Schlackebetonsteinen hätten sogar Alexander Solschenizyn deprimiert. Und die vierte Wand bestand aus nackten Holzbalken, Verkabelung, Isolierungen und Luftschächten.

Also entwickelte ich an einem Abend einen Plan, um die losen Fäden in meinem Kopf miteinander zu verweben. Ich würde mit weniger Werkzeugen auskommen. Ich würde alles herstellen, was unsere Familie brauchte, und ich würde meine Werkstatt so gemütlich wie den Rest meines Hauses gestalten.

Das waren die sieben Schritte meines Plans:

- Alle grundlegenden Werkzeuge und Maschinen, die ich brauche, um Möbel zu machen, auflisten. Diese Liste soll auf den 17 Jahren meiner praktischen Erfahrungen und auf meinen historischen Forschungen beruhen.
- Jedes verdammte Werkzeug und jede Vorrichtung, die nur Platz in meiner Werkstatt in Anspruch nahm, verkaufen.
- Das Geld aus dem Verkauf dazu verwenden, um aus meinem Kerker einen gemütlichen und inspirierenden Raum zu machen.
- Eine auf historischen Formen basierende Werkzeugkiste bauen (a-ha! Der zweite Teil des Titels dieses Buches). Eine Werkzeugkiste war von entscheidender Bedeutung für den vorindustriellen Handwerker.
- Die Werkzeugkiste mit den Werkzeugen von meiner Liste füllen, und auf Werkzeuge, die nicht hinein passen, verzichten.
- Ein Buch über das Ganze schreiben.
- Möbel bauen, bis ich den Löffel abgebe.

Obwohl das egoistische Ziele sind, hoffe ich, dass mein erbärmliches Beispiel dazu beitragen kann, die richtigen Entscheidungen zu treffen, wenn man mit dem Holzwerken anfängt. Ich hoffe, dass meine Liste als Startpunkt für einen persönlichen Werkzeugsatz betrachtet werden kann. Mit den folgenden Werkzeugen kann man viele Stücke bauen, und ich empfehle, mit dieser Liste anzufangen (oder mit noch weniger Werkzeugen). Dann sollte man aufhören, Werkzeug zu kaufen, und etwas ganz Verrücktes machen.

Sachen bauen. Viele Sachen bauen.

Die Erfahrungen, die man dabei sammelt, werden zeigen, welche weiteren Werkzeuge man noch kaufen sollte – falls überhaupt weitere nötig sein sollten.

Es kann gut sein, dass man überrascht feststellt, dass man mit diesem Werkzeugsatz absolut zufrieden ist – genauso wie ich es war, bevor ich meine Stelle bei *Popular Woodworking* antrat.

Auch wenn das nicht der Fall ist, wird diese Liste dem Leser vielleicht helfen, sein Geld sinnvoll auszugeben, sodass er genügend davon übrig hat, um schönes Holz und gute Beschläge (wie Scharniere) zu kaufen.

Fangen wir an mit einer Liste der Werkzeuge, die man wirklich braucht.

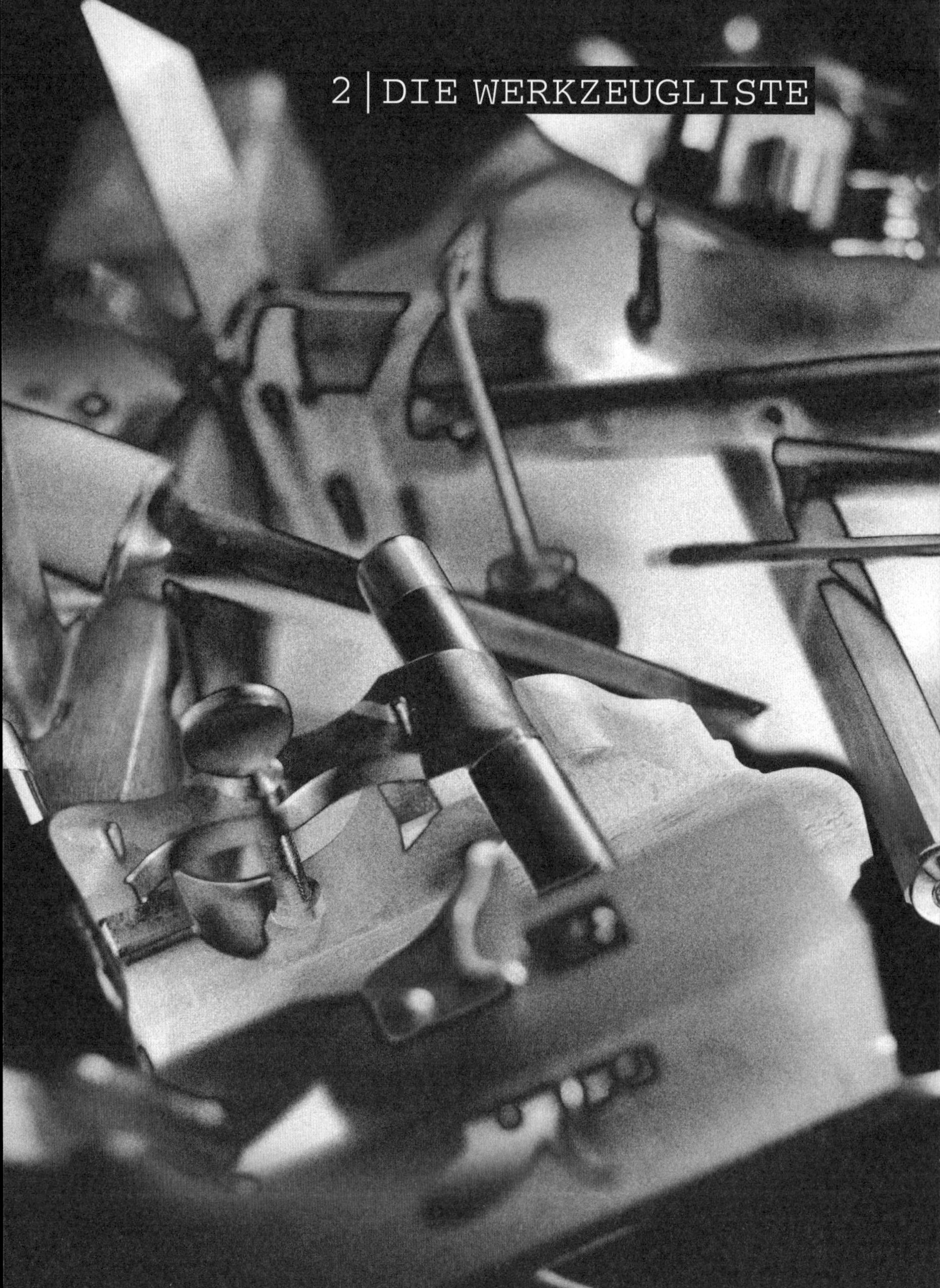

2 | DIE WERKZEUGLISTE

Eine Liste der notwendigsten Holzwerkzeuge ist wie eine Liste der Dinge, die man tun muss, um ins Paradies zu kommen. Auf der einen Seite ist es gut, eine Karte zu haben, die einem den Weg zeigt. Auf der anderen Seite kann man nicht wissen, ob die Karte richtig ist, bevor man das endgültige Ziel erreicht hat.

Die folgende Liste ist für Leute gedacht, die hochwertige Möbel bauen möchten. Es ist keine Liste für Musikinstrumentenbauer oder für diejenigen am anderen Ende des Spektrums, die Silhouetten von *Manneken Pis-Figuren* aus Sperrholz sägen möchten.

Diese Liste wurde anhand von schriftlichen Quellen zusammengestellt, die von 1678 bis heute entstanden. Trotzdem stellt sie keinen rein historischen Überblick dar. Vielmehr beschreibt die Liste den Satz von Werkzeugen in meiner Werkzeugkiste zu Hause, den ich täglich benutze. Ich habe zwar noch weitere Werkzeuge, sie sind aber für andere Aspekte des Handwerks gedacht. Ich habe einen Druckluftnagler, um zu Hause Fußbodenleisten und Ähnliches zu installieren. Ich habe auch ein Scorpeisen und einen speziellen Schweifhobel für den Stuhlbau. Und so weiter, und so fort.

Diese Liste soll als Ausgangspunkt dienen, um die Werkzeuge zu ermitteln, die für einen selbst wichtig sind, und solche, die eher in Werkzeug-Schausammlungen gehören. Lange bevor man daran denkt, einen Nr.-113-Hobel von Stanley oder eine Stoßaxt zu kaufen, sollte man sich einen Nuthobel und einen Falzhobel angeschafft haben.

Die aufgelisteten Werkzeuge sollte man mit größter Sorgfalt auswählen. Stechbeitel minderer Qualität zu kaufen oder Sägen aus dem Baumarkt zu verwenden, ist kein Zeichen eines vernünftigen Umgangs mit Geld. Es ist ein Zeichen von Dummheit.

Handhobel

Kurzraubank
Nuthobel
Falzhobel
Hirnholzhobel
Grundhobel

Markieren und Messen

Streichmaß
Großes Streichmaß
Kombiwinkel (15 cm)
Lineal, faltbar (60 cm) oder Stahllineal (60 cm)
Bandmaß (3,5 m)
Anreißmesser
Richtscheite aus Holz*
Flachlineal aus Holz (100 cm)*
Tischlerwinkel aus Holz (30 cm) *
Schmiege
2 bis 4 Stechzirkel

Wichtige schneidende Werkzeuge

Stechbeitel: 3, 6, 10, 12, 20, 30 mm
Lochbeitel: 6 oder 8 mm
Schweifhobel
Feilen und Raspeln
Ziehklingen

Bohren und Hämmern

Klüpfel für Stechbeitel*
Kleiner Hammer mit Finne und runder Bahn
Klauenhammer 0,9 bis 1 kg
Schonhammer
Nageltreiber
Nagelzieher
Satz Schlitzschraubendreher
Schraubendreher-Bits für Bohrmaschinen
Versenker
Bohrwinde (25 cm)
Satz mit 13 Schlangenbohrern

Holzspiralbohrer (3, 4, 5, 6, 7, 8, 10, und 12 mm)
Ahle
Dübellehre*

Sägen

Zinkensäge
Rückensäge
Fuchsschwänze (Längsschnitt-, Abläng- und feine Ablängsäge)
Dübelsäge
Laubsäge

Schärfen

Abziehsteine (abziehen und polieren)
Lederriemen* (wenn man Ölsteine benutzt)
Schleifmaschine
Ölkanne oder Wassersprüher
Ziehklingenstahl

Weitere Geräte

Bankhaken*
Sägeböcke*
Gehrungslade
Stoßlade für Hirnholz*
Stoßlade für Längsholz*
Stoßlade für Gehrungsschnitte*
Schleifklotz (Unterseite mit Kork versehen)*
Hobelbank*
Spannknechte (mindestens vier)

Werkzeuge, die wünschenswert sind

Messschieber
Kombiwinkel (30 cm)

Schwalbenschwanzlehre*
Raubank
Putzhobel
Großer Simshobel
Zimmermannsbeil
Ziehklinge
Profilschaber
Profilhobel mit komplexem Profil, z. B. Karnies
Satz Kehl- und Rundstabhobel
Stechbeitel (38 mm)
'Fischschwanz"-Beitel*'
Zinkenstecheisen
Schlossbeitel
Zapfenschlitzraspel
Feil-, Hobel- oder Sägeraspel
Sägefeilen
Feile
Sägefeilkluppe
Schränkzange
Schärfhilfe (an den Kanten von Beiteln und Hobeleisen anzuklemmen)
Stangenzirkelspitzen*

** Werkzeuge, die vom Tischler leicht herzustellen sind bzw. von ihm hergestellt werden sollten.*

Ich wünschte, ich hätte diese Liste gehabt, als ich mit dem Holzwerken anfing. Ich wünschte auch, dass mein Vater diese Liste gehabt hätte, als er anfing, Möbel und später auch Häuser zu bauen. Seine Werkzeuge, die ich für ihn durch Bessere zu ersetzen versucht habe, finden sich am schlechteren Ende des Qualitätsspektrums. Ich bekomme schon Blasen an den Händen, wenn ich seine Säge nur ansehe. Seine Bohrwinde hat einen glatten, rutschigen Kunststoffgriff und wackelt, wenn man sie benutzt.

Es waren aber die ersten Handwerkzeuge, die ich je benutzte, und es lohnt sich, ihre Geschichte zu erzählen.

3 | BLOSS NICHT AN EINEN WEISSEN BÄREN DENKEN!

„Es kann schwierig sein,
eine Fehlkonstruktion von einem
Getriebe zu unterscheiden,
das man noch nicht kennt."

Leigh Van Valen, Evolutionsbiologe

Ich sitze im roten Dodge-Ram-Pickup meines Vaters. Ich bin so um die 13 Jahre alt. Und mir geht es richtig schlecht. Vor uns erheben sich die Boston Mountains wie ein billiges Landschaftsposter, während wir uns unseren Weg über die Nebenstraßen im nordwestlichen Arkansas suchen. Es ist Samstag Morgen, und wie an fast jedem Wochenende ist Vater unterwegs zu unserer Farm in der Nähe der Stadt Hackett.

Das Grundstück besteht aus 35 Hektar steiler Klippen und dem Land zu deren Füßen. Meine Eltern hatten es in der Hoffnung gekauft, sich dort ein neues Leben aufbauen zu können – es lag abseits der Stadt und war nicht erschlossen: Komposttoiletten, Solardusche und keine Klimaanlage.

Eigentlich war die Farm das Wunschprojekt meines Vaters, und die restliche Familie durfte in Gastrollen in seinem Traum spielen, während er jeden freien Augenblick damit verbrachte, zu graben, zu bauen, Entwürfe zu zeichnen und zu lesen, zu lesen, zu lesen. Er las über jedes relevante Thema, von Holzöfen bis hin zum Wünschelrutengehen (womit man übrigens keine Wasseradern finden kann).

An dem betreffenden Samstag bauten wir an der zukünftigen Küche, aber ich wäre viel lieber in der Stadt bei meinen Freunden gewesen – Computerfreaks wie ich selbst. Stattdessen durfte ich hier an der Moskitoküste Wandpfosten zuschneiden.

Mein Vater versuchte, mich aufzuheitern: „Eines Tages wirst Du selbst so etwas machen wollen. Ich spüre das. Und wenn es dann so weit ist, wirst Du froh über jeden Tag sein, den Du auf der Farm gearbeitet hast."

Ich antwortete mit keinem Wort. Alles, wonach mir der Sinn stand, war so weit wie möglich von Arkansas wegzuziehen und in einer Stadt zu leben, in der es Klimaanlagen gab und Bürojobs, vielleicht irgendetwas mit Computern.

Ich habe es ihm zwar nie gesagt, aber mein Vater hatte an jenem Tag zumindest teilweise Recht. Meine Bemühungen, zu einem lebensgewandten Stadtbewohner zu werden, führten zu nichts. Ich ging zwar nach Chicago, um zu studieren, tat mein Bestes, die Spuren der Südstaaten aus meiner Sprache zu verbannen und hörte auf, Damen die Tür aufzuhalten. Meine Freundin war zur Hälfte Japanerin, ich trank Gin und Tonic und ging in äthiopische Restaurants.

Aber als diese ganzen Affektiertheiten zu nichts führten, heiratete ich eine Frau aus Kentucky, und als wir in Lexington in Kentucky unser erstes Haus kauften, begann ich, Möbel zu bauen und unser viktorianisches Häuschen gründlich instand zu setzen. Jeder meiner Versuche, es in einem Bürojob auszuhalten, schlug fehl, und schließlich nahm ich eine Stelle bei der Zeitschrift *Popular Wood-*

working an, sodass ich wenigstens einen Teil jedes Arbeitstages auf den Füßen sein konnte und mit meinen Händen, mit Holz und mit Werkzeugen arbeiten konnte.

Auch wenn ich nie den Drang verspürt habe, einen Bauernhof zu kaufen und ein schweißtreibendes Leben zwischen Ziegen und Erdbeeren zu führen, so spürte ich doch deutlich das Wahre in der Prophezeiung meines Vaters, als ich es mir im Jahr 2009 im Wintergarten mit einem Bier in der Hand in einem selbstgebauten Morris-Stuhl bequem machte. Dort entstand der Plan für dieses Buch, und ich beschloss, jedes überflüssige Werkzeug zu verkaufen, das ich besaß, um meine Kellerwerkstatt in ein kleines Utopia zu verwandeln. Allerdings sollte es auch eine Klimaanlage geben. Und eine Toilette.

Meine Werkstatt ist in einem Anbau untergebracht, den wir im Jahr 2000 für unser Haus gebaut haben. Der Raum misst 4,5 x 7,5 m, hatte damals einen Betonboden und unverputzte Wände aus Beton und Montagelatten. Als ich meine erste Maschine aufstellte, gab es weder Elektrizität noch Fenster. Es war die traurigste Werkstatt, in der ich je gearbeitet habe, und ich war selig.

In den folgenden zehn Jahren hatte ich nur kleine Verbesserungen vorgenommen: Ich brachte ein paar Fenster an und bedeckte die rohen Wände teilweise mit OSB-Platten, die ich weiß strich.

In dieser Zeit konzentrierte ich mich darauf, all jene Werkzeuge anzuschaffen, von denen ich glaubte, sie als ‚richtiger' Holzwerker (was immer das sein mag) besitzen zu müssen. Mir fiel kaum auf, dass sich meine Werkstatt mit Kram füllte, den ich nicht benötigte.

Nach zehn solcher Jahre war meine Werkstatt vollgestellt. Ich hatte mir bessere Abrichthobel-, Dicktenhobel-, Ständerbohr- und Bandsägemaschinen gekauft, und diese ganzen Maschinen nahmen so viel Platz in Anspruch, dass ich die Bandsäge und den Abrichthobel auf fahrbare Untersätzen stellen musste, um sie hin- und herschieben zu können, wenn ich Rohholz zurichten wollte.

Der andere große Unterschied lag darin, dass ich älter geworden war. Als ich den Anbau für unser Haus gebaut hatte, war ich 32 Jahre alt. Nach 10 Jahren, die ich zuhause und bei der Arbeit auf Betonböden gestanden hatte, meldete sich mein Rücken zu Wort. Nach einem langen Tag in der Werkstatt wachte ich am nächsten Morgen steif und mit leichten Schmerzen auf.

Außerdem fiel mir auf, dass ich in Kelly Mehlers Holzwerken-Schule in Berea, Kentucky, keine Rückenbeschwerden hatte, auch wenn ich sechs Tage lang einen Kurs über den Bau von Hobelbänken leitete, bei dem man oft schwer heben musste.

Vorher: So sah meine Werkstatt aus, bevor ich mich entschloss, sie auszuweiden. Betonboden, unverkleidete Leichtbauwände und überall Werkzeuge. Ich hatte kaum Platz, mich zu bewegen, geschweige denn, etwas zu bauen.

In Kellys Schule arbeitete ich das erste Mal in einer Werkstatt, deren Fußboden aus Holz bestand. Als mir dieser Zusammenhang klar wurde, wusste ich, dass die nächste Verbesserung meiner eigenen Werkstatt ein Holzfußboden sein würde.

Die Fähigkeiten und die Werkzeuge, einen Holzfußboden zu verlegen, hatte ich auf jeden Fall (ich hatte es schon getan), aber eine wichtige Voraussetzung fehlte mir: die Zeit.

Wenn ich eine traurige Lehre aus der Farm meines Vaters gezogen hatte, dann die, dass es leichter ist, ein Projekt anzufangen als es zu Ende zu führen. Das riesige Haus, das er selbst entworfen und gebaut hatte, verkaufte er schließlich im Jahr 2008, ohne dass es jemals fertig geworden war.

Also verkaufte ich meine Werkzeuge nach und nach und bunkerte das Geld auf unserem Sparkonto, bis ich genug zusammen hatte, um einen neuen Fußboden zu bezahlen – ich brauchte etwa $ 4.000. Ich wollte eine strapazierfähige, rutschhemmende Oberfläche – der einzige Nachteil des Fußbodens in Kellys Schule ist, dass er dazu neigt, etwas glatt zu sein, vor allem wenn er mit feinem Sägestaub bedeckt ist.

Abschied vom KGB-Verhörraum. Nachdem ich alle meine Maschinen und Werkzeuge rausgeschafft hatte, stellte ich begeistert fest, dass ich viel mehr Platz hatte, als ich in Erinnerung hatte. Aber der graue Beton des Bodens und der Wände konnten einen trübsinnig machen.

Aus Gründen der Strapazierfähigkeit entschied ich mich für amerikanische Weißeiche. Nicht ein Laminat mit Eichenfurnier oder gar einer fotografischen Eichenabbildung als Deckschicht, sondern 20 mm starke Weißeiche mit Nut-und-Feder-Verbindungen an den Längskanten.

Als ich mir einen Kostenvoranschlag für den Boden erstellen ließ, gab ich an, dass die Oberfläche des Holzes geschliffen, aber nicht weiter behandelt werden sollte. Der Handwerker sah mich merkwürdig an. Ich erklärte ihm, dass ich Wert auf einen rutschhemmenden Fußboden legte, auf dem ich beim Hobeln und Sägen sicher stehen könnte.

Er sagte, der rohe Eichenholzfußboden würde bald fleckig werden, wenn ich mit nassen Stiefeln auf ihm hin und her ging. Ich antwortete, das sei mir egal.

„Ihnen ist es vielleicht egal," sagte er, „aber den nächsten Besitzern des Hauses vielleicht nicht."

Womit er auch wieder Recht hatte. Wir einigten uns auf einen Kompromiss: eine Schicht wasserlöslicher Klarlack. Der Fußbodenverleger sagte, die erste Schicht sei immer rau und würde gute Bodenhaftung bieten. Er hatte Recht.

Als der Fußboden fertig war, wollte ich meine Werkzeuge in die Werkstatt bringen und anfangen. Aber der schöne Fußboden ließ die Wände aus Betongusssteinen und rohem Holz noch hässlicher aussehen. Es war Zeit, noch ein paar Werkzeuge zu verkaufen.

Es fiel mir überraschend leicht, mich von Werkzeugen zu trennen, zu denen ich meinte eine sentimentale Beziehung aufgebaut zu haben. Nachdem ich mich entschieden hatte, die Werkstatt aufzuwerten, stellte jeder Werkzeugverkauf einen Schritt Richtung Arbeitsraum dar, der genauso hell, gemütlich und schön ausgestattet sein würde wie irgendein Wohnraum in unserem Haus.

Der Unterboden. Zuerst eine Dampfsperre. Dann glich der Bodenbauer die Unebenheiten mit Zulagen aus. Schließlich kam ein Unterboden aus dünner Spanplatte

Holz ist gut. Als der Fußboden fertig war, sah der Rest des Raumes noch hässlicher aus als vorher. Ich beschloss, mit den Verbesserungen weiter zu machen.

Der nächste Schritt bestand darin, die offenen Holzständer mit Trockenbauplatten abzudecken und vor den Betongusssteinen eine Holzverschalung aus Profilbrettern anzubringen, wie sie auch in meinem anderen Arbeitsraum im Haus, der Küche, zu finden ist. Ich beschloss außerdem, die elektrische Versorgung der Werkstatt umzugestalten. Ich hatte hinreichend viele Steckdosen, aber ich arbeitete an einem Plan, bei dem die Tischkreissäge nicht mehr den Mittelpunkt meiner Werkstatt bilden sollte.

Wie die meisten Holzwerker hatte ich meine Maschinen um die Tischkreissäge herum aufgestellt. Sie stand in der Mitte der Werkstatt, sodass ich auch eine große Sperrholzplatte auf ihr zusägen konnte, ohne dass mir der Werkstattofen oder eine andere Maschine ins Gehege kamen. Alle anderen Maschinen, Werkzeuge und Werkbänke waren wie Satelliten um sie herum angeordnet und leisteten ihre Frondienste.

Das ist ein gutes System – wenn man regelmäßig große Sperrholzplatten zusägt. Ich weiß nicht, wie es Ihnen geht, aber ich pflege eine Hassliebe zu Holzwerkstoffplatten aller Art. Einerseits sind sie hervorragend für schnelle Vorhaben geeignet, bei denen es nicht so sehr auf das Aussehen ankommt. So etwas kommt bei einer wachsenden Familie häufig vor, bei uns war es zum Beispiel ein vier Meter langer Wandschrank, den ich im Spielzimmer eingebaut habe.

Andererseits ist das in den USA erhältliche Sperrholz im letzten Jahrzehnt qualitativ so minderwertig geworden – verzogen, nass, mit Hohlstellen –, dass es sich kaum lohnt, damit zu arbeiten. Am schlimmsten ist das Zeug, das aus China kommt, aber daran sind nicht die Chinesen schuld – es sind Amerikaner, die es bei ihnen bestellt haben.

Im Jahr 2008 baute ich ein drei Meter langes offenes Regal für Freunde aus solchem Material, und ich war erleichtert und dankbar, als sie sagten, sie wollten das Regal schwarz gebeizt haben. Die schwarze Beize war die einzige Möglichkeit, um wenigstens den Anschein eines schönen Möbelstücks zu erwecken.

Nachdem ich die Regale bei Ihnen eingebaut hatte, beschloss ich auf der Heimfahrt, nie wieder mit Sperrholz zu arbeiten.

Wenn man auf Sperrholz verzichtet, kann sich auch die Gestalt der Werkstatt ändern. Anstatt die Tischkreissäge in der Mitte aufzustellen, habe ich sie vor eine Wand geschoben. Anstatt drei Meter freien Raum auf der Angabe- und Abnahmeseite vorzusehen, begnügte ich mich mit anderthalb Metern. Notfalls konnte ich meine Bandsäge beiseiteschieben (die immer noch auf Rädern steht), und hatte dann zwei Meter zur Verfügung. Durch diese kleine Veränderung hatte ich plötzlich in der Mitte der Werkstatt Platz wie auf einer Tanzfläche.

Keck geworden, beschloss ich, auch die hintere Wand meiner Werkstatt vollkommen neu zu gestalten. Dort standen meine Abrichthobelmaschine, die Kapp- und Gehrungssäge, der Handoberfräsentisch und die Bandschleifmaschine. Wegen dieser Maschinen und Werkzeugansammlung hatte ich meinen Maschinenpark auf Rollen hin- und herschieben müssen, wann immer ich Rohholz zurichten wollte. Nie wieder.

Die Kapp- und Gehrungssäge und der Handoberfräsentisch wurden zum Verkauf angeboten. Ich habe eine Gehrungslade, mit der ich sogar lieber arbeite als mit der elektrischen Gehrungssäge. Die Gehrungslade ist genauer (vor allem bei Gehrungen, aber auch bei Ablängschlitten), die Arbeit mit ihr ist sicherer, sie schießt keine kleinen Reststücke Holz durch die Werkstatt wie Gewehrkugeln, und wenn ich sie nicht verwende, lässt sie sich gut unter der Werkbank verstauen.

Mich von dem Handoberfräsentisch zu trennen, ist mir schwergefallen. Wenn ich jemals wieder beim Innenausbau eines Hauses Profilleisten verwenden möchte, werde ich einen Handoberfräsentisch benötigen (oder eine Tischfräse). Das war aber mein einziges Bedenken. Ich schneide inzwischen sehr oft mit Profilhobeln

Wandpaneele mit Profilleisten. Die Paneele vor den Betonsteinen waren erstaunlich preiswert, weil ich mich bereit erklärte, sie selbst zu streichen und die Profilleisten anzubringen.

Profile an, und ich musste den Handoberfräsentisch immer gründlich entstauben, wenn ich ihn verwenden wollte, was nur selten vorkam.

Die Bandschleifmaschine war auch eine harte Entscheidung. Nicht weil ich das Monster benutzt hätte. Es hat sowieso nie richtig funktioniert. Aber die Maschine hatte meinem Großvater gehört und es war das Letzte seiner Großgeräte, das ich noch besaß. Sie nahm jedoch für eine Maschine, die nie benutzt wurde, viel Platz in Anspruch, und war immer im Weg. Also tschüss, Bandschleifmaschine.

Nach diesen Veränderungen stand nur noch mein Dicktenhobel an der hinteren Wand. Ich platzierte ihn dort mittig, sodass auf Angabe- und Abnahmeseite jeweils etwa 2,20 Meter Platz sind, und stellte den Abrichthobel zu einer Seite auf. Mit nur wenigen Veränderungen hatte ich also meine Maschinen so neu angeordnete, dass sie jederzeit einsatzbereit sind und ich genug Platz hatte, um mit Bauteilen zu arbeiten, deren Abmessungen bei Möbeln üblich sind. Aber viel Platz in der Werkstatt schluckten sie dennoch nicht.

Was bildet also in dieser neu angeordneten Welt den Mittelpunkt der Werkstatt? Natürlich die Hobelbank. Dabei steht sie immer noch am selben Ort, unter einem

Paar Nordfenstern und einem Werkzeugregal, das inzwischen deutlich leerer geworden ist.

Aber ich habe genug Raum für zwei traditionelle Sägebänke gewonnen – kniehohe Tische, auf denen ich mit Handsägen Rohholz grob auf Maß schneiden, Werkstücke montieren und fast alle anderen Arbeiten ausführen kann.

Die anderen Maschinen stehen vorläufig an den anderen Wänden. Das Urteil über sie wird noch gefällt.

Die Bandsäge ist nicht in Gefahr. Ich würde vermutlich eher auf meine Tischkreissäge als auf die Bandsäge verzichten. Sie ist nichts Besonderes, ein 70er-Jahre-Modell mit 35-cm-Rollen und einem 0,5-PS-Motor. Allerdings ist dieser Motor auch aus den 70er Jahren, als man die Motorleistung noch nicht so sinnlos in die Höhe trieb wie heute. Meine Bandsäge hat mehr als genug Leistung. Was ich an ihr liebe, ist die Tatsache, dass es nur ein Bauteil aus Kunststoff gibt – alles andere ist aus Metall. Und genau dieses Kunststoffteil ist auch das Einzige an der Maschine, das mir Ärger macht. Es handelt sich um den Schutz, der das Sägeblatt an der Führung aus Gusseisen abdeckt.

Was ich auch tue, das Sägeblatt scheuert an der Innenseite dieser Schutzhaube aus Kunststoff. Die Säge macht deswegen ein nervend kratzendes Geräusch. Aber auch trotz dieses einen Mangels ist sie phantastisch. Ich habe sonst nichts zu bemängeln.

In meiner Werkstatt läuft die Bandsäge fast dauernd. Ich verwende sie, um Holz abzulängen, kleinere Teile auf Breite zu schneiden, bestimmte Verbindungen grob vorzuschneiden und (natürlich) um Schweifschnitte auszuführen. Ich habe vor Jahren $ 375 für die Säge bezahlt und hätte keine Bedenken, auch das Doppelte für dieses in Tupelo, Mississippi, hergestellte Modell bezahlen.

Weniger sicher ist der Verbleib der Ständerbohrmaschine. Es ist ein 45-cm-Modell, das ich vor Jahren gekauft habe. Sie hat eine gute Motorleistung, ist für die Tischlerei genau genug und hat mir noch nie Probleme bereitet. Allerdings benutze ich sie so selten, dass ich nicht sicher bin, ob sie in meiner Werkstatt ihre Daseinsberechtigung hat. Wenn ich sie jedoch brauche, dann bin ich unendlich dankbar, auf sie zurückgreifen zu können.

Vor kurzem habe ich mir eine manuell angetriebene Bohrmaschine angeschafft, die an der Wand befestigt und wie eine Ständerbohrmaschine verwendet wird. Ich bin dabei, sie zu restaurieren, und ich frage mich, ob sie das elektrische Modell ersetzen kann. Platz an der Wand hätte ich. Was ich zurzeit nicht weiß: Kann ich mit meinen eher dünnen Armen genug Kraft aufbringen, um einen

60-mm-Forstnerbohrer ins Holz zu drehen? Das wird sich erst zeigen, wenn die Restaurierung abgeschlossen ist.

Noch weniger sicher ist die Situation der Hohlmeisselstemmmaschine. Sie stammt von der amerikanischen Firma Powermatic und gehört zu den besten Vertretern ihrer Gattung. Aber für eine private Werkstatt ist sie fast schon wieder zu schön. Wenn ich sie verwende, habe ich ein schlechtes Gewissen, dass ich meine Schlitze nicht mit der Hand stemme. Ich weiß, wie man das macht. Es fällt mir nicht schwer. Warum verkaufe ich diese Maschine also nicht einfach?

Die Antwort lautet, dass ich vielleicht doch noch ein paar Morris-Stühle bauen werde. Ich habe die Schlitzstemmmaschine in den 1990er Jahren gekauft, als ich eine Kleinserie von Morris-Stühlen herstellte, bei der ich mehr als 200 Schlitze stemmen musste. Wenn ich nochmal so einen Stuhl baue (und das habe ich vor), dann wird sich die Maschine mehr als bezahlt machen. Außerdem steht die Maschine auf Rädern und nimmt nicht sehr viel Platz in Anspruch – weniger als alle anderen Maschinen, die ich besitze.

Schließlich besitze ich auch noch eine kleine Drechselbank. Sie steht nicht auf der Abschussliste, weil ich ihre Verwendung noch nicht gemeistert habe. Ich will wissen, was mir entgeht, bevor ich etwas abstoße.

Was immer auch die Zukunft für diese Maschinen und für mich bringen mag: Allein wichtig ist, dass ich irgendwann tatsächlich und abschließend zu einem Ende komme. Das war etwas, was meinem Vater nie gelang.

Es dauerte Jahre, bis er seinen Traum verwirklichte, Jahre bis der Traum wieder verblasste, und Jahre bis er erlosch. Bei der Scheidung meiner Eltern erlitt seine Motivation, das Haus auf der Farm zu beenden, einen riesigen Dämpfer. Nach der Trennung zog mein Vater in eine grauenhafte Mietwohnung, sodass ich dachte, es ginge mit ihm wirklich zu Ende. Hier war ein Mann, der die Wildnis von Arkansas gedanklich nach seinen Vorstellungen umformte, und er lebte in einer 80-qm-Wohnung in einem Wohnblock, in dem auch „Singles-Nights“ veranstaltet wurden.

Das Bauernhaus, das er entworfen hatte, war riesig – etwa 450 Quadratmeter Wohnfläche mit einem herrlichen großen Natursteinkamin, einem Gewächshausanbau an der Küche (meine Mutter kocht und gärtnert für ihr Leben gerne) und wandhohen Fenstern mit einem Ausblick von einer Klippe über die Boston Mountains.

Irgendwie nahm ihm das Scheitern der Ehe den Wind aus den Segeln. Er kaufte ein altes Bauernhaus in der Stadt und begann es zu renovieren. Er fuhr immer seltener zur Farm in den Bergen hinaus. Er sprach am Telefon nicht mehr von ihr, außer um zu sagen, dass er ein schlechtes Gewissen habe, dass sie ungenutzt vor sich hindämmere.

Man mag es kaum glauben, aber ich begann selbst, mir Sorgen wegen der Farm zu machen. Mit meiner Frau konnte ich höchstens abstrakt darüber sprechen, sie hätte andernfalls befürchtet, ich hätte vor, dorthin zu ziehen und die Arbeit zu Ende zu führen. Wenn ich mit meinem Vater sprach, bot ich gelegentlich an, ein oder zwei Wochen runterzukommen und das Farmhaus in Schuss zu bringen. Ein paar Zwischenwände einziehen. Fußböden verlegen. Es vorzubereiten, sodass er dort weitermachen könnte, wo er wollte.

Aber er winkte ab.

Eines Tages, als ich ihn in Arkansas besuchte, erfuhr ich, warum. Einer der Nachbarn an der Straße außerhalb von Hackett hatte meinem Vater erzählt, das Tor an der Einfahrt sei abgerissen worden. Vermutlich das Werk von irgendwelchen Halbstarken.

Wir fuhren die lange, vertraute Strecke, die vom pfeilgraden Highway I-540 über endlose Kurven bis hinaus zur Farm führte.

Als wir ankamen, brach es mir das Herz.

Das Einfahrtstor war zerbrochen, wie es der Nachbar berichtet hatte. Das war aber nicht das Schlimmste. Das Haus selbst zeigte deutliche Zeichen von Entropie. Das Fundament neben dem Sturmkeller (den man in Arkansas haben muss) hatte nachgegeben, und das Mauerwerk darüber neigte sich schwindelerregend.

Über die wunderbare Nadelholzverschalung wucherten Pflanzen. Überall hatten Ratten Kothäufchen hinterlassen. Die Schlafveranda, die mein Vater für meine Mutter wegen der drückenden Hitze in Arkansas gebaut hatte, schien kurz vor dem Einstürzen zu stehen.

Ich weiß nicht warum, aber ich war den Tränen nahe. Ich hatte erlebt, wie so große Teile dieses Traums verwirklicht worden waren. Ich war jedes Mal dabei, wenn eine neue Wand errichtet wurde – meist mit Hilfe von Tauen, Seilzügen und einer Handvoll von Freunden. Ich hatte zugesehen, wie ein Vater-Sohn-Gespann den aufwendigen Natursteinkamin hochgezogen hatte, der das große Zimmer beherrschte. Und ich hatte selbst Traufbretter, tragende Balken und Bodenbretter der Veranda mit Nägeln befestigt. Im Gesamtzusammenhang hatte ich zwar kaum etwas beigetragen. Aber ich war da, und wenn es nur war, um widerwillig Woche um Woche die Fortschritte zur Kenntnis zu nehmen, die mein Vater machte.

Und ich war da, um das Scheitern des Traums zu erleben. Mein Vater war an jenem Tag etwas verstört, und der Arzt, mit dem er zusammen seine Praxis be-

Platz für mehr. Die Veränderungen machten aus meiner Werkstatt nicht nur einen angenehmeren Arbeitsplatz, sie schufen auch Raum für die Hobelbank meiner Tochter.

trieb, war mitgekommen, um sich die Farm auch anzusehen. Sie standen auf der Kiesauffahrt und unterhielten sich. Ich brachte derweilen das neue Tor an. Es war keine schwierige Arbeit.

Als ich damit fertig war, sah ich meinem Vater und seinem Partner zu und stöberte dann in dem Haus herum, eine halbfertige Ruine aus unverkleideten Holzbalken, Dachfenstern und faulendem Nadelholz. Ich wollte das alles in Ordnung bringen.

Das war der Augenblick, in dem ich endlich zu einem Verständnis jenes Tages kam, als ich noch nicht einmal richtig in der Pubertät war und mit meinem Vater zur Farm hinaus gefahren war.

Es war nicht mein Schicksal, den gleichen Traum wie mein Vater zu träumen. Ich bin ein anderer Mensch, ich habe eine andere DNA. Aber der Drang, Dinge zu bauen, ist uns gemeinsam. Als er 1981 hinter dem Lenkrad saß, wusste er das. Ich wusste es nicht.

Aber ich weiß es jetzt.

4 | DAS IST KEIN MESSER

Eine mit Intarsien und Schnitzereien versehene Hundehütte mag eine Seltenheit sein, aber sie ist nicht wertvoll und der Mann, der die Einlege- und Schnitzarbeiten angefertigt hat, ist kein Genie, sondern ein Verrückter.

Herbert Cescinsky, 1924, Antiquitätenexperte

Wer Werkzeuge herstellt, aber keinen richtigen Stechbeitel herstellen kann, sollte sich meiner Meinung nach vielleicht einen neuen Beruf suchen. Beitel bestehen höchstens aus zwei bis fünf Bauteilen. Keins davon ist beweglich. Keiner der benötigten Rohstoffe ist besonders teuer oder selten. Alle schwierigen Herausforderungen bei der Herstellung von perfekten Beiteln wurden vor Ewigkeiten gelöst.

Eigentlich könnte ein fleißiger Hobbyschreiner mit Schleifstein, Lötlampe und Küchenofen einen vernünftigen Satz Stechbeitel herstellen.

Warum gibt es dann in Versand- und Werkzeughandel so viele grottenschlechte moderne Beitel? Verwenden die Hersteller schlechten Stahl? Eigentlich nicht, moderne Stahlsorten sind ausgezeichnet.

Wie ist es mit den Griffen aus Holz? Versuchen sie Geld zu sparen, indem sie zu weiches Holz verwenden? Auch hier lautet die Antwort: nein. Die Griffe von vielen modernen Beiteln sind aus Hainbuche, Hickory oder einem anderen strapazierfähigen Holz.

Es kann nicht an der Zwinge liegen, oder?

Die Wahrheit ist, dass die meisten Beitel überzeugend aussehen, wenn man sie auf dem Papier betrachtet. Sie sehen auch gut aus, wenn sie an der Wand der Werkstatt hängen. Meistens sind sie jedoch nur schlechte Kopien eines echten Stechbeitels. Wichtige Details werden nicht beachtet. Wichtige Entscheidungen über die Herstellung der Werkzeuge werden von Menschen getroffen, die keine Ahnung davon haben, wie diese Werkzeuge verwendet werden.

Wenn ich ein Anhänger von Verschwörungstheorien wäre, würde ich es so sehen: Große Firmen stellen funktionsunfähige Werkzeuge her, damit man Ersatzwerkzeuge kaufen muss. Mit diesen Werkzeugen ist nichts qualitativ Gutes herzustellen, also ist man gezwungen, Fertigmöbel zu kaufen, die auch nicht lange halten. So ist es dann unmöglich, sich aus dem Zyklus von Kaufen, Zerfall und Kaufen zu befreien.

Ich glaube jedoch nicht an Verschwörungen, da die einfachere Erklärung auf reine Geldgier oder Dummheit hinweist.

Ich meine es wirklich so. Werfen wir nochmal einen Blick auf die Beitel-Raspel-Kombination am Anfang dieses Kapitels. Wenn die Person, die sie entworfen hat, Mitglied der Trilateralen Kommission ist, die es ja angeblich auf die Weltherrschaft abgesehen hat, dann bin ich ein chinesischer Jet-Pilot.

Zwei Möglichkeiten: Gebraucht oder Neu

Werkzeuge von einem großen Hersteller zu kaufen, ist normalerweise eine schlechte Idee. Man steht also beim Kauf von Beiteln vor einer Wahl: Entweder man kauft einen hochwertigen gebrauchten Satz und setzt ihn instand, (dafür braucht man Zeit), oder man kauft einen hochwertigen Satz von einem modernen kleinen Hersteller, der nicht vergessen hat, wie man Werkzeug richtig herstellt, (dafür braucht man mehr Geld). Es gibt keine dritte Möglichkeit.

Egal, für welchen Weg man sich auch entscheidet, man muss lernen, Beitel von beitelförmigen Gegenständen zu unterscheiden. Es gibt auch alte Werkzeuge, die genauso schlecht sind wie der moderne Schrott. Der folgende Teil dieses Buches beschäftigt sich mit den Eigenschaften, die ein echtes Werkzeug haben sollte, egal wann es hergestellt wurde.

Bevor wir aber die wichtigen Eigenschaften von Werkzeugen besprechen, möchte ich einen allgemeinen Rat zum Werkzeugkauf geben, da ich selber seit vielen Jahren Werkzeuge kaufe. Ich habe Tausende von Werkzeugen in der Hand gehabt und ich habe in Hunderten von Fällen den Kauf bereut.

Man sollte das beste Werkzeug kaufen, das man sich leisten kann. Man sollte immer Werkzeuge von Menschen kaufen, die für und mit Werkzeugen leben und die bei Problemen mit einer Rückgabe einverstanden ist. Die Preise bei solchen Verkäufern sind höher als auf dem Flohmarkt, bei Haushaltsauflösungen oder Auktionen im Internet. Auf der anderen Seite sind ihr Kundenservice und ihre Kenntnisse es wert.

Obwohl es mir jedes Mal innere Freude bereitet, wenn ich ein Juwel unter den Werkzeugen für $1 auf einem Flohmarkt kaufe, muss ich dafür jedoch viele Frösche küssen, bevor sich einer von ihnen in einen Prinzen verwandelt. Egal, wie gut man beim Überprüfen von Werkzeugen in freier Wildbahn ist, wird man ab und zu Fehler machen. Die „Ausbildung", die man bei Versteigerungen und auf Flohmärkten durchläuft, kostet wertvolle Zeit, die man in der Werkstatt verbringen könnte.

Bei einem guten Werkzeugverkäufer spart man Geld und Zeit, Geld, das man für Holz ausgeben könnte, und Zeit, die man in der Werkstatt verbringen könnte. Eine (sicher unvollständige) Liste von einigen Händlern, die hochwertiges Werkzeug anbieten, finden Sie im Anhang.

Wenn man gute Händler gefunden hat, kann man sein Werkzeuginventar leichter und schneller ergänzen. Wenn der Händler gebrauchte Werkzeuge verkauft, muss man ihm erklären, was man sucht und dass man auf Geräte von hoher Qualität Wert legt.

Werkzeuge, die für die Praxis gedacht sind, unterscheiden sich normalerweise von denen, die Sammler schätzen. Sammler wollen Seltenheit – etwas, das Benutzer meiden sollten. Wenn ein Werkzeug selten ist, bedeutet das normalerweise, dass es nur in kleinen Mengen hergestellt wurde und dass es keinen großen Erfolg am Markt hatte. Noch dazu wird es schwierig, Ersatzteile für ein seltenes Werkzeug zu bekommen, falls man z. B. einen Tiefenanschlag, eine Schraube oder eine Bohrfutterfeder benötigt.

Gebrauchte Werkzeuge für die Tischlerei sind nicht wie moderne Werkzeuge, die nach dem Prinzip des niedrigsten gemeinsamen Nenners hergestellt werden und in Baumärkten zu finden sind. Ein Stanley Nr. 5 Hobel vom Anfang des 20. Jahrhunderts ist einer der Gebrauchthobel, die am häufigsten angeboten werden. Stanley hat ihn in hohen Stückzahlen hergestellt. Er gehört zu den besten Werkzeugen, die Stanley je hergestellt hat. Meine Nr. 5 stammt aus dieser Zeit und ich habe $12 dafür ausgegeben. Ich würde ihn nicht für das Zwanzigfache verkaufen. Dasselbe gilt für den Handbohrer Nr. 2 von Millers Falls. Man kann ein gutes Exemplar für $20 kaufen und wird ihn weder jemals verkaufen noch mehr von einem Bohrer verlangen.

Auch gut zu wissen: Sammler wollen Werkzeuge, die nur aus originalen Komponenten bestehen – Benutzer wollen Werkzeuge, die funktionieren, auch wenn einige Bauteile nicht original sind. Ein sogenanntes „Mischlings"-Werkzeug, mit gemischten, aber funktionierenden Teilen, kann ein echtes Schnäppchen sein. Die Bedrock-Hobel von Stanley sind z. B. sowohl von Sammlern als auch von Benutzern begehrt. Der Sammler will nur Bauteile, die original in der Fabrik hergestellt wurden oder zumindest Teile aus derselben Zeit. Dem Benutzer ist es egal, ob Klappe, Hobeleisen und Spanbrecher aus verschiedenen Zeiten sind. Ihm ist es auch egal, wenn jemand ein Loch in die Sohle des Hobels gebohrt hat, um ihn aufhängen zu können (Sammler hassen so etwas) oder wenn der obere Teil des Handgriffs abgebrochen ist (man kann einen neuen Griff herstellen).

Wenn man nicht mit Sammlern konkurrieren möchte, kann man Geld sparen. Ein alter Bedrock-Hobel in Sammler-Qualität kostet dreimal so viel wie ein „Mischling". Beide heben auf genau dieselbe Art und Weise Späne vom Holz ab.

Gute Händler sind bereit, einem bei der Suche nach guten, praxistauglichen Werkzeugen zu helfen. Es gibt einige Händler, die auf bestimmte Werkzeugarten spezialisiert sind. Ich kenne einen Händler, der Slav heißt und Spezialist für Feilen und Raspeln ist. Walt kann immer hervorragende Beitel und frühe Hobel von Stanley liefern. Sandy hat immer gute Bohrwinden. Patrick kann fast alles finden.

Bevor ich den Kauf von neuen Werkzeugen bespreche, möchte ich die Leser dieses Kapitels ansprechen, die sich weigern, gebrauchte Gegenstände zu kaufen, sei es Werkzeuge, Bekleidung, Gitarren oder Häuser. Ich habe diese Denkweise nie ganz verstanden, aber sie existiert.

Wenn man zu diesen Menschen gehört, sollte man bedenken, dass Werkzeuge sich von einer gebrauchten Jacke oder einer Wohnung unterscheiden. Ein altes Werkzeug ist nicht – wie ein altes Haus – ein Albtraum, wenn es um Instandhaltung geht. Nachdem man ein Werkzeug in einen funktionierenden Zustand versetzt hat, hält es fürs Leben (es sei denn, man lässt es auf einen Betonboden fallen). Im Gegensatz zu gebrauchter Bekleidung fallen alte Werkzeuge nicht einfach auseinander. Die meisten Werkzeuge aus dem 19. und frühen 20. Jahrhundert werden mehrere Menschenleben lang ihren Dienst tun.

Der Kauf von alten Werkzeugen ähnelt dem Kauf von antiken Möbeln. Nach Jahrzehnten harter Arbeit fühlen sich viele alte Werkzeuge besser in der Handhabung an und sehen besser aus. Ich halte die Patina von altem Stahl und die abgewetzten Stellen an hölzernen Handgriffen für ansprechend, und diese mäßige Abnutzung ist eigentlich ein Zeichen dafür, dass das Werkzeug von hoher Qualität ist. Man sollte misstrauisch sein, wenn ein altes Werkzeug fabrikneu aussieht. Normalerweise sind solche Werkzeuge teurer als Werkzeuge, die ein bisschen abgenutzt aussehen, weil die Sammler Werkzeuge bevorzugen, die ihre Originalverpackungen noch haben. Man sollte auch daran denken, dass das neuwertige Aussehen eines alten Werkzeuges ein Hinweis darauf sein könnte, dass es defekt ist.

Vielleicht hatte der Verkäufer versucht, es zu benutzen, aber die Sohle des Hobels war verzogen oder der Frosch saß nicht so gut, bei der Säge war das Sägeblatt zu weich, oder es gab andere entscheidende Fehler.

Auf der anderen Seite könnte ein glänzendes altes Werkzeug vielleicht bedeuten, dass der Besitzer einfach nie dazu kam, es zu benutzen, oder dass er das Interesse an Handarbeit verloren hatte. Wenn das der Fall ist, kann man vielleicht in den Besitz eines ganz besonderen Werkzeugs kommen, falls man bereit ist, gegen die Sammler zu konkurrieren.

Wie man neue Werkzeuge kauft

Da wir gerade von glänzenden Werkzeugen sprechen: Eine andere Möglichkeit besteht darin, neue Werkzeuge einer kleinen modernen Firma zu kaufen. Im Großen und Ganzen wird dieser Weg teurer sein als die Suche nach alten Werkzeugen. Der Vorteil ist, dass man mit wenigen Mausklicks oder einigen Anrufen alles bekommen kann, was man für die Werkstatt benötigt.

Aufgrund der Erfahrung vieler Jahre, in denen ich die Produkte von kleineren Herstellern gekauft habe, kann ich sagen, dass etwas Vorsicht nötig ist, wenn es um den Kauf von neuen Werkzeugen geht.

Erstens sollte man keine Werkzeuge kaufen, die zu neu auf dem Markt sind. Diese Warnung gilt auch für Autos. Es ist nie eine gute Idee, das neueste Modell eines Autos im ersten Jahr der Herstellung zu kaufen, weil der Hersteller noch alle Problemchen im Herstellungsverfahren lösen muss und noch keine Rückmeldungen von den Kunden über Fehler bekommen hat.

Ich weiß, dass das auch der Fall bei Werkzeugen ist, weil ich viele Werkzeuge unter die Lupe nehme, die als erste aus der Produktion gekommen sind.

Nicht, dass die Werkzeuge schlecht sind: Aber nach etwa einem Jahr sehen sie besser aus und funktionieren vielleicht auch besser als die frühesten Exemplare. Als Erklärung ein paar Beispiele: Ich war einer derjenigen, die die Prototypen der Stechbeitel von Lie-Nielsen Toolworks getestet haben, ein Jahr bevor sie in den offenen Verkauf gingen. Ich habe auch einen der ersten Sätze gekauft, der von der Firma hergestellt wurde. Es sind hervorragende Beitel.

Ein paar Jahre später habe ich einen zweiten Satz für meine eigene Werkstatt gekauft, und ich war erstaunt, wie sehr sich der neue Satz vom ersten Satz unterschied. Die Seitenfasen der neuen Werkzeuge waren viel kleiner. Die Handgriffe waren präziser gedreht, und die Verarbeitung der Stahloberflächen der Beitel war insgesamt besser.

Manchmal stammen die Verbesserungen von nur einer Person in der Fabrik. Die Zinkensägen von Gramercy waren bei ihrer Markteinführung schon gut. Nach ein paar Jahren hatten die Fertigkeiten des Handwerkers, der die Gramercy-Sägen schleift und schränkt, sich so verbessert, dass der Unterschied bemerkenswert war.

Man sollte also nicht zu den Erstkäufern gehören wie ich.

Ebenso vorsichtig gilt es bei Werkzeugen zu sein, die es nicht geben sollte. Die Hersteller versuchen nicht, einem etwas anzudrehen. Sie reagieren vielmehr normalerweise nur auf die Wünsche von Sammlern oder ihrer (manchmal ahnungslosen) Kunden.

Die Liste der Werkzeuge, die man nicht braucht, um Möbel herzustellen, ist länger als die Liste der Werkzeuge, die man braucht.

Einige Beispiele: Lee Valley stellt Richtscheite aus Aluminium her. Sie wurden auf wiederholte Kundenbitten hin eingeführt. Man sollte sie nicht kaufen, sondern sich stattdessen eigene aus Holz herstellen. Sie werden länger und genauer.

Lie-Nielsen hat Stemmeisen mit Handgriffen aus Palisander verkauft. Stemmeisen dieser Bauart werden mit einem Klüpfel benutzt, aber Palisander splittert, wenn man es schlägt!

Im Allgemeinen sind viele Nachbildungen von alten Sonderhobeln und seltenen Dingen (wie der oft nachgebildete Stanley „Odd-Job“) eher für Sammler gedacht, die sich ein Originalexemplar nicht leisten oder nicht finden können.

Ein gutes Beispiel: Der oft kopierte Hobel Nr. 1 kann nur begrenzt in der Werkstatt verwendet werden. Jeder Sammler will aber einen, auch wenn er oder sie sich ein Original nicht leisten kann. Ich habe einen nachgebildeten Hobel Nr. 1 gekauft, nachdem mir viele Leute gesagt hatten, dass sie ihn als Hirnholzhobel verwendeten. Ich habe es probiert und ich bin zu meinem Hirnholzhobel zurückgekehrt. Den Nr. 1 habe ich an mein Regal gehängt. Er sieht wirklich hübsch aus.

Und schließlich muss man beim Kauf eines neuen Werkzeugs wahrscheinlich die Entscheidungskriterien ändern, wenn es zur Auswahl des Herstellers kommt. Die Amerikaner neigen dazu, die Eigenschaften von Marke A mit denen von Marke B zu vergleichen und dann zu ermitteln, welche Marke die meisten Fähigkeiten fürs Geld anbietet.

Das funktioniert nicht bei Werkzeugen.

Die wichtigen Eigenschaften von Werkzeugen liest man nie in der Werbung. Nie findet man dort Kennzeichnungen wie:

- Ausgewogen!
- Nicht zu schwer!
- Griffe, die keine Blasen verursachen!
- Stahl, der einen guten Kompromiss zwischen Härte und leichtem Schleifen bietet!
- Kanten, die nicht in die Handflächen einschneiden!

Und so weiter. Die Wahl eines Werkzeugs sollte wie die Wahl einer Prothese sein. Das Werkzeug muss wie eine Verlängerung der eigenen Hand funktionieren. Es muss alles machen können, was man an einem typischen Arbeitstag von ihm verlangt. Die Arbeit mit ihm sollte einen nicht vorzeitig ermüden lassen.

Wahrscheinlich wird deutlich geworden sein, dass ich zu leichteren Werkzeugen neige als die momentan „modischen". Ich mag den Putzhobel Nr. 3, aber viele Leute bevorzugen den riesigen Nr. 41/2. Nicht, weil ich klein oder schwach bin (ich bin weder das eine noch das andere), sondern weil kleinere und leichtere Werkzeuge bestimmte Vorteile bieten, und man sie länger benutzen kann. Man erreicht mit ihnen auch Ecken, die zu eng sind für größere Werkzeuge – ein klarer Vorteil, der selten erwähnt wird.

Wenn man jedoch Möbel baut, die überdurchschnittlich groß sind, also etwa zwei Meter hohe Kleiderschränke, dann wird man sicherlich größere Werkzeuge verwenden wollen. Für die meisten Holzwerker aber sind Werkzeuge in Größen, die typisch für das 18. Jahrhundert sind, günstiger und weniger ermüdend.

Schauen wir uns also jetzt die wichtigen funktionalen Eigenschaften jedes Werkzeugs auf meiner Liste an. Ich werde nicht über unterschiedliche Hersteller schreiben. Marken kommen und gehen. Stattdessen werde ich die Qualitäten in den Blick nehmen, die ein gutes Werkzeug von einem werkzeugähnlichen Gegenstand unterscheiden.

5 | UNVERZICHTBARE HOBEL

An großen Firmen stört mich vor allem, dass sie die Verwendung ihrer Werkzeuge so weit wie möglich einschränken. In den Fabriken, in denen ich gearbeitet habe, wurden die Werkzeuge in Schränken weggeschlossen wie handgeschriebene Bibeln. (Sie brauchen einen Steckschlüsselsatz? Bitte eine Niere als Pfand hinterlegen.) In Technik- und Medienfirmen ist es ganz ähnlich, wenn es um Computer, Software und Telekomgeräte geht.

Das verrückteste Beispiel dafür habe ich erlebte, als ich nach der Uni meinen ersten Job bei der Zeitung *The Grenville News* antrat. Die Manager waren so geizig, dass man einen vollgeschriebenen Schreibblock einreichen musste (alle Seiten vollgeschrieben, hinten und vorne), um einen neuen Block zu bekommen. Um einen neuen Kugelschreiber zu bekommen, musste man einen leeren einreichen. Ein Ferngespräch durfte man erst führen, wenn der Chef es erlaubt hatte.

Wegen dieser dummen Vorschriften durfte man Stunden im Kreis laufen. Man will ein Ferngespräch mit einem Informanten führen, aber der Chef ist nicht da? Die anderen Chefs zu Hause anrufen. Aber was ist, wenn sie nicht zuhause sind, und man ein Ferngespräch führen muss, um sich ein Ferngespräch genehmigen zu lassen?

Seit dieser Zeit habe ich immer meine eigenen Notizblöcke und Kugelschreiber gekauft. Ich bin zum Schluss gekommen, dass es eine sehr gute Idee ist, einen eigenen Satz guter Werkzeuge – Handwerkzeuge, Elektrowerkzeuge, Computer usw. – zu besitzen. Dementsprechend habe ich jedes Werkzeug, das ich hier bespreche, mit meinem eigenen Geld gekauft.

Die fünf Hobel

Wenn es um Hobel geht, wird man auf Dauer wahrscheinlich mehr als fünf in seinem Werkzeugsatz haben. Wenn man aber mit den folgenden fünf anfängt, kann man schon eine Menge Dinge herstellen. Bei der Arbeit mit diesen Hobeln lernt man auch alles, was beim Kauf des nächsten Hobels wichtig ist. Hier ist die Grundausstattung:

- Eine Kurzraubank mit einem Paar zusätzlicher Eisen. Mit ihm erledigt man die drei Hauptaufgaben beim Hobeln: Holz abtragen, ebnen und auf die Oberflächenbehandlung vorbereiten.
- Ein Nuthobel, der fürs Schneiden von Nuten unentbehrlich ist. Er ist auch hilfreich beim Abtragen von überflüssigem Holz vor dem Aushobeln von Profilen.

- Ein Falzhobel, um Falze zu schneiden, abgeplattete Türfüllungen herzustellen und auch, um Holz vor der Herstellung von Profilen abzutragen.
- Ein Hirnholzhobel. Obwohl einige Traditionalisten diesen Hobel verachten mögen, halte ich ihn für einen der vielseitigsten Hobel für das Verputzen, das Ebnen von Verbindungen und das Hobeln von Hirnholz.
- Ein Grundhobel. Es mag als Überraschung kommen, dass ich diesen Hobel für unverzichtbar halte. Ich würde nicht ohne ihn arbeiten. Mit einem Grundhobel kann man eine Vielzahl von Verbindungen nacharbeiten, darunter Falze, Nuten, Zapfen und Überblattungen.

Der Alleskönner

Der erste Hobel, den man kaufen sollte, ist eine Kurzraubank (im angelsächsischen Nummerierungssystem die Nr. 5, die als *jack plane* bezeichnet wird). Er ist etwa 35 cm lang und das Eisen ist etwa 5 cm breit. Die Kurzraubank gehört zu einer großen Familie von Hobeln, die Bankhobel genannt werden. Es gibt eine verwirrende Vielfalt von Bankhobelarten. Sie sind aus unterschiedlichen Materialien hergestellt, in allerlei Größen und Stilen verfügbar und mit den unterschiedlichsten Mechanismen ausgestattet.

Flexibel. Die kurze Raubank kann auch die Aufgaben kürzerer und längerer Hobel übernehmen. Mit einigen zusätzlichen Hobeleisen ist das kein Problem.

Da Bankhobel den Kern der traditionellen Werkstatt bilden, gebe ich im Folgenden eine umfassende Erklärung der Familie der Bankhobel, die in drei Werkzeugkategorien aufgeteilt werden kann.

1. Die Kurzraubank, die vielfältig einsetzbar ist, normalerweise aber benutzt wird, um Holz grob abzutragen. (Im Nummerierungssystem von Stanley ist dies die Nr. 5 oder 6.)
2. Die Raubank ist ein langer Hobel, der verwendet wird, um längere Flächen abzurichten (nach Stanley die Nr. 7 oder 8).
3. Der Putzhobel, der Holz auf die Oberflächenbehandlung vorbereitet (nach Stanley Nr. 1 bis 4 1/2).

Bevor wir also die wichtigsten Eigenschaften der Kurzraubank betrachten, sollen wir uns den wichtigen Merkmalen zuwenden, die allen Bankhobeln gemeinsam sind.

Die konventionelle Weisheit behauptet, dass diese Hobel „Bankhobel“ genannt werden, weil sie immer auf oder direkt unter der Hobelbank zu finden sind. Dem stimme ich so zu. Wenn ich arbeite, habe ich immer drei Bankhobel zur Hand: eine Kurzraubank, eine Raubank und einen Putzhobel.

Bankhobel sind die Werkzeuge, mit denen man an sägeraues Holz glatte und ebene Flächen, Kanten und Enden anschneidet, so dass man ein vorzeigbares Möbelstück daraus bauen kann.

Mit allen Bankhobeln führt man drei Arbeiten am Holz aus: Material abtragen, die Oberfläche ebnen, und das Aussehen verbessern. Jede Art von Bankhobel ist für eine dieser Aufgaben optimiert. Mit der Kurzraubank kann man Material schnell abtragen, vorausgesetzt, das Eisen ist richtig geschliffen und justiert.

Die Raubank macht Oberflächen so eben wie möglich. Im englischsprachigen Raum wird sie *jointer* oder *try plane* genannt, was beides auf die Funktion des Abrichtens verweist.

Die Bezeichnung Putzhobel ist selbsterklärend. Obwohl alle Bankhobel Holz mehr oder weniger glätten, ist es der Putzhobel, mit dem man eine Oberfläche glättet (‚putzt‘), bis sie bereit für die Oberflächenbehandlung ist.

Noch mehr als bei allen anderen Werkzeugen neigt der moderne Tischler dazu, bei Bankhobeln in Kaufwut zu verfallen, normalerweise bevor er gelernt hat, die Hobel zu benutzen.

Nachdem er ein halbes Dutzend oder so gekauft hat, beruhigt er sich dann meist und beginnt sich genauer anzusehen, was er da gekauft hat. Dann fällt ihm auf, dass es eine gute Idee gewesen wäre, vor dem Kauf ein Buch über das Thema zu gelesen.

Natürlich ist er nicht der Alleinschuldige an dem Kauf so vieler überflüssiger Hobel. Stanley stellte Bankhobel her in Größen vom niedlichen Nr. 1, der auf die Handinnenfläche passt, bis zum riesigen Nr. 8, der so groß ist, dass man ihn fast beim Straßenverkehrsamt anmelden müsste. Und dann gibt es noch einige Zwischengrößen wie den beliebten Nr. 4 1/2, der eigentlich ein übergroßer Nr. 4 ist.

Die Gene, die wir von den Jägern und Sammlern geerbt haben, arbeiten gegen uns. Es ist eine Freude, jeder einzelnen Größe von Bankhobeln hinterher zu jagen, und das Sammeln eines kompletten Satzes hat einen unglaublichen Reiz.

Der folgende Merksatz kann einem sehr viel Geld und sehr viel Zeit für Instandsetzungsarbeiten ersparen: Man braucht nicht alle Bankhobel. Man braucht nicht einmal die Hälfte davon. Man kann mit nur einer Kurzraubank und ein paar zusätzlicher Eisen auskommen (so habe ich jahrelang gearbeitet). Ich habe alle Größen von Bankhobeln benutzt und habe festgestellt, dass ich für 95% aller Arbeiten nur drei von ihnen verwende. Und was ist mit den restlichen 5%? Das sind die Arbeiten, bei denen andere Tischler mich fragen, wie es ist, einen Nr. 5 1/2, einen Nr. 1 oder eine andere seltene Größe zu benutzen.

Glücklicherweise (für das Portemonnaie des angehenden Tischlers) bestätigen die geschichtlichen Quellen meine Ansicht.

Vier Arten von Körpern

Beim Kauf eines Bankhobels kann man zwischen vier verschiedenen Arten von Körpern wählen. Man kann ohne Weiteres Merkmale der verschiedenen Arten mischen, aber es gibt subtile Unterschiede, die in den folgenden Beschreibungen deutlich werden. Ich halte die bequeme Handhabung auch bei längerer Verwendung für einen der wichtigsten Faktoren bei der Wahl eines Bankhobels. Eigentlich gilt das für alle Handwerkzeuge. Man sollte das Werkzeug vor dem Kauf möglichst ausprobieren – oder sicherstellen, dass eine Rückgabe möglich ist, falls es einem nicht ‚liegt'.

Fangen wir mit den normalen Hobelarten an, danach wenden wir uns den Exoten zu.

Bankhobel mit Metallgehäuse: Diese Hobel bestehen vollkommen aus Metall, mit Ausnahme des vorderen Knopfes und des hinteren Handgriffs. Welchen Markennamen sie auf dem Gehäuse auch tragen mögen, werden sie üblicherweise von Tischlern „Bailey-artig" oder „Stanley-artig" genannt. Leonard Bailey und Justus Traut werden als die Väter des Metallbankhobels betrachtet und Stanley ist die Firma, die alle Konkurrenten aus dem Markt drängte. Deswegen wird das Nummerierungssystem für Metallhobel von Stanley auch allgemein verwendet.

Der Hauptvorteil dieser Hobel ist, dass ältere Exemplare leicht zu restaurieren sind. Metallbauteile, die verzogen sind, können von ihrem Besitzer nachgearbeitet werden. Fehlende oder beschädigte Teile können überall gekauft werden. Man kann das Werkzeug auch mit einem neuen Spanbrecher, einem neuen Eisen oder mit beidem von einem modernen Hersteller aufpeppen.

Noch weitere Vorteile: Metallhobel funktionieren auf höheren Hobelbänken besser als Hobel aus Holz. Die Masse des Hobels führt dazu, dass das Werkzeug im Schnitt und in der Flucht bleibt, und die Stellung des Handgriffes und des Vorderknopfes erlauben die Verwendung des Werkzeuges, ohne den ganzen Oberkörper darüber halten zu müssen, wie es bei Holzhobeln nötig ist.

Die meisten Metallhobel haben präzise Justiermechanismen, mit denen man die Schnitttiefe und Stellung der Eisen im Maul des Werkzeugs verstellt. Bei den meisten Metallhobeln kann man übrigens auch die Maulöffnung durch eine Vorwärts- bzw. Rückwärtsbewegung des Frosches verändern – ein erheblicher Vorteil, wenn man wechsel- oder drehwüchsige Hölzer bearbeitet.

Haben Metallhobel auch Nachteile? Sie sind schwerer als Holzhobel und deshalb kann man schneller ermüden. Beim Abrichten eines verzogenen Hobels entstehen viele Eisen- und Stahlspäne, da alle Teile aus Metall sind, und es dauert länger als bei einem Holzhobel.

Metallhobel haben viele bewegliche Bauteile, deren korrekte Einstellung einen Anfänger überfordern kann, obwohl es mit etwas Übung leicht von der Hand geht. Metallhobel rosten. Die meisten älteren Exemplare zerbrechen, wenn man sie auf einen Betonboden fallen lässt. Einige Holzwerker mögen das Gefühl nicht, einen Metallhobel über Holz zu bewegen. (Ich gehöre allerdings nicht dazu.)

Über Metallhobel mit obenliegender Eisenfase

Einige Leute unterscheiden bei Metallbankhobel zwei Untergruppen: diejenigen mit obenliegender Eisenfase und solche mit untenliegender Fase. Der Hauptunterschied zwischen den beiden Gruppen besteht darin, wie man das Eisen ins Werkzeug einlegt: entweder mit der Fase nach oben oder nach unten.

Es gibt auch einige funktionelle Unterschiede, die deutlich werden, wenn man sich mit den Werkzeugen beschäftigt. Die Hobel mit Fase oben sind einfacher konstruiert, es ist leichter mit ihnen einen größeren Schnittwinkel einzustellen und die Justierelemente sind anders ausgelegt als bei Hobeln mit untenliegenden Eisenfasen. Dem Holz ist die Orientierung der Fase jedoch egal, und die beiden Metallhobelarten schneiden nach dem gleichen Prinzip, es sei denn, die Schneide des Eisens ist deutlich ballig. Wenn jemand etwas anderes behauptet, versucht er nur, einem etwas aufzuschwatzen.

Hobel aus Holz: Der große Vorteil dieser Hobel liegt in ihrer Einfachheit. Sie haben viel weniger Bauteile als Metallhobel und so kann die Diagnose von Problemen relativ einfach sein.

Ein Holzhobel lässt sich relativ schnell justieren. Da die Sohle aus Buche und nicht aus Eisen besteht, kann man sie schnell abrichten (manchmal mittels eines anderen Hobels) und so schneller mit der Arbeit anfangen.

Viele Tischler schätzen das Gefühl, einen Holzhobel während der Arbeit in der Hand zu halten. Sein relativ niedriges Gewicht macht es leichter, ihn über längere Zeiträume zu benutzen. Der Korpus des Holzhobels ist erheblich höher als das Gehäuse eines Metallhobels. Wegen der Unterschiede zu Metallhobeln kann

es etwas problematisch sein, in der Werkstatt mit beiden Arten zu arbeiten. Weil Holzhobel von oben gegriffen werden, braucht man eine niedrigere Hobelbank als für Metallhobel. Ich will nicht behaupten, dass man nicht beide Arten nebeneinander verwenden kann, aber man muss wissen, dass es Probleme geben könnte.

Andererseits haben Holzhobel bestimmte Nachteile. Da Holz widerborstig sein kann, können Anfänger Schwierigkeiten haben, Probleme bei Holzhobeln zu diagnostizieren. Liegt das Problem an der Sohle? Am Keil? Am Eisen? Erfahrene Schreiner werden die Probleme schnell identifizieren und einmal identifiziert ist

das Problem normalerweise auch schnell zu beheben. Manchmal besteht die Lösung allerdings auch darin, den Hobel als Rohmaterial für Buchenholzspäne zum Räuchern zu verwenden.

Manche Fehler von Holzhobeln sind nicht schnell zu reparieren. Einige ältere Exemplare sind so verzogen oder gerissen, dass sie eigentlich in die Feuerholzkiste gehören, nicht in den Werkzeugschrank. Es gibt keine leichte Methode, die Maulöffnung eines Holzhobels zu verkleinern, wenn sie durch Abnutzung zu groß geworden ist. Man muss einen Falz in die Sohle schneiden, in den man ein Stück Holz einleimt, und dann die Maulöffnung nachschneiden. Das ist keine Herkulesarbeit, aber es ist auch nicht mit dem Justieren von zwei Schrauben zu vergleichen.

Da ich gerade von Justieren rede: Einige Schreiner sind verblüfft, wenn sie sehen, wie man Holzhobeleisen durch leichte Schläge mit einem kleinen Hammer justiert. Dieses Verfahren, das relativ leicht zu lernen ist, so lange niemand zuschaut, kann dazu führen, dass man das Gefühl hat, in einem endlosen Zyklus von leichten Hammerschlägen und Probeschnitten verloren zu sein. Mit Metallhobeln kann das nicht passieren.

Der schwerwiegendste Nachteil von Holzhobeln besteht jedoch darin, dass ihre Instandhaltung aufwendiger ist als die von Metallhobeln. Veränderungen des Klimas im Laufe der Jahreszeiten lassen das Holz des Hobels arbeiten. Der Hobel mag am Montag gute Arbeit leisten, ein paar Tage später aber nicht mehr so gute, wenn man ihn nicht nachstellt.

Hobel aus dem fernen Osten

Eine weitere Familie von Holzhobeln sind die japanischen und chinesischen Hobel. Sie haben ihre Anhänger, in Nordamerika und Europa werden allerdings viel häufiger westliche Hobel verwendet.

Japanische Hobel unterscheiden sich wesentlich von westlichen Hobeln. Man zieht sie, anstatt sie zu schieben. Die Vorderteile ihrer Sohlen sind länger und die Sohlen sind oft nicht plan. Sie sind bewusst so geformt, sodass sie nur an bestimmten Punkten auf dem Holz aufliegen. Typischerweise verwendet man diese Hobel auf einer anders konstruierten, niedrigeren Hobelbank, besonders wenn man auf einer Baustelle arbeitet.

Obwohl andere japanische Werkzeuge wie Stechbeitel und Sägen erhebliche Akzeptanz im Westen gefunden haben, bleiben die Hobel relativ selten.

Eine weitere Variante des fernöstlichen Holzhobels ist der chinesische Hobel. Ich habe diesen Hobel sowohl auf Zug als auch auf Stoß verwendet gesehen. Die Körper dieser Hobel sind typischerweise aus einem dunklen Holz (den Werkzeugkatalogen nach ist es Ebenholz) und sind häufig mit Griffen versehen, die wie eine Fahrradlenkstange mitten durch die Körper montiert sind. Die Tischler, die ich kenne, die diese Hobel benutzen, neigen dazu, die Sohlen eben abzurichten, obwohl nichts dagegen spricht, sie wie die Sohlen der japanischen Hobel zu formen, wenn man das vorzieht.

Ähnlich wie bei japanischen Hobeln gibt es auch einige Verwender von chinesischen Hobeln im Westen, aber die anderen Hobelarten sind in Europa und Nordamerika weiter verbreitet.

„Übergangs"-Hobel

Im 19. Jahrhundert entwickelten die Werkzeughersteller eine Hobelart, die das sanfte Holz-auf-Holz-Gefühl eines Holzhobels in Verbindung mit der genauen Justierbarkeit des Eisens im Metallhobel bietet.

Anders gesagt: die Übergangshobel hatten alle Nachteile der nachgiebigen Holzsohle, aber fast keinen der Vorteile des beweglichen Frosches aus Metall. Übergangshobel haben wenige Liebhaber.

Im Grunde genommen hat ein Übergangshobel (Stanley hat diesen Begriff übrigens nie verwendet) eine Sohle aus Holz und metallische Innenteile, um das Eisen zu justieren. Selbstverständlich ist der Vorteil dieser Hobelart das leichte Abrichten der Sohle. Als überzeugter Ketzer habe ich bei abgenutzten Exemplaren für diese Arbeit sogar schon eine elektrische Hobelmaschine verwendet. Hinzu kommt die genaue Justierung der Schnitttiefe und seitlichen Einstellung des Eisens, wie man sie von Metallhobeln kennt.

In dieser verrückten Ehe muss man allerdings auch auf einiges verzichten.

Das Schließen des Mauls ist lächerlich. Es gibt normalerweise einen Teilfrosch (eine Kaulquappe?), den man vor und zurück bewegen kann. Einfach, nicht wahr? Falsch! Das Metall bewegt sich, das darunter liegende Holz aber nicht. Das Eisen liegt deshalb nicht vollflächig auf der Metall- und Holzoberfläche des Frosches auf, wenn man versucht, das Maul zu schließen oder zu öffnen.

Einige Tischler lösen das Problem dadurch, dass sie die Öffnung zwischen Holz und Eisen mit Pappe füllen. Dicke Lagen Pappe überall anzubringen ist mir zu viel Arbeit, es sei denn, ich will warm bleiben, wenn ich unter einer Brücke schlafe.

So sind Übergangshobel schwierig zu benutzen, wenn man ein fein justiertes Maul beziehungsweise feine Ergebnisse haben möchte. Man kann den Körper des Hobels wie den eines Holzhobels behandeln und ein Stück Holz in die Maulöffnung flicken, oder man kann sich einen anderen Hobel kaufen.

Der letzte Nachteil dieser Werkzeugart besteht darin, dass die hinteren Griffe sich schnell lockern können. Das kann man verhindern, indem man den Griff mit einer Schraube am Körper befestigt, obwohl man vielleicht durch den Rahmen aus Gusseisen bohren muss.

Trotz all dieser Nachteile bin ich der Meinung, dass ein Übergangshobel ausgezeichnet als Kurzraubank dienen kann. Als Putzhobel taugt er nicht so sehr, wenn man sich nicht sehr viel Mühe mit ihm gibt.

Nichtsdestotrotz können Übergangshobel besonders bei Zimmermannsarbeit eine Freude sein, wenn sie richtig justiert sind. Mein längster Bankhobel ist ein Übergangshobel mit einer Sohlenlänge von 76 cm, und er leistet ausgezeichnete Arbeit beim Abrichten von Kanten. Ich benutze ihn nicht bei Laubhölzern mit schwierigem Faserverlauf, aber auf einfach zu bearbeitenden Nadel- und Laubhölzern leistet er gute Dienste.

„Infill"-Hobel

Diese Hobel tragen ihren Namen, weil sie aus einem Metallgehäuse bestehen, das mit Holz „gefüllt" ist. Im Laufe der Zeit sind sie auch mit vielem mystischem Quatsch „gefüllt" worden. Um nicht falsch verstanden zu werden: ich mag Infill-Hobel als solche (gut gemachte, schöne und funktionierende Werkzeuge). Ich habe aber nicht die Drogen konsumiert, die dazu führen, diesen Hobeln fast magische Kräfte zuzuschreiben.

Ich kann das so behaupten, weil ich während der letzten 12 Jahre viele Infill-Hobel benutzt habe, von Schrottstücken für $100 bis hin zu einem $10 000-Meisterwerk aus der Werkstatt von Karl Holtey, (dem Großmeister der Herstellung von maßgeschneiderten Hobeln).

Darf ich ihn berühren? Infillhobel sind die teuersten, seltensten und sagenumwobensten Werkzeuge überhaupt. In vielen Augen sind sie schön, und sie leisten gute Arbeit. Aber sind ihre Abmessungen wirklich so harmonische abgestimmt, dass Rattern verhindert wird, bevor es entstehen kann? Ähhh ....

Es sind nur Hobel und sie zeigen viele der Nachteile von Metall-, Holz- und Übergangshobeln. Holz bewegt sich. Metall zu bearbeiten kann schwierig sein.

Als Vorteile sind zu nennen: Die Sohle besteht aus Metall, sodass man sie vielleicht abrichten muss, wenn man das Werkzeug bekommt. Nachdem die Sohle geschliffen worden ist, verformt sie sich selten, es sei denn, man lässt den Hobel fallen oder fährt mit dem Auto darüber oder das Holz des Infills arbeitet erheblich und verformt so das Metall.

Infill-Hobel haben viel Gewicht, was einige Tischler vorziehen. Das Gewicht kann tatsächlich weniger Mühe erfordern, um den Hobel in seiner Schneidlinie zu halten. Die meisten Infill-Hobel haben eine durch eine Schraube betätigte Klappe (bei einigen ist allerdings das Eisen durch einen Keil fest gesichert). Die durch eine Schraube betätigte Klappe hat sowohl Vor- als auch Nachteile. Der Vorteil ist, dass man die Klappe mit ungeheurem Druck festschrauben kann. Das schafft eine stabile Schnittsituation und so kann man den kleinen Spalt zwischen Klappe und Eisen dicht schließen, der bei einigen anderen Hobelarten zu Katastrophen führen kann.

Die Klappe kann aber auch bedeuten, dass das Eisen schwierig zu justieren ist oder den Hobel sogar beschädigen könnte. Den meisten Infill-Hobeln fehlt ein mechanischer Einstellmechanismus, um die Schnitttiefe einzustellen – stattdessen klopft man leicht mit einem Hammer auf das Eisen. Die Infill-Hobel mit Einstellmechanismus sind normalerweise mit einem „Norris"-artigen Mechanismus versehen. Manchmal, aber nicht immer, sind diese eher fragil.

Wenn man die Klappe kraftvoll anzieht und dann das Eisen justiert, kann deshalb der Einstellmechanismus schnell verschleißen und vielleicht sogar das Gewinde beschädigt werden.

Ein anderer Vorteil von Infill-Hobeln ist schwieriger zu quantifizieren. Viele Tischler – zu denen ich gehöre – finden sie schön. Sie sind also in der Regel besser instandgehalten (wie ein Sportwagen), und werden nur selten vernachlässigt, bis sie verrosten (wie ein altes Fahrrad).

Die Nachteile von Infill-Hobeln sind nicht von der Hand zu weisen. Da das Hobeleisen auf Metall und Holz gebettet ist, kann es zu Problemen wegen dieser Materialkombination kommen. Metall arbeitet im Gegensatz zu Holz nicht. Das Eisen ist deshalb nicht sicher gelagert, was beim Hobeln zu Rattern oder unregelmäßigen Ergebnissen führen kann, wenn man das Gehäuse nicht abrichtet.

Infill-Hobel mit Einlagen aus Tropenholz sollten auch mit Vorsicht betrachtet werden. Es ist bekanntlich schwierig, exotische Hölzer fachgerecht zu trocknen, und Holz, das nicht trocken ist, kann sich verformen oder reißen, während es sich an die Bedingungen der heimischen Werkstatt akklimatisiert. Man sollte unbedingt den Verkäufer beziehungsweise Hersteller über den Feuchtigkeitsinhalt des Holzes befragen. Wenn er oder sie sich nicht sicher sind, kann man damit rechnen, vielleicht später Probleme zu bekommen.

Infill-Hobel haben keine beweglichen Frösche, und mir ist nur ein Infill-Hobel mit justierbarem Maul bekannt. Infolgedessen ist es schwierig, die Maulgröße zu ändern. Sie kann breiter gefeilt werden, aber um sie zu verkleinern, muss man ein dickeres Eisen kaufen oder einen Schweißlehrgang besuchen.

Das Allerwichtigste: den Hobel arbeitsfähig machen

Die oben genannten Nachteile sollten einen jedoch nicht entmutigen. Mit entsprechender Mühe und Pflege kann fast jeder Hobel gute Ergebnisse liefern. Wichtig sind vor allem diese Faktoren: eine ziemlich ebene Sohle, ein scharfes Eisen, das im Gehäuse des Hobels gut eingebettet ist, und eine sichere und stabile Verbindung zwischen Eisen und Gehäuse. Wenn man diese Ziele erreicht hat, besitzt man einen guten Hobel, der bei leicht zu bearbeitenden Holzarten gute Arbeit leisten wird.

Der vielseitigste Hobel. Das Eisen der Kurzraubank ist normalerweise ballig geschliffen, sodass es aggressiv dickere Späne abtragen kann, aber wie ich selbst hat auch dieser Hobel eine feinfühligere Seite.

Wenn das Maul des Hobels justierbar ist und man einen Schnittwinkel von mehr als 45° einstellen kann, hat man damit einen Hobel, der schwierige, widerspänige und komplexe Maserungen bearbeiten kann. Wir werden diese Schnittwinkel diskutieren, wenn wir weiter unten einzelne Hobelmodelle diskutieren.

Wenn ich nicht mehr als einen Hobel besitzen dürfte, wäre es eine Kurzraubank. Das ist so, weil die Kurzraubank (im Stanley-System normalerweise die Nr. 5) für fast jede Aufgabe verwendet werden kann. Sie ist hervorragend zum aggressiven Abtragen von Holz geeignet, wofür sie auch entworfen wurde.

Wenn man jedoch die Maulöffnung verringert und ein gerades oder nur leicht balliges Eisen einsetzt, kann sie als Raubank verwendet werden und so Kanten und Flächen bis zu einer Länge von 70 cm bearbeiten. Laut einer Faustregel kann ein Hobel ein Stück Holz bis zur doppelten Länge der Hobelsohle zuverlässig abrichten. Mit Erfahrung kann man diese Länge aber auch noch vergrößern.

Mit einer kleinen Maulöffnung und einem sehr leicht balligen Eisen versehen, kann man die Kurzraubank auch als Putzhobel verwenden. Wegen ihres langen Gehäuses ist es schwierig, die kleinen Tiefen eines Brettes einzuebnen, die ein kürzerer Hobel leicht erreichen könnte. Man muss also mehr Hobelstöße ausführen – das ist der Kompromiss.

Die Sohle einer Kurzraubank kann ruhig etwas beschädigt sein, wenn man den Hobel nur für grobe Arbeit benutzt. Wenn man sie aber für feinere Aufgaben benutzen möchte, muss sie absolut plan sein.

Die wichtigen Teile der Kurzraubank

Die Sohle: Wenn man die Kurzraubank nur für grobe Arbeit benutzt, ist die Ebenheit der Sohle kein großes Thema. Hat der fragliche Hobel eine Sohle? Sieht sie aus einiger Entfernung eben aus? Das reicht für gröbere Arbeit vollkommen. Wenn man die Kurzraubank aber als Raubank- oder Putzhobel benutzen möchte, dann muss die Sohle eben genug sein, um diese Aufgaben durchzuführen, bei denen es um Genauigkeit geht. Wie eben? Wenn man sie als Raubank oder zum Verputzen verwenden möchte, muss die Sohle so eben wie bei einem Putzhobel sein, und das heißt sehr eben.

Da die Ebenheit der Sohle bei gröberen Arbeiten kein großes Thema ist, empfehle ich normalerweise den Kauf eines gebrauchten Hobels für diese Aufgabe. Mein Nr. 5 kostete bei einem kiffenden Hippie auf einem Trödelmarkt unglaubliche $12. Mit anderen Worten: Werkzeug für grobe Arbeit sollte kein Vermögen kosten. Man sollte es gebraucht kaufen. Gebraucht, gebraucht, gebraucht.

Neue Hobel von Stanley, Groz oder Anant sollte man jedoch nicht kaufen. Sie sind: erstens teurer als gebrauchte Werkzeuge und zweitens kaum zu verwenden, auch für grobe Arbeit. Ich sage es nicht gern, es entspricht aber der Wahrheit.

Kurz, aber schnell schruppen. Je länger die Sohle desto ebener wird die Fläche. Der Nachteil ist, dass längere Werkzeuge schwerer und langsamer sind.

Bei der Sohle muss man auch ihre Länge bedenken. Längere Sohlen erleichtern das Abrichten des Holzes. Eine sehr kurze Sohle (wie bei einem 23-cm-Schrupphobel) erschwert das Glätten eine Fläche, wenn man nicht geschickt ist. (Mit Geschicklichkeit kann man fast jede Schwierigkeit bewältigen.)

35 cm ist eine gute Länge. 45 cm sind noch besser, aber irgendwann kommt wegen des zunehmenden Gewichts das Gesetz des sinkenden Ertrags ins Spiel.

Fazit: Wenn man die Kurzraubank als Raubank oder Putzhobel verwenden möchte, sollte man sich entweder einen gebrauchten Hobel der Vorkriegszeit besorgen und ihn instand setzen oder einen neuen von bester Qualität kaufen

Der Frosch: Der Frosch beziehungsweise das Bett ist bei jedem Hobel wichtig. Wackelt das Eisen an der Froschoberfläche, wird man Schwierigkeiten bekommen. Es bedeutet, dass das Eisen verformt oder verbogen ist, oder dass die Froschoberfläche nicht plan ist. Wenn der Frosch aus Holz ist, kann man ihn plan feilen.

Wenn der Frosch aus Metall ist, nimmt man ihn aus dem Werkzeug heraus und richtet ihn auf einem groben Schleifstein ab, bis er so plan wie möglich ist. Die zweite Möglichkeit (den Frosch herauszunehmen) ist einfacher. Mit diesem einfachen Verfahren kann man die Funktion eines Werkzeugs wunderbar verbessern.

Handhabung: Wenn die Kurzraubank nicht bequem in der Hand liegt, wird man mit ihr nicht glücklich. Die meisten Schwierigkeiten bereitet meist der hintere Griff – der Vorderknauf stellt normalerweise kein Problem dar.

Der Griff muss den Fingern genügend Platz bieten, auch wenn sie dick wie Bratwürste sind. Man legt drei Finger um den Griff und richtet den Zeigefinger nach vorne. Der Zeigefinger sollte nie um den Griff liegen. Man wiederholt das hundert Male, bis man es gelernt hat. Wenn der Hobel mehr oder weniger bequem in der Hand liegt, sieht man sich die Hand an. Hat sie viele weiße oder dunkelrote (oder sogar purpurne) Streifen? Das bedeutet, dass man zu fest zugreift. Entspannen!

Falls sich dann immer noch purpurne Hautpartien zeigen, muss der Handgriff bearbeitet werden. Etwas drückt dort die Hand, und nach einer Weile wird das zu einem Problem: Man bekommt eine Blase oder eine wunde Stelle. Es gibt verschiedene Möglichkeiten, das Problem zu beheben. Man kann den Griff mit einer Raspel umschleifen und so Platz für die Finger schaffen. Für einen Tischler doch kein Problem, oder? Wenn das nicht funktioniert, kann man sich die Hand chirurgisch abnehmen lassen, oder sich ein Werkzeug mit einem größeren Griff suchen. Die Wahl bleibt einem selbst überlassen.

Das Werkzeug muss als eine Verlängerung des eigenen Arms wirken. Natürlich wird man sich etwas ans Werkzeug anpassen, und das Werkzeug wird sich an einen anpassen. Der anfängliche Eindruck, wenn man das Werkzeug zum ersten Mal in die Hand nimmt, muss aber ziemlich gut sein.

Das Eisen: Die Klinge wird normalerweise „Eisen“ genannt. In Urzeiten war sie aus Bronze, Eisen oder mit Stahl überzogenem Eisen Heutzutage sind die meisten westlichen Hobeleisen aus massivem Stahl. Sie „Stahl“ zu nennen wäre aber irreführend – das ist der Name eines Werkzeugs, mit dem man Messer schärft („Wetzstahl“). Also nennen wir sie Eisen oder Klinge. Hier werden wir bei „Eisen“ bleiben.

Das Eisen ist bei grober Arbeit nicht so kritisch wie beim Glätten. Die so gehobelte Oberfläche wird in der Folge mit anderen Werkzeugen oder vielleicht mit demselben Hobel und einem anderen Eisen abgerichtet und geputzt. Das bedeutet, dass das Eisen der Kurzraubank nicht unbedingt perfekt sein muss (ein weiteres Argument für den Kauf eines gebrauchten Werkzeugs).

Wenn man das Eisen aus einem gebrauchten Hobel nimmt und untersucht, wird es in der Regel recht schlecht aussehen. Verrostet, verformt, verschmutzt.

Ballig. Die Schneide der Kurzraubank sollte etwa die Form eines Daumennagels haben. Die leichte Krümmung erlaubt es einem, viel Holz abzunehmen, ohne dass sich das Eisen ins Holz gräbt.

Das ist OK. Man sieht sich dann die Rückseite (die Spiegelseite) des Eisens an. Wenn man so viel Dreck wie möglich entfernt hat, wirft man einen genauen Blick auf das Metall.

Hat es kleine Narben? Damit meine ich, ob es wie die Oberfläche des Monds aussieht. Wenn ja, dann muss man vielleicht das Eisen ersetzen, auch wenn das Werkzeug für gröbere Arbeit gedacht ist. Eine vernarbte Oberfläche der Spiegelseite kann das Schärfen erschweren. Narben verhindern das Anschleifen einer scharfen Schneide, weil sie zu Zacken führen, die leicht ausbrechen können.

Wenn es nur wenige Narben gibt, und sie nicht in der Nähe der Schneide liegen, kann man das Eisen wahrscheinlich für das gröbste Hobeln benutzen. Man schleift die Schneide mit einem Radius von etwa 20-25 cm ballig, zieht sie ab und fängt an zu arbeiten.

Wenn man das Eisen ersetzen muss, sollte man Folgendes bedenken: Die Kurzraubank leistet harte Arbeit. Sie muss starken Kräften widerstehen können. Deswegen kann man auch ruhig ein Eisen aus härterem Stahl kaufen.

Die meisten gebrauchten Kurzraubänke haben ein Eisen aus Kohlenstoffstahl oder Chrom-Vanadium-Stahl. Ich empfehle etwas Härteres, wie zum Beispiel A2-Stahl. Im Vergleich zu normalem Kohlenstoffstahl dauert es etwas länger, diese moderne Stahllegierung zu schleifen, dafür aber bleibt die Schneide länger scharf. Der Kompromiss lohnt sich also.

Es gibt andere, exotischere Stähle (z.B. D2) oder die Hartmetalle. Diese brechen nicht so leicht aus und die Schneiden haben höhere Standzeiten. Exotische Stähle erfordern aber eine andere Ausrüstung zum Schleifen: Man schleift D2 und Hartmetalle am besten mit Diamantplatten oder Diamantpaste. Wenn man schon normale Wassersteine besitzt, muss man den Kauf von weiteren Schleifgeräten einplanen, um exotische Stähle zu benutzen.

Gewicht: Wenn man die Kurzraubank nur für grobe Arbeit benutzt, sollte man sich Gedanken über ihr Gewicht machen. Ein schwerer Hobel führt schneller zu Ermüdung als ein leichter. Wenn man also seinen gesamten Vorrat an Rohholz per Hand bearbeiten möchte, sollte man eine leichte Kurzraubank aus Holz oder einen Übergangshobel wählen. Wenn man jedoch nur gelegentlich mit ihr arbeitet, ist das Gewicht nicht so wichtig.

Das Maul: Die Maulöffnung sollte so groß wie möglich sein, sodass dicke Späne austreten können.

Bedienungselemente: Da die Kurzraubank nicht justiert werden muss, um dünne Späne zu schneiden, muss man sich keine große Sorgen um die Bedienungselemente für die Schnitttiefe und seitliche Justierung machen. Wenn das Hobeleisen nur durch leichte Hammerschläge justiert werden kann, können auch Anfänger das optisch kontrollieren. Wenn der Hobel Bedienungselemente für diese Justierungen hat, fallen sie noch leichter.

Schnittwinkel: Der Schnittwinkel ist bei grober Arbeit wichtig. Er soll relativ niedrig sein: 37° bis 45° ist optimal. Dieser niedrige Schnittwinkel erleichtert den Vorschub des Werkzeugs durch das Holz. Wenn man mit der Faser hobelt, kann so ein niedriger Schnittwinkel zu Rissen an der Holzoberfläche führen. Es gibt jedoch andere Werkzeuge, mit denen man das Ergebnis der Kurzraubank versäubern kann.

Ein hoher Schnittwinkel (50° oder mehr) ist bei grober Arbeit nicht so günstig. Er erschwert das Schieben des Hobels, und meiner Erfahrung nach führt er auch dazu, dass das Eisen schneller stumpf wird. Wenn man viel Holz abtragen möchte, sollte man also einen niedrigen Schnittwinkel verwenden.

Fazit: Wenn man einen Hobel nur für grobe Arbeit braucht, sollte man einen Hobel aus Metall oder Holz kaufen, der in einem relativ guten Zustand ist. Ich empfehle eine Länge von etwa 34 cm, einfach weil Werkzeuge dieser Länge viel

Dick ist besser. Wenn man quer zur Faser hobelt, kann man starke Späne schneiden. Ich kann bis zu 1,5 mm mit einem einzigen Stoß abheben.

häufiger vorkommen als noch längere Hobel. Ein hochwertiges neues Werkzeug sollte man für diesen Zweck nicht kaufen.

Wenn man diesen Hobel jedoch für grobe Arbeit als auch das Verputzen und als Raubank benutzen will, benötigt man ein hochwertiges Werkzeug, das diesen Aufgaben gewachsen ist. Ich empfehle einen Nr. 5 Hobel nach Bailey-Art und ein Paar Eisen, d.h. ein A2-Eisen für grobe Arbeit und ein Eisen aus Kohlenstoffstahl fürs Putzen und Abrichten.

Wenn man einen Hobel mit obenliegender Fase möchte (wie die sogenannte Flachwinkel-Kurzraubank), muss man sich entscheiden. Man kann ein Zahneisen für grobe Arbeit und ein Paar Eisen aus Kohlenstoffstahl (O1 oder W1) fürs Putzen und Abrichten kaufen.

Eine andere Möglichkeit ist, die Schneide mit einem Radius von etwa 25 cm ballig zu schleifen. Damit trägt man nicht so viel Holz wie mit einem Radius von 20 cm ab. Das ist eine Frage der Geometrie. Egal welches – Zahneisen oder balliges Eisen – meiner Erfahrung nach kann man mit obenliegender Eisenfase nicht so viel Holz wie mit untenliegender Fase abtragen.

Die Verwendung der Kurzraubank

Die Kurzraubank kann dicke Späne abtragen – bis zu 1,5 mm. Um das zu tun, muss man quer zur Faser hobeln. Nicht mit ihr, nicht gegen sie, sondern quer zu ihr.

Das Querhobeln schneidet dickere Späne mit weniger Mühe. Warum? Weil man rechtwinkelig zu den Holzfasern schneidet (wo sie am schwächsten sind), anstatt sie hochzuhebeln und dabei ihre Biegesteifigkeit überwinden zu müssen. Deswegen ist auch das Ablängen normalerweise leichter als auf Breite zu schneiden.

Wenn man quer zur Faser arbeitet, muss man einige Dinge beachten. Erstens kann die Holzfaser am Ende des Schnitts ausreißen. Diese Ausrisse können beträchtliche Maße annehmen und sind hässlich. Vermeiden kann man sie, indem man die hintere Kante des Holzes anfast. Zwei bis drei Stöße mit der Kurzraubank sollten eine ausreichend große Fase anschneiden, um das Ausreißen zu verhindern.

Der zweite Faktor ist, ob das Brett von Seite zu Seite konkav gewölbt (normalerweise ist das an der linken Seite des Bretts der Fall), oder konvex gewölbt ist (normalerweise an der rechten Seite des Bretts). Bei einer konkaven Fläche ist die Arbeit leicht: Die Kurzraubank schneidet die hohen Kanten zurück, bis sie auf Höhe der Mitte sind.

Wenn man jedoch die konvexe Seite bearbeitet, neigt der Hobel dazu, über die Wölbung zu gleiten und so das Brett nicht einzuebnen. Es wird konvex bleiben. Die Lösung besteht darin, nur die Mitte des Bretts zu hobeln, bis sie auf derselben Ebene wie die langen Kanten liegt. Man kann sogar die Mitte so sehr zurückschneiden, dass sie unter den Kanten liegt (das Brett wird konkav!), und dann anfangen, das Ganze abzurichten, indem man quer zur Faser schneidet.

Nachdem man das Brett mit der Kurzraubank mehr oder weniger eben und sauber gehobelt hat, sollte man es auf Verdrehungen kontrollieren. Ein Brett ist verdreht, wenn zwei diagonal gegenüberliegende Ecken hoch und die anderen zwei niedrig liegen – ein häufig vorkommendes Problem. Man kontrolliert auf Verdrehungen durch Sichten über zwei Richtscheite (Stahllineale oder glatte Holzleisten), die erheblich länger als die Breite des Bretts sind. Man legt sie am nahen und entfernten Ende quer auf das Brett. Wenn man über die Richtscheite visiert, sind Verdrehungen des Bretts leicht zu erkennen, weil sie durch die Richtscheite vergrößert werden. Die hohen Ecken werden (mit Kreide oder Bleistift) markiert und mit kurzen, diagonalen Stößen mit der Kurzraubank bearbeitet. Dann wird das Ergebnis mit den Richtscheiten kontrolliert. Am Anfang muss man dieses Verfahren üben, es geht einem aber bald in Fleisch und Blut über.

Der Nuthobel

In der Welt des vorindustriellen Tischlers war ein schöner Nuthobel das Statussymbol eines erfolgreichen Handwerkers. Nuthobel wurden aus allen vorstellbaren Materialien hergestellt: Ebenholz, Elfenbein, Silber, Palisander und vielen anderen. Die Werkzeuge wurden für Otto-Normalverbraucher aus Buche hergestellt oder sie wurden zu astronomischen Preisen verkauft, weil sie Intarsien und silberne Beschläge hatten. Die Entwicklung des Nuthobels wird beschrieben in dem Buch *Wooden Plow Planes* [Astragal Press] von Donald Rosenbrook und Dennis Fisher. In seinem wunderbaren Buch *The Wooden Plane* (ebenfalls Astragal Press) beschreibt John M. Whelan sie als „schöne Gegenstände, die als Statussymbol des erfolgreichen Tischlers dienten".

Mit der Industriellen Revolution kam dann der Metallhobel. Hölzerne Nuthobel verschwanden allmählich, und wurden durch metallische Nuthobel, Kombinationshobel und (natürlich) Maschinen ersetzt.

Für einen Hobel, der dem traditionellen Handwerker so wichtig war, hat der Nuthobel überraschend wenig Einsatzmöglichkeiten. Meist schneidet er Nuten unterschiedlicher Breiten. Man kann auch überflüssiges Holz damit abtragen, wenn man Profile herstellt. Wenn es sein muss, kann man ihn auch für andere Aufga-

Ausrisse verhindern. Eine größere Fase an der Kante dieses Bretts hätte das Ausbrechen der Kante verhindert, als ich quer zur Faser hobelt.

ben benutzen (etwa abgeplattete Füllungen oder Fälze schneiden), aber es gibt andere Werkzeuge, die für diese Aufgaben besser geeignet sind.

Wenn man aber Möbel bauen möchte, muss man Nuten schneiden. Deswegen ist der Nuthobel unverzichtbarer Bestandteil der traditionellen Ausrüstung.

Holz oder Metall? Nuthobel aus Holz und solche aus Metall sind unterschiedliche Werkzeuge mit unterschiedlichen Bedienungselementen, und sie erfüllen ihre Aufgabe auf unterschiedliche Art und Weise. Alle Metallnuthobel sind ähnlich: Der Anschlag gleitet an zwei Metallstangen, an denen er festgeschraubt werden kann. Der Tiefenanschlag ist eine kleine Metallschiene an der rechten Seite des Hobelkörpers. Wenn der Tiefenanschlag das Holz berührt, hört der Hobel auf zu schneiden. Eine bemerkenswerte Eigenschaft vieler Metallnuthobel, die ich probiert habe, ist, dass die Späne in die Hand ausgeworfen werden, die den Anschlag hält (es gibt Ausnahmen wie die Patenthobel von Miller).

Ich halte viele der Metallkombinationshobel – wie die Stanley Nr. 45 und 55 – eigentlich für Nuthobel. Obwohl diese Hobel viele andere Aufgaben erledigen, werden sie meist als Nuthobel verwendet.

Hölzerne Nuthobel kommen in vielen Gestalten daher, auch wenn sie manche Eigenschaften gemeinsam haben. Der Mechanismus, der die Bewegung des

Die Kumpel der Kurzraubank. Richtscheite helfen, den Fortschritt zu überprüfen. Man sollte sich seine eigenen herstellen. Darauf wird später angesprochen im Abschnitt Anreißwerkzeuge eingegangen.

Brüder von unterschiedlichen Müttern. Nuthobel aus Metall und aus Holz sind überraschend unähnlich. Die Bedienungselemente sind unterschiedlich. Sie fühlen sich unterschiedlich an, und es werden sogar die Späne unterschiedlich ausgeworfen.

Anschlags bestimmt, kann lediglich aus zwei Keilen bestehen, die den Anschlag an den Rundstangen (Stäben) verkeilen.

Der häufigste Mechanismus zur Einstellung des Anschlags besteht darin, dass die Stäbe mit Gewinden versehen sind. Der Anschlag wird mit zwei hölzernen Muttern an ihnen gehalten. Der Tiefenanschlag an vielen Ständerbohrmaschinen ist ebenso konstruiert. Obwohl dieser Mechanismus bei Nuthobeln häufig vorkommt, ist es knifflig, den Anschlag parallel zur Sohle des Hobels zu justieren.

Andere hölzerne Nuthobel haben exotische Anschlagmechanismen mit Zahnrädern, um den Anschlag parallel zur Sohle zu halten. Die Vielzahl von Mechanismen ist erstaunlich.

Bei einem hölzernen Nuthobel justiert man die Schnitttiefe des Eisens durch leichte Schläge mit einem Hammer oder Klüpfel. Das ist eine relativ leichte Aufgabe, weil das Eisen fest in der Sohle sitzt. Mit anderen Worten: Bei hölzernen Nuthobeln muss man sich nicht um seitliche Justierungen kümmern – es ist nur eine Frage von ein und aus.

Ja, er gehört mir. Komplexe Nuthobel, wie diese Nachbildung eines Nuthobels mit zentralem Rad, waren die Statussymbole des vorindustriellen Zeitalters. Dieses protzige Exemplar zu besitzen, war damals so, als ob man heutzutage einen Ferrari vor dem Haus stehen hätte.

Der Tiefenanschlag des hölzernen Nuthobels unterscheidet sich von dem eines Metallnuthobels. Beim hölzernen Nuthobel liegt er zwischen dem Anschlag und der Sohle. Noch dazu ist er fast immer dem Tiefenanschlag eines Metallnuthobels überlegen, der häufig die Einstellung nicht sicher hält, sondern sich verschiebt. Das kommt bei einem hölzernen Nuthobel selten vor.

Einer der Hauptunterschiede zwischen Nuthobeln aus Holz und solchen aus Metall besteht schließlich darin, dass die Holzmodelle Späne auf die Hobelbank und nicht in die Hand auswerfen. Allein deswegen bevorzuge ich hölzerne Nuthobel. Wenn man mit einem Metallnuthobel drei Nuten geschnitten hat, dann hat man sicher die Nase davon voll, die Späne ständig zwischen Hobelanschlag und -körper herausziehen zu müssen.

Hölzerne Nuthobel haben außerdem meist längere und tiefere Anschläge als Metallnuthobel, was wünschenswert ist. Man kann (und sollte) an einen Metallnuthobel jedoch einen zusätzlichen langen und tiefen Anschlag aus Holz montieren.

Ich weiß, dass es jetzt so klingt, als ob ich alle Metallnuthobel einschmelzen lassen möchte, aber das ist nicht ganz der Fall. Um dies zu verstehen, müssen wir

Folgendes überlegen: Sollte man einen neuen oder einen gebrauchten Nuthobel kaufen?

Neue hölzerne Nuthobel sind furchtbar teuer (wie ihre Vorläufer), ihr Kauf ist also eine größere Investition. Ich habe investiert, aber es tat weh. Trotzdem bin ich froh darüber.

Es ist Glückssache, ob ein gebrauchter hölzerner Nuthobel einsatzfähig ist. Ich habe viele davon untersucht und Folgendes festgestellt:

- Die Sohlen sind nicht eben, oder sie sind in merkwürdigen Höhen angebracht. Eine schiefsitzende Sohle kann die Nut unbrauchbar machen, insbesondere wenn der hintere Teil der Sohle etwas nach unten hängt. Das kann zu vollkommen uneinheitlichen Ergebnissen führen. Wenn die Sohle nur geringfügig von der Parallelstellung zur Achse des Hobels abweicht, kann man vielleicht zu halbwegs akzeptablen Ergebnissen gelangen.
- Der Anschlagmechanismus ist defekt. Die Schrauben sind gebrochen, oder der Mechanismus funktioniert wegen Missbrauchs nicht. Die Oberfläche des Anschlags, die am Werkstück anliegt, kann gewölbt sein.
- Die Eisen sitzen nicht richtig. Manchmal findet man einen Nuthobel mit einem Satz Eisen, die aus Teilen von anderen Eisensätzen zusammengestellt wurden. Das kann in Ordnung sein oder es kann zu Problemen führen. Manchmal passen die Nuten der Eisen nicht zum Zapfen des Geräts. Das ist schlecht, weil Eisen, die nicht passen, zum Rattern neigen können. Metallnuthobel bereiten normalerweise keine Probleme, ob sie nun gebraucht oder neu sind.

Meiner Erfahrung nach gibt es mit Nuthobeln aus Metall nur zwei Probleme: Entweder die Tiefenanschläge verschieben sich oder die Eisen sind weich (vor allem ein Problem mit Metall-Nuthobeln aus englischer Herstellung wie der Record 043 und 044).

Das Ganze läuft auf eine unangenehme Wahrheit hinaus: Entweder man gibt eine Unmenge Geld für einen hölzernen Nuthobel aus, der traumhaft funktioniert, oder man kauft für eine kleine Summe einen neuen beziehungsweise gebrauchten Hobel aus Metall, der gut funktionieren kann. Man kann aber auch noch etwas mehr Geld für einen gebrauchten hölzernen Nuthobel ausgeben, der gut funktioniert – aber man wird sehr lange suchen müssen, um so einen solchen Hobel zu finden. Es folgen Hinweis zu den wichtigen Bauteilen des Nuthobels.

Die wichtigen Teile des Nuthobels

Die Eisen: Für den Nuthobel steht eine Palette von Eisen zur Verfügung, mit denen man unterschiedliche Nuten aushobeln kann. Wenn das Geld knapp ist, ist das 6-mm-Eisen empfehlenswert: Das ist das Eisen, das man am häufigsten braucht, sowohl beim Schneiden von Nuten in die Quer- und Längsfriese von Rahmentüren als auch für Nuten in den Teilen einer Schublade, um den Schubladenboden zu halten. Normalerweise hat der Nuthobel einen Satz von Eisen von 3 mm bis 15 mm.

Die Eisen für hölzerne Nuthobel verjüngen sich in Längsrichtung, d.h. sie sind an der Fase relativ stark und relativ dünn an der Stelle, wo man sie mit dem Hammer justiert. Die Verjüngung bewirkt zusammen mit dem Holzkeil des Hobels, dass das Eisen nach nur einem leichten Hammerschlag festgehalten wird. Es ist ein ausgeklügeltes System.

Die Eisen für metallische Nuthobel haben keine Verjüngung: Ihre Stärke bleibt von einem Ende zum anderen gleich.

Die Eisenfase des Nuthobels (und der meisten anderen Verbindungs- und Profilhobel) ist normalerweise auf 30° geschliffen, 5° steiler als die Fase eines Bank- oder Hirnholzhobels. Der steilere Winkel verlängert die Lebensdauer der Schneide ein wenig und man kann sie noch etwas verlängern, indem man an der Schneide eine Sekundärfase mit 35° anschleift.

Die Eisen sollten rechtwinkelig zur Achse geschliffen werden. Nicht schräg, Nicht ballig. Die einzigen Probleme, die beim Schleifen eines Nuthobel-Eisens auftreten können, sind Rost oder Narben, insbesondere an der Spiegelseite. Das kann eine schartige oder schwache Schneide ergeben. Wenn das Eisen eines Nuthobels aus Metall verrostet ist, kann man sich leicht neue Eisen anfertigen lassen. Bei einem alten, verjüngten Eisen für einen hölzernen Nuthobel, das verrostet oder vernarbt ist, sodass es nicht mehr zu benutzen ist, ist Ersatz schwieriger zu beschaffen. Vielleicht muss man ein weiteres altes Eisen vom selben Hersteller finden. Das kann leicht oder auch sehr schwierig sein.

Der Seitenanschlag: Der Seitenanschlag sollte gerade und ohne Wölbung sein. Nuthobel mit langen und breiten Seitenanschlägen sind leichter zu benutzen als solche mit kurzen und schmalen Seitenanschlägen. Die meisten hölzernen Nuthobel haben großzügige Seitenanschläge. Obwohl sie zum Verziehen neigen können, ist dieses Problem mit einem Hirnholzhobel leicht zu korrigieren. Die meisten Seitenanschläge von Metallnuthobeln sind relativ klein, obwohl man einen größeren Anschlag anschrauben kann, wenn man will. Es ist unwahrscheinlich, dass der Anschlag verzogen ist.

Das größte Problem mit dem Anschlag besteht darin, ihn parallel zur Hobelsohle einzustellen. Wenn Sohle und Anschlag nicht nahezu parallel zueinanderstehen, wird der Schnitt uneben und mühsam, weil das Eisen etwas schräg liegt und die Seite des Eisens an einer Seite der Nut reibt.

Bei Nuthobeln aus Metall ist es normalerweise leicht, den Anschlag parallel zu fixieren. Wenn die Führungen nicht zu glatt oder poliert sind, sollte der Anschlag fixiert bleiben, auch wenn starker seitlicher Druck auf ihn wirkt.

Der Seitenanschlag eines hölzernen Nuthobels wirft viele Fragen auf. Er mag hervorragend sein. Er mag Schrott sein. Man kann es nur durch Probieren ermitteln und den Hobel zurück zum Hersteller schicken, wenn er nicht richtig funktioniert.

Die Sohle: Die Unterseite der Sohle muss eben sein und am vorderen Ende sollte sie aufwärts gebogen sein, ähnlich wie ein Schlittschuh. Ältere Nuthobel können Sohlen haben, die entlang der Achse verzogen sind (entweder konvex oder konkav). Beide Fälle können ärgerlich sein, lassen sich aber durch Feilen und Kontrollieren mit einem Lineal korrigieren.

Der Keil: Bei hölzernen Nuthobeln kann der Keil Probleme verursachen, wenn er nicht richtig sitzt oder beschädigt ist. Beim Kauf eines neuen hölzernen Nuthobels dürfte das nicht auftreten. Bei einem gebrauchten Nuthobel muss der Keil das Eisen während des Hobelns ohne Rattern halten. Außerdem sollte man sich vergewissern, dass das spitze Ende des Keils (das auch leicht abbricht) die Holzspäne ordentlich auf die Hobelbank herausleitet.

Die einzige wirkliche Kontrollmöglichkeit besteht darin, den Keil anzuspitzen und zu benutzen. Wenn man also einen gebrauchten Nuthobel kauft, sollte man sicherstellen, dass man ihn zurückgeben darf, falls der Keil unbrauchbar ist. Ja, man kann einen Keil instand setzen, wenn man aber gutes Geld für einen gebrauchten Nuthobel ausgegeben hat (und das sollte man meiner Meinung nach), sollte der Keil funktionieren.

Der Tiefenanschlag: Der Tiefenanschlag eines hölzernen Nuthobels ist in der Regel ein Meisterwerk. Er kann ein einfacher Holzklotz sein, der sich durch den Körper des Hobels bewegt und irgendwie verriegelt werden kann (manchmal hält er einfach durch Reibung), oder er kann ein komplizierter Schraubenmechanismus aus Messing sein, der den Tiefenanschlag mit Bravour verriegelt. Ich bevorzuge diese Messingversionen, die man auch an vielen hölzernen Hobeln sehen kann, wie z.B. Profil- und Falzhobeln.

Bei Metallnuthobeln kann der Tiefenanschlag für Ärger sorgen. Egal ob der Hobel neu oder alt, teuer oder billig ist, der Tiefenanschlag verstellt sich während

Taucht zu tief ein. Tiefenanschläge, die eine runde Stange haben, verstellen sich oft zu leicht, und man schneidet eine zu tiefe Nut.

der Arbeit meist zu leicht. Er neigt dazu, nach oben zu verrutschen, sodass man eine tiefere Nut schneidet als beabsichtigt.

Man kann Tiefenanschläge aus Metall jedoch verbessern. Am besten raut man die Führungsstange mit einer groben Feile auf und entfernt eventuell vorhandene Schmiermittel. Beim Aufrauen soll man nicht viel Metall abtragen, da das den Tiefenanschlag noch anfälliger für das Verstellen machen würde. Ziel ist es, eine raue Oberfläche herzustellen, an der die Schraube des Tiefenanschlags greifen kann.

Der Handgriff: Der Nuthobel soll bequem in der Hand liegen. Im Falle eines unbequemen metallischen Handgriffs könnte man unglücklich werden, nachdem man Nuten für drei oder vier Türen geschnitten hat. Handgriffe aus Holz sind in der Regel bequemer (und man kann sie an die Hand anpassen). Einige Leute bevorzugen hölzerne Nuthobel, die keinen Handgriff haben. Hier greift man einfach das abgerundete Hinterende des Werkzeugs. Es ist eine Frage der persönlichen Vorliebe. Ideal wäre es, eine Reihe von Nuthobeln vor dem Kauf auszuprobieren.

Die Verwendung des Nuthobels

Das Wichtigste bei der Benutzung des Nuthobels hat überhaupt nichts mit dem Werkzeug zu tun. In erster Linie spielt die Wahl des zu bearbeitenden Holzes eine Rolle. Bei der Holzauswahl für den Bau einer Rahmen- und Füllungs-Konstruktion sollte man auf möglichst gerade Fasern achten. Das sieht nicht nur besser aus, sondern erleichtert auch die Arbeit mit dem Nuthobel.

Das Gleiche gilt für Seiten- und Vorderstücke einer Schublade. Gerader Faserverlauf bedeutet besseres Aussehen und leichtere Arbeit mit dem Nuthobel.

Man stellt schnell fest, dass Nuthobel nur in einer Richtung leicht schneiden (allerdings kann man dieses Problem durch allerhand merkwürdige Maßnahmen umgehen).

Deswegen sind die Möglichkeiten begrenzt, das Brett auf die Hobelbank zu legen, sodass das Werkzeug mit der Faser arbeiten kann.

Der Seitenanschlag des Hobels soll immer auf der Bezugsfläche des Werkstücks aufliegen. Diese Fläche ist gerade, eben und fluchtet mit allen anderen Bezugsflächen der Rahmen- und Füllungs-Konstruktion. Damit ist sichergestellt, dass auch alle Nuten fluchten, wenn man die Tür zusammenbaut.

Diese Faktoren können die Möglichkeiten beim Aushobeln der Nute etwas eingrenzen. Manchmal wird man gegen die Faser hobeln müssen. Um Faserausrisse zu vermeiden, wählt man am besten Bretter mit absolut geradem Faserverlauf, die im idealen Fall in beiden Richtungen problemlos gehobelt werden können, zumindest aber nicht stark einreißen. Wenn die Böden der Nuten etwas einreißen, ist das nicht weiter schlimm. Ein größeres Problem ist es, wenn eine sichtbare Kante verdorben wird.

Wenn man den Aspekt des Faserverlaufs richtig verstanden hat, ist die richtige Handhabung des Hobels der nächste Punkt. Für viele Anfänger kann das ein Rätsel sein. Den hinteren Handgriff hält man mit der dominanten Hand. Aber was ist mit der anderen Hand?

Die kurze Antwort lautet: Sie gehört an dem Seitenanschlag. Die volle Wahrheit ist komplizierter, aber auch hilfreich.

Wenn man einen Nuthobel – oder einen anderen Hobel mit Seitenanschlag – benutzt, hat jede Hand ihre eigene Aufgabe (Es ist hier nicht erlaubt, sich abwechselnd das Arbeiten mit beiden Händen anzugewöhnen). Die dominante Hand ergreift den hinteren Griff des Hobels. Ihre einzige Aufgabe besteht darin, den Hobel gerade nach vorne zu schieben. Die andere Hand greift den Seitenanschlag. Ihre einzige Aufgabe besteht darin, den Seitenanschlag gegen das Arbeitsstück zu drü-

Zwei Hände; zwei Aufgaben. Die dominante Hand soll nach vorne schieben. Die andere Hand drückt den Seitenanschlag gegen das Werkstück.

cken. Wenn man dieses Grundprinzip von Schieben und Drücken meistert, hat man die Arbeit mit diesen Hobeln „im Griff".

Aber man muss auch verstehen, dass Nuthobel nicht wie Bankhobel verwendet werden. Man beginnt den Hobelstoß an unterschiedlichen Stellen. Bei einem Bankhobel fängt man am rechten Ende an und endet am linken (bei Linkshändern ist es umgekehrt). Nuthobel benutzt man ganz anders.

Man fängt einige Zentimeter vom linken Ende des Bretts an (genau dort, wo mit einem normalen Hobel der Stoß endet). Man hobelt eine kurze Strecke zum Ende des Bretts. Dann hobelt man ungefähr 20 cm bis zum Ende. Mit jedem Stoß fängt man einige Zentimeter weiter rechts vom letzten an, bis man die ganze Länge des Bretts hobelt.

Warum?

Die einfache Antwort lautet, dass man eine saubere Nut aushobeln möchte. Wer mehr wissen mochte, kann die folgende detailliertere Antwort lesen.

Wenn man in Richtung der Faser hobelt, neigt das Eisen dazu, der Faser zu folgen. Das ist der Weg des geringsten Widerstands. Die Maserung mag absolut gerade aussehen, aber häufig schiebt die Faser den Seitenanschlag und das Werkzeug von der Arbeit weg. Das kann katastrophal sein, besonders im Falle eines langen Frieses. Man kann einen Längsfries mit dem ersten Stoß des Nuthobels ruinieren.

Wenn man also am fernen Ende des Längsfrieses anfängt und nur eine kurze Strecke hobelt, wird das Eisen nicht weit von seiner Bahn abgelenkt. Das kann es nicht. Es macht eine Bewegung von nur etwa 8 cm. Wenn man dann weitere 8 cm hobelt, kann das Eisen kleine Fehler korrigieren und gleichzeitig tiefer einschneiden. Durch das Anschneiden der ersten Nut als Reihe von kleinen Teilstrecken vermindert man die Wahrscheinlichkeit, mit einem einzigen großen Zug einen großen Fehler zu machen.

Der Falzhobel

Der Falzhobel ist für Tischler so wichtig, dass es wirklich schockierend ist, wie schwierig es ist, ein gutes Exemplar zu kaufen. Es gibt zwar viele Gebrauchte, sowohl aus Holz als auch aus Metall; diejenigen, die noch in gutem Zustand sind, sind (wenig überraschend) die aus Metall. Die Kehrseite ist: Metallfalzhobel funktionieren nicht besonders gut mit Harthölzern. Die guten Falzhobel sind aus Holz, sie sind üblicherweise nicht ganz makellos: Der Korpus kann verzogen, ein Eisen reparaturbedürftig sein, oder der Keil passt nicht gut.

Einige kleine Firmen stellen neue hölzerne Falzhobel her und es gibt einige schlechte neue Falzhobel aus Metall (und einen richtig guten). Meist sind Falzhobel äußerst schwer zu bekommen.

Ich weiß nicht, warum das der Fall ist, aber ich weiß, wenn das Handwerk in diesem modernen Zeitalter florieren soll, dann braucht jeder von uns einen Falzhobel. Sie sind genauso unverzichtbar wie alle anderen Hobel auf dieser kurzen Liste. Der Falzhobel lebe also hoch!

Was kann man eigentlich damit arbeiten? Unmengen wichtige Dinge. Falze sind ein Grundstein des westlichen Möbelbaus. Ohne sie ist es beinahe unmöglich, Schränke und andere Möbel herzustellen. Falze nehmen die Rückseite eines Schranks auf. Sie sind die Verbindung zwischen den Brettern der Rückseite. Bei einem hochwertigen Stück können die zwei Längsfriesen einer Doppeltür in einem Wechselfalz aufeinanderschlagen. Sie können Deckel und Boden im richtigen Winkel mit den Seitenteilen verbinden. Sie können eine grundlegende Rolle spielen, wenn Regalbretter perfekt in die Nuten der Regalseite passen sollen. Bei der Herstellung von Profilleisten tragen sie den größten Teil des Verschnitts ab.

Und das sind nur die Arbeiten, die mir ohne großes Nachdenken einfallen. Da der Falzhobel so wichtig ist, sind im Laufe der Jahrhunderte verschiedene Formen entstanden. Sie haben diverse Namen, gehören aber zur selben großen Falzhobelfamilie. Und hier sind sie:

- Einfacher Falzhobel. Die einfachste Art von Falzhobel: Ein Korpus aus Holz, ein gerade geschliffenes Eisen und ein Keil. Ein vielseitig verwendbarer Hobel, der leicht in der Handhabung ist.
- Einfacher Falzhobel mit Schrägeisen. Wie oben aber mit einem schrägen Eisen, welches das Reißen des Holzes vermindert, wenn man gegen die Faser hobelt. Wegen des schrägen Eisens können diese Hobel etwas schwieriger zu kontrollieren sein.
- Einfacher Falzhobel mit festem Anschlag. Ein Falzhobel mit einem unbeweglichen Anschlag, mit dem man einen Falz mit nur einer Breite schneiden kann, z.B. ein 5-mm-Falzhobel.
- Einfacher Falzhobel mit Vorschneider. Ähnlich wie oben, hat aber eine kleine Klinge vor dem Eisen, der das Schneiden quer zur Faser erleichtert. Der Vorschneider trennt die Holzfasern, bevor das Eisen sie vom Werkstück hebt.
- Verstellbarer Falzhobel mit Vorschneider. Wie oben, aber mit einem verstellbaren Anschlag. Der Anschlag erlaubt das Hobeln einer Vielzahl von Verbindungen. Dieser Hobel wird normalerweise mit einem Tiefenanschlag versehen.

Unterschiedliche Gattungen. Die Holz- und Metallversionen dieser Werkzeuge unterscheiden sich erheblich voneinander. Man braucht einen Falzhobel. Also lohnt es sich, sich zu informieren, welche Version die richtige ist.

Einfach aber schräg. Dieser einfache breite Falzhobel mit Schrägeisen hat keine Führung, die ihn lenkt. Es kann also anfangs, wenn man erst lernt, ihn zu benutzen, knifflig sein, den Hobel zu führen.

Bei der Wahl eines Falzhobels spielen persönliche Vorlieben eine große Rolle. Der einfache Falzhobel ist so einfach, dass er kaum Probleme bereitet. Trotzdem ist ein bisschen Übung nötig, um ihn effizient verwenden zu können. Der verstellbare Falzhobel mit Vorschneider scheint ein Alleskönner zu sein, muss aber sorgfältig justiert werden, sodass der Anschlag, das Eisen, der Vorschneider und der Tiefenanschlag alle harmonisch zusammenarbeiten.

Ich bin der Meinung, dass Anfänger zum verstellbaren Falzhobel mit Vorschneider neigen werden. Dieser verlangt etwas weniger Geschicklichkeit. Leute, die ein wenig Erfahrung mit dem Hobeln haben, dürften keine Schwierigkeit haben, die Verwendung eines einfachen Falzhobels zu erlernen. Die einfachen Falzhobel mit festen Anschlägen (mit oder ohne Vorschneider) gehören eher in die Serienfertigung oder sind für Leute geeignet, die über einen ganzen Satz der Werkzeuge verfügen möchten und sich nicht mit Justierungen beschäftigen wollen. Besprechen wir also jetzt die zur Wahl stehenden Möglichkeiten.

Holz oder Metall?

Auch von Fragen der Ästhetik, Politik und des Rosts abgesehen, die Varianten aus Holz und Metall unterscheiden sich voneinander. Wie beim Nuthobel wirft der Metallfalzhobel die Späne auf den Anschlag (was mich nervt). Der hölzerne Falzhobel wirft die Späne auf die Bank (das bevorzuge ich). Man kann sich an beides gewöhnen.

Gebrauchte hölzerne Falzhobel müssen meist etwas instand gesetzt werden, bevor man sie verwenden kann. Es mag sein, dass jede kritische Fläche abgerichtet werden muss – die Sohle, das Eisenbett, der Keil und die Seiten. Wahrscheinlich ist das Eisen in einem schlechten Zustand. Wenn der Hobel einen verstellbaren Anschlag hat, könnten die Gewinde in den Löchern verschlissen sein. Neue hölzerne Falzhobel haben diese Probleme nicht. Dafür sind sie aber teuer.

Alte Falzhobel aus Metall sind leicht instand zu setzen. Einige von ihnen sind aber zum Hobeln von Laubholz nicht gut geeignet. Ein typischer Falzhobel – wie der Stanley Nr 78 – hat einen Anschlag, der auf eine einzige Stange montiert ist. Daher ist der Anschlag instabil. Wenn man damit Nadelhölzer hobelt oder in der Zimmerei tätig ist, ist das nicht so wichtig. Wenn man jedoch Möbel baut, wird es doch zum Problem.

Ziemlich ähnlich. Simshobel aus Metall und Falzhobel aus Holz sehen wie unterschiedliche Werkzeuge aus. Wenn man sie aber genauer betrachtet, sind ihre Schneideigenschaften ähnlich. Man kann sie als sehr ähnliche Werkzeuge betrachten.

Schräg oder gerade geschliffenes Eisen?

Falzhobel haben entweder ein gerade geschliffenes Eisen oder ein Eisen mit einer Schräge von etwa 20°. Ist das von Bedeutung? Ja. Es ist schwieriger, das schräge Eisen zu schleifen, aber in Kombination mit einem Anschlag funktioniert das Eisen gut. Die Schräge zieht den Anschlag gegen das Arbeitsstück und hilft so beim Führen des Hobels. Außerdem führt die Schräge zu einem leichteren Vorschub des Werkzeugs, und quer zur Maserung schneidet sie sauberer als ein gerade geschliffenes Eisen.

Ich habe nichts gegen gerade geschliffene Falzhobeleisen, aber ich bevorzuge die schrägen, wenn ich die Wahl habe. Falzhobel mit schrägem Eisen ohne Anschlag sind sehr schwierig zu führen und sollten gemieden werden.

Mit Vorschneider oder einfach?

Verstellbare Falzhobel mit Vorschneider sind die komplizierteren Vettern des einfachen Falzhobels. Niemand würde bestreiten, dass der Unterschied zwischen ihnen das Geschicklichkeitsniveau des Verwenders ist. Aber welchen sollte man wählen?

Auf diese Frage kann ich keine eindeutige Antwort geben. Ich mag einfache Falzhobel, wenn ich wenige Falze zu schneiden habe. Die Werkzeuge verlangen weniger Justierung im Vergleich zu jenen mit Vorschneider, die einen Anschlag, einen Vorschneider und einen Tiefenanschlag haben, die alle sorgfältig eingestellt werden müssen, um den Falz genau richtig zu schneiden.

Andererseits ist der verstellbare Falzhobel eine gute Wahl, wenn man viele Fälze derselben Größe schneiden muss. Einmal justiert und man arbeitet, bis das Werkzeug „sagt", dass die Arbeit fertig ist.

Wie wäre es mit einem Simshobel?

Viele Anfänger bezeichnen den Simshobel fälschlich als Falzhobel aus Metall. Zugegeben, sie ähneln einander: Offene Seiten, ähnliche Gestalt des Korpus und ein einzelnes Eisen. Aber der Simshobel unterscheidet sich vom Falzhobel durch den Winkel, in dem das Eisen im Hobel liegt – 20° anstatt 45° –, zudem liegt die Fase des Eisens fast immer an der Oberseite. Der Korpus ist aus Metall, sodass die Seiten genau rechtwinkelig zur Sohle abgerichtet werden können, und der Teil des Hobels, auf dem das Eisen lagert, ist strapazierfähig (ein Bett aus Holz wäre zu schwach).

Die beiden Hobelarten haben auch unterschiedliche Anwendungsgebiete, obwohl man nicht unbedingt den alten Methoden folgen muss.

Wenn man genau hinsieht, erkennt man, dass ein einfacher hölzerner Falzhobel und ein Simshobel aus Metall in der Lage sind, ähnliche Aufgaben zu erledigen. Sie haben ähnliche Schnittwinkel – normalerweise um 45° – und offene Seiten, die es erlauben, beidseitig mit dem Werkzeug zu arbeiten.

Die einzigen Unterschiede bestehen darin, dass der Simshobel mit größerer Präzision hergestellt wird und die Späne anders ausgeworfen werden. Mit anderen Worten, mit einem Simshobel kann man leicht dieselbe Arbeit erledigen wie mit einem einfachen Falzhobel (ich tue es häufig). Umgekehrt ist es nicht so einfach, auch wenn ein scharfes Eisen und gute Justierung hier sehr hilfreich sind.

Es ist eine Überlegung wert, einen großen Simshobel (etwa 38 mm breit) zu kaufen, und ihn sowohl als Sims- als auch als einfachen Falzhobel zu verwenden. Das ist eine sehr gute Lösung, wenn man nicht sehr viele Falze zu schneiden hat. Wenn man dann vielleicht später etwas mehr Geld hat, kann man einen verstellbaren Falzhobel (entweder aus Holz oder Metall) mit Vorschneider und schrägem Eisen kaufen, sodass man ein Werkzeug für die am häufigsten vorkommenden Falze hat, das auch gut für die Herstellung von abgeplatteten Füllungen geeignet ist.

Noch eine Kleinigkeit: In der Regel werfen Simshobel die Späne weder links noch rechts aus. Sie neigen eher dazu, das Maul mit Spänen zu verstopfen, und das kann nerven.

Die wichtigen Teile des Falzhobels

Die Sohle und das darin eingelegte Buchsbaumteil: Wenn die Sohle nicht von guter Qualität ist, wird die Arbeit auch nicht gut. Die Sohle eines Falzhobels muss eben sein. Dies zu erreichen ist weder bei Holz- noch bei Metallsohlen besonders schwierig, denn die Fläche ist nicht besonders groß. Falls man einen hölzernen Falzhobel kauft, muss man auf den Buchsbaumeinsatz in der Sohle achten. Dies besteht aus einem Stück Buchsbaum, das in den Korpus aus Buche eingelegt ist, um Abnutzung der kritischen Teile des Werkzeugs vorzubeugen.

Das Buchsbaumstück kann sich lösen oder es kann brechen. Man sollte sicherstellen, dass es reparierbar ist und dass man es genau abrichten kann. Sonst hat man ein schönes Stück Brennholz.

Nachdem die Sohle abgerichtet ist, muss man auch die Seite abrichten, die an die Arbeit angelegt wird. Bei einfachen Falz- und Simshobeln müssen beide Seiten abgerichtet werden.

Bei einfachen Hobeln mit festen Anschlägen und verstellbaren Hobeln sowie Falzhobeln aus Metall berührt nur eine Seite die Arbeit.

Das Maul: Einige hölzerne Falzhobel sind so intensiv genutzt worden, dass aus dem Maul ein offener Rachen geworden ist. Das ist nicht ideal. Wie bei allen Hobeln sollte ein Span durch das Maul passen, ohne es zu verstopfen. Also sollte man auf die Weite des Mauls achten. Dass die meisten Simshobel justierbare Mäuler haben, ist ein weiterer guter Grund, einen Simshobel als einfachen Falzhobel zu verwenden, da bei dieser Hobelart das Problem des zu weiten Mauls nicht vorkommt.

Hobeleisenklappe: Einige Falzhobel haben Hobeleisenklappen. Sie können einem dünnen Eisen Festigkeit verleihen. Man muss aber darauf achten, dass sie passgenau am Eisen liegen und dass sie harmonisch mit dem Keil zusammenarbeiten.

Das Schrägeisen: Wenn man einen gebrauchten Falzhobel mit Schrägeisen kauft, wird es höchstwahrscheinlich nötig sein, das Eisen zu schleifen, sodass die Schräge richtig eingestellt ist und das Eisen im Maul passt. Das kann, wie oft beim Umschleifen einer Schneide, relativ viel Arbeit bedeuten. Vor dem Kauf sollte man das Eisen im Maul des Hobels überprüfen. Wenn die Schräge bedeutend vom richtigen Winkel abweicht, kann man vielleicht einen niedrigeren Preis aushandeln.

Der Vorschneider: Vorschneider gibt es in unterschiedlichen Ausformungen. Bei europäischen Hobeln sind sie messerartig. Alte englische und amerikanische Hobel haben Vorschneider, die wie dreiblättrige Kleeblätter aussehen. Jedes Blatt wird in der Form eines Rugbyballs geschliffen, sodass es gut schneidet. Moderne Falzhobel haben kreisförmige Vorschneider, die dünn und leicht instand zu halten sind. Die Vorschneider an fast allen alten Falzhobeln sind sehr stumpf. Hier kommt also etwas Schärfarbeit auf einen zu.

Der Anschlag: Bei Falzhobeln aus Metall ist der Anschlag sehr schwachbrüstig. Bei hölzernen Falzhobeln neigt er nur dazu, etwas klein zu sein. Glücklicherweise ist es relativ leicht, Metallhobel zu verbessern. Die meisten Anschläge aus Metall sind mit einem Paar Löcher versehen, an denen man einen zusätzlichen Anschlag aus Holz montieren kann, der breiter und länger ist als der einfache, sehr kleine Anschlag aus Metall. Diese Verbesserung ist sehr zu empfehlen, sie macht einen deutlichen Unterschied.

Die Bullnose-Einstellung (ein Bullnose-Hobel ist ein Simshobel mit kurzem Vorderstück): Viele Falzhobel aus Metall haben zwei austauschbare Bauteile: Einer für das normale Falzhobeln und einer für die „Bullnose-Arbeit“ (z.B. um fast bis in die Ecke einer abgesetzten Nut zu hobeln). Im letzteren Fall wird das Eisen nach vorne versetzt. Ich habe noch nie die Bullnose-Einstellung eines Falzhobels verwenden müssen. Für mich bringt es also gar nichts.

Führungsstangen: Insbesondere bei Falzhobeln aus Metall ist es schwierig, die Führungsstangen fest im Hobelkorpus zu halten, sodass sie sich nicht lockern. Viele Stangen sind an einer Stelle durchbohrt. Wozu ist das Loch da? Man steckt einen Nagel hindurch und benutzt ihn als Hebel, um die Stange wirklich fest in den Werkzeugkorpus zu drehen. Das ist sehr hilfreich – und Falzhobel aus Metall sind auf jede Hilfestellung angewiesen.

Die Verwendung des Falzhobels

Es gibt viele Einsatzgebiete für den Falzhobel, und die Einsatzmethode hängt von der Art des Werkzeugs ab. Beim einfachen Falzhobel markiere ich normalerweise die Breite und Tiefe der Verbindung mit einem schneidenden Streichmaß. Dann kippe ich den Hobel um ungefähr 20° und lege die Kante des Werkzeugs (wo die Sohle auf die Seite trifft) in den angerissenen Strich.

Dann schiebe ich den Hobel vorsichtig vorwärts und schneide so einen sehr schmalen Span. Nach einigen Stößen habe ich eine Brüstung angeschnitten und kann anfangen, den Korpus des Hobels in die Senkrechte zu kippen. Als Führung verwende ich meine Finger, aber eigentlich ist es die Brüstung, die den Schnitt führt.

Bei Falzhobeln mit einem festen Anschlag gibt es keinen Grund, die Breite des Falzes anzureißen. Nur die Tiefe muss markiert werden. (Nur wenn man quer zur Faser hobelt, müssen beide angerissen werden.) Man kann den Schnitt mit dem Hobel in senkrechter Stellung ansetzen. Es ist nicht besonders schwierig. Wie beim Nuthobel sollte die dominante Hand vorwärts schieben, die andere Hand drückt den Anschlag gegen das Werkstück.

Beim verstellbaren Falzhobel muss man überhaupt nicht anreißen. Der Anschlag wird auf die Breite des Falzes und der Tiefenanschlag auf die gewünschte Tiefe eingestellt. Wenn man quer zur Faser hobelt, wird der Vorschneider abgesenkt, sodass er schneidet.

Ich halte es für sinnvoll, beim Benutzen eines verstellbaren Falzhobels als ersten Schritt den Hobel zu mir zu ziehen. Dadurch schneidet der Vorschneider die Breite des Falzes in das Holz. So stellt man, bevor man mit der Arbeit anfängt, sicher, dass alles in Ordnung ist. Außerdem wird der erste Hobelstoß erleichtert.

Es gibt noch einen Hinweis bei Problemen mit dem verstellbaren Falzhobel: Wenn das Eisen nicht wirkungsvoll schneidet, ist der Vorschneider wahrscheinlich so eingestellt, dass er zu tief schneidet. Das kann verhindern, dass das Eisen das Holz berührt. Die Schnitttiefe des Vorschneiders muss reduziert werden und wenn nötig muss er geschärft werden. Diese zwei Maßnahmen beheben viele Probleme bei diesem Hobel.

Der Einhandhobel

Man kann ohne Einhandhobel Möbel bauen. Aber warum sollte man? Meiner Meinung nach ist der Einhand- oder Hirnholzhobel im Bereich der Handwerkzeuge eine der größten Erfindungen der Industriellen Revolution. Mit einem Einhandhobel und etwas Geschicklichkeit kann man fast jede Aufgabe erledigen. Mit diesem Werkzeug kann man Hirnholz verputzen, Längsholz bearbeiten und vieles mehr – und das alles auch (wegen des niedrigen Schnittwinkels des Eisens), wenn das Eisen ein bisschen stumpf ist. Der Einhandhobel ist der vielseitigste Hobel, der je hergestellt wurde. Es ist sehr leicht, den Schnittwinkel zu ändern, und man kann

Ein modernes Lieblingsstück. Einhandhobel haben bei puristischen Handwerkern einen schlechten Ruf, sie sind aber der Lieblingshobel des Proletariats. Sie sind einfach einzustellen und zu verwenden. Und sie sind nicht teuer.

ohne spezielle Werkzeuge die Öffnung des Mauls verändern. Zudem sind die Hobel einfach einzustellen.

Die Puristen unter den Tischlern spotten über dieses Werkzeug, aber ich glaube, das liegt nur daran, dass es nicht zu ihren eingeschränkten Werkzeuginventaren passt. Hätte man den Einhandhobel im achtzehnten Jahrhundert erfunden, könnte man gutes Geld darauf wetten, dass jeder als Tischler kostümierte Selbstdarsteller schwärmen würde, der Hirnholzhobel sei die Rettung des gegenwärtigen Zeitalters.

Ich muss zugeben, dass der Einhandhobel einer meiner Lieblingshobel ist, weil er eines der ersten Handwerkzeuge war, die ich mit großem Erfolg benutzt habe.

Als ich mein erstes Möbelstück baute, eine Sitzbank, stellte ich fest, dass ich die Vorder- und Rückteile der Bank bündig mit der Sitzfläche verputzen musste. Ich hatte ärgerlicherweise keine elektrische Schleifmaschine, und deshalb beschloss ich, einen Einhandhobel zu kaufen. Keine Ahnung, woher ich die Idee hatte; wahrscheinlich von meinem Großvater.

Bei Walmart gab es genau einen Einhandhobel. Die Marke war *Popular Mechanics*, und er war billig und blau. Ich habe ihn gekauft, mit nach Hause genommen und angefangen, mit ihm zu arbeiten. Er war stumpf.

Ich habe ihn nicht geschärft. Er hat die Kiefer überraschend gut geschnitten. Ich kann mich daran erinnern, wie die gewellten Späne, die aus seinem Maul herausgekommen sind, mich erstaunt haben. In dem Moment wurde mir klar, wie stark Handwerkzeuge sein könnten, auch wenn ein Trottel sie benutzt.

Wenn man die Geschichte des Einhandhobels betrachtet, stößt man auf große Vielfalt und Verwirrung. Es scheint, als hätten die Werkzeughersteller mehr unterschiedliche Arten von Einhandhobeln hergestellt, als von jeder anderen Werkzeugart. Ich werde im Folgenden versuchen, die wichtigsten Aspekte vorzustellen, möchte aber betonen, dass ich nicht auf jede Bauart des Hirnholzhobels eingehen kann, die jemals hergestellt wurde.

Flachwinkel oder normal?

Es gibt zwei Arten von Einhandhobeln: Flachwinkel oder normal. Das Eisen der Flachwinkelversion liegt auf einem Bett, das in einem Winkel von 12° zur Sohle steht. Bei den normalen Einhandhobeln beträgt dieser Winkel 20°. Mit einem Flachwinkelhobel ist es leichter, einen relativ flachen Schnittwinkel zu erzielen, der bei der Bearbeitung von Hirnholz vorteilhaft ist. Einhandhobel mit normalem Bettwinkel haben einen höheren Schnittwinkel, der dazu beiträgt, Faserausrisse zu vermindern.

Es gibt zwei Gründe, warum ich immer einen Flachwinkel-Einhandhobel benutze:

1. Der flache Winkel führt dazu, dass das Werkzeug kompakt ist und so besser in meine Hand passt. Das mag sich von Person zu Person unterscheiden.
2. Der Flachwinkelhobel stellt eine größere Vielzahl von Schnittwinkeln zur Verfügung. Der Winkel kann bis auf 37° hinabgehen. Hobel mit normalem Bett-Winkel haben einen Mindestwinkel von 45° (Dabei gehe ich von der Annahme aus, dass die Standzeit der Schneide mehr als nur einige Hobelstöße betragen soll.). Steilere Winkel lassen sich mit beiden Hobelarten erzielen. Fazit: die Flachwinkelwerkzeuge sind vielseitiger verwendbar.

Also sehe ich keinen Grund, einen Einhandhobel mit normalem Bettwinkel zu besitzen. Ich besitze keinen.

Einstellbares Maul oder nicht?

Billige Einhandhobel haben meist unveränderbare Maulöffnungen, obwohl es auch einige hochwertige, kleine Einhandhobel mit fester Maulöffnung gibt. Ich bevorzuge ein einstellbares Maul. Warum? Wenn ich Hirnholz mit einem Einhandhobel abrichte, will ich nicht, dass sich die nähere Ecke des Werkstücks ins Maul einschiebt. Wenn ich eine unregelmäßige Maserung bearbeite, will ich auf alle verfügbaren Mittel zurückgreifen können, um Faserausrisse des Holzes zu vermeiden – und dazu gehört ein einstellbares Maul.

Wenn ich schnell viel Material abtragen will, öffne ich das Maul so weit wie möglich. Einfach. Wenn man nur einen Einhandhobel besitzt, sollte das ein Flachwinkelmodell mit verstellbarem Maul sein.

Seitwärts justierbar oder nicht?

Alle Einhandhobel sind seitlich justierbar – man kann das Eisen mit leichten Schlägen nach links oder rechts verschieben, um die Stellung der Schneide innerhalb des Mauls zu justieren. Die Frage hier ist vielmehr, ob man einen Mechanismus zum seitlichen Justieren braucht. Der kann entweder aus nicht mehr als einer Platte bestehen, die nach links oder rechts verschiebbar ist, um das Eisen nach links oder rechts einzustellen, oder er kann so kompliziert sein wie der Norris-Mechanismus, mit dem sich sowohl die Tiefe des Schnitts als auch die seitliche Justierung verändern lassen.

Ich habe festgestellt, dass alle Mechanismen zur seitlichen Justierung meist nur grobe Einstellungen erlauben. Die feinen Einstellungen führt man mit leichten Hammerschlägen am Hobeleisen aus. Deshalb ist es mir egal, ob der Hobel einen Mechanismus zur seitlichen Justierung hat. Diese Gleichgültigkeit rührt von meiner Methode her, einen Einhandhobel einzustellen:

- Man visiert über die Sohle und schiebt das Eisen so weit hinaus, dass es sich als schwarze Linie von der glänzenden Sohle abhebt.
- Dann verschiebt man das Eisen mit den Fingern, bis die Schneide gleichmäßig aus dem Maul herausragt.
- Danach wird das Eisen zurückgeschraubt, um das Spiel im Schraubmechanismus zu kompensieren. Schließlich wird das Eisen wieder etwas nach vorne verstellt und mit leichten Schlägen eines kleinen Hammers in seine endgültige Stellung gebracht.

Man kann hier also nach eigener Vorliebe entscheiden. Der Hobel muss nicht unbedingt einen Mechanismus zur seitlichen Justierung haben. Andererseits kann er auch nicht schaden.

Hebelklappe, Kniehebelspannklappe oder Schraubklappe?

Es gibt verschiedene Mechanismen, um das Eisen in einem Einhandhobel zu halten. Bei einer Art werden Schrauben verwendet, um die Hobelklappe am Eisen festzuschrauben. Die Schraube kann an der Ober- oder Unterseite der Hobelklappe liegen.

Hier ist Genauigkeit der Darstellung erforderlich, ich werde also etwas ausführlicher. Fast jeder Einhandhobel hat in der Mitte der Eisenlagerung eine Schraube, die als Drehpunkt für alles dient, womit das Eisen gehalten wird. Wenn die Hebelklappe außerdem durch einen Schraubmechanismus festgezogen wird, dann ist das der Teil, um den es hier geht. Wenn sie unterhalb der Hebelklappe liegt, ist es normalerweise eine große Schraube, während oben liegende Schrauben meist kleiner sind. Beide Systeme funktionieren gut.

Qual der Wahl. Die Klappe kann durch einen Schraub-, Hebel- oder sogar Keilmechanismus fixiert werden. Ich schätze den Schraubmechanismus, aber die anderen funktionieren genauso gut.

Wenn der Hebel aus zwei Stücken Metall besteht, die durch ein Gelenk miteinander verbunden sind, denn könnte es sich um eine Kniehebelspannklappe handeln. So eine Klappe legt man auf die Schraube in der Mitte der Eisenplatte und klappt das hintere Teil des Hebels nach unten. So wird alles arretiert.

Das geht schnell, aber der Nachteil ist, dass man den endgültigen Druck am Eisen nur durch Justieren der Schraube in der Mitte der Eisenplatte einstellen kann.

Wenn die Hebelklappe wirklich einen Hebel hat, dann wird das ganze Eisen durch eine Nockenbewegung festgehalten, die durch den Hebel an der Klappe ausgelöst wird. Drückt man den Hebel in eine Richtung, verriegelt die Klappe den Hobel. Drückt man ihn in die andere Richtung, löst sich die Klappe und kann entfernt werden. Die Beziehung zwischen Klappe und Eisen wird auch in diesem Falle durch die Schraube in der Mitte der Eisenplatte kontrolliert. Einmal richtig justiert, lässt sich die Klappe schließen und öffnen, als ob sie am Schnürchen läuft.

Ich bevorzuge die Schraubklappen. Mit ihnen sind Feinjustierungen leichter, während die Einstellung der Kniehebelspanklappe knifflig sein kann.

Länge und Breite?

Einhandhobel werden in unterschiedlichen Längen hergestellt. Ich bevorzuge einen Hobel mit etwa 150 mm Länge, der relativ leicht und manövrierfähig ist. Große Hirnholzhobel sind nichts für Feinschnitte – sie schielen nur neidisch auf die Bankhobel. Man sollte einen Hobel kaufen, der gut in der Hand liegt, sich gut anfühlt und die obengenannten Eigenschaften aufweist.

Gefräste oder geschliffene Eisenplatte?

Der Hersteller hat drei mögliche Methoden, das Bett im Hobel so vorzubereiten, sodass das Eisen gut darauf liegt.

1. Der Hersteller kann einen Teil des Korpus lackieren und das Eisen darauf betten. Wenn einem ein solcher Hobel begegnet, sollte man ihn beiseite legen und weitergehen. Wie billig er auch angeboten werden mag, es lohnt sich nicht, sich mit ihm abzugeben.
2. Die Firma kann die Eisenplatte des Werkzeugs schleifen, um eine einigermaßen ebene Oberfläche zu schaffen. Solche Oberflächen können absolut in Ordnung sein – ich hatte viele Jahre lang einen Einhandhobel mit geschliffener Eisenplatte. Aber kann man damit im höchsten Toleranzbereich arbeiten? Man weiß es nie ganz sicher.
3. Die Firma kann das Bett fräsend bearbeiten. Das Ergebnis sieht bei Weitem feiner aus als ein geschliffenes Bett. Ein Einhandhobel mit gefrästem Eisenbett ist das Werkzeug der Wahl. Die Bearbeitungsspuren sind regelmäßig und die aufeinander passenden Komponenten werden in der Tat aufeinander liegen – anstatt wie bei einem uralten Fruchtbarkeitsritual zu wackeln.

Die Verwendung des Einhandhobels

Im Gegensatz zu anderen traditionellen Werkzeugen sind der Verwendung des Einhandhobels kaum Grenzen gesetzt. Man kann ihn schieben, ziehen, mit einer oder zwei Händen halten, Flächen oder Kanten bearbeiten. Man kann ihn sogar kopfüber einspannen und Holzstücke über seine Sohle schieben.

Man muss darauf achten, das Maul eng einzustellen, um Ausrisse zu vermindern – aber nicht so eng, dass es verstopft.

Da man diese Werkzeuge verwendet, um Hirnholz zu verputzen, sind viele Tischler bei der ersten Verwendung unangenehm überrascht, wenn die Holzfasern

Wofür man bezahlt. Vorne sieht man eine maschinell geschliffene Eisenplatte, die die glatteste Auflage für das Eisen bietet. Schon kleine Fehler in der Eisenauflage eines Einhandhobels sind verheerend.

am Ende des Schnittes von der Hirnholzfläche abbrechen. Es gibt verschiedene Möglichkeiten, dies zu vermeiden:

- Man schneidet eine kleine Fase am entfernten Ende des Schnitts an. Dadurch verstärkt man die Kante.
- Man hobelt von beiden Enden zur Mitte der Hirnholzfläche, erst von einem Ende und dann vom anderen. Das kann zu einem höher liegenden Teil in der Mitte der Fläche führen, der abschließend verputzt werden muss.
- Man befestigt mit Glutinleim provisorisch ein Stück Holz am Ende des Werkstücks. Dann reißen die Fasern daran aus und nicht am Werkstück.
- Man plant die Ausrisse ein, indem man das Brett mit gewisser Überbreite zuschneidet und erst auf Endmaß abbreitet, nachdem man das Hirnholz bearbeitet hat.

Ein letzter Hinweis zum Thema Hirnholz: Man sollte es etwas anfeuchten, um das Schneiden zu erleichtern. Ich benutze Alkohol oder Kamelienöl, aber nie Wasser. Es macht einen Unterschied.

Der Grundhobel

Der Grundhobel schneidet unter dem Niveau der Oberfläche des Holzes und trägt mit größter Genauigkeit Holz ab. Man kann damit den Grund einer Nut oder eines Falzes perfekt plan schneiden. Man kann die Seiten eines Zapfens plan, mittig zum Brett und mit einer durchgehenden gleichmäßigen Stärke hobeln. Er erlaubt es, die Ausklinkungen für die Lappen eines Scharniers mit gleichbleibender Tiefe auszuschneiden, und stellt so sicher, dass die Tür richtig hängt.

Ich bin ein großer Anhänger des Grundhobels. Ich könnte auf meine elektrische Handoberfräse verzichten, aber nicht auf meine Grundhobel.

Groß oder klein?

Grundhobel werden in zwei Größen hergestellt: im Taschen- und im Handtaschenformat. Man braucht beide. Der kleine ist für Scharnierlappen, schmale Nuten und den Einbau von Beschlägen wie Schlössern unter beengten räumlichen Umständen. Seine Größe liegt darin, dass er nicht groß ist. Man will ihn an Stellen ver-

Bruch mit der Tradition. Nur wenige traditionelle Quellen beschreiben den Nuthobel als unverzichtbares Werkzeug. Ich kann nicht ohne ihn arbeiten. Vielleicht bin ich zu sehr von Genauigkeit besessen. Vielleicht muss ich mehr an meinen Fähigkeiten arbeiten. Vielleicht sollte ich akzeptieren, dass es einfach ein tolles Werkzeug ist.

wenden, wo andere Werkzeuge einfach keinen Platz finden. Unter solchen Umständen sind eine kleine Sohle und Eisen genau das Richtige.

Der große Grundhobel wird bei der Herstellung von Korpusverbindungen benutzt. Mit ihm stellt man präzise geschnittene Nuten, Falze, Zapfen und Überblattungen her. Große Grundhobel haben normalerweise mehr justierbare Teile als die kleinen, und wirken deshalb interessanter, aber ich glaube, dass man beide braucht.

Holz, Eisen oder ein anderes Material?

Die ursprünglichen Grundhobel wurden meist vom Tischler in der eigenen Werkstatt hergestellt. Man nahm ein Stück Treppengeländer und schnitt einen Schlitz hinein. Dann befestigte man eine abgenutzte Feile mit einem Keil im Schlitz. Das Eisen war normalerweise nicht um 90° abgewinkelt wie bei den modernen Grundhobeln. Stattdessen saß es senkrecht im Korpus und funktionierte eher wie ein Schab-als ein Grundhobel.

Spätere hölzerne Grundhobel, so wie sie immer noch hergestellt werden, haben ein „L"-förmiges Eisen und einen einfachen Justierungsmechanismus – normalerweise eine Rändelschraube. Ich habe diese Art seit Jahren benutzt und sie funktioniert gut.

Der Nachteil der hölzernen Grundhobel besteht darin, dass sie meist groß sind. Das Holz ist dick und die Sohle ist breit. Das bedeutet, dass sie gut funktionieren, wenn man Teile eines Möbelstücks vor der Montage bearbeitet. Sie sind aber ein bisschen zu klobig, wenn man innerhalb eines Korpus arbeiten möchte. Außerdem ist die Dicke des Hobels ein Nachteil, wenn man versucht, durch das Maul des Werkzeugs zu schauen, um zu sehen, was man gerade tut.

Die eisernen Grundhobel sind dünner und schmaler. Sie können also in engeren Stellen arbeiten und sie sind leichter zu führen. Sie können auch mit einer Vielzahl von Hilfsvorrichtungen wie Tiefenanschlägen und Seitenanschlägen (letztere sowohl gebogen als auch gerade) versehen werden. Man muss nicht alle besitzen, um sich als vollwertiger Mensch zu fühlen. Falls man nicht über alle verfügt, muss man einfach die Reihenfolge ändern, in der man die Teile des Werkstücks bearbeitet.

Einige Leute ziehen hölzerne Grundhobel vor, weil es leichter ist, die Sohle abzurichten. Ich habe nicht sehr viele Grundhobel aus Metall gesehen, die schwerwiegende Eingriffe gebraucht hätten. Diejenigen, bei denen sie notwendig waren, waren aus Bronze und als Einzelstücke angefertigt worden.

Damit komme ich zur dritten Art des Grundhobels: Einzelstücke, normalerweise von einem Modellbauer hergestellt. Sie kommen häufig vor und sie decken eine Bandbreite von schön und funktionsfähig bis hässlich und untauglich ab. Ich habe nichts gegen diese Art von Werkzeug (ich besitze einige), aber man muss etwas vorsichtig beim Kauf sein. Wie auch sonst, ist es gut, sich zu vergewissern, dass man sie gegebenenfalls zurückgeben kann.

Die Eisen: ihre Form, Breite und die Stange

Eisen für Grundhobel haben zwei Grundformen: gerade und speerförmig. Die geraden Eisen sind für allgemeine Arbeit bestimmt, wenn das Aussehen der Oberfläche nicht sehr kritisch ist oder wenn es nicht nötig ist, Holz aus sehr engen Winkeln abzutragen, wie etwa bei einer eingelegten Schwalbenschwanzfeder.

Die Eisen mit gerader Schneide sind leichter zu schleifen. Es gibt nur zwei Flächen, auf die man achten muss. Die speerförmigen Eisen haben jedoch drei Flächen. Die meisten Holzwerker benutzen Eisen mit geraden Kanten, bis sie buchstäblich in einer Ecke nicht mehr weiterkommen.

Es gibt eine Auswahl von Eisenbreiten, von 1,5 mm Eisen für Intarsienarbeit bis hin zu 10 mm. Man sollte einfach die Größe wählen, die schmaler ist als die Nut, die man schneiden möchte. Beim Abrichten einer Zapfenwange sollte man ein breites Eisen benutzen.

Bei einigen Eisen kann die Stange, mit der es im Hobelgehäuse angelegt wird, Probleme bereiten. Wenn sie ganz rund ist, ist die Wahrscheinlichkeit hoch, dass sich das Eisen während der Arbeit dreht, und das stört sehr. Man kann die Oberfläche mit Schleifpapier oder einer Feile aufrauen, aber die Stange kann sich auch dann noch manchmal verdrehen.

Wenn die Stange rechteckig oder rund mit einer eingefrästen Nut ist, bewegt sich das Eisen nur dann, wenn man es nicht richtig befestigt hat.

Eine letzte Bemerkung zu den Eisen: Bei gebrauchten Grundhobeln kann das Eisen etwas beschädigt sein und die Schneide nicht rechtwinklig. Da es bei Grundhobeln keinen seitlichen Justierungsmechanismus gibt, muss die Schneide rechtwinkelig geschliffen werden, um parallel zur Sohle zu schneiden. Man kann das Eisen entsprechend umschleifen oder ein neues vom Hersteller kaufen. Stanley verkauft zum Beispiel immer noch Ersatzeisen für seine Grundhobel.

Offenes oder geschlossenes Maul?

Das Maul des Grundhobels unterscheidet sich von dem des Bankhobels. Es drückt die Späne nicht nach unten, um Ausrisse zu verhindern. Bei Grundhobeln ist das Maul der Teil des Hobelkorpus vor dem Eisen. Es kann flach sein (geschlossenes Maul) oder nach oben gebogen (offenes Maul).

Das geschlossene Maul erlaubt die Arbeit an Brettkanten. Das offene Maul erlaubt einen besseren Blick auf das Werkstück vor dem Hobel, sodass man die Arbeit besser kontrollieren kann. Einige Modelle haben ein offenes Maul, werden aber mit einem Zubehörteil geliefert, mit dem man das Maul schließen kann. Das funktioniert gut. Meist ist das Maul nicht sehr wichtig, aber wenn man eine Reihe von abgesetzten Nuten an den Kanten von Bauteilen von Türen putzen möchte, braucht man ein Werkzeug mit geschlossenem Maul. Man kann ein offenes Maul auch mit einer dünnen Holzsohle schließen – viele Grundhobel haben zu diesem Zweck Löcher im Korpus.

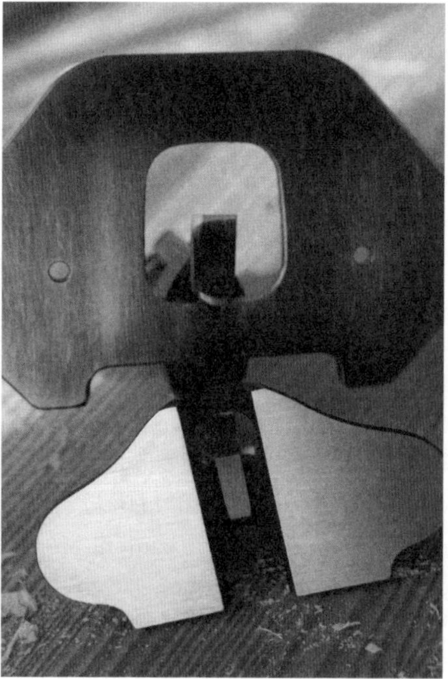

Ein Grundhobel mit offenem Maul erlaubt einen guten Blick auf den Schnitt. Mit einem Grundhobel mit geschlossenem Maul lassen sich schmale Kanten bearbeiten. Wenn ich nur einen Grundhobel besitzen dürfte, wäre es wahrscheinlich einer mit geschlossenem Maul.

Doch, es ist ein Tiefenanschlag. Die Platte und Stange, die das Maul des Stanley Nr. 71 schließen, können umgedreht werden, um als Tiefenanschlag zu dienen. Wenn der Ring der Platte den Korpus berührt, ist man fertig.

Verschiedene Tiefenanschläge

Die meisten alten Grundhobel haben keine Tiefenanschläge, die es erlauben, bis zu einer bestimmten Tiefe zu hobeln. Die Tiefenanschläge der modernen Grundhobel sind in Ordnung, aber sie neigen dazu, sich während der Arbeit zu verstellen. Also vertrauen, aber auch kontrollieren. Der typische Tiefenanschlag an alten Grundhobeln, die überhaupt damit ausgestattet sind, ist meiner Meinung nach relativ nutzlos. Oft wird sogar vollkommen übersehen, dass der Grundhobel mit einem Tiefenanschlag ausgestattet ist. Er besteht aus der kleinen Metallplatte, mit der das offene Maul eines Grundhobels geschlossen werden kann. Die Platte wird an eine Metallstange angebracht, die durch das Loch der eisernen Sohle des Werkzeugs führt.

Wenn man die Platte an der Unterseite des Werkzeugs anbringt und die Stange verriegelt, schließt man damit das Maul. Wenn man aber stattdessen die Stange umgekehrt ins Loch führt, sodass die kleine Platte oben liegt, hat man das Werkzeug mit einem Tiefenanschlag versehen. Die Lage der Platte an der Stange ist justierbar (die Bilder machen deutlich, dass es nicht so kompliziert ist wie es klingt). Die Stange wird auf die gewünschte Tiefe eingestellt und arretiert.

Und so funktioniert es: Wenn man die endgültige Tiefe noch nicht erreicht hat, berührt die Stange den Grund der Nut und die Platte bleibt oberhalb des Hobelkorpus. Wenn man die Endtiefe erreicht, liegt die Platte auf dem Korpus auf. Es ist eher ein Hinweis darauf, dass die Tiefe erreicht wurde als ein echter Tiefenanschlag.

Die anderen Arten von Tiefenanschlag sind einfacher. Sie bestehen aus Ringen an der Stange des Eisens, die verhindern, dass man zu tief schneidet. Die Ringe werden mit einer Rändelschraube arretiert oder es werden zwei Ringe gegeneinander geschraubt.

Obwohl sie einfacher in der Handhabung sind, können auch sie leicht versagen. Wenn man sie verwendet, sollte man ständig auf die erreichte Tiefe des Eisens achten, und wenn man die endgültige Tiefe erreicht hat, keinesfalls das Tiefeinstellungsrad des Grundhobels zu fest anziehen. Mit leichter Hand arbeiten!

Die Tiefe einstellen

Die Schnitttiefe kann normalerweise mit einer von zwei Methoden justiert werden. Die einfachere Methode ist an den meisten kleineren Grundhobeln zu finden: Man entriegelt das Eisen, stellt es auf die gewünschte Tiefe ein und verriegelt es.

Bei der anderen Art von Tiefeneinstellung wird ein Rad verwendet, das an einer Stange mit Gewinde dreht. Man entriegelt die Stange und dreht das Rad, um das Eisen nach oben oder unten zu bewegen. Beide Systeme funktionieren gut und man kann sich an jedes gewöhnen. Bisher habe ich keinen Mechanismus gefunden, der bei allen Arbeiten besser als alle anderen ist.

Die Verwendung des Grundhobels

Nur selten benutzt man nur allein einen Grundhobel, um eine Verbindung herzustellen. Normalerweise werden sie verwendet, um für Genauigkeit an vorbearbeiteten Oberflächen zu sorgen, nachdem andere Werkzeuge ihre Arbeit geleistet haben. Man kann die Wange eines Zapfens mit einer Säge schneiden, es ist aber der Grundhobel, der garantiert, dass sie plan ist. Man kann die Wandungen einer Nut aussägen und den Verschnitt mit einem Beitel ausstechen, es ist aber der Grundhobel, der sicherstellt, dass der Grund der Nut plan ist und dass die Nut dieselbe Tiefe hat wie die anderen Nuten, die man geschnitten hat.

Wie alle anderen Hobel kann auch der Grundhobel quer zur Faser kräftige Späne abtragen. Normalerweise wird man den Hobel aber so justieren, dass er dünne Späne schneidet. So ist das Werkzeug leichter zu benutzen und liefert auch eine bessere Oberfläche.

Abschließende Bemerkungen zu Hobeln

Die Verwendung eines Hobels zu lernen ist wie das Erlernen des Fahrradfahrens. Am Anfang ist es schwierig. Man muss lernen, wie man das Werkzeug schärft, wie man es richtig justiert und wie man es über das Holz bewegt, sodass man glatte und nicht aufgerissene Oberflächen erhält.

Beim Fahrradfahren muss man lernen, wie man gleichzeitig balanciert, lenkt und die Pedale tritt. Als ich meiner ältesten Tochter das Fahrradfahren beibrachte, haben wir viele Abende auf dem Parkplatz der Schule verbracht, mit vielen gewaltigen Unfällen und Schürfwunden an Armen und Beinen.

Dann hat es an einem Abend ‚klick' gemacht und sie konnte Fahrrad fahren, und sie wird es den Rest ihres Lebens können.

Genau das Gleiche passiert mit Hobeln. Man muss sich abmühen. Man wird kleine Erfolge erleben, aber auch spektakuläres Scheitern. Deswegen ist es hilfreich, an Restholzstücken zu üben. Aber an einem Tag kommt es dann alles zusammen, und es klappt, und in dem Moment hat man auch alle anderen Hobel gemeistert, weil sie alle nach denselben Prinzipien funktionieren.

Nicht aufgeben – weder nach dem ersten Tag, noch der ersten Woche oder dem ersten Monat.

6 | WICHTIGE ANREISS- UND MESSWERKZEUGE

Dieses Kapitel könnte einen Metallbauer oder Ingenieur dazu bringen, die Redefreiheit in Frage zu stellen, die bei uns in den USA so hochgehalten wird. Ich komme mit digitalen Messinstrumenten nicht klar. Meine Maße sind selten kleiner als 1,5 mm. Meine Messwerkzeuge sind meist selbstgemacht und womöglich aus Holz.

Warum Holz? Erstens ist es relativ leicht und nicht zu teuer, so können meine Messwerkzeuge länger sein. Zweitens kann ich sie mit Handwerkzeugen abrichten.

Vor einigen Jahren hat unsere Werkstatt mehr als $100 für ein Präzisions-Haarlineal von Starrett ausgegeben. Innerhalb des ersten Jahres fiel es öfter auf den Boden und wurde manchmal falsch gelagert. Das hat dazu geführt, dass weder in Längsrichtung noch in der Fläche noch eben ist. Für Tischlerarbeiten oder die Einstellung von Maschinen ist es etwa so brauchbar wie eine Banane.

Ich behalte es in der Werkstatt, um nicht zu vergessen, was für einen Fehler wir gemacht haben, als wir dieses Werkzeug gekauft haben, das dafür gedacht ist, Fehler zu vermeiden.

Nicht jedes Messwerkzeug kann oder sollte jedoch aus Holz hergestellt werden. Werkzeuge, an denen man ein Messer entlangführt, halten länger, wenn sie aus Metall sind. Einige Werkzeuge aus Metall verschleißen an kritischen Punkten weniger und halten deshalb länger. Das Thema verlangt nach gesundem Menschenverstand.

Wie ist es mit der Genauigkeit? Sollten wir nicht die beste digitale Technologie beim Tischlern einsetzen? Es gibt keine grundsätzlichen Einwände gegen digitales Messwerkzeug. Es kann zu genaueren Ergebnissen führen, aber es garantiert Genauigkeit nicht. Mit anderen Worten: Man kann die Stärke eines Bretts vielleicht auf einen Zehntelmillimeter genau messen, aber es kann dennoch gebogen oder geworfen sein und so das korrekte Zusammenfügen eines Werkstücks unmöglich machen.

Es gibt auch eine grundsätzlichere Überlegung, die mir wichtig ist. Wir nehmen fertige Möbel nicht mit einem Greifzirkel war. Wir erleben sie mit unseren Augen, Fingern und dem Rest unserer Körper, wenn wir sie berühren.

Es mag sein, dass alle Bauteile genau 20 mm stark sind, wenn aber das fertige Werkstück wie Schrott aussieht oder unbequem ist, dann ist es gescheitert.

Es gibt im Bootsbau zwei Redewendungen, die ich gerne zitiere, wenn es um Messen geht:

- Wenn es gut aussieht, ist es gut. Mit anderen Worten, unsere Augen sind die besseren Messinstrumente.

- Du musst nicht beide Seiten des Boots gleich bauen, weil niemand beide Seiten gleichzeitig sehen kann. Mit anderen Worten, man sollte sich nur auf das Wichtigste konzentrieren – ein gutes Aussehen und eine gute Passung – und weniger auf ein genaues Maß oder eine perfekte Symmetrie achten.

Ein Beispiel aus dem Möbelbau kann das deutlicher machen. Wenn man antike Möbel sieht, erkennt man Regelmäßigkeiten und Übereinstimmungen bei der Höhe und Breite der Kommoden, Truhen und Schränken; wenn es aber um die Tiefe von der Vorder zur Rückseite geht kommen Abweichungen häufiger vor.

Das liegt daran, dass man Zeit, Arbeit und Holz spart, wenn man sich eine gewisse Flexibilität bei der Tiefe erlaubt. Wenn man ein 45 Zentimeter breites Stück Holz für die Seite einer Truhe hat, aber 50 Zentimeter braucht, was solle man tun? Einen Streifen von 5 Zentimeter anleimen, um es breiter zu machen? Das würde viel Arbeit verlangen, bis es ordentlich aussähe. Man kann aber das Seitenteil einfach 45 Zentimeter breit machen und den Rest der Truhe dementsprechend umgestalten. Das wäre sinnvoller, weil Vollholzbretter besser als verleimte Platten aussehen. Außerdem spart man dabei auch Zeit.

Oder wie wäre es, wenn das Brett 55 Zentimeter breit wäre, man aber nur 50 Zentimeter braucht? Auch dann würde ich einfach die Abmessungen des Werk-

Perfektion. Ich bin zu vorsichtig, um etwas neues als besser als sein älterer Vorgänger zu bezeichnen – das ist normalerweise eine Torheit. Aber durch ein paar Veränderungen, die es einfach besser machen, stellt dieses moderne Streichmaß die perfekte Modernisierung eines alten Werkzeugs dar.

stücks anpassen, sodass ich nicht fünf Zentimeter gutes Holz absägen müsste. Auch das ist eine Frage des gesunden Menschenverstands. Fangen wir mit dem wichtigsten Messwerkzeug an: dem Streichmaß.

Das Streichmaß

Bei der Arbeit mit Handwerkzeugen ist das Streichmaß das wichtigste Instrument zum Anreißen. Man sollte mit einem einzigen anfangen, aber auf die Dauer hat man meist mehrere in der Werkzeugkiste. Darunter sind auch oft einige, die man selbst angefertigt hat, weil es nützlich ist, verschiedene Streichmaße zu haben, die auf Abmessungen eingestellt sind, die man bei einem Projekt häufiger benötigt.

Ich kann mit einem Streichmaß arbeiten, aber ich finde, zwei sind besser, und drei sind fast genug.

Streichmaße sind die Werkzeuge, die andere Werkzeuge führen. Damit reißt man die Linien an, nach denen man arbeitet: die Grundlinien von Schwalbenschwanzzinkungen, die Breite und Tiefe eines Falzes, die Wangen eines Zapfens und die Wandung eines Schlitzes.

Streichmaße sind so vielfältig, dass es unmöglich ist, hier alle Sorten und Kombinationen vorzustellen. Sie haben alle aber gemeinsame Merkmale, die bei der Wahl eines guten Exemplars hilfreich sind.

Schnitt oder Markierung?

Die zwei Hauptgruppen von Streichmaßen bestehen aus den schneidenden und den markierenden. Schneidende Streichmaße schneiden den Riss mit einem Messer. Markierende Streichmaße haben eine spitze Metallnadel. Beide müssen geschärft werden und beide sollen die Holzfasern durchtrennen, nicht lediglich eindrücken.

Schneidende Streichmaße sind quer zur Faser effektiver. Das dünne Messer schneidet die Fasern, auch wenn es etwas stumpf ist. So kann man über einen längeren Zeitraum die Grundlinien von Schwalbenschwanzzinkungen und dergleichen schneiden, bevor das Messer wieder geschärft werden muss. Wenn man mit der Faser schneidet, können schneidende Streichmaße manchmal den Holzfasern folgen. Das kann mit jedem Streichmaß passieren, meist wenn man ein Holz bearbeitet, das einen bedeutenden Dichteunterschied zwischen dem Früh- und Spätholz aufweist.

Markierende Streichmaße scheinen besser parallel zur Faser zu arbeiten, aber quer zum Faserverlauf mögen sie nicht so sauber wie ein schneidendes Streichmaß anreißen.

Ich selbst benutze für alle Arbeiten ein schneidendes Streichmaß. Ich halte es scharf und schneide mit leichten Zügen, deshalb ist das Anreißen unproblematisch. Aber auch wenn ich ein markierendes Streichmaß benutzen muss, habe ich keine Schwierigkeiten damit. Wenn das Werkzeug scharf ist und man darauf achtet, den Anschlag dicht am Holz anzulegen, wird alles gut gehen.

Holz oder Metall?

Alte Streichmaße sind fast alle aus Holz, auch der Keil, der den Anschlag an der Zunge sichert, ist aus Holz. Ich habe Dutzende von diesen Streichmaßen selbst hergestellt und sie haben sich besser bewährt als die meisten hölzernen Streichmaße im Handel. Warum? Das Konstruktion des modernen hölzernen Streichmaßes ist zu kompliziert geworden, was schließlich dazu geführt hat, dass es ungenau ist.

Die modernen hölzernen Streichmaße haben eine Rändelschraube aus Messing, die den Anschlag fest an der Zunge halten soll. Diese Schrauben funktionieren jedoch selten gut. Typischerweise wird die Zunge vertikal sicher gehalten, aber sie kann sich seitlich bewegen, und das kann nerven.

Hier diagonal. Dieses selbst gebaute Streichmaß, ein Nachbau älterer Werkzeuge, hat einen Keil, der die Zunge in eine Ecke des Anschlags schiebt, und das Werkzeug so präziser macht.

Doppelte Arbeit. Ein Zapfenstreichmaß scheint genau so lange eine gute Idee zu sein, bis man es für unterschiedliche Zapfenbreiten immer wieder neu einstellen muss. Ich habe angefangen, ein Einzelstreichmaß für das Markieren von Zapfen zu benutzen, und ich finde es einfacher. Die Nadeln dieses Streichmaßes sind zum Anreißen von Zapfen abgefeilt.

Die besseren modernen hölzernen Streichmaße schieben die Zunge in eine Ecke des Schlitzes im Anschlag. Sie funktionieren Millionen mal besser. Die alten hölzernen Streichmaße waren baugleich. Der lange Keil, der alles festhielt, drückte die Zunge in die Ecke des Schlitzes.

Da Streichmaße sehr viel benutzt werden, können sie schnell verschleißen, manchmal beunruhigend schnell. Die Anschläge aus Ahorn, die ich benutze, haben etwas abgenutzte Flächen und die Schlitze im Anschlag haben sich auch etwas geweitet. Die Streichmaße sind aus Zuckerahorn und Anschlag und Zunge saßen ganz fest, als ich sie gebaut habe.

Deswegen bevorzuge ich inzwischen Streichmaße aus Metall mit einer runden Zunge und einem Anschlag aus Metall. Bei einigen kann man Feineinstellungen vornehmen. Das ist in Ordnung, aber was ich wirklich schätze, ist die Fähigkeit, das Maß einhändig zu justieren und zu arretieren. Ich muss mir nie Sorgen machen, dass das Streichmaß sich verstellen oder verschlissen sein könnte.

Wenn man sich nur gelegentlich mit dem Möbelbau beschäftigt, wird fast jedes beliebiges Streichmaß reichen, aber wenn man ständig mit Streichmaßen arbeitet, muss man sich entscheiden: Entweder arbeitet man traditionell mit dem hölzernen Streichmaß (das leicht selbst herzustellen ist) oder man versucht es mit etwas Modernerem (damit meine ich aus dem 19. Jahrhundert) und kauft ein Streichmaß aus Metall.

Braucht man ein Zapfenstreichmaß?

In vielen Werkzeugslisten erscheint das Zapfenstreichmaß. Es hat zwei Stifte, sodass man gleichzeitig die beiden Wände eines Schlitzes oder die beiden Seiten eines Zapfens markieren kann. Ich habe eins, aber ich benutze es weniger, als ich gedacht hätte. Wenn ich die Wände eines Schlitzes markiere, benutze ich ein einfaches schneidendes Streichmaß, und ich markiere nur eine Wand. Das Stemmeisen selber bestimmt die Lage der anderen Wandung des Schlitzes.

Beim Markieren der Seiten von Zapfen verwende ich normalerweise zwei Einstellungen des Streichmaßes (oder zwei Streichmaße). Zugegeben: ein Zapfenstreichmaß wäre vielleicht bequemer, aber beim Markieren von Zapfen habe ich es nie vermisst. Außerdem ist das Zapfenstreichmaß überflüssig, falls man Elektrogeräte benutzt, um Bretter auf Maß zu schneiden. Bei präzise zugeschnittenem Holz sind dank der Geräte alle Seiten parallel zueinander und so reicht ein Streichmaß mit nur einer Einstellung.

Ich finde das Zapfenstreichmaß also nicht unverzichtbar. Auf der anderen Seite würde ich nicht davon abraten. Man sollte mal eines in einem Geschäft ausprobieren. Sie können komplizierte Einstellmöglichkeiten aufweisen. Das gefällt einem vielleicht, vielleicht aber auch nicht.

Die Benutzung des Streichmaßes

Das Wichtigste beim Verwenden des Streichmaßes ist der schneidende Teil – ob Reißnadel oder Messer. Beide sind keilförmig, aber es sind nicht genau symmetrische Keile. Vielmehr steht eine Schnittfläche rechtwinklig zur Zunge und die andere steht schräg dazu.

Die flache Seite des Stifts beziehungsweise Messers sollte immer zu der Seite des Holzes gerichtet sein, das stehen bleiben soll. Die angewinkelte Seite sollte zum Verschnitt weisen. Manchmal bedeutet das, dass man das Messer oder die Nadel des Streichmaßes umdrehen muss, um richtig anreißen zu können. Wenn

Die Spitze. Jede Schneide muss geschärft werden, auch die Nadel eines Streichmaßes. Hier kann man die flache Seite sehen, die ich angefeilt habe. Sie sollte immer zu der Seite des Holzes gerichtet sein, die man behalten möchte.

das Streichmaß das nicht erlaubt, ist es höchste Zeit, ein neues zu kaufen (oder ein zweites mit einer anderen Klinge).

Der Schlüssel zu allen Handwerkzeugen liegt im Wissen, wie man sie schärft und ans Holz setzt. Streichmaße sind keine Ausnahme. Das Messer eines schneidenden Streichmaßes unterscheidet sich nicht von der Klinge anderer schneidender Werkzeuge. Man muss zwei aufeinandertreffende Flächen so schärfen, dass sie den kleinstmöglichen Winkel bilden – das ergibt die höchstmögliche Schärfe.

Das markierende Streichmaß hat eine Nadel, die eine flache und eine gekurvte Fläche hat –wie ein Kegel, der senkrecht halbiert wurde. Die wichtigsten Flächen sind die Ecken, wo das gebogene Teil das gerade Teil trifft. Das gebogene Teil muss glatt gefeilt werden, sodass der Stift leicht durch das Holz schneiden kann.

Unabhängig vom verwendeten Streichmaß muss der Anschlag richtig justiert und der gewünschte Riss mit leichten Zügen ausgeführt werden. Vier leichte Züge sind genauer als ein gewaltiger Zug. Nach einigen Zügen kann man die Nadel beziehungsweise das Messer fester eindrücken, um die Linie zu vertiefen. Aber man sollte das nicht schon beim ersten Zug machen.

Schließlich (weil wir alle nicht jünger werden) mache ich die Linien mit einem dünnen Drehbleistift besser sichtbar.

Langes Streichmaß (Paneelstreichmaß)

Paneelstreichmaße sind einfach überdimensionale schneidende oder markierende Streichmaße. Damit kann man das Holz entweder mit einem Bleistift, Messer oder Stift markieren. Warum soll man ein Paneelstreichmaß besitzen? Sie sind notwendig, falls man das Holz mit Handwerkzeugen zurichtet. Man hobelt eine Seite eben und dann wird eine Kante rechtwinklig zu dieser Seite abgerichtet. Dann wird das Paneelstreichmaß an dieser Kante verwendet, um eine parallele Linie zu markieren, die die endgültige Breite des Bretts definiert.

Man hobelt oder sägt bis auf diese Linie, und so ist das Brett fast fertig.

Gekauft, alt oder Eigenanfertigung?

Es gibt eine Vielzahl von Paneelstreichmaßen, aber die Mehrheit ist aus Holz, hat eine Zunge mit einer Länge von 30-90 Zentimetern und einen Anschlag mit einer breiten Anlagefläche. Normalerweise wird ein Falz im Anschlag eingeschnitten, sodass man das Paneelstreichmaß leicht auf der Oberseite des Bretts anlegen kann.

Die handelsüblichen und alten Paneelstreichmaße sind in Ordnung, wenn der Anschlag die Zunge so festhält, dass die Zunge sich nicht frei bewegen kann. Dies ist sehr wichtig: Wenn der Abstand zwischen Anschlag und markierendem Ende der Zunge groß ist, können kleine Einstellfehler durch ein Spiel an dieser Stelle verschlimmert werden.

Selbstgemachte Paneelstreichmaße sind gut, weil man sie nach Maß machen kann. Sie werden typischerweise durch einen Keil arretiert, der die Zunge in der Ecke des Anschlags hält. Diese Bauart scheint (wie bei den kleineren Streichmaßen) weniger Fehler zu produzieren. Hausgemachte Streichmaße liegen auch besser in der Hand und können mit dem gewünschten Markierungssystem ausgestattet werden: Messer, Nadel oder Bleistift.

Mein Paneelstreichmaß hat einen Bleistift an einem Ende, mit dem ich raue Bretter markiere (ein Messerriss wäre schwierig zu erkennen). Am anderen Ende befindet sich ein Messer. Ich reiße die Breite eines Bretts gerne mit einem Messer an, weil leicht zu erkennen ist, wenn der Hobel diese Linie trifft. Die dann erscheinenden Späne haben ausgefranste Kanten.

Länge der Zunge

Man mag denken, je länger, desto besser. „Länger" ist aber oft auch unhandlich. Mit einem 90 Zentimeter langen Stück Holz in der Werkstatt zu hantieren, kann zu Problemen führen. Eine so lange Zunge wird man wahrscheinlich nicht brauchen, wenn man nicht häufiger Esstische herstellt. Ich mag Paneelstreichmaße mit einer Länge von 45 bis 60 Zentimetern, die also lang genug für eine durchschnittliche Schrankseite sind.

Eigenschaften des Anschlags

Viele Paneelstreichmaße sind mit einem Streifen aus Messing am Anschlag versehen, um Abnutzung zu verhindern. Das ist gut. Mein erstes Paneelstreichmaß war schon etwas abgenutzt, als ich es bekam, und es wurde im Laufe der Zeit nicht besser. Wenn ein Paneelstreichmaß keinen Schutzstreifen hat, kann man relativ leicht nachträglich einen anbringen.

Die meisten Paneelstreichmaße haben einen Falz unterhalb des Zungenschlitzes. Dieser Falz liegt auf der Kante des Bretts und erleichtert es, das Streichmaß am Brett zu führen.

Die Schneide

Paneelstreichmaße sind entweder mit einem Messer oder einer Nadel versehen, die eine bestimmte Form aufweisen müssen, um gut zu funktionieren. Eine Nadel sollte man mit einer kleinen Feile schärfen und so gestalten, dass die Seite gegenüber dem Anschlag gerade und der Rest rund ist. Bei einem Messer sollte die gerade Fläche zum Anschlag weisen und die Fase in die andere Richtung.

Diese Schneidengeometrie ist günstig für die Verwendung von Handwerkzeugen. Der resultierende Riss verläuft senkrecht am Holz, das stehen bleiben soll, im Verschnitt entsteht eine kleine Fase.

Die Benutzung des Paneelstreichmaßes

Dieselben Regeln wie für das normale Streichmaß gelten auch für das Paneelstreichmaß – mit der Ausnahme, dass Paneelstreichmaße zweihändig benutzt werden. Eine Hand führt den Anschlag an die Kante entlang, die andere führt die Nadel, das Messer oder den Bleistift und drückt sie nötigenfalls leicht ins Holz.

Man fängt mit einem leichten Zug an, dem mindestens zwei stärkere folgen sollten.

Der kleine Kombinationswinkel

Dieses Werkzeug wurde für Metall und Maschinenbauer entworfen. Obwohl ich mich gerne als ganz traditionsbewusst darstelle – als ob ich nur ein Lineal aus Holz benutzte –, kann ich unmöglich meine Liebe zum Kombinationswinkel verleugnen. Er ist so praktisch zum Messen und Markieren von Verbindungen, dass ich meinen in der Werkstatt ständig in der Schürze trage.

Es gibt absolut keinen Grund, einen billigen Kombinationswinkel von schlechter Qualität zu kaufen. Gebrauchte Exemplare von Starrett, Brown & Sharpe und anderen guten Herstellern stehen im Überfluss zur Verfügung. Meinen Starrett habe ich für $20 auf einem Trödelmarkt gekauft, aber ich wäre bereit, auch den vollen Preis für ein neues Exemplar von einem guten Hersteller zu zahlen.

Respekt wider Willen. Dies ist ein Werkzeug, das ich nicht mögen wollte. Aber es ist so praktisch und vielseitig anwendbar, dass ich inzwischen zu einem große Anhänger geworden bin.

Die Liste der Arbeiten, die man mit diesen Kombinationswinkeln ausführen kann, ist fast endlos. Während viele Tischler sie vor allem als Messgerät verwenden, benutze ich meinen eher wie ein Streichmaß. Ich übertrage Maße von einem Teil eines Projekts zum anderen. Ich markiere Abmessungen, indem ich den Anschlag gegen das Werkstück halte und einen Bleistift an der Zunge führe. Ich wäre wahrscheinlich auch noch zufrieden, wenn mein Kombinationswinkel keine Maßeinteilung hätte.

Ich benutze ihn auch als traditionellen Tischlerwinkel, und da er klein ist, kann ich mit ihm leicht überprüfen, ob die Schneiden von meinen Beiteln oder Hobeln rechtwinklige Ecken haben. Er dient mir auch als Gehrmaß und Wasserwaage.

Wenn ein Werkzeug mehr als eine Aufgabe erfüllen soll, erledigt es alle Arbeiten normalerweise nur mittelmäßig. Aber ein guter Kombinationswinkel ist eines der seltenen Werkzeuge, die besser funktionieren als die ersetzten Werkzeuge. Folgende wichtige Faktoren sollte man beim Kauf eines Kombiwinkels beachten.

Skalierung und Oberfläche der Zunge

Ich bevorzuge Zungen mit matten Oberflächen, weil sie leichter abzulesen sind. Mein zunehmendes Alter und meine allgemeine Schusseligkeit setzen mir schon genug zu. Ich will der Liste der Widrigkeiten nicht auch noch grelle Reflexionen hinzufügen. Also meide ich glänzendes Material.

Die Skalierung an der Zunge ist nicht immer einheitlich. Solche aus dem angloamerikanischen Raum weisen oft Intervalle von 1/8, 1/16, 1/32 und 1/64 Zoll auf. Ich benutze ständig die 1/8 und 1/16 Skalen und ich staune einfach über die kleineren. Europäische Hersteller verwenden meist das metrische System. Nützlich können auch eine metrische Skalierung an einer Seite und eine in Zoll an der anderen Seite sein. Wenn man gelegentlich oder häufig nach englischsprachigen Anleitungen arbeitet, ist das vielleicht das Werkzeug der Wahl.

Anschlag: Eisen oder gehärteter Stahl?

Bei diesem Punkt bin ich nicht dogmatisch. Anschläge aus Stahl werden einen Fall wahrscheinlich eher überstehen, aber meine sind aus Eisen und sind auch einige Male ohne böse Nachwirkungen auf Beton gefallen. Normalerweise kosten die stählernen Anschläge etwas mehr und die schwarze Oberfläche sieht etwas anders aus, aber meiner Meinung nach sind dies die einzigen praktischen Unterschiede.

Zum Thema Wasserwaage...

Einige Leute nehmen die Wasserwaage im Kombinationswinkel nicht ernst. Ihr Gehäuse besteht in der Tat aus nur 4 Zoll (10 cm) Metall, also ist ihre Genauigkeit eher eingeschränkt. Ich finde sie jedoch sehr nützlich.

Beim Tischlern ist es selten notwendig, eine Fläche waagerecht auszurichten. Ich verwende die Wasserwaage nur, wenn ich die Beine eines Stuhls oder Hockers auf Länge bringe. Ich arbeite dabei auf dem Arbeitstisch meiner Tischkreissäge, den ich auf waagerechte Lage überprüft habe. Beim Stuhlbau muss normalerweise nur eine kleine Fläche waagerecht liegen und sie ist normalerweise für das Gesäß etwas ausgehöhlt. Also lege ich einfach ein gerades Stück Holz darüber (das in einer Holzwerkstatt leicht zu finden ist) und lege die Wasserwaage auf diesen Richtscheit und damit ist das Problem gelöst.

Ja, ich habe auch eine schöne, 60 Zentimeter lange Wasserwaage aus Gusseisen von Davis, die ich zu einem Schnäppchenpreis gekauft habe. Ich benutze sie aber nur für Zimmererarbeiten und um die Damen zu beeindrucken.

Hinweise zur Verwendung

Die eigentliche Schönheit eines Kombinationswinkels besteht darin, dass man damit Abmessungen von einem Bauteil zum anderen übertragen kann. Selten benutze ich ihn, um etwas abzumessen. Stattdessen lege ich den Anschlag zum Beispiel am Ende eines Rahmenfrieses auf, senke die Zunge bis auf den zugehörigen Zapfen und arretiere sie in dieser Stellung. Dann kann ich diese Abmessung auf das Gegenstück übertragen, um den Schlitz zu schneiden.

In traditionellen Werkstätten benutzten die Tischler eine Reihe von fixen Bleistiftstreichmaßen, um Linien in bestimmten Abständen parallel zu einer Kante anzureißen. Ich habe mir nie ein solches Streichmaß gebaut, weil der Kombinationswinkel endlose Justierungsmöglichkeiten bietet. Ich benutze ihn oft wie ein

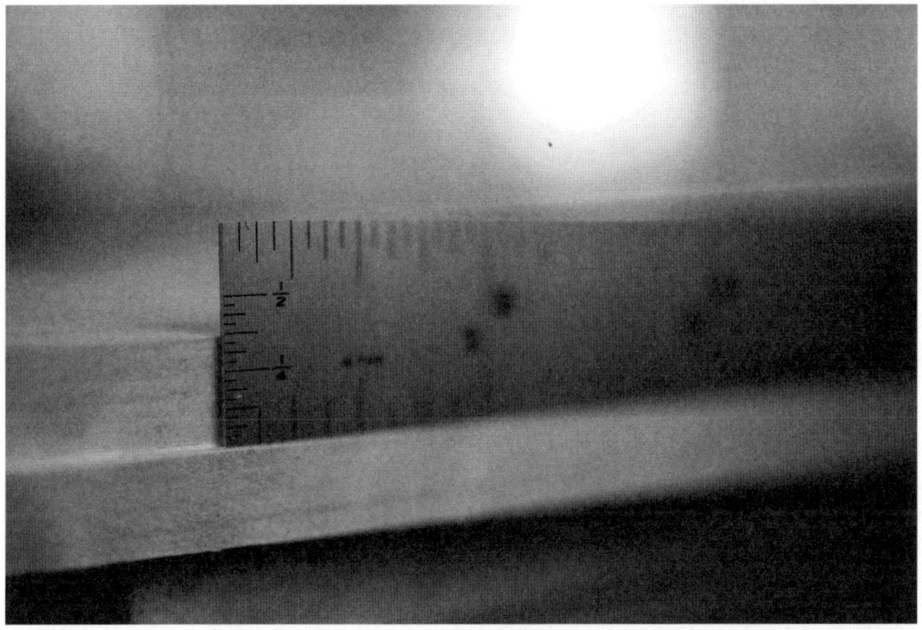

Ich bin kein Maschinenbauer. Nein, das bin ich wirklich nicht. Das 6ZollLineal am Kombinationswinkel ist in der Werkstatt überaus nützlich, um die Arbeit zu kontrollieren.

Streichmaß, und kann ihn auch mit einem Anreißmesser einsetzen, da das Lineal aus Stahl ist.

Wenn man etwas mit der Skalierung an der Zunge eines Kombinationswinkels abmisst, muss man die Zunge so auf das Werkstück legen, dass sie mit ihren Kanten das abzumessende Stück berührt. So liegt die Skala direkt am Arbeitsstück. Sonst tritt mit diesem Werkzeug schnell ein Parallaxefehler auf.

Kurzes Lineal

Ich weiß, ich weiß. Ich fange allmählich an, wie ein Metallbauer zu klingen. Ein 15ZentimeterLineal? Ja, ich bin mit einem groß geworden und ich bin daran gewöhnt. Diese schmalen Lineale sind großartig, wenn es darum geht, ein letztes Mal zu kontrollieren, dass man nicht gerade dabei ist, beim Schneiden eines Zapfens einen Riesenfehler zu machen.

Ich habe meins bei Aufdekamp's Hardware in einem alten Stadtteil von Cincinatti gekauft, der OverTheRhine heißt. Aufdekamp's war ein altmodisches Eisenwarengeschäft, in dem die Artikel nicht in Selbstbedienungsregalen lagen. Statt-

dessen war ein Muster von jedem Artikel an der Wand ausgestellt. Man ging mit einem Verkäufer herum und erklärte ihm, was man benötigte. Er schrieb eine Liste und holte die Waren aus dem Lager.

Die meisten modernen Konsumenten würden so ein System ablehnen, aber für einen Anfänger war es toll. Ich kann mich daran erinnern, dass ich am selben Tag, an dem ich mein 15ZentimeterLineal gekauft habe, eine Laubsäge kaufen wollte (ja, noch eine Laubsäge). Ich habe auf eine rote Säge an der Wand gezeigt, die ich haben wollte, und der Verkäufer hat nur schweigend den Kopf geschüttelt. Ich bewegte meinen Finger, bis er auf eine Laubsäge von Olsen zeigte. Sie war preiswerter. Die schrieb er dann auf die Liste.

Vielleicht rührt meine Liebe zu meinem kleinen Lineal von meiner Zuneigung zu diesem Geschäft her, aber ich bezweifele es. In der Werkstatt unserer Zeitschrift hat jeder sein eigenes 15ZentimeterLineal, das er von der anderen Seite des Raums erkennen kann. Ich kenne jeden Kratzer und jede Verfärbung an meinem Lineal und ich fange keine Arbeit an, wenn es nicht in meiner Schürzentasche steckt.

Manchmal werde ich gefragt, warum ich nicht das Lineal von meinem Kombinationswinkel benutze. Das ginge auch, aber ich ziehe das 15ZentimeterLineal vor, weil es viel dünner ist als das von meinem Kombinationswinkel. Es ist bequemer in der Anwendung, aber wenn man schon einen Kombinationswinkel besitzt, kann man auch auf den Zukauf verzichten.

Skalierung und Oberfläche des Lineals

Genauso wie bei einem Kombinationswinkel sollte man bei einem kurzen Lineal auf eine gute Skala und matte Oberfläche achten. Hochglanzoberflächen mit gedruckter anstatt gravierter Skalierung sollte man meiden, sie taugen nichts.

Bei der Skala ist die Länge der Striche wichtig. Je geringer der Messintervall, desto kürzer die Linien. Der Unterschied zwischen den Längen sollte deutlich zu erkennen und sofort ablesbar sein. Viele Lineale haben Striche, deren Länge sich bei 0,5 cm und 1 mm kaum unterscheiden. Das ist sinnlos. Einfach sinnlos.

Starre Metall- oder klappbare Holzlineale mit 60 cm Länge

Im Möbelbau spielt das 60 bis 90 Zentimeter lange Lineal eine wichtige Rolle. Seine Länge erleichtert die Arbeit von der Mittellinie eines 120 Zentimeter langen Brettes aus, so wie es als Grundlage für die meisten Komponenten eines Möbelstücks dient. Es gibt im Englischen sogar Gedichte auf das 90ZentimeterLineal. Es war typischerweise das erste Werkzeug, das sich ein Lehrling kaufte, und viele Berufskleidungstücke haben eine extra Tasche dafür – so wie in Deutschland die Zollstocktasche.

Ich bin der Meinung, dass man sich beim Kauf dieses langen Lineals für eine von zwei Möglichkeiten entscheiden sollte: entweder eines aus Metall (neu oder gebraucht) oder ein schönes, altes, klappbares Lineal aus Holz. Wer ein neues klappbares Lineal kaufen möchte, sollte vorsichtig sein. Zu meinen Lebzeiten wurden noch keine guten Vertreter dieser Gattung hergestellt.

Ich möchte auch deutlich sagen, dass ich nichts von Gliedermaßstäben (‚Zollstöcken') halte. Sie entfalten sich zu einem langen, knochigen Finger und sie liegen nicht flach. Wenn Genauigkeit angesagt ist, sind sie vollkommen unbrauchbar. Die Skala ist meist dick und schlecht markiert. Aber ansonsten liebe ich die Dinger.

Reden wir zuerst über das 60 Zentimeter lange Metalllineal, weil der Umgang damit leichter ist.

Das 60 Zentimeter lange Metalllineal

Falls man sich für diese Variante entscheidet, wird es teuer. Dies ist ein Werkzeug für Metallbauer und Ingenieure und kostet entsprechende Summen. Auch die Preise von gebrauchten Exemplaren können mich manchmal noch zum Zusammenzucken bringen. Der andere Nachteil ist, dass sie viel Platz in Anspruch nehmen, weil sie nicht klappbar sind. Wenn man sich aber doch dafür entscheidet, sollte man nochmal die vorhergehenden Passagen über Kombinationswinkel und 15ZentimeterLineale lesen. Dieselben Grundsätze gelten auch hier: Wichtig sind eine matte Oberfläche, eine gravierte Skala und Skalenstriche, die sich in der Länge deutlich voneinander unterscheiden.

Ich besitze ein solches Lineal, das wir in unserer Werkstatt unter die Lupe genommen haben. Es ist nicht schlecht, aber ich würde mir keins kaufen. Stattdessen habe ich ungefähr $10 locker gemacht, um ein klappbares Lineal aus Buchsbaumholz zu kaufen, das komplett in Messing gefasst ist.

Das klappbare Lineal

Gebrauchte klappbare Lineale aus Buchsbaumholz kann man in den USA und England häufig kaufen. Das Problem ist, dass sie oft fast zu Tode geliebt wurden. Die Skalierung ist abgerieben. Die Drehstiftscharniere sind locker. Das Holz hat sich verzogen. Vor dem Ankauf sollte man sich also etwas umschauen. Gut erhaltene Exemplare kosten genauso wenig wie die schlechtesten.

Ich rate bei gebrauchten Linealen vom Kauf per Versand ab. Ähnlich wie Menschen können auch Fotografien lügen. Die Scharniere sollen eng schließen, obwohl es möglich ist, sie mit einem kleinen Hammer nachzujustieren. Die Skalierung sollte klar sein und das Buchsbaumholz sollte eine helle Farbe zeigen, auch wenn man hier nachbessern kann. Das Lineal sollte sowohl geöffnet als auch zusammengefaltet flach liegen. Die Ausrichtstifte sollten noch vorhanden sein. (Diese kleinen Stifte aus Messing an den Seiten des Lineals führen die Teile des Lineals zusammen, wenn es zusammengeklappt wird.)

Wenn man das Lineal nicht persönlich kaufen kann, sollte man, wie auch sonst, auf jeden Fall auf eine Rückgabemöglichkeit bestehen.

Wenn ich eins dieser Lineale kaufe, suche ich nach einem Exemplar, dessen Kanten in Messing gefasst sind. Sie waren damals die Spitzenerzeugnisse der Hersteller, und das Messing scheint die Lebensdauer des Lineals zu verlängern.

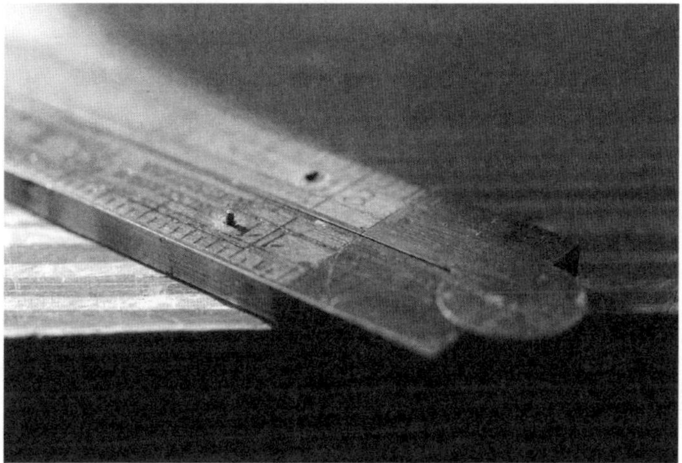

Ausrichtstifte. Diese kleinen Stifte aus Messing fehlen häufig an klappbaren Linealen. Sie verhindern das Verbiegen des Lineals, wenn es nicht benutzt wird.

Ich habe noch das klappbare Lineal meines Großvaters und es ist Schrott. Das Buchsbaumholz ist dunkel. Die Skalierung ist kaum zu sehen und ich musste das Scharnier justieren. Ich sollte es verschenken – aber dann nur an einen Feind.

Die Skala

Die Skala stellt normalerweise kein Problem dar, bei klappbaren Linealen muss man sie aber kontrollieren. Lineale wurden für alle möglichen Gewerke hergestellt und nicht alle Skalierungen sind für Tischlerarbeiten optimal. Man sollte nach den üblichen Maßeinheiten suchen und Lineale meiden, die viele unterschiedliche Skalen aufweisen. Die Tischlerei ist schon kompliziert genug, ohne ständig eine Umrechnungstabelle benutzen zu müssen.

Von links oder rechts lesbar?

Noch ein Faktor: Amerikanische Lineale haben das Null am rechten Ende des Lineals und britische Lineale haben es am linken Ende. Man kann sich an beide gewöhnen, aber wenn man eine Tischsäge hat, sind die amerikanischen Lineale bei der Einstellung der Entfernung zwischen Lehre und Sägeblatt leichter zu benutzen.

Das Buchsbaumholz aufhellen

Im Laufe der Zeit dunkelt das Buchsbaumholz dieser Lineale meist nach. Das führt dazu, dass die Skalierung an der Außenseite leichter lesbar ist als an der Innenseite. Dagegen kann man jedoch etwas tun. Man verwendet ein Holzbleichmittel mit Oxalsäure. Es wird nach Anleitung angemischt und mit einem Ballen aufgetragen. Bei der Arbeit trägt man natürlich Schutzhandschuhe. Dabei wird das Holz aufgehellt, die Skalierung jedoch nicht. Nach einigen Minuten spült man die Oxalsäure mit Wasser ab. Wenn das Lineal wieder trocken ist, erhält es eine Schutzschicht aus Wachs.

Langes Rollbandmaß

Ein weiteres modernes Werkzeug: Man kann es beim Möbelbau benutzen, aber ich halte es für etwas ungenauer und weniger vertrauenswürdig als ein klappba-

res Lineal oder sogar einen Brettriss (ein Stück Holz, an dem die wichtigsten Abmessungen eines Projekts markiert sind).

Das Rollbandmaß ist jedoch im Sägewerk oder der Holzhandlung nützlich, um die Länge, Breite und Stärke des Holzes abzumessen, für das man sich interessiert. Es ist auch gut geeignet, um grob den Platz zu schätzen, den ein fertiges Möbelstück in einem Zimmer in Anspruch nehmen wird.

Falls man das Werkzeug für feinere Arbeit benutzt, muss man den Haken am Ende des Maßes schonend behandeln. Er ist schnell verbogen. Außerdem lässt er sich verschieben, um Innen und Außenmaße abzunehmen. Für meine Ansprüche ist dieser Haken selten präzise genug.

Es ist auch ärgerlich, dass der Haken normalerweise die ersten Teile der Skala (bis zu etwa 1 Zoll oder 25 mm) abdeckt. Zusammen mit der Tatsache, dass der

Zeige den Weg. Dies ist eins der Werkzeuge, auf die ich nicht verzichten kann. Es gibt viele Arten von Anreißmessern. Man sollte sich eines aussuchen, das man ansprechend findet, und es dann auch wirklich benutzen.

Haken sich bewegt, führt das dazu, dass manche Tischler den ersten Skalenstrich (1 Zoll oder 1 Zentimeter) als Nullpunkt verwenden. Der Fehler, der entsteht, wenn man dies beim Ablesen des Maßes dann wieder vergisst, hat im Englischen sogar einen eigenen Namen: ‚burning an inch' – ‚einen Zoll verbrennen'.

Wenn man schon ein Rollbandmaß besitzt, muss man es aber nicht gleich fortwerfen. Man sollte es nur mit Umsicht verwenden. Es hat seinen Platz im Auto, wenn man Holz kauft. In der Werkstattschürze hat es nichts zu suchen und auch nicht in der Werkzeugkiste des Anarchisten.

Das Anreißmesser

Wie Menschen haben auch Anreißmesser unterschiedliche Formen. Einige sind mehr gespitzt als andere. Einige sind scharf. Einige sind stumpf. Sie hinterlassen alle jedoch eine Markierung. Ernsthaft über die Vor und Nachteile unterschiedlicher Anreißmessermuster zu debattieren, wäre ein sinnloses Unternehmen. Wenn man mit der Tischlerei anfängt, hat man vielleicht viele Anreißmesser, aber irgendwann hat man nur noch das eine Messer, das am besten zu einem passt.

Mein erstes Messer war ein XActoCuttermesser. Es war preiswert und ich kannte es durch meine vier Jahre als Grafiker in einem Verlag. Das Anreißen von Holz ist jedoch etwas anderes als das Schneiden von Papier, deshalb habe ich auf die Empfehlung eines Freundes hin ein Skalpell ausprobiert. Es war zu flexibel und zerbrechlich, um damit härtere Holzarten wie Eiche zu markieren. Also bin ich zu einem japanischen Messer in Fischform mit einseitigem Anschliff gewechselt

Ein Messer mit einseitigem Anschliff taugt nicht, wenn man als erstes die Schwalben einer Schwalbenschwanzverbindung schneiden möchte, da man zwei Messer je mit einseitiger Fase braucht, um den Umriss der Schwänze auf das Zinkenbrett zu übertragen. Oder man muss eine andere Methode verwenden, um diese klassische Verbindung anzureißen. Ich habe ein Messer mit einer speerartigen Spitze gekauft. Das war vor ungefähr zehn Jahren, und ich kann mir nicht vorstellen, jemals wieder ein Messer anderer Bauart zu benutzen.

Es gibt Tischler, die Taschenmesser, Werkstattmesser, Klappmesser oder modifizierte Schnitzmesser zum Anreißen verwenden.

Unabhängig von der Bauart des Messers halte ich eine dünne Klinge für besser als eine dicke – manchmal müssen Messer unter beengten Verhältnissen verwendet werden. Auf der anderen Seite sollte die Klinge nicht so dünn sein, dass sie unter Druck zerbricht. Die Klinge sollte besser lang als kurz sein. Meinem Geschmack nach sollte die Länge mindestens 25 mm betragen. So kann man an Stellen arbeiten, die mit kürzeren Messern nicht zu erreichen sind.

Schließlich soll ein Markierungsmesser bequem in der Hand liegen, mehr wie ein Bleistift als eine Zigarre. Eigentlich ist das Messer wie ein Schreibinstrument, mit dem man seine Pläne auf das Holz überträgt, um den Weg für die folgenden Werkzeuge zu vorzubereiten.

Hinweise zur Verwendung

Scharf muss es sein! Beim Anreißen einer Verbindung ist es besser, eine Reihe von vorsichtigen Zügen als ein Paar mächtige Schnitte zu machen. Man setzt mit ungefähr demselben Druck an, als ob man eine dünne Linie mit einem Pinsel aufmalen möchte. So wird das Holz leicht markiert, und es ist unwahrscheinlich, dass die Klinge von der Maserung abgelenkt wird. Dann macht man noch einige Züge mit dem Messer, jedes Mal mit etwas mehr Druck. Das Messer soll dem ersten Schnitt folgen.

Richtscheite

Richtscheite sind die Wasserwaage des Tischlers. Sie zeigen, ob das Holz eben oder verzogen ist. Sie bestehen aus nichts mehr als zwei Holzleisten mit parallelen langen Kanten. Sie müssen nicht aufwändig mit Intarsien aus Elfenbein oder Ebenholz dekoriert sein. Sie müssen nicht gleich stark sein. Sie müssen nicht unterschiedliche Farben haben. Sie müssen nur lang sein und parallele Kanten aufweisen.

Ich mag Richtscheite, weil sie zur Übertreibung neigen: Wie bei einem Roman von Pat Conroy, in dem in der Übertreibung die große Wahrheit zu finden ist. Richtscheite sind immer länger als das Brett breit ist, sie übertreiben also die Verwindung des Bretts. Je länger die Stäbe, desto mehr übertreiben sie. Je mehr sie übertreiben, desto genauer sind sie.

Ich habe ein Paar Richtscheite aus Redheart *(Sickingia salvadorensis)*, die mich auf meinen Reisen begleiten. Mit etwa 40 Zentimetern sind sie relativ kurz. Die beiden Stäbe haben an ihren oberen Kanten schöne Fasen und einer von ihnen hat eine 6 mm x 6 mm Einlage aus Ahorn an der oberen Kante. Ich nehme diese Stäbe zu Kursen und Ausstellungen mit, weil sie in meinen Koffer passen und auch weil andere Tischler sie schön finden. Sie machen Fotografien davon und sie messen sie aus.

Wahr-Sager. Richtscheite gehören zu den effektivsten Werkzeugen, die man besitzen kann. Nur die eigenen Augen sind besser, da sie bestimmte Verwindungen sehr gut wahrnehmen können. Richtscheite können fast alle Verwindungen anzeigen.

Wenn ich wieder zu Hause in meiner Werkstatt bin, lege ich die Stäbe auf meinem Werkzeugschrank und ich verwende meine zwei Lieblingsrichtscheite: Zwei 90 Zentimeter lange Alu-Profile aus dem Baumarkt. Zusammen haben sie weniger als $15 gekostet. Während einer Videoaufnahme habe ich die Enden von einem davon schwarz gestrichen, damit die Kamera besser „sehen“ konnte, wie Richtscheite funktionieren. Diese Richtscheite sind supergenau und sauhässlich.

Hier ist das andere Geheimnis aus der Welt der Alu-Profile: Aluminium ist ein genaues Material. Diese Stäbe sind sogar so genau, dass ich sie als Präzisionsflachlineale verwende, wenn mein hölzernes Exemplar unter Möbelteilen vergraben ist. Ich glaube eigentlich, dass man das hölzerne Präzisionsflachlineal von der Werkzeugliste streichen könnte, obwohl ich das nicht empfehle, weil es schön zu lernen ist, wie man eins herstellt. Dabei lernt man, wie das einfachste Werkzeug die anspruchsvollsten Aufgaben erledigen kann.

Nichtsdestotrotz ist Aluminium großartig. Es verbiegt und verzieht sich nie. Es ist so leicht wie Holz und der „L“-Querschnitt meiner Alu-Stäbe erlaubt mir, die Stäbe auf Krümmungen zu legen, was sehr vorteilhaft ist, wenn man Stuhlsitze und andere unregelmäßige Flächen bearbeitet.

Wie man Richtscheite herstellt

Wenn man Werkzeug selbst herstellt, sollte man ein strapazierfähiges Holz mit stehenden Jahresringen wählen. Ich verwende für Richtscheite gerne Zuckerahorn oder sogar tropisches Holz. Es ist wichtig, dass sich das Holz in der Werkstatt völlig akklimatisiert hat – deswegen ist es eine gute Idee, Holz zu verwenden, das schon eine Weile in der Werkstatt verbracht hat. Eine gute Größe ist 12 x 50 x 900 mm.

Jeder Rohling wird genau abgerichtet, dann hobelt man die Richtscheite so aus, sodass die langen Kanten genau parallel zu einander verlaufen. Nach Wunsch kann man auch eine schmückende Fase anhobeln oder ein Stück kontrastierendes Holz an der Oberkante eines Stabs einlegen. Abschließend werden die Oberflächen behandelt.

Man kann aber auch einfach in den Baumarkt gehen und Aluprofilstäbe kaufen.

Hinweise zur Verwendung

Ich verwende Richtscheite sowohl als Handfeger für die Hobelbank als auch, um wahre Werte zu ermitteln. Nach dem groben Zurichten eines Bretts fegt man die

Späne mit einem der Stäbe ab, weil sie sonst die von den Stäben gelieferten Ergebnisse beinträchtigen würden.

Dann legt man einen Stab auf ein Ende des Bretts und den anderen auf das andere Ende. Jetzt visiert man über die oberen Kanten beider Stäbe. Langsam bewegt man den Kopf nach unten und beobachtet dabei, welches Ende des entfernten Stabs zuerst hinter dem näheren Stab verschwindet. Vielleicht muss man das ein paar Male wiederholen, um die Ergebnisse zu bestätigen.

Jetzt wird die Ecke des entfernten Brettendes markiert, die als zweite verschwunden ist. Sowohl diese, als auch die diagonal gegenüberliegende Ecke werden markiert. Bretter verwinden sich ähnlich wie Korkenzieher, mit dem Ergebnis, dass zwei diagonal gegenüberliegende Ecken hoch und zwei niedrig sind.

Wenn die beiden höheren Ecken markiert sind, kann man diese Beobachtung bestätigen, indem man ein Präzisionsflachlineal oder ein Richtscheit diagonal auf die beiden hohen Ecken und dann auf die beiden niedrigen Ecken legt. Die Verwindung sollte offensichtlich sein. Wenn das nicht der Fall ist, verwendet man die Richtscheite nochmals, aber an anderen Stellen des Bretts. Holz kann merkwürdig sein.

Man schraffiert die Oberfläche mit Bleistift und trägt die zwei hohen Ecken durch diagonale Hobelstöße ab. Die Arbeit muss nach einigen Stößen kontrolliert werden. Auch wenn das Brett so verdreht wie ein Stück DNA aussieht, sollte man den Fortschritt schon nach nur einigen Stößen bemerken können. Die Richtscheite verstärken die Verwindung und man macht sich schnell unnötige Arbeit.

Wenn die Richtscheite angeben, das Brett sei plan, ist man fast fertig. Nur die raue Oberfläche, die vom Hobeln geblieben ist, muss noch geglättet werden.

100-cm-Präzisionslineal aus Holz

Was ich oben über Richtscheite aus Aluminium geschrieben habe, sollte man einfach ignorieren: Ein eigenes Präzisionslineal mit einem Meter Länge sollte man sich auf jeden Fall aus Holz selbst herstellen. Man sollte es nur mit Handwerkzeugen anfertigen, um sich zu beweisen, dass man ein Brett unglaublich präzise abrichten kann, und man sollte das Lineal auch behalten, als Erinnerung daran, was mit Handwerkzeugen machbar ist.

Es gibt kaum Übereinstimmung darüber, wie ein hölzernes Präzisionslineal herzustellen ist. Und wenn sich ein Haufen in Ehren ergrauter Tischler nicht darüber einigen kann, wie man am besten eine einfache Holzleiste anfertigt, wird

einem auch klar, warum jedes Jahr neue Bücher zum Thema Tischlerei veröffentlicht werden.

Ich habe meine eigene Methode und ich habe gute Gründe dafür. Hier sind die Einzelheiten zu meinem perfekten Meterstab. Er ist 12 mm stark, damit man ihn gut hochkant auf die Oberfläche eines Bretts stellen kann, um zu sehen, ob sich unter ihm ein Lichtspalt zeigt. Dünnere Präzisionslineale neigen zum Umfallen. Stärkere Stäbe erschweren es, Licht unter ihnen zu sehen.

Ich bevorzuge Stäbe mit einer Breite von 65 mm. Holz dieser Breite ist leicht zu greifen, aber breit genug, sodass man es nicht mit einem Stück Restholz verwechselt und fortwirft.

Mein Präzisionslineal hat nur eine gerade Kante. Die andere Kante verjüngt sich von der Mitte zu den Enden. Mit anderen Worten: Mein Präzisionslineal ist in der Mitte 65 mm und an den Enden 30 mm breit. Warum? Es gibt zwei Gründe: Erstens muss man nur eine Kante gerade abrichten und man kann die Arbeitskante wegen der Verjüngung nicht mit der anderen Kante verwechseln.

Zweitens gibt das Hirnholz eines Werkstücks schneller Feuchtigkeit an die Umgebung ab als das Längsholz, während es sich an seine Umgebung akklimatisiert. So kann die Mitte des Präzisionslineal viel schneller quellen und schwinden, als es der Fall wäre, wenn das Lineal wie das Lineal eines Metallbauers zwei gerade Kanten hätte. Mit so einem Umriss würden die Enden eines Holzlineals schneller als die Mitte arbeiten.

Soweit zur Theorie. Stimmt die Praxis damit überein? Ich glaube schon. Mein Präzisionslineal ist unglaublich lange Zeit plan geblieben. In den sechs Jahren, seitdem ich diese Version hergestellt habe, musste ich es nur einmal abrichten.

Natürlich bin ich nicht naiv an die Herstellung herangegangen. Ich habe ein Stück dichtes tropisches Redheart *(Sickingia salvadorensis)* verwendet, das jahrelang in unserer Werkstatt lag. Redheart ist ein schweres und stabiles Holz.

Ich hatte auch beobachtet, dass die Stücke, die ich zu anderen Zwecken benutzt hatte, sich nicht verzogen hatten.

Wie man ein gutes Präzisionslineal anfertigt

Man sollte das beste, maßhaltigste und dichteste Holz verwenden, das man finden kann. Die Auswahl des Holzes ist das A und O. Der Rohling wird so genau wie möglich abgerichtet. Dranbleiben, bis er wirklich eben und gerade ist. Wenn das Brett Widerstand leistet, legt man es zur Seite und macht etwas anderes, vielleicht einen Bumerang, daraus. Das Holz sollte man auswählen, wie man auch seinen Gatten oder seine Gattin wählen würde. Gutes Aussehen mag ganz schön sein, aber man will doch etwas, das langfristig angenehm und belastbar ist.

Nachdem man den Rohling auf die Abmessungen 12 x 65 x 1000 mm zugeschnitten hat, reißt man die Verjüngungen an einer Seite an und sägt oder hobelt diesen Umriss aus. Ich lasse einen etwa 125 mm langen Teil in der Mitte mit der vollen Breite von 65 mm stehen. Zu beiden Seiten schneide ich eine Verjüngung bis auf 30 mm an. Die Kanten werden mit dem Hobel leicht angefast. So liegt das Lineal bequemer in der Hand und die Fasen tragen auch dazu bei, dass man das Lineal nicht mit einem Stück Restholz verwechselt.

Schließlich wird die lange Kante abgerichtet, die als Referenzfläche dienen wird. Dafür sollte man sich Zeit nehmen und sich versichern, dass die Kante genau rechtwinkelig zu den beiden Seiten steht und dass die lange Fläche wirklich gerade ist. Metallbauer haben ein kompliziertes Verfahren, um so etwas festzustellen, für das man zwei weitere plane Flächen braucht. Als Tischler greift man auf eine einfachere Methode zurück:

Man legt das Präzisionslineal flach auf ein Stück Sperrholz oder Pappe und überträgt mit einem Bleistift den Umriss auf die Unterlage. Dann wird das Lineal um 180° (um die lange Achse) gedreht und die Referenzkante mit der Bleistiftlinie verglichen. Wenn es Abweichungen gibt, gibt es noch Arbeit zu tun.

Weitere Formgebungen

Alte Quellen schlagen andere Formen vor. Hier ist ein kurzer Überblick:

- Parallele Längskanten. Gleichmäßig dick. Gleichmäßig breit.

Diese Art von Präzisionslineal kann gut funktionieren. Es kann aber auch vorkommen, dass während der feuchten Jahreszeit die Enden schneller als die Mitte quellen. Oder die Enden schwinden schneller, wenn die Luftfeuchtigkeit abnimmt. Oder alles bleibt, wie es sein soll. Wie in New Hampshire.

Parallele Längskanten. Die Stärke verjüngt sich an den Kanten bis auf 6 mm.

- Dies ist eine englische Formgebung, die ich in einem Buch vom Anfang des 20. Jahrhunderts gefunden habe. Es gibt Metallbauerlineale, die ähnlich sind. Der Theorie nach sollten die 6-mm-Kanten das Aufspüren von Fehlern erleichtern, wenn man das Lineal über ein Brett zieht.

Ich möchte dem nicht widersprechen. Die dünne Kante wird in der Tat so funktionieren. Diese Formgebung ist jedoch nicht so gut, wenn man kontrollieren möchte, ob die lange Kante eines Bretts gerade ist. Dazu wird das Präzisionslineal typischerweise hochkant auf die Kante gestellt. Wenn das Lineal sich um seine Mitte dreht, hat das Brett einen Buckel, der entfernt werden muss. Wenn die Enden des Lineals auf dem Brett aufliegen, dann ist die Kante vollkommen gerade oder an einer Stelle konkav. Meiner Meinung nach sind solche Hohlstellen immer besser als Buckel.

Wenn das Präzisionslineal dünne Kanten hat, ist es nicht leicht, es auf einer anderen Kante aufzustellen. Es ist eigentlich mehr oder weniger untauglich, um Kanten zu kontrollieren, es sei denn, man hat ein Adlerauge, mit dem man Lücken zwischen Lineal und Brett sehen kann.

Gleichmäßig stark mit einer gerade Kante. Die andere Kante wölbt sich in einem breiten Bogen.

Dieses traditionelle Muster funktioniert auch gut. Ich finde es aber sauhässlich wie ein Teigmesser oder irgendetwas aus der Austernfischerei. Man kann diese Form verwenden und sie wird gut funktionieren. Ich halte es aber für schwieriger, eine konstante Kurve als ein Paar Verjüngungen zu schneiden.

Fazit: Machen Sie eines! Unabhängig davon, welches Muster einem am besten gefällt, durch das Anfertigen eines Präzisionslineals mit Handwerkzeugen lernt man mehr über den geraden Weg und das Wahre als in einem Monat Konfirmandenunterricht.

Großer Tischlerwinkel aus Holz

Und wieder triumphiert Holz über Metall. Ich habe alle möglichen Arten von Tischlerwinkeln aus Metall mit festem Blatt besessen. Ich bin zu folgendem Schluss gekommen: Ich habe einen Kombiwinkel (siehe oben), den ich meist als justierbares Streichmaß einsetze. Ich reiße damit Linien parallel zu einer Kante an und übertrage Abmessungen.

Ergänzt wird er durch einen hübschen Tischlerwinkel aus Holz mit einem langen schlanken Blatt, mit dem ich Linien anreiße, die senkrecht zu einer Kante stehen. Ich benutze ihn auch, um die Endlänge auf rohem oder bearbeitetem Holz anzureißen und um an einem Korpus die Rechtwinkligkeit zu kontrollieren.

Dieses wichtige Werkzeug ist einfach zu bauen, seine Genauigkeit ist einfach zu kontrollieren und wiederherzustellen, und es ist einfach zu benutzen. Nachdem ich angefangen habe, einen hölzernen Tischlerwinkel zu verwenden, habe ich die Versionen aus Metall als zu klobig beiseitegelegt. Ich bin so begeistert von dieser Winkelart, dass ich vor einigen Jahren nach einem Muster aus Andre J. Roubos Tischlerbuch aus dem 18. Jahrhundert *L'Art du Menusier* einen ganzen Stapel davon aus Buche gemacht und an Freunde und Bekannte verschenkt habe.

Während ich in meiner Kellerwerkstatt mit der Herstellung der Tischlerwinkel beschäftigt war, hat sich neben mir meine jüngere Tochter Katy mit dem Bau ihres eigenen Winkels beschäftigt. Ich habe meinen Winkel mit einer Steckverbindung gebaut – ich habe einen offenen Schlitz im Griff ausgesägt und dann das Blatt so ausgehobelt, sodass es in den Schlitz passte. Ganz einfach, dachte ich.

Katy kam auf eine andere Methode. In meinem Vorrat von Abfallholz fand sie ein Stück Kiefer mit einem Zapfen an einem Ende für das Blatt. Für den Griff nahm sie ein Stück Esche, und hat die beiden Teile einfach aufeinandergeleimt. Die Brüstung am Zapfen hat die beiden Stücke im rechten Winkel zueinander gehalten.

Nachdem ich alle meine kunstvollen Tischlerwinkel verschenkt hatte, bekam Katy Mitleid mit mir und schenkte mir ihren Tischlerwinkel. Das Ding ist immer noch rechtwinklig und funktionsfähig. Er hängt im Büro an der Wand über meinem Rechner und erinnert mich daran, dass man es immer noch einfacher machen kann.

Obwohl mich Katys Geschenk täglich an das Prinzip der Einfachheit erinnert, schmücke ich die Enden meiner Winkel gerne mit klassischen Profilen. Es wurde viel darüber spekuliert, warum alte Winkel mit Karniesbögen, Hohlkehlen und Auskehlungen geschmückt sind. Vielleicht haben die alten Tischler mit diesen Mustern die Enden von Holzstücken markiert, bevor sie begannen, mit Kehl-

Probiere es mal mit mir. Es macht mehr Spaß, einen hölzernen Tischlerwinkel zu bauen als einen zu kaufen, und die Winkel, die zu erträglichen Preisen im Handel zu kaufen sind, sind sauhässlich. Für wenig Geld kann man leicht einen schönen, genauen Tischlerwinkel herstellen.

und Rundstabhobeln Profile daran anzuschneiden. Vielleicht hat das Profil dem Besitzer das Wiedererkennen des eigenen Winkels in der Werkstatt erleichtert (eine elegantere Lösung, als die Werkzeuge orange zu bemalen).

Beide Vorschläge könnten der Wahrheit entsprechen, mit beiden könnte man aber auch vollkommen daneben liegen. Ich neige zu der Vermutung, dass die Schmuckprofile an alten Winkeln wie die Griffe an alten Sägen sind – rein dekorativ.

Hinweise zur Herstellung eines guten Tischlerwinkels

Wenn man ein Präzisionslineal und ein Paar Richtscheite gemacht hat, ist die Herstellung eines Tischlerwinkels ein hervorragendes Projekt, weil man sich um nur eine Verbindung kümmern muss. Der Griff wird aus einem Stück mit dem Abmessungen 20 x 40 x 250 mm hergestellt und das Blatt aus einem Stück mit dem Abmessungen 6 x 60 x 380 mm, das anfänglich etwas Übermaß aufweist. Stehende Jahresringe sind ideal.

In den Griff sägt man einen 6 mm breiten und 50 mm tiefen Schlitz, dessen Grund man mit einem 6-mm-Beitel verputzt. Das Blatt wird ausgehobelt, bis es in den Schlitz passt, ohne das benachbarte Holz nach außen zu biegen. An den Enden des Griffs können nach Wunsch dekorative Elemente angeschnitten werden, bevor man die beiden Teile zusammenleimt. Der Leim sollte eine lange Offenzeit haben (Glutin- oder Weißleim), damit man Blatt und Griff justieren kann, um einen Innenwinkel mit genau 900 zu erhalten. Der Außenwinkel ist nicht so wichtig. Wenn das Werkzeug fertig ist, kann man ihn leicht mit dem Hobel korrigieren, während die Korrektur des Innenwinkels ein Albtraum wäre.

Wenn der Leim trocken ist, werden Blatt und Griff mit einem Paar 6-mm-Holzdübel gesichert. Dann prüft man den Außenwinkel. Das ist eine einfache Arbeit: Man hobelt mit der Kurzraubank eine Kante eines Holzstücks absolut gerade. Der Griff des Winkels wird an dieser Kante angelegt und entlang der Außenseite des Blatts eine Linie gezogen. Dann dreht man den Winkel um 900 Grad und legt den Griff wieder an der gehobelten Kante an. Wenn die Kante des Blatts und die zuvor gezeichnete Linie parallel zueinander verlaufen, ist der Winkel genau rechtwinklig. Sonst muss man nacharbeiten. Wenn der Außenwinkel so geprüft worden ist, wiederholt man den Vorgang zur Sicherheit nochmals mit dem Innenwinkel.

Dieser Tischlerwinkel ist eins meiner Lieblingswerkzeuge. Die Tatsache, dass man ihn nicht im Handel kaufen kann, macht ihn für den angehenden Anarchisten nur noch besser.

Die Schmiege

Inzwischen erwartet der Leser natürlich, dass ich Lobeshymnen auf hausgemachte Schmiegen schreiben werde. Falsch. Ich habe eine. Ich hasse sie. Meine Mutter sammelt hölzerne Messwerkzeuge und alle hölzernen Schmiegen, die ich bei ihr zuhause gesehen habe, sind Schrott. Auch die meisten Schmiegen aus Metall sind Schrott. Nur die wenigsten Schmiegen sind brauchbar.

Warum? Man kann bei ihnen das Blatt nicht vernünftig arretieren, oder falls das doch möglich ist, behindert der Verriegelungsmechanismus die normale Benutzung der Schmiege.

So verschwende ich viel zu viel Zeit darauf, die Schmiege sanft zu behandeln, wenn ich mit ihr arbeite, und gebe mir viel zu viel Mühe, nicht einmal leicht mit ihr gegen etwas zu stoßen. Falls das doch passiert, muss ich nochmal prüfen, ob die Einstellung dadurch verändert wurde.

So verschwendet man wertvolle Arbeitszeit in der Werkstatt.

Also, wie sieht eine gute Schmiege aus? Es ist leichter, über die Eigenschaften von schlechten Schmiegen zu schreiben. Meiner Erfahrung nach sind alle Schmiegen, die man genau am Drehpunkt des Blatts verriegelt, nicht optimal. Wenn die Schmiege mittels eines drehbaren Hebels verriegelt wird, ist es unvermeidbar, dass der Hebel stört, wenn man versucht, das Blatt beziehungsweise den Griff am Werkstück anzulegen. Wenn die Schmiege mit einer Rändelschraube arretiert wird, kann man diese nie fest genug anziehen. Ja, ich habe es mit Sicherungsscheiben versucht – ich habe es mit allem außer Sekundenkleber versucht. Es gibt Schmiegen, die mit einem Exzenterhebel am Drehpunkt festgezogen werden. Diese können fast akzeptabel sein. Man muss den Hebelmechanismus mittels der vorgesehenen Schraube spielfrei einstellen, sodass man wirklich Kraft aufwenden muss, um die Schmiege zu arretieren.

Welches System funktioniert also am besten? Mit den Schmiegen, die mit einer Schraube beziehungsweise einem Knopf am Ende des Griffs arretiert werden, habe ich bessere Erfahrungen gemacht. Solche Schmiegen haben einen internen Mechanismus, der das Blatt fest verkeilt (anstatt den Griff am Drehpunkt einfach zusammenzudrücken).

Besser aus Metall. Schmiegen sind knifflige Werkzeuge. Auch die teuren sind unbefriedigend. Man braucht eine Schmiege, die sich sicher feststellen lässt und beim Anreißen nicht stört. In der Regel sind diejenigen die besten, bei denen der Feststellmechanismus am Ende des Griffs sitzt.

Diese Art von Schmiege kann preiswert sein. Es gibt eine ganz normale Version aus Japan, die ich seit Jahren besitze. Noch dazu kommen die allgegenwärtige Stanley Nr. 18 und eine fantastische Weiterentwicklung des amerikanischen Herstellers Craftsman. Es gibt auch teure Schmiegen, die mehr als ein Einhandhobel der Spitzenklasse kosten, wenn sie von einem modernen kleinen Werkzeughersteller oder angesehenen alten Herstellern wie St. Johnsbury Tool Co. produziert wurden. Diese Schmiegen sind teuer, aber sie funktionieren gut.

Schmiegen gibt es in vielen Größen. Das Blatt ist meist 18 bis 25 cm lang und deshalb gut für den Möbelbau geeignet. Es gibt kleinere mit etwa 7,5 bis 10 cm, die aber eher für Metallbauer beziehungsweise Werkzeugmacher gedacht sind. Die richtig großen Exemplare sind für Bootsbauer oder Leute, die unter Minderwertigkeitskomplexen leiden.

Exotische Materialien wie Edelstahl oder Messing sind unnötig, wenn man nicht unter Wasser die Rümpfe von Booten kontrollieren will. Man sollte nur darauf achten, dass die Schmiege sich gut arretieren lässt. Und dass sie arretiert bleibt. Das Blatt muss gerade sein und die beiden Längskanten müssen parallel zueinander liegen.

Stechzirkel: zwei bis vier Stück

Als ich mit dem Möbelbau anfing, sah ich nicht ein, warum ich Stechzirkel bräuchte. Waren sie für Tischler gedacht, die auch als Piraten zur See fahren? Waren sie für Tischler gedacht, die zu geizig sind, einen echten Zirkel mit Bleistift zu kaufen? Je mehr Objekte ich jedoch gebaut habe, desto klarer wurde es mir, dass ich vor einer Wahl stand:

- Das metrische System in meine Werkstatt einführen und alle Kalkulationen mit dem Taschenrechner machen.
- Einige Stechzirkel kaufen.

Das Teilen von Längen ist eine Hauptaufgabe des Tischlers. Wir teilen Kisten auf, sodass wir Platz für Werkzeuge, Geschirr oder Unterwäsche haben. Wir teilen Holzstücke auf, sodass sie mit anderen Holzstücken verbunden werden können. Hierbei ist es wichtig, dass die Aufteilung gleichmäßig und ästhetisch zufriedenstellend ist. Mit dem Zirkel kann man das ohne mathematische Berechnungen schnell erreichen und auf eine Art und Weise, die die Abmessungen bestätigt, bevor man den ersten Schnitt macht.

Obwohl ich Anhänger des britischen Systems der Maße und Gewichte bin, finde ich, dass es etwas unüberschaubar werden kann, wenn man eine Länge von 46 Zoll so aufteilen muss, dass sieben Fächer darin passen, die durch Trennwände unterteilt sind, die selbst 1/2 Zoll stark sind. Zugegeben: Man könnte es mit einer CAD-Software rechnen und so herausfinden, dass jedes Fach eine Breite von 6,19642857 Zoll haben muss. Aber wie soll man diese Abmessung präzise auf das Holz übertragen? Die meisten Leute schätzen es einfach – sie wählen eine Länge,

die nah daran ist, und die verbleibende Überlänge wird einem der Fächer zugeschlagen.

Mit einem Zirkel kann man diese Aufgabe aber schnell und ohne Schätzung erledigen. Man teilt die ganze Länge in sieben gleiche Abschnitten auf, sodass der letzte Punkt 1/2 Zoll weiter als 46 „ Zoll liegt. Dann markiert man sechsmal von einem Ende des Bretts. Dann tut man das gleiche nochmal aber vom anderen Ende des Bretts. Das Ergebnis: Sieben Fächer derselben Breite, die 1/2 Zoll voneinander getrennt sind, und das Ganze ist absolut genau.

Ich habe eine Kaffeetasse voll mit Zirkeln, weil mir meine Mutter einmal zum Geburtstag eine Handvoll antiker Exemplare geschenkt hat. Sie hat sie als Dekoration für mein Büro gedacht. Kam nicht in Frage. Ich habe sie gesäubert, ihre Spitzen geschliffen, und verwende sie.

Ich glaube nicht, dass man eine ganze Kaffeetasse voll braucht. Mit zwei Stück in einer Länge von 15 cm kann man die meisten Aufgaben erledigen. Ich bevorzuge 7,5-cm-Zirkel für Verbindungen und 15-cm-Zirkel für den Korpusbau. Die gute Nachricht ist, dass Zirkel überall zu finden sind. Es gibt schöne antike Exemplare, die man zu Schnäppchenpreisen kaufen kann, und auch heute noch stellen viele Firmen sehr gute Stechzirkel für Werkzeugmacher her. Andererseits habe ich trotz der Einfachheit dieser Werkzeuge auch einige schlechte Exemplare gekauft. Hier also sind die Merkmale, auf die man achten muss.

Die Spitzen sind wichtig

Die Spitzen sind die wichtigsten Teile des Zirkels. Sie sollen stechend scharf sein, und wenn der Zirkel geschlossen ist, sollten die Spitzen einander berühren oder fast berühren. Wenn ich einen alten Zirkel instand setze, besteht der Schwerpunkt meiner Arbeit darin, die Spitzen so zu feilen, dass sie ohne großen Druck in Holz hineinstechen und nur Nadelstiche hinterlassen. Ein stumpfer Zirkel ist nicht präzise. Er macht große Dellen im Werkstück, und infolgedessen kann man die Abmessungen nicht fein nachjustieren. Anstatt ein neues Loch in geringem Abstand vom alten zu machen, rutscht eine stumpfe Spitze einfach in das Loch, das es zuvor gestochen hat, und das ist schlimmer als wertlos.

Volle Bewegungsfreiheit

Bei vielen Zirkeln wird die Einstellung durch eine Feder gehalten. Die bogenförmige Feder am oberen Ende der Schenkel drückt die Spitzen auseinander. Ein Mechanismus aus einer Schraube und einer Mutter wirkt dagegen und so wird die Entfernung zwischen den Spitzen eingestellt und konstant gehalten. Bei einigen älteren beziehungsweise billigeren Zirkeln kann die Feder schwach sein. Wenn man das Werkzeug bis zu einem bestimmten Punkt gespreizt hat, hat es keinen Halt mehr und wird nutzlos. Wenn man einen Zirkel ausprobiert, sollte man kontrollieren, wie weit man ihn spreizen kann, bevor man ihn kauft. Er sollte sich bis zu der von der Schraube erlaubten Maximalbreite spreizen lassen.

Noch mehr Reibung bitte

Die Zirkel der alten Schule hatten keine Feder. Die Einstellung wurde durch Reibung beigehalten. Bei dieser Zirkelart sind die zwei Schenkel typischerweise über eine Reihe von Blättern miteinander verbunden, wie bei einer Fingerzinkenverbindung. Dann wird der Stift im Gelenk mit einem Hammer gestaucht, um das Gelenk steifer zu machen. Hier ist also Reibung angesagt. Ich kenne einige Trottel, die ihre alten Zirkel geölt und massiert haben, bis die Schenkel leicht – zu leicht – zu bewegen sind und die Einstellung des Zirkels sich verändert, wenn man ihn nur schief anschaut.

Der Zirkel soll schwer zu verstellen sein. Ich habe einige, die viel benutzt worden sind und wahrscheinlich dadurch zu viel Spiel bekommen haben. Rost hat sie gerettet, in dem er ihre relativ Unbeweglichkeit wieder hergestellt hat. Merkwürdig, oder? Wenn ein Zirkel zu viel Spiel hat, kann man den Gelenkstift mit einem Hammer stauchen, um das Gelenk schwergängiger zu machen. Das Werkzeug wird flach auf eine Stahlplatte gelegt und der Stift mit Hammer und Nagelversenker geschlagen. Man hämmert und überprüft so lange, bis das Spiel den eigenen Vorstellungen entspricht.

Feinheiten

Einige Zirkel sind mit einer Schnellspannkupplung versehen, die das schnelle Spreizen beziehungsweise Schließen des Zirkels erlaubt, ohne die Schraube betätigen zu müssen. Wenn man einen gebrauchten Zirkel mit einer solchen Vorrichtung findet, sollte man sie als Bonus betrachten. Die anderen oben genannten Merkmale sind viel wichtiger.

Wenn man sich daran gewöhnt hat, einen Zirkel in der Werkstatt zu benutzen, wird man feststellen, dass er zum Zeichentisch gewandert ist. Ich habe mich sogar schon beim Benutzen meines Zirkels am Schirm meines Rechners ertappt, wenn ich in meinen CAD-Zeichnungen angenehme Proportionen zu schaffen versuche.

Zahlen sind wie Wörter

Letzten Endes glaube ich, das Wichtige an Anreiß- und Messwerkzeugen besteht darin, dass man sie selten benutzt, um Objekte numerisch zu messen. Je eingehender man sich mit der Handarbeit beschäftigt, desto bedeutungsloser werden Ziffern, und irgendwann entdeckt man den ‚Brettriss', und dann wird alles in diesem Kapitel Gesagte seine wahre Bedeutung entfalten.

Bis zu jenem Tag sollte man, wenn man alles mit der digitalen Schublehre misst, weil man schreckliche Angst hat, einen Fehler zu machen, daran denken, dass Ziffern wie Sprachen sowohl eine Krücke als auch ein Filter sind.

Am Anfang scheinen sie hilfreich zu sein. Sie scheinen die Welt auf eine genaue Art und Weise zu beschreiben. Was sie aber letztendlich wirklich tun, ist die Welt vor den Augen des Betrachters zu verzerren.

7 | WICHTIGE SCHNEIDENDE WERKZEUGE

Einst glaubte ich, um den Sprung von Bastler zu Tischler zu machen, bräuchte ich nur drei Werkzeuge: eine Tischkreissäge, einen Einhandhobel und einen Stechbeitel. Wie ich ausgerechnet auf diese drei Werkzeuge kam, werde ich wohl nie wissen. Meine Arbeit war immer mit dem Glauben an seltsame Totems verbunden. Das aufregendste Ereignis meiner Laufbahn war der Tag, an dem ich meinen ersten offiziellen Ausweis als Berichterstatter bei The Greenville News bekam. Ich habe ihn immer noch hinter Schloss und Riegel verwahrt. Nein, ich zeige ihn nicht.

Man kann sich meine Enttäuschung vielleicht vorstellen, als sich meine drei magischen Werkzeuge als Schrottstücke entpuppten. Meine erste Tischkreissäge? Geerbter Schrott. Mein erster Einhandhobel? Schrott von Walmart, auch wenn er ab und zu Kiefer einigermaßen gut gehobelt hat. Und mein erster Stechbeitel? Schrott hoch drei mit einem durchsichtigen Griff aus Kunststoff.

Die meisten Leute kaufen ihre ersten Werkzeuge mit brennendem Eifer, aber ohne eine Spur von Wissen. Sie wollen einfach irgendwie einen Anfang machen, und so gehen sie in ein Geschäft und sie kaufen ein Ding, das irgendwie wie das Ding aussieht, von dem sie glauben, sie bräuchten es. Und es ist fast immer das falsche Ding.

Das ist so, weil die Werkzeugabteilung eines Großgeräte-Marktes mit „werkzeugförmigen Gegenständen" geschmückt ist. Es sind schlecht hergestellte und minderwertige Nachbildungen von echten Werkzeugen. Fast die gesamte ursprüngliche Tauglichkeit dieser Werkzeuge ging aufgrund der aggressiven Sparpolitik oder schlichten Dummheit der Herstellerfirmen verloren.

Manchmal wird das armselige Ding mit „Eigenschaften" versehen, die im besten Fall nutzlos, im schlimmsten gefährlich sind.

Sehen wir uns einmal den einfachen Stechbeitel an. Ein alter Beitel von einem guten Hersteller ist ein Gegenstand von schlichter Schönheit. Er besteht aus einem Stück gut gehärteten Stahl, das an einem Holzgriff befestigt ist, der gut in der Hand liegt. Manche Möbeltischler bevorzugen Beitel mit langen Fasen an den Kanten, die es dem Werkzeug erlauben, bis in die Ecken von Schwalbenschwanzzinkungen zu navigieren.

Es gibt wenige Arbeiten, die man mit einem scharfen Beitel nicht ausführen kann.

Seit dem 19. Jahrhundert sind Beitel immer untauglicher geworden. Die langen Fasen gibt es immer noch, aber an ihren Enden gehen sie in klobige gerade Flächen über, mit denen man seine Schwalbenschwanzzinkungen verdirbt. Die

„ebene“ Spiegelseite des Beitels ist nur selten eben, sodass das Werkzeug schwer zu führen ist, wenn man die Spiegelseite nicht in stundenlanger Arbeit abrichtet. Der hölzerne Griff ist „verbessert“ worden, indem man ihn durch einen Griff aus Polypropylen ersetzt hat. Obwohl der neue Kunststoffgriff einige Hammerschläge mehr überleben mag, ist er viel zu schwer. Das Werkzeug ist kopflastig, schwer zu greifen und ermüdend zu benutzen.

In der Tat, so ein moderner Beitel sieht aus wie ein Beitel – wenn man blinzelt. Aber zum Herstellen von Möbeln ist er fast nutzlos.

Und alles wird noch schlimmer, weil sich die Genies aus den Marketingabteilungen eingemischt haben. Diese Verkaufskanonen haben zwar noch keine Beitel mit Laser auf den Markt gebracht, aber sie haben schon viel Schlimmeres angerichtet: Sie haben den Beitel mit der Raspel gekreuzt.

Zum ersten Mal bin ich dieser abscheulichen Chimäre vor ungefähr einem Jahrzehnt auf einer Fachmesse begegnet. Das Ding wird heutzutage unter verehrten Markennamen wie Nicholson oder fragwürdigen Marken wie Cooper verkauft. Die Grundidee lautet: Man nimmt einen Beitel mit Griff aus Kunststoff und versieht die langen, metallischen Teile mit Raspelzähnen. Zu guter Letzt wird die Oberseite wie eine halbrunde Raspel aufgewölbt.

Wenn man versucht, mit diesem Werkzeug zu arbeiten, kommt man auf unterschiedliche Weise zu Schaden. Raspeln werden mit zwei Händen geführt. Eine Hand hält den Griff, die andere hält die Spitze. In diesem Fall ist die Spitze auch die scharfe Schneide des Beitels. Hoppla! Ach ja, man sollte auch nicht versuchen, es als Beitel zu verwenden, da die Rückseite der Klinge auch Raspelzähne aufweist.

Warum also ist dieses Stück Hundekot nach fast 10 Jahren immer noch auf dem Markt? Weil es Leute gibt, die es kaufen. Aber sie benutzen es eigentlich nicht, oder sie benutzen es ein einziges Mal, und werfen es dann angewidert fort.

Fazit: Es gibt viele Firmen, die wollen, dass man viel Geld für Gegenstände ausgibt, die wie Werkzeuge aussehen. Es sind aber keine Werkzeuge. Es sind Dinge, die Probleme lösen sollen, die eigentlich nicht existieren (wie Lehren zum gerade Sägen), oder sie sind zur einmaligen Verwendung und folgender Entsorgung gedacht.

Wir kaufen uns also Beitel, die den Namen verdienen.

Beitel mit Klasse. Es mag unmöglich scheinen, die Herstellung von Beiteln zu vermasseln, aber es passiert täglich. Gute Beitel sind schwierig zu finden.

Stechbeitel: 3, 6, 10, 12, 20, 30 mm[1]

Beim Kauf von Stechbeiteln ist Vorsicht angesagt. Wirklich gute Exemplare kosten zwischen ein paar Euro und ein paar hundert Euro. Zu denselben Preisen steht auch Schrott zur Verfügung.

Die gute Nachricht ist, dass Beitel in Massen angeboten werden. Die schlechte Nachricht ist, dass die meisten den Kauf nicht lohnen. Wir sollten also unsere Suchkriterien verfeinern.

1 Da Beitel auch im deutschen Werkzeughandel manchmal in Zoll (inch) angegeben werden (wenn sie von englischen oder nordamerikanischen Herstellern stammen), hier die Angaben wie sie im englischen Originaltext stehen: ⅛, ¼, ⅜, ½, ¾ und 1¼ inch

Der Griff

Für das Arbeiten mit Holz bevorzuge ich einen Griff aus Holz. Kunststoffgriffe sind schwerer als Holzgriffe und beim Ausstechen von Verschnitt neigen sie dazu, kopflastig zu werden. Das kann man leicht überprüfen, wenn man versucht, mit ein paar Exemplaren zu arbeiten. Die Griffe einfach in die Hand zu nehmen, ist noch nicht aussagekräftig. Man muss die Klinge wie einen Bleistift halten – so benutzt man einen Beitel beim Stemmen. Mein erster Satz guter Beitel waren Marples Blue Chips und sie hatten Griffe aus Kunststoff. Jedes Mal, wenn ich mit ihnen Schwalbenschwanzzinkungen schnitt, bekam ich starke Schmerzen im Handgelenk. Dann ließ mich jemand seine japanischen Beitel ausprobieren. Sie sind nie kopflastig. Der Unterschied war erstaunlich. Kurz danach habe ich die obersten 25 mm von den Griffen meiner Marples abgeschnitten. Natürlich sahen sie danach schrecklich aus. Man konnte die hässliche Öffnung im Griff sehen, in der die Angel steckte. Obwohl ich die Schnittflächen mit einer Raspel nachgearbeitet habe, waren die Werkzeuge für immer vernarbt. Zugegeben: sie funktionierten besser, aber ich empfand keine Liebe mehr für sie, und ich kaufte mir japanische Beitel aus blauem Stahl.

Griffe aus Holz sind am besten

Holz ist leicht und stark, insbesondere Arten wie Eisenholz und Hainbuche, die häufig zu Beitelgriffen verarbeitet werden. Man kann Griffe aus diesen Arten jahrelang mit dem Klüpfel treiben, ohne dass sie splittern, aber wenn man von einem Klüpfel zu einem Hammer wechselt, zeigt sich schnell, dass Holzgriffe ihre Belastungsgrenzen haben.

Deswegen sind Kunststoffgriffe so beliebt. Sind sie gut gemacht, werden noch die Kakerlaken Beitel mit Kunststoffgriffen verwenden, lange nachdem die Menschheit ausgestorben ist. Langlebigkeit ist aber nur ein Teil des Gesamtbildes.

Harter Kunststoff wird leicht rutschig, besonders wenn die Hände etwas verschwitzt sind. Weicherer Kunststoff lässt sich besser greifen, aber ich finde, er fühlt sich wie eine überreife Banane an – matschig und undefinierbar.

Ich ziehe den Holzgriff vor. Er liegt warm in der Hand, und er ist leicht. Einen Holzgriff kann man nach eigenen Vorstellungen umformen, umschleifen und polieren. Falls er zerbricht, hat der Tischler die Fertigkeiten, ihn zu ersetzen. Und er besteht aus Holz – dem Rohstoff, der einen zu diesem Handwerk geführt hat. Meiner Meinung nach ist noch der hässlichste Holzgriff schöner als jeder Kunststoffgriff.

Die Klinge und ihre Seitenfasen

Es gibt Beitel mit und ohne Fasen an den langen Kanten. Stechbeitel mit angefasten Kanten sind eine relativ moderne Erfindung. Die Fasen erlauben das saubere Ausstechen von Ecken, ohne das umliegende Holz zu beschädigen.

Das klassische Beispiel dafür ist das Ausstechen von Schwalbenschwanzzinkungen. Beitel ohne Seitenfasen werden auch als Lochbeitel bezeichnet. Sie sind für 90% aller Arbeiten ideal – wenn man keine Schwalbenschwanzzinkungen schneidet, sind sie wahrscheinlich sogar für 99% der Aufgaben gut geeignet.

Damit ich nicht falsch verstanden werde: Ich weiß, dass man einen Lochbeitel zum Schneiden von Schwalbenschwanzzinkungen verwenden kann. Man muss einfach ein Werkzeug benutzen, das etwas schmaler als die Öffnung ist, und seine Kante schräg in die Ecke führen. Beitel mit Fasen sind dafür aber viel praktischer.

Es ist traurig, aber wahr, dass die Mehrheit der modernen Werkzeuganbieter nicht die geringste Ahnung hat, wie man einen guten Beitel mit Seitenfasen herstellt. Die vertikalen Kanten an den Seiten des Werkzeugs müssen sehr schmal sein (einige Leute schleifen sie gänzlich weg). Viele Stechbeitel moderner Hersteller haben vertikale Kanten, die breiter als diejenigen an einem Lochbeitel sind.

Es gibt verschiedene Möglichkeiten. Man kann irgendeinen Beitel kaufen und ihn schleifen, bis er zur Schwalbenschwanzarbeit tauglich ist. Das klappt.

Schlechte Fasen. Hier sieht man den Unterschied zwischen einem schlechten, modernen Werkzeug mit seinen Seitenfasen wie schief stehenden Zähnen und einem echten Werkzeug, mit dem man Holz bearbeiten kann.

Ich habe es getan. Es führt jedoch unweigerlich zu einem hässlichen Werkzeug. Man kann auch einen alten Stechbeitel kaufen, der wahrscheinlich richtig geformt ist, oder etwas mehr Geld ausgeben, um ein modernes, gut hergestelltes Werkzeug zu kaufen.

Angel, Tülle oder japanisch?

Es gibt drei Grundformen von Beiteln: mit Angel, Sockel oder eine japanische Variante, die beides kombiniert. Jede Version hat Vor- und Nachteile. Andere Autoren sind mit der folgenden Analyse vielleicht nicht einverstanden, aber das ignoriere ich einfach.

Beitel mit Angel sind die einfachste Art und sie sind am leichtesten zu reparieren, falls etwas kaputt geht. Bei einem Beitel mit Angel ist das Metall der männliche Teil der Verbindung zwischen Klinge und Griff, und das Holz ist der weibliche Teil. Der Querschnitt der Angel ist normalerweise rechteckig (manchmal mit einer rauen Oberfläche oder sogar mit Widerhaken versehen) und sie wird in ein verjüngtes Loch im Griff eingetrieben.

Ein Beitel mit Angel kann in der Tat so einfach sein: Ein Stück Stahl mit Widerhaken und ein hölzerner Griff. Diese Bauweise kann aber zerbrechlich sein. Bei einigen Beiteln ist die Angel keilförmig. Schlägt man den Griff hart genug, wird er von der Angel gespalten. Um diese spaltende Wirkung zu verhindern beziehungsweise zu verlangsamen, sind einige Angelbeitel mit einer Zwinge versehen. Das ist ein ringförmiges Band aus Stahl, das den Übergang von Holz zu Stahl umschließt. Die Zwinge wirkt gegen ein Zersplittern des Holzes an dem Punkt, wo das Holz am dünnsten und der Stahl am dicksten ist.

Andere Beitel haben anstatt einer Zwinge dort, wo Holz und Stahl aufeinandertreffen, einen flachen Steg. Diese Art von Verbindung ist in der Herstellung schwieriger, und meiner Meinung nach ist sie nicht so langlebig. Man sieht diese Verbindung gelegentlich an traditionellen Lochbeiteln. Sie funktioniert – aber nur eine gewisse Zeit, dann reißt der Griff. Ich weiß das, weil ich mehr als einen solchen Griff zerstört habe. Manche Beitel haben zwischen Stahl und Holz eine Ringscheibe aus Leder. Sie soll die Wucht der Schläge mindern und so die Chance eines Spaltens des Holzes verringern. Funktioniert das? Schwer zu sagen. Es scheint zu helfen.

Die zweite Bauart von Beiteln hat Tüllen. Hier nimmt der Stahl den Holzgriff in einer verjüngten runden Tülle auf. Dies ist eine teurere Methode, einen Beitel herzustellen. Das Holz muss auch verjüngt sein, damit es in die Tülle passt.

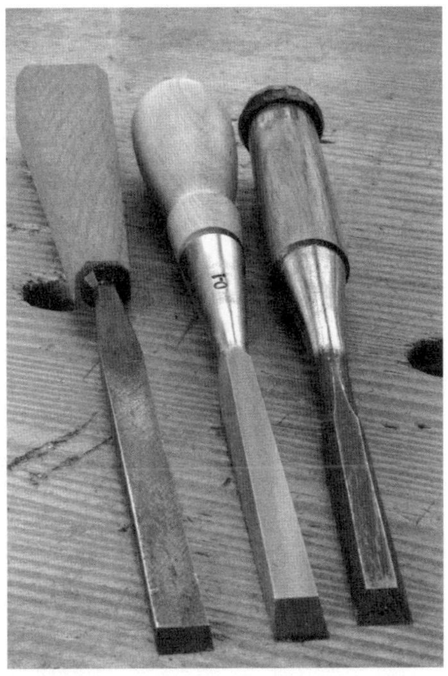

Drei Arten. Beitel mit Angeln sind am leichtesten zu herstellen und zu reparieren. Beitel mit Tülle sind langlebig. Japanische Beitel kombinieren die Eigenschaft von beiden und sind fast bombensicher, aber dafür schwieriger herzustellen.

Der Nachteil dieser Bauart besteht darin, dass die Verbindung schwieriger herzustellen ist.

Es ist nötig, den Stahl und das Holz wirklich gut aneinander anzupassen, um das volle Potenzial der Verbindung auszuschöpfen, und das bedeutet viele Anpassungsarbeit.

Der andere Nachteil dieser Art von Beiteln besteht darin, dass die Luftfeuchte eine relativ starke Wirkung auf sie haben kann. Mit anderen Worten, wenn die Luft trockner wird, schwindet das Holz, und der Griff kann sich aus der Tülle lösen. Das passiert vor allem, wenn man den Beitel nur gelegentlich benutzt, und es ist ein guter Grund, die Beitel nie hängend aufzubewahren, sodass sie nur an den Griffen gehalten werden. Wenn das Holz des Griffs schwindet, fällt die Klinge dann nämlich auf den Boden.

Dieses Problem tritt nicht auf, wenn man die Beitel alle paar Tage benutzt. Das Benutzen der Werkzeuge hält die Verbindungen dicht.

Meiner Meinung nach besteht der große Vorteil des Tüllenbeitels darin, dass er langlebiger ist. Eine pilzförmige Verformung des Griffendes durch Hammerschläge ist wahrscheinlicher als ein Reißen des Holzes. Ich finde, es ist fast unmöglich, den Griff zum Reißen zu bringen, weil die Tülle die Spitze des Holzes immer dichter zusammenzieht.

Wenn man jedoch das falsche Holz für den Griff wählt (Ahorn etwa), dann wird der Griff reißen, aber der Riss wird sich am Punkt bilden, wo der Hammer auf den Griff trifft und nicht in der Nähe der Tülle.

Die japanische Bauart vereint das Beste aus beiden Welten. Der stählerne Teil ist eine Mischform. Im Grunde genommen ragt eine Angel aus der Mitte der Tülle.

Darum geht's. Lochbeitel müssen in allen Aspekten überrobust sein, weil sie sehr hart geschlagen werden. Man braucht kräftige Klingen (ich habe sie brechen gesehen) und kräftige Griffe (ich habe viele zerstört).

Das mag die beste Beitelkonstruktion aller Zeiten sein, aber es ist eine sehr knifflige Arbeit, den Griff in die Tülle einzupassen.

Die gute Nachricht ist, dass es vielleicht nie nötig wird, den Griff zu ersetzen, weil diese Beitelart unglaublich langlebig ist. Ich habe bisher 15 Jahre lang japanischen Beitel mit dem Hammer getrieben, und ich habe noch nie einen Griff zerstört. Ich bin sicher, dass es passieren kann, aber mir ist es noch nicht passiert.

Lochbeitel

Für Lochbeitel gelten viele derselben Regeln wie für ihre schlankeren Geschwister. Holzgriffe sind vermutlich am besten (obwohl ich meine Meinung darüber ändern mag, wenn ich noch viele Holzgriffe zum Spalten bringe). Auch hier hat man die Wahl zwischen Angel, Tülle und japanischer Bauart. Die Form der Klinge ist wichtig.

Es gibt aber viele kleine Unterschiede bei der Bauart der Lochbeitel, die von großer Bedeutung sein können, wenn man z.B. einen Schlitz in Eichenholz stemmen möchte. Schlechte Lochbeitel können dazu führen, dass man das Tischlern vollkommen aufgeben möchte. Sie schneiden langsam, krumm und schief. Also sollte man lieber gleich einen guten kaufen.

Echt starke Griffe

Es versteht sich von selbst, dass Lochbeitel viele Schläge aushalten müssen. Der Griff muss kräftig sein und aus einem Holz, das nicht leicht reißt. Aber auch ein kräftiger Griff kann noch zerbrechlich sein. Die Griffe von alten Stemmeisen sind oft in der Nähe der Schlagfläche mit Metallzwingen versehen, oder sie sind mit Draht umwickelt, um das Absplittern von Holzstücken zu verhindern. Am traurigsten sind jedoch Stemmeisen, bei denen ie Griffe abhanden gekommem sind und die in diesem Zustand weiter benutzt wurden, sodass die Angel beziehungsweise Tülle des Werkzeugs verformt oder gerissen ist.

Es gibt Tischler, die behaupten, man solle am besten einen Klüpfel benutzen, der aus weicherem Holz als der Griff ist. So nimmt der Klüpfel den Schaden auf sich.

Ich habe auf diesem Gebiet verschiedene Erfahrungen gemacht. Ich habe einige Beitelgriffe aus Buche mit Klüpfeln aus Pockholz zerstört, und das scheint die Theorie zu unterstützen. Auf der anderen Seite habe ich genauso viele Griffe aus

Buche mit Klüpfeln aus Buche an ihr Ende gebracht. Weichere Klüpfel, wie einer aus Zuckerahorn, den ich besitze, übertragen einfach nicht die Kraft, die nötig ist, wenn Stahl durch Holz getrieben werden soll. Es fühlt sich an, als schlüge man mit einem Rosinenbrötchen auf eine Schale Gelee ein. Es gibt also keinen Grund, einen solchen Klüpfel zu benutzen.

Ich habe eine Meinung zum Thema Beitelgriffe, aber ich bestehe auf mein Recht, sie zu ändern. Ich finde, dass das Holz eine einheitliche Struktur haben soll. Mit anderen Worten, Hölzer mit offenen Fasern wie Eiche oder Esche taugen nichts. Sie haben Gebiete von hoher Dichte und solche von niedriger Dichte. Das führt dazu, dass diese Hölzer zur Zerbrechlichkeit neigen, wenn man sie ständig schlägt. Hölzer mit dichten Fasern, die schwer sind und dem Reißen widerstehen, sind ideal: z.B. Buche, Robinie und Hainbuche. Ich bin sicher, dass es weitere, ähnliche Arten gibt, insbesondere unter den tropischen Hölzern.

Es reicht aber nicht, einfach eines dieser Hölzer auszuwählen. Die Maserung soll von der Aufschlagfläche bis zur Ringscheibe oder Zwinge absolut gerade verlaufen. Wenn die Maserung nicht rechtwinklig durch den Griff verläuft, ist der Griff in Gefahr. Das ist keine Theorie. Ich schreibe aus Erfahrung.

Es gibt andere Maßnahmen, um die Gefahr des Spaltens zu mindern. Die Schlagfläche des Klüpfels mit 5 mm starkem Leder zu bestücken, ist hilfreich. Ein Aufschlagsstück aus Leder am oberen Griffende des Beitels scheint zu helfen. Den Beitel am Kopf mit einem Band aus Eisen zu versehen, ist bestimmt hilfreich. Wenn man seine Beitel stets gut schärft, wirkt das auch dem Reißen entgegen.

Die Größen der Lochbeitel

Am Anfang muss man keinen ganzen Satz von Lochbeiteln kaufen. Ein 6-mm- oder 8-mm-Beitel genügt zuerst vollkommen, er wird für etwa 90% aller Arbeiten reichen. Das sind die passenden Größen für Bretter mit einer Stärke von 19 mm beziehungsweise 21 mm. Später kann man andere Breiten kaufen, wenn man sie braucht. Wenn man eine Hobelbank baut, benötigt man einen 12-mm-Lochbeitel. Wenn man kleine Schachteln baut, wird man einen 3-mm oder 6-mm-Beitel benötigern. Es kann eine Weile dauern, bis diese größeren und kleineren Werkzeuge notwendig werden. Es wäre falsche Sparsamkeit, sich zum Kauf eines ganzen Satzes verführen zu lassen.

Angel, Tülle oder japanisch?

Dies ist eine schwierige Frage. Traditionelle englische Lochbeitel haben eine Angelkonstruktion und das ist die einzige Bauart, die ich je komplett zerstört habe.

Da ich diese Bauart des Werkzeugs bevorzuge, benutze ich sie natürlich auch am meisten. Deswegen haben sie vielleicht auch so viel gelitten.

Ich habe auch recht häufig japanische Stemmeisen und solche mit Tüllen benutzt. Man kann sie schlagen, ohne dass sie wirklich Schaden nehmen. Allerdings finde ich, dass die Arbeit mit ihnen etwas langsamer vorangeht, aber das ist sehr subjektiv. Ich habe noch keinen japanischen Beitel zerstören können, dank seiner Angel/Tüllen-Konstruktion und der Metallzwinge, die seinen Griff aus Eiche verstärkt. Moment – habe ich nicht gerade geschrieben, dass man nicht Eichenholz für den Griff benutzen sollte? Ich glaube, dass das Band und die Tülle das Reißen des Eichenholzes verhindern.

Griffformen

Der Querschnitt eines Locheitelgriffs ist entweder rund oder oval. Die ovalen Griffe, die typisch für die englische Angelkonstruktion sind, sind besser, weil die lange Achse des Ovals genau auf die Vorder- und Rückseite der Klinge ausgerichtet ist. Man kann das Werkzeug in die Hand nehmen und weiß sofort, wo die Schneide ist und so ohne Nachdenken den Griff in die richtige Stellung bringen.

Den Metallteil nicht vergessen

Nachdem ich so viel über den hölzernen Teil des Werkzeugs geschwätzt habe, könnte man auf die Idee kommen, dass er die ganze Arbeit macht. Aber das Metall ist auch wichtig. Die erste Frage, die sich stellt, ist die nach der besten Stahlsorte für den Lochbeitel. Jahrhundertelang wurden Stemmeisen aus ganz normalem Kohlenstoffstahl (O1 oder W1) hergestellt. Manchmal waren sie aus massivem Stahl, manchmal aus Eisen mit einem an der Spitze angeschweißten stählernen Teil.

In den letzten Jahren haben Werkzeughersteller bei der Herstellung von Lochbeiteln exotischere Stahlsorten (etwa A2 oder D2) benutzt, sind aber auch nicht vor der verrückten Welt der Hartmetalle zurückgeschreckt. Ich habe alle diese Metalle benutzt, und ich kann sagen, dass jeder Stahl einen Kompromiss darstellt. Je langlebiger das Metall, desto schwieriger ist es zu schärfen.

Kurven gefällig? Schweifhobel sind einfache hobelähnliche Werkzeuge, die einen ermutigen, Kurven in der eigene Arbeit zu verwenden, wodurch sich die Stücke noch deutlicher von den schlampig gebauten Waren aus den Fabriken abheben.

Zum Beispiel hält bei D2-Stahl eine scharfe Schneide ewig, aber natürlich braucht man eine weitere Ewigkeit, um sie zu schärfen. Es kann auch sein, dass exotische Stahlsorten eine exotische Ausrüstung zum Schärfen erfordern. Diamantensteine leisten bei D2-Stahl gute Arbeit, Ölsteine sind dagegen nicht so gut.

Am besten sucht man nicht weiter nach einem Zauberstahl, der leicht zu schärfen ist und unendlich lange Standzeiten bietet. Ihn findet man höchstens in derselben Abteilung des Geschäfts, in der auch die Sattel für Einhörner verkauft werden. Man sollte sich für einen Stahl entscheiden und lernen, wie man ihn schärft. Dann verwendet man ihn und keinen anderen Stahl, bis der Lochbeitel zerbricht. Ja, das passiert manchmal. Ich habe es gesehen und es ist nicht hübsch.

Die Form der Klinge ist auch wichtig. Einige Lochbeitel haben eine Klinge mit quadratischem oder rechteckigem Querschnitt. Sie funktionieren gut. Andere Stemmeisen – normalerweise die dolchähnliche, englische Art – haben einen trapezartigen Querschnitt. Sie sehen aus wie eine Pyramide, deren Spitze abgeschnitten wurde. In der Beitelsprache heißen die Seiten des Stemmeisens „Flanken“ und an diesen Stemmeisen sind die Flanken etwas verjüngt.

Warum? Es scheint das Steckenbleiben zu verhindern. Mit anderen Worten, wenn man den Beitel tief ins Holz einschlägt, erleichtern verjüngte Flanken das

Herausziehen. Wenn man Schlitze sehr aggressiv ausstemmt, kann das Werkzeug im Holz stecken bleiben, vor allem, wenn man sich wie Conan der Barbar aufführt.

Für welche Klingenform sollte man sich entscheiden? Beide sind gut. Stecken gebliebene Lochbeitel bedeuten nicht das Ende der Tischlerei. Es passiert manchmal, aber man kann das Werkzeug auch wieder freiwackeln. Verjüngte Flanken sind also eine gute Sache, aber sie sind nicht das A und O.

Der Schweifhobel

Es gibt Trottel, die behaupten, der Schweifhobel sei kein Werkzeug für den Möbeltischler, sondern etwas, das wir aus der Werkzeugkiste des Stellmachers, Böttchers oder Stuhlmachers geklaut hätten. Das mag wahr sein, aber ich bin der Meinung, dass man als Tischler einen Schweifhobel besitzen sollte, und zwar aus folgenden Gründen.

Viele Tischler kommen ein Leben lang ohne dieses Werkzeug aus, weil sie es für ihre Arbeit nicht benötigen. Sie bauen kistenförmige Objekte im Shaker- oder Arts&Crafts-Stil, und sie würden eine schöne Kurve nicht einmal dann erkennen, wenn man sie um ihren Hals wickelte und sie damit erwürgte.

Ein gut geschärfter Schweifhobel in der Werkzeugkiste kann die Art und Weise, in der man Möbel betrachtet, entwirft und herstellt, vollkommen verändern. Dieses Werkzeug bewältigt Kurven spielend leicht, und das Eisen ist einfach zu schärfen, einzustellen und zu meistern. Kurven sind optisch aufregend (warum sonst gäbe es Cheerleader oder Bodybuilder?), und der Schweifhobel ist die Einstiegsdroge, die einen von Werkstücken im Frühen, Mittleren und Späten Kastenstil wegführt.

Der Kauf eines Schweifhobels ist nicht schon damit erledigt, dass man sich entschließt, einen zu kaufen. Es stehen verschiedene Entscheidungen an.

Oben oder untenliegende Fase?

Nein, dieses Thema war mit dem Kapitel über Hobel keineswegs schon abgeschlossen. Schweifhobel gibt es wie Hobel mit zwei Arten von Gehäusen. Bei den meisten Schweifhobeln aus Metall liegt die Fase des Eisens unten, bei den meisten hölzernen Schweifhobeln dagegen oben. Ja, Herr Professor, ich weiß, dass es wichtige Ausnahmen gibt.

Die Fase-unten-Werkzeuge ähneln Hobeln etwas mehr als die anderen. Das Eisen liegt auf einer Platte, die in einem Winkel von 45° zur Sohle steht. Unabhängig davon, mit welchem Winkel man das Eisen schleift, schneidet das Werkzeug immer mit einem Winkel von 45°, was sowohl für Hart- als auch Weichhölzer ein guter Standardwinkel ist.

Die Fase-oben-Werkzeuge sind eigenwilliger. Das Eisen des Hobels ist auch seine Sohle. Diese außergewöhnliche Eigenschaft kann zu interessanten Schnittsituationen führen. Es gibt Schweifhobel mit einem verrückt niedrigen Schnittwinkel – kaum mehr als 25°. Ein typischer Einhandhobel mit niedrigem Schnittwinkel schneidet mit 37°.

Dieser niedrige Winkel bedeutet, dass das Werkzeug relativ mühelos durch Holz – insbesondere durch Hirnholz – schneiden und eine schöne Oberfläche schaffen kann. Der Nachteil des niedrigen Winkels ist, dass es schnell zu Faserausrissen kommt, wenn man gegenläufige Maserung bearbeitet.

Man könnte mit dem Gedanken spielen, den Fase-oben-Schweifhobel mit einem höheren Fasenwinkel zu versehen, um einen Hochwinkelschweifhobel zu erhalten. Könnte funktionieren. Ich habe Fasenwinkel bis zu 50° Grad angeschliffen und unterschiedliche Ergebnisse erzielt. Meiner Erfahrung nach führt der höhere Winkel zu einer stärkeren Tendenz zum Stopfen.

Also, was tun? Ich finde, dass der Fase-oben-Schweifhobel bei grünem (nicht getrocknetem) Holz ausgezeichnet funktioniert, wie es häufig im Stuhlbau verwendet wird. Faserausrisse kommen bei Grünholz bei weitem nicht so häufig wie bei trockenem Holz vor. Der niedrige Schnittwinkel erlaubt das schnelle, mühelose und ausrissfreie Gestalten von grünem Holz. Wenn man Grünholz bearbeitet, ist der Fase-oben-Schweifhobel das Werkzeug der Wahl.

Auf der anderen Seite wäre ein Fase-unten-Schweifhobel wahrscheinlich die richtige Wahl für diejenigen, die mit trockenem Laubholz arbeiten. Ausrisse sind dann nicht so problematisch, und man kann das Werkzeug mit weniger Kraftaufwand verwenden, indem man es schräg zur Schnittrichtung führt (‚zwerchen'). Dadurch wird der Schnittwinkel effektiv reduziert.

Wenn ich Stühle baue, benutze ich beide Varianten des Werkzeugs. Ich mache die ersten groben Schnitte mit dem Fase-oben-Schweifhobel, aber nachdem ich das Holz in meiner Trockenkammer (OK, in einem Pappkarton mit einer Glühbirne darin) getrocknet habe, wechsele ich zu einem Fase-unten-Werkzeug.

Mit oder ohne Einstellmöglichkeiten?

Beide Arten von Schweifhobeln gibt es in Varianten, die mit Justierungsmechanismen versehen sind, um die Schnitttiefe einzustellen. Braucht man sie? Die meisten Stuhlmacher, die ich kenne, schätzen Justierungsmechanismen nicht besonders – sie können ihre Schweifhobel mit einem leichten Schlag hier und einem leichten Schlag da einstellen. Einige schlagen dazu den Schweifhobel einfach leicht gegen die Hobel- beziehungsweise Schnitzbank und erreichen so eine große Genauigkeit. Traditionell stellt man den Schweifhobel so ein, dass er an einer Seite tiefer als an der anderen schneidet. Das ermöglicht sowohl grobe als auch feine Schnitte mit nur einer Einstellung.

Nichtsdestotrotz liebe ich Justierungsmechanismen – sowohl an normalen Hobeln als auch an Schweifhobeln. Es fällt mir nicht schwer, meine Werkzeuge ohne Mechanismen einzustellen, aber ich finde, man lernt den Umgang mit dem Werkzeug leichter, wenn man die Schnitttiefe mit einem Justierungsmechanismus einstellen kann. Dadurch gibt es eine Sache weniger, um die man sich Gedanken machen muss. Die Eisen der meisten Schweifhobel werden mittels zwei Rändel-

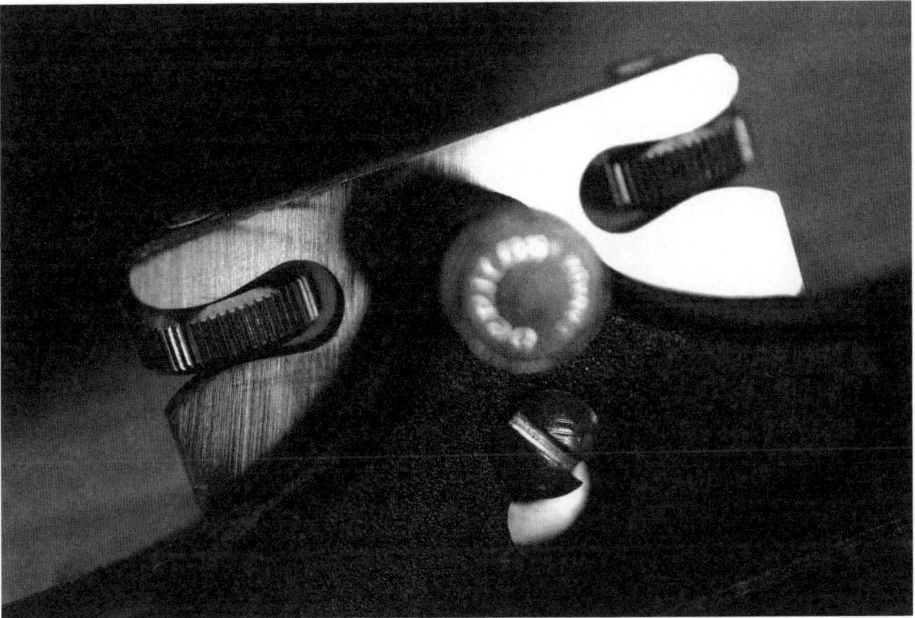

Perfekt. Das ist mein Lieblingsjustierungsmechanismus für Schweifhobeleisen, man findet ihn sowohl bei alten als auch neuen Schweifhobeln. Man kann über die Rändelschrauben den Schweifhobel ganz genau einstellen.

schrauben eingestellt. Eine liegt an der linken Seite des Eisens, die andere auf der rechten. Mit zwei Justierungsrädchen kann man leicht mit unterschiedlichen Einstellungen experimentieren, auch mit der oben genannten.

Nachdem ich versucht habe, die Vorteile eines Schweifhobels mit Justierungsmechanismus zu schildern, möchte ich auch erklären, wie sie wirklich nerven können. Meist sind die Einstellrädchen an Fase-unten-Schweifhobeln aus Metall bombensicher. Sie bestehen normalerweise aus einer Mutter aus Messing, die sich auf einer Gewindeschraube aus Stahl dreht. Die Mutter klinkt in eine Einkerbung im Eisen ein. Mit diesem Mechanismus kann nur dann etwas schief gehen, wenn die Schraube verbogen oder das Gewinde beschädigt wird. Sonst ist es ein zuverlässiger Mechanismus.

Mit dem Fase-oben-Schweifhobel ist es eine andere Geschichte. Hier gibt es zwei Hauptarten von Mechanismen. Der eine geht leicht kaputt. Der andere ist robust, aber nervtötend. Die zerbrechliche Version besteht aus zwei Rändelschrauben oben auf dem Gehäuse des Schweifhobels. Sie drehen sich auf den Gewinden von zwei Stiften, die aus dem Eisen herausragen. Häufig werden die Gewinde durch Missbrauch verschlissen. Wenn das der Fall ist, ist das Eisen nicht zu justieren oder es kann seine Einstellung nicht halten. Fazit: Man sollte ein solches Werkzeug nur dann kaufen, wenn man zuvor Gelegenheit hat, es zu zerlegen und dann auszuprobieren.

Der andere Hauptmechanismus bei Fase-oben-Schweifhobeln ist relativ robust. Von außen sieht er genauso aus wie der zerbrechliche Mechanismus, aber innen unterscheidet er sich von diesem. Es gibt zwei Rändelschrauben, die sich um die Gewinde der Stifte drehen. Der Unterschied liegt darin, dass das Eisen auf zwei weiteren kleinen Schrauben aufliegt, die im Gehäuse des Schweifhobels eingebettet sind. Um die Schnitttiefe zu justieren, zerlegt man es, dreht die winzigen Schrauben nach oben beziehungsweise nach unten und baut dann das Werkzeug wieder zusammen, bevor man die Einstellung überprüft. Dieses Verfahren wiederholt man, bis das erwünschte Ergebnis erzielt ist.

Einerseits funktioniert das Werkzeug recht gut, wenn die winzigen Schrauben richtig eingestellt sind. Auf der anderen Seite ist das Einstellungsverfahren aufwendig, und schnelle Justierungen während der Arbeit sind unmöglich.

Wie man sich bettet...

Bisher klingt es, als ob Schweifhobel mit unten liegender Fase die richtige Wahl wären, oder? Es können aber auch echte Stinker sein. Wenn man einen billigen Schweifhobel aus Metall kauft, kann das Hobelbett absolut unbrauchbar sein. Man sollte den Schweifhobel zerlegen, bevor man ihn kauft, und das Hobelbett kontrollieren. Ist es rau oder lackiert oder beides? Das ist nicht gut. Wenn das Eisen nicht sicher im Hobelbett liegt, kann der Schweifhobel nicht anders als Rattern.

Ein gutes Werkzeug hat ein gefrästes oder geschliffenes Hobelbett. Die gefrästen Werkzeuge sind überwiegend neueren Datums. Ältere Werkzeuge hatten meist geschliffene Betten. Geschliffene Betten müssen nicht automatisch schlecht sein, aber es lohnt sich zu prüfen, ob das Eisen fest auf dem Bett aufliegt und dass der Schweifhobel beim Benutzen nicht rattert.

Man kann schlechte Hobeleisenbetten reparieren. Der Stuhlmacher Brian Boggs bedeckt dazu das Bett billiger Schweifhobel mit Epoxidharz und einer Schutzfolie. Dann drückt er das Eisen auf die Folie. So ergibt sich für das betreffende Eisen ein maßgeschneidertes Bett. Boggs empfiehlt auch, eine leichtgewichtige Klappe durch ein Stück Messing zu ersetzen, dem man die passende Form gegeben hat. Aber wer so weit geht, sollte überlegen, lieber gleich das Geld für ein neues Werkzeug guter Qualität locker zu machen.

Die Sohle: gebogen oder flach?

Angeblich sind Schweifhobel mit flacher Sohle das bessere Werkzeug. Schweifhobel mit gebogener Sohle (die Krümmung ist nur geringfügig und läuft von vorne nach hinten) seien zu schwierig zu kontrollieren, um nützlich zu sein.

Nur gut, dass ich das bis vor kurzem nicht wusste. Ich benutze seit Jahren beide Arten ohne Probleme. Ist die Variante mit gebogener Sohle schwieriger zu kontrollieren? Ich finde nicht. Vielleicht liegt das daran, wie ich mit ihr konkave Kanten ausarbeite. Ich greife die Griffe nicht wie einen Fahrradlenker. Stattdessen halte ich den Hobelkörper eng zwischen Daumen und Zeigefingern, die so nah wie möglich an dessen Mitte liegen.

So kann ich mit großer und gezielter Kraft Druck nach unten ausüben und ständig spüren, wo die Schneide des Eisens ist. Dann muss ich nur spüren, wo die Schneide auf das Holz trifft, und kann hobeln. Mit Wörtern ist es schwierig zu beschreiben. Es ist aber leicht zu machen, wenn man das Werkzeug richtig hält.

Die Griffe haben aber auch ihren Zweck – sie liegen in den Handflächen und helfen so, das Werkzeug zu stabilisieren.

Ich habe einen Schweifhobel mit flacher Sohle, um gerade Kanten und konvexe Kurven zu hobeln. Ich habe auch einen mit konvexer Sohle, um konkave Kurven zu hobeln. Wahrscheinlich wird man sich über kurz oder lang beide Arten anschaffen.

Ich würde mit dem Schweifhobel mit flacher Sohle anfangen, weil er etwas leichter zu meistern ist. Er funktioniert wie ein Miniatureinhandhobel. Der Schweifhobel mit gebogener Sohle funktioniert mehr wie eine Ziehklinge.

Größe: S, M, L?

Es gibt Schweifhobel in unterschiedlichen Größen. Die Kleinen, deren Eisen nur etwa 35 mm breit sind, eignen sich nur für feinere Arbeit. Ich benutze ständig einen kleinen Schweifhobel, um Kurven mit geringer Krümmung nachzuarbeiten und um Holz zu formen.

Der mittlere Schweifhobel hat ein Eisen mit einer Breite von etwa 50 mm oder mehr. Er ist wegen des breiten Eisens sehr gut für den Stuhlbau geeignet. Man kann mit ihm Stuhlbeine hobeln und das Eisen so einstellen, dass eine Seite tiefer als die andere schneidet. Der mittlere Schweifhobel ist auch großartig beim Bau anderer Möbel. Wenn ich nur eine Größe empfehlen dürfte, wäre es diese, obwohl ich persönlich die kleinere Version für feine und gestalterische Arbeit bevorzuge.

Es gibt auch größere Schweifhobel mit breiteren Eisen und längeren Griffen. Sie sind gut geeignet, um größere Werkstücke zu bearbeiten, etwa in der Stellmacherei oder Böttcherei. Wenn man große Werkstücke mit Krümmungen baut, sollte man es einmal mit diesen Werkzeugen probieren. Sonst kann man bei den kleineren beziehungsweise mittleren Modellen bleiben.

Grobe, mittlere und feine Raspeln

Als wir 1993, Jahre nach seinem Tod, die Werkstatt meines Großvaters ausräumten, staunte ich über die vielen Raspeln und Feilen, die er gesammelt hatte, um Kopien von alten Möbeln anzufertigen. Damals war ich sehr intensiv mit Arts&and&Crafts-Möbeln beschäftigt, also hatte ich wenig Interesse an gebogenen oder unregelmäßig geformten Werkstücken. Aber schließlich hatten die Werkzeuge meinem Großvater gehört und so habe ich eine Handvoll Feilen für Metallarbeit an mich genommen und die Raspeln hat mein Onkel bekommen.

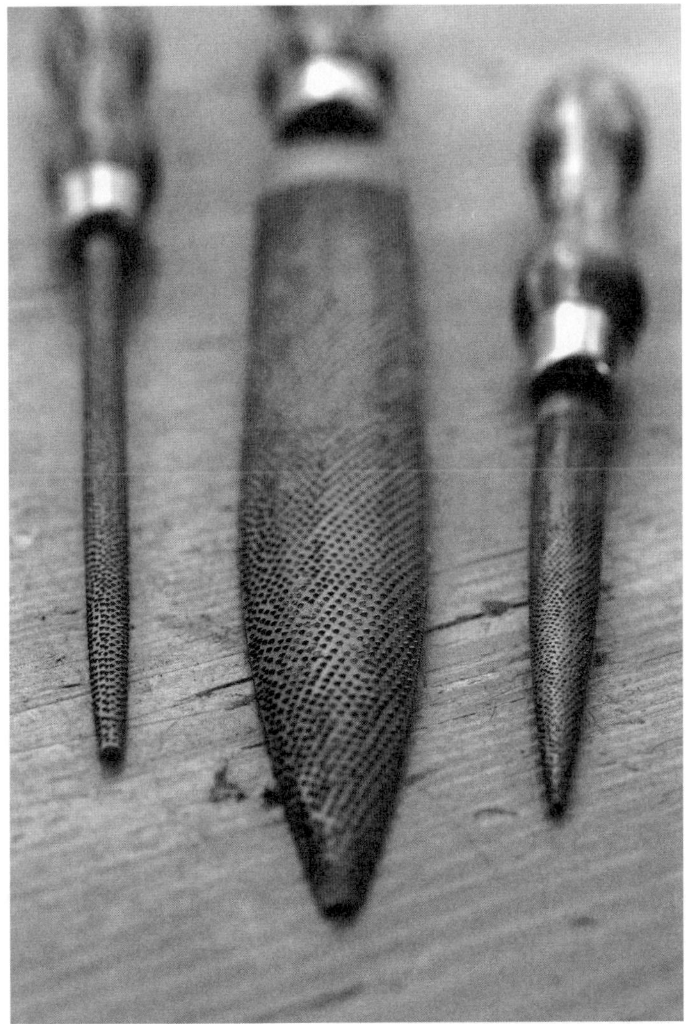

Der Freund des Schweifhobels. Kann man ohne Raspeln gute Arbeit leisten? Ja. Wäre die Arbeit noch interessanter mit den Formen, die man mit einer Raspel schaffen kann? Aber sicher!

Als sich mit der Zeit mein Möbelgeschmack erweiterte, bis er allerlei merkwürdige Formen einschloss, fing ich an, mir Raspeln der Marke Nicholson zu kaufen. Es war anstrengend, die Zähne durch das Holz zu schieben und die entstandene Oberfläche ähnelt Hackfleisch, vor allem, wenn ich Kirschholz bearbeitete.

Erst als ich begann, handbehauene Raspeln zu benutzen, wurde aus mir – Halleluja! – ein Gläubiger.

Der Unterschied zwischen einer maschinell und einer handbehauenen Raspel ist erstaunlich. Bei den meisten maschinell behauenen Raspeln liegen die Zähne mit genau demselben Abstand nebeneinander. Diese Regelmäßigkeit bedeutet, dass das Werkzeug leicht herzustellen, aber schwierig zu benutzen ist. Manchmal tauchen die Zähne ins Holz hinein, anstatt es abzutragen, und wenn man dann nach vorne schiebt, springen die Zähne der nächsten Reihe in die Löcher hinein, die gerade von den vorderen Zähnen gemacht wurden. Das heißt, dass das Werkzeug über das Holz hüpft, anstatt es zu schneiden.

Wenn Raspeln per Hand gemacht werden, wird der Hieb in die Oberfläche eingeschlagen. Jeder Zahn wird durch einen Hammerschlag des Handwerkers erzeugt. Die Zähne sind unregelmäßig verteilt und messerscharf. Sie greifen also nicht der Reihe nach in das Holz und hüpfen auch nicht darüber hinweg. Handbehauene Raspeln schneiden leicht, aggressiv und hinterlassen eine glatte Oberfläche.

Handbehauene Raspeln kann man in allen möglichen Preislagen kaufen, von billigen Beispielen aus der dritten Welt bis zu den teuren Exemplaren aus Frankreich. Obwohl meiner Erfahrung nach eine handbehauene Raspel immer bessere Ergebnisse liefert als eine maschinell hergestellte, gibt es auch unter den handbehauenen Unterschiede. Einige sind aus Edelstahl und wirken beim Arbeiten etwas „klebrig". Ich bevorzuge solche aus altmodischem Kohlenstoffstahl, aber andere Holzwerker finden Edelstahl besser.

Die „Größen" (die Hiebe) von handbehauenen Raspeln sind anders als bei maschinell hergestellten benannt. Maschinell hergestellte Raspeln werden typischerweise als grob, fein und extrafein eingestuft. In den USA heißen die Stufen erster Schnitt, zweiter Schnitt und glatt. Es gibt auch noch einige andere Stufen. Ich habe vom achten Schnitt gehört. Das muss ziemlich glatt sein, ich habe jedoch nie ein Beispiel davon gesehen.

Europäische handbehauene Raspeln sind besser eingestuft als ihre amerikanischen Gegenstücke. Bei ihnen wird der Hieb durch eine Ziffer gekennzeichnet. Damit wird die Körnung der Raspel auf einer Skala von Hieb 1 (extrem grob) bis zu Hieb 15 (extrem fein) eingestuft. Beim Möbelbau liegen die meisten Aufgaben zwischen Hieb 9 (schnelles Abtragen von Holz) und Hieb 15 (feine Arbeit). Der französische Raspelhersteller Michel Auriou behauptet, seine Firma habe dieses System entwickelt, um Missverständnisse und Fehler zu vermeiden und die Kunden genauer informieren zu können.

Die Quelle der Missverständnisse liegt in der Tatsache, dass eine Raspel gröber ist, je größer sie ist. Das heißt, dass eine 25-cm-Raspel, die als „fein" eingestuft wäre, eigentlich gröber wäre als eine 9-cm-Raspel, die ebenfalls als „fein" eingestuft wäre. Raspeln neigen mit zunehmender Größe immer noch dazu, gröber zu sein, aber das Hiebsystem beschreibt die Körnung genauer.

Es gibt noch etwas, das man bei der Grobheit beziehungsweise Feinheit einer Raspel beachten sollte: Durch Erfahrung gewinnt man mehr Kontrolle über das Werkzeug. Wenn man den Umgang mit der Raspel beherrscht, kann man sie dazu bringen, „außerhalb ihres Hiebs" zu arbeiten. Man kann mit einer Raspel mit Hieb 9 feine Arbeit leisten. Eine Raspel mit Hieb 15 kann man auch verwenden, um bedeutende Mengen von Holz abzutragen. Es geht darum, wie man das Werkzeug handhabt.

Hiebe und Formen, die man braucht

Man kann den Hieb und die Form der Raspel eigentlich nicht getrennt voneinander besprechen. OK, man kann es doch, aber nicht, wenn man so arbeitet wie ich. Ich glaube, dass der Tischler für die Mehrheit seiner Aufgaben drei Raspeln braucht. Wenn man Werkzeuge herstellt oder Bildhauer ist, benötigt man eine sehr viel umfangreicheren Satz. Ich empfehle eine große halbrunde Raspel (eine Seite ist flach, die andere konvex). Der Metallteil soll etwa 23 cm bis 25 cm lang sein, der Hieb 9 oder 10 betragen. Mit diesem schweren Werkzeug kann man grobe Formarbeiten ausführen.

Die zweite Raspel soll auch halbrund, aber kürzer – etwa 10 cm bis 15 cm lang – sein und einen Hieb von ungefähr 15 haben. Mit diesem Werkzeug vollendet man die Arbeit der größeren Raspel und kann auch enge Stellen bearbeiten. Diese Raspelart wird manchmal auch Modellbauerraspel genannt.

Die dritte Raspel sollte einen runden Metallteil von 15 cm oder länger haben. Im englischsprachigen Raum wird diese Raspelart normalerweise Rattenschwanzraspel genannt. Ihr Hieb sollte recht fein sein – Hieb 13 kommt häufig vor. Man nutzt sie an der Innenseite von Profilen und in engen Kurven von Laubsägearbeiten.

Auch wenn man es für unwahrscheinlich hält, dass man jemals ein Stuhlbein mit barocken Kurven herstellen wird, bin ich der Meinung, dass man diese drei Raspeln besitzen sollte. Irgendwann wird jeder mit Kurven konfrontiert und diese drei Werkzeuge ermutigen einen, seine Fähigkeiten zu erweitern.

Ziehklingen

Der englische Begriff für dieses Werkzeug lautet *card scraper*, was man mit Abkratz- oder Abschabkarte übersetzen könnte. Das lässt an grobe Arbeiten denken – wie das Abkratzen von Farbe von einer Wand oder einer Schmutzschicht aus der Badewanne.

Die Ziehklinge ist jedoch wahrscheinlich das feinste und subtilste Werkzeug in meiner Werkzeugkiste. Ich kann damit ausgerissene Fasern von Brettern entfernen, denen ich mit keinem Hobel beikommen könnte. Ich vermute aber, dass niemand dieses Werkzeug kaufen würde, wenn es „Blümchenschaber" hieße. Also heißt es auf Englisch immer noch *card scraper*.

Ziehklingen wurden schon immer aus Sägestahl angefertigt. Viele Ziehklingen haben ihre Leben sogar als Teile von Sägen angefangen, die zu Tode geschärft wurden oder von einem Pfuscher unbrauchbar gemacht wurden. Das heißt, dass man Ziehklingen in einer Vielfalt von Stärken und Härten begegnet, so wie es auch unterschiedliche Sägestähle gibt.

Alte gebrauchte Ziehklingen findet man nicht häufig. Ich nehme an, dass sie entweder einfach abgenutzt wurden oder sie von unwissenden Verwandten fortge-

Geheimwaffen. Diese einfachen Stahlstücke können viele Probleme mit Faserausrissen lösen und für hohe Oberflächengüte sorgen Schliff sorgen. Man muss nur lernen, sie richtig zu schärfen.

worfen wurden, die dachten, es wäre nur Metallschrott, das der Tischler gehortet hätte (als ob ein Tischler jemals Dinge horten würde!). Falls man eine antike Ziehklinge bekommt, sollte man ihr nicht Treue bis an das Ende seiner Tage schwören, bevor man Erfahrung mit dem Schärfen und Benutzen gesammelt hat. Ältere Ziehklingen sind meist aus weicherem Stahl als die moderneren Versionen. Das bedeutet, dass sie leichter zu schärfen sind, aber schneller stumpf werden. Ich habe einige antike Ziehklingen benutzt, die nach nur wenigen Arbeitsminuten stumpf wurden. Das kann es nicht sein. Natürlich wird auch eine schlecht geschärfte Ziehklinge schnell stumpf, das Problem könnte also auch an einem selbst liegen.

Moderne Ziehklingen gelangen in einer Vielfalt von Stärken, Härten und Zuständen in den Handel.

Die Stärke

Eine Ziehklinge kann zwischen 0,25 mm (ähnlich wie das Blatt mancher japanischen Sägen) bis zu 1 mm (typisch für westliche Sägen, bevor das Blatt hinterschliffen wird) stark sein. Der Unterschied in der Stärke ist beträchtlich und wirkt sich auch auf die Arbeit mit den Ziehklingen aus.

Dünne Ziehklingen sind leicht zu benutzen. Man braucht nur geringen Daumendruck, um ihnen die optimale Krümmung zu verleihen, wenn man zum Beispiel kleinste Ausrisse an einer Stelle entfernen möchte. Der Nachteil ist, dass sie die Oberfläche nicht eben machen. Die dünnsten Ziehklingen lassen die Oberfläche sogar etwas welliger werden, weil sie bei manchen Holzarten nur das weiche Frühholz entfernen. So feinfühlig arbeiten sie.

Deshalb dürfen dünne Ziehklingen nicht an frisch gesägtem Holz eingesetzt werden – unabhängig vom verwendeten Sägetyp. Die dünne Ziehklinge taucht entweder in die niedrigen Stellen ein oder springt über sie hinweg, sodass die Oberfläche nach der Bearbeitung genauso wellig, aber doppelt so hässlich ist wie vorher.

Auf der anderen Seite brillieren diese dünnen Ziehklingen, wenn man sie für schon geglättete Oberflächen benutzt, um hier und da winzige Holzmengen zu entfernen. Außerdem sind einem die eigenen Daumen dankbar. Mit dünnen Ziehklingen kann man viel länger als mit den stärkeren arbeiten.

Starke Ziehklingen haben einen ganz anderen Charakter. Nach wenigen Minuten glaubt man, die Daumen könnten Feuer fangen und abbrechen (vielleicht nicht in dieser Reihenfolge). Es kann richtig schwierig sein, die Ziehklinge zur richtigen Krümmung zu biegen, um die anstehende Arbeit zu erledigen. Einige

Werkzeughersteller verkaufen Ziehklingenhalter, mit denen man die Ziehklingen biegen kann. Ich mag diese Geräte nicht. Eine gute Ziehklingentechnik erfordert, dass man den Einsatzwinkel und die Krümmung mit jedem Zug ändert. Ziehklingenhalter verhindern eine Änderung der Krümmung, und das erschwert es, die optimale Einstellung des Werkzeugs zu finden.

Was bedeutet das also alles in allem? Wenn man eine schon ebene beziehungsweise fast fertige Oberfläche bearbeitet, greift man zur dünnen Ziehklinge. Wenn man die Oberfläche gleichzeitig glätten und verputzen möchte, ist die starke Ziehklinge das Werkzeug der Wahl. Eine gute Stärke für eine dünne Ziehklinge ist etwa 0,5 mm. Starke Ziehklingen haben meist 0,8 mm. Ziehklingen, die extrem dünn beziehungsweise stark sind, sind schwierig zu benutzen, und meiner Meinung nach sollte man sie meiden, bis man etwas Erfahrung im Umgang mit diesen Werkzeugen gesammelt hat.

Hart oder weich?

Wenn es um die Härte einer Ziehklinge nach Rockwell geht, neige ich mehr in Richtung Weichheit. Harte Ziehklingen – mehr als Rockwell 51 – lassen sich nur sehr mühsam schärfen. Den Grat an einer neuen Ziehklinge anzuziehen, kann sich anfühlen, als ob einem die Finger von der Mafia gebrochen würden. Man benötigt dazu einen sehr harten und hochglanzpolierten Ziehklingenstahl. Man sollte gar nicht erst versuchen, den Grat mit einem Schraubenzieher oder Hohlbeitel anzuziehen (wie es in vielen alten Büchern empfohlen wird), weil die Ziehklinge sich davon vollkommen unbeeindruckt zeigen wird. Bei harten Ziehklingen muss man kräftigere Kaliber auffahren: Hartmetall. Poliert.

Wenn die Ziehklinge jedoch antik ist beziehungsweise sich leichter als erwartet schärfen lässt, sollte man vorsichtig sein. Zu weiche Ziehklingen sind schlimmer als zu harte Ziehklingen, weil man mit ihnen kaum produktiv arbeitet. Erst kommen Späne, dann gleich Holzstaub. Mit anderen Worten, ihre Verwendung lohnt sich nicht, weil man sehr häufig schärfen muss.

Vorbereitung

Als ich in den 1990er Jahren begann, mich ernsthaft mit der Tischlerei zu beschäftigen, habe ich die Ziehklinge gekauft, die mir von allen empfohlen wurde – die Sandvik. Ich habe sie immer noch, obwohl sie durch wiederholtes Schärfen kleiner geworden ist und sich im Laufe der Zeit verfärbt hat. Diese Ziehklinge ist die perfekte Verbindung von Härte und Stärke, und ich habe nur ein paar Minuten gebraucht, um sie vorzubereiten, nachdem ich sie aus ihrer orangen und weißen Kunststoffverpackung genommen habe.

Dann ist diese Ziehklinge einfach vom Markt verschwunden. Später wurde aus der Firma Sandvik die Firma Bahco, und die von ihr verkaufte Ziehklinge ist nur durchschnittlich.

Als Journalist wollte ich herausfinden, was mit meiner Lieblingsziehklinge passiert war. Also habe ich mir auf einer Werkzeugmesse den Vertreter der Firma vorgeknöpft. Er hat mir zugehört und dann hat er mir seine Erklärung gegeben. Was jetzt kommt, habe ich nicht erfunden: Die Firma hat aufgehört, ihre legendäre Ziehklinge herzustellen, weil die Maschine mit der die Kanten des Werkzeugs hergestellt wurden, kaputt gegangen war und niemand wusste, wie man sie repariert. Also hat die Firma aufgehört, die Ziehklinge herzustellen.

Ich schwöre, dass diese Geschichte wahr ist.

Manche Ziehklingen werden in einem relativ unbearbeiteten Zustand verkauft. Der Hersteller entgratet die Kanten nur und prägt sein Logo darauf. Andere Hersteller schleifen die Kanten und ungefähr 5 mm der Flächen. Dadurch wird die eigene Einrichtungszeit verkürzt, und es lohnt sich, nach solchen Ziehklingen Ausschau zu halten.

In den Katalogen wird das nicht immer herausgestellt, aber man sollte darauf achten. Wenn der Hersteller die Ziehklinge geschliffen hat, glänzen die Oberflächen des Werkzeugs und an den Kanten zeigt sich ein grauer Streifen. Das ist das gesuchte Merkmal. Ich wünschte, ich könnte einfach eine Liste der Hersteller liefern, die so arbeiten, aber sie scheinen ständig zu wechseln.

Schärfen

Es gibt Dutzende Methoden, eine Ziehklinge zu schärfen, von der einfachsten und dümmsten (einfach die Kante feilen und mit der Arbeit beginnen!) bis hin zu jenen Techniken, die für Tischler reserviert sind, die glauben, dass ihre eigentliche Arbeit das Schärfen ist. Ich finde, dass die eigentliche Arbeit eines Tischlers darin besteht, Werkzeuge stumpf zu machen und dass das Schärfen ein notwendiges Übel ist.

Es gibt auch eine Reihe von verrückten Vorrichtungen, die angeblich Zeit beim Schärfen einsparen. Meiner Erfahrung nach leisten die meisten von ihnen gute Arbeit, aber sie sind ziemlich teuer. Die einzige Vorrichtung, die ich benutze, besteht aus einem Holzklotz mit einer Nut, in der eine Feile senkrecht zum Holz gehalten wird. Ich benutze diesen Klotz, um die Ziehklinge zu feilen und zu schleifen. Ich schleife die Flächen mit Hilfe eines Lineals. Der sogenannte Lineal-Trick funktioniert bei Ziehklingen genauso gut wie bei Hobeleisen.

ÜBER MASCHINEN

Als ich Frank Klausz das erste Mal besuchte, brauchte ich Fotos für einen Artikel über Schwalbenschwanzzinkungen, ein Gebiet, auf dem er ein bekannter Fachmann ist. Der Fotograf Al Parrish und ich kamen spätnachmittags in Newark, New Jersey, an und Frank bestand freundlicherweise darauf, dass wir ihn schon vor dem Aufnahmetermin am folgenden Tag in seiner Werkstatt besuchten.

Frank's Cabinet Shop ist ein großer, sauberer und gut ausgestatteter Tischlereibetrieb. Die Wände sind mit Handwerkzeugen bedeckt. Manche dienen als Dekoration, viele werden eingesetzt. Die Maschinen sind gut gepflegt. Nach einer Führung stellte der Fotograf im Laufe eines Gesprächs eine Frage, die mich vor allem deswegen überraschte, weil mir klar wurde, dass ich sie selbst nur selten stelle:

„Frank," fragte Al, „was ist dein Lieblingswerkzeug?"

Frank ging ohne zu zögern nach hinten in seine Werkstatt.

„Kommt her," sagte er. „Ich zeig's euch."

In Anbetracht seines Rufes als Experte für Schwalbenschwanzzinkungen und seiner traditionellen Ausbildung als Tischer erwartete ich irgendein traditionelles Handwerkzeug, vielleicht etwas aus seiner Heimat Ungarn, vielleicht etwas, das er von seinem Vater, einem Möbeltischler, geerbt hatte.

Nee... Nicht einmal annähernd. Stattdessen führte er uns zu einer Langbandschleifmaschine, ein riesiges Gerät für die gewerbliche Holzbearbeitung. Frank hielt eine lange Rede und erzählte ausführlich, wieviel Zeit und Arbeit er mit dieser Maschine einspare. Und dass er mit ihr gewölbte Flächen besser schleifen könne als mit jeder anderen Maschine. Ich war überrascht, aber nur einen Augenblick lang. Manchmal wird das Bild eines Menschen durch die Medien so verändert, dass es zwar grundsätzlich stimmt, aber nicht die gesamte Geschichte erzählt. Frank liebt seine Handwerkzeuge und ist ein Meister der manuell hergestellten Schwalbenschwanzzinkungen, weil er ihre Herstellung überall lehrt, wo er hinkommt. Wenn es aber um die normale tägliche Arbeit geht ...

Maschinen sind, wenn man sie richtig einsetzt, wie lärmende Auszubildende. Man muss immer derjenige sein, der die Kontrolle ausübt. Man muss wissen, wie man sie führt. Und man lässt sie nie die Herrschaft in der Werkstatt übernehmen.

Ich verwende meine Maschinen, um Rohholz zu bearbeiten. Rohholz mit Handwerkzeug auf Maß zu bringen, ist zeitaufwendig. Mit Maschinen ist es ein Kinderspiel. Auch manche Verbindungen schneide ich grob mit Maschinen vor, zum Beispiel Schlitze, Zapfen und Fälze. Alles andere mache ich mit der Hand, weil es so sicherer, präziser oder schneller geht oder am Ende besser aussieht.

Wenn es um den Kauf von Maschinen geht, gibt es in diesem Buch nicht viel zu sagen. Ich kann die Herstellerfirmen und Modellnummern zwar auswendig aufsagen, aber das hilft dem Leser nicht weiter, weil solche Informationen länderabhängig sind und sich zudem dauernd ändern. Black & Decker bringt manchmal innerhalb eines Jahres drei neue Baureihen von Akkubohrmaschinen auf den Markt. Da läuft irgendetwas grundsätzlich falsch.

Ich kann aber einige Grundsätze aufführen, die nützlich sind und immer zutreffen, wenn man elektrische Geräte kauft.

1. Gute Markenware kaufen. Das hört sich selbstverständlich an. Es gibt aber viele Holzwerker, die derartige Geizkragen sind, dass sie Werkzeuge in Discountläden kaufen, die nicht gerade für die hohe Qualität ihrer Waren bekannt sind. Werkzeuge ohne Herstellerangabe taugen nie etwas. Ich schreibe das, weil ich sie getestet habe. Ich habe Handoberfräsen benutzt, die in Flammen aufgegangen sind. Druckluftnagler, die meine Werkstücke mit Öl vollspritzten. Gehrungssägen, die keinen geraden Schnitt abliefern konnten.

Man sollte Werkzeuge kaufen, die man auf Baustellen oder in Werkstätten gesehen hat und die aussehen, als hätten sie schon einiges hinter sich. Diese Maschinen kosten mehr als das Zeug, das für Leute gedacht ist, die am Wochenende ein paar Bilder aufhängen wollen, aber dafür halten sie auch ein Leben lang.

2. Preislich auf die Mitte zielen. Wenn man sich mehr als 15 Minuten mit dem Kauf von Maschinen beschäftigt hat, wird einem aufgefallen sein, dass sich ihre Preise auf drei Niveaus verteilen. Es gibt die Billigware (200 Euro für eine Tischkreissäge zum Beispiel). Das sind Geräte, die so konstruiert sind, dass man sie ein paar Mal verwendet – oder überhaupt nicht – und dann entsorgt. Ehrlich. Das ist nicht übertrieben. Man sollte die Finger von ihnen lassen. Am anderen Ende des Spektrums findet man Maschinen, die unglaublich viel Geld kosten (6000 Euro für eine Tischkreissäge zum Beispiel). Das sind großartige Maschinen, aber ihre Vorzüge stehen für einen normalen Holzwerker in keinem Verhältnis zu ihrem Preis.

Man sollte also auf die Gruppe in der Mitte zielen (etwa Tischkreissägen um 1000 Euro). Diese Maschinen sind es, die man als preisbewusster Handwerker – was man ja anstreben sollte – kauft.

Wenn man schnell ermitteln möchte, welche Maschinen zu dieser Preisgruppe gehören, hilft ein Blick in die Kleinanzeigen oder ins Internet. Gebrauchte Maschinen mit relativ geringem Wertverlust – Gebrauchtpreise, die etwa 60 % des Neupreises betragen – sind diejenigen, die man kaufen sollte.

3. Gebraucht kaufen, wenn man sich traut. In den letzten 20 Jahren ist die Werkzeugherstellung großteils nach Taiwan oder China abgewandert.[2] Manche Herstellerfirmen haben das gut bewältigt, weil sie sorgfältige Qualitätskontrollen durchführen. Andere haben es gründlich in den Sand gesetzt und bringen einfach Schilder mit ihren einst angesehenen Namen auf Schrottgeräten an, in der Hoffnung, dass es keiner merkt.

Wenn man sich nicht mit endlosen Recherchen zu dem Thema beschäftigen möchte, kann man das Problem auch lösen, indem man gebrauchte Maschinen aus der Discomusik-Ära oder davor kauft. So kann man eine Menge Geld sparen und sich eine bessere Maschine leisten. Das einzige Problem ist, dass man die Maschine begutachten muss, bevor man sie kauft. Sind die Kugellager hinüber? (Das ist meines Erachtens immer ein Grund, vom Kauf Abstand zu nehmen.) Sind

2 Dies gilt für den deutschsprachigen Raum nicht in gleichem Maß wie für die USA.

die wichtigen Einstellmechanismen noch funktionsfähig? Ist der Motor durchgebrannt? Müssen Verschleißteile erneuert werden, etwa Antriebriemen, Räder, Führungen oder ähnliches?

Mit anderen Worten, man muss sich informieren und darf nicht blind kaufen. Eine Informationsmöglichkeit ist die englischsprachige Internetseite „Vintage Machinery“ (owwm.com). Nach ein paar Tagen Studium weiß man genug, um auf alte Maschinen umzustellen.

Man kann ganz schöne Schnäppchen machen. Ich habe meine 300-mm-Bandsäge für etwa die Hälfte des Neupreises gekauft und sie ist absolut zuverlässig. Bis auf ein einziges Teil besteht sie vollkommen aus Metall. Und sie läuft wie am Schnürchen.

4. Metall, nicht Kunststoff. Eine leichte Methode, um eine Maschine zu beurteilen, besteht darin, sich ihre Einzelteile anzusehen. Sind die Griffe und Einstellknöpfe aus Kunststoff oder Metall? (Aluminium zählt als Metall.) Metall ist immer besser als Kunststoff. Ohne Ausnahmen.

Welche Maschinen sollte man kaufen?

Die wenigsten Holzwerker kaufen alle ihre Maschinen auf einmal.

Sie erwerben sie im Laufe der Zeit und erweitern ihre Werkstattausstattung, so wie sich auch ihre Fähigkeiten nach und nach erweitern. So habe ich es gemacht.

Die erste Maschine? Ich weiß, dass es eine unorthodoxe Wahl ist, aber ich finde, die Dickenhobelmaschine ist eine gute erste Elektromaschine für die primär auf Handarbeit ausgerichtete Werkstatt.

Wenn man nicht alles auf einmal kaufen kann, gibt es verschiedene Vorgehensweisen beim Kauf der Maschinen. Wenn man viel mit Maschinen arbeiten wird, dann sollte man wohl mit einer Tischkreissäge anfangen und zuerst Holz einkaufen, das schon oberflächenbehandelt ist. Man kann mit dieser einen Maschine schon eine ganze Menge anfangen. Nach der Tischkreissäge kauft man dann einen Abricht- und Dickenhobel. Danach kommen dann (in beliebiger Reihenfolge) eine Ständerbohrmaschine, Bandsäge, elektrische Schleifmaschinen, eine Schlitzstemmmaschine – und viele Geräte, um Staub ab- und aufzusaugen.

Wenn die Werkstatt aber vor allem der Handarbeit gewidmet sein wird, dann würde ich einen ganz anderen Weg empfehlen. Meine Vorschläge sind ungewöhnlich. Ich habe noch keine Veröffentlichung gesehen, in der diese Vorgehensweise empfohlen wird. Aber ich glaube, dass es der richtige Weg ist.

Zuerst kauft man einen Dickenhobel mit mindesten 30 cm Durchlassbreite. Warum? Weil das Hobeln von Holz auf Nennstärke die arbeits- und zeitaufwendigste Aufgabe bei Handarbeit ist. Insofern ist die kleine elektrische Dickenhobelmaschine geradezu lebensrettend. Sie ist preiswert, langlebig und liefert eine höhere Oberflächengüte als große, gewerbliche Maschinen. Warum? Weil ihre Hobelwellen von schnelllaufenden Universalmotoren angetrieben werden.

Warum sollte man nicht erst eine Abrichthobelmaschine kaufen? Das ist eine gute Frage. Wenn man eine Abricht und eine Dickenhobelmaschine verwendet, wird erst eine Fläche des Holzes eben abgerichtet, dann wird das Brett mit der

Dickenhobelmaschine auf Stärke gehobelt. Man kann aber eine Fläche eines Brettes auch schnell manuell mit der Raubank abrichten und das Brett dann durch den Dickenhobel schicken, um es auf Nennstärke zu bringen.

Wie ist es mit dem Abrichten von Kanten für Breitenverleimungen? Diese Arbeit kann man ebenfalls mit der Raubank ausführen. Mit anderen Worten, ich glaube, es geht auch ohne Abrichthobelmaschine. Aber der elektrische Dickenhobel ist unverzichtbar.

Die zweite Maschine

Als zweites sollte man eine Bandsäge mit 30-cm-Rollen kaufen. Eine Bandsäge erspart einem die mühseligste Arbeit, die bei der Bearbeitung von Holz mit Handwerkzeugen anfällt: lange Schnitte mit der Faser. Außerdem kann man mit ihr so viele andere Aufgaben erledigen, dass es kaum zu fassen ist. Man kann Schweifschnitte sägen, Rohholz grob auf Format schneiden, dünne Bretter oder sogar Furnierblätter herstellen. Man kann perfekte Kreise schneiden und Teile von Schwalbenschwanzzinkungen vorarbeiten.

Außerdem ist die Bandsäge eine der sichersten Sägen, die je erfunden wurden. Es gibt keine Materialrückschläge. Die Schutzvorrichtungen sind sicher und so gut in die Maschine integriert, dass es nie notwendig wird, sie abzunehmen.

Natürlich haben Bandsägen auch Nachteile. Im Vergleich zur Tischkreissäge ist eine Bandsäge anspruchsvoll. Man wird sie öfter ein und nachstellen müssen als eine Tischkreissäge. Die Bandführungen müssen gelegentlich gewartet werden. Die Auflagen auf den Rollen verschleißen mit der Zeit. Gelegentlich reißen auch die Sägeblätter. Die Staubabsaugung ist eine Katastrophe. Das gilt aber auch für die meisten Tischkreissägen.

Dennoch würde ich mich eher von der Formatkreissäge trennen als von meiner 30-cm-Bandsäge mit ihrem gusseisernen Gestell.

Die dritte Maschine

Auch in diesem Fall mag meine Empfehlung merkwürdig wirken. Man sollte sich als drittes eine Schlitzstemmmaschine anschaffen. Präzise Schlitze mit der Hand zu schneiden, ist eine mühselige Angelegenheit, vor allem, wenn man mehr als vier von ihnen schneiden muss. Die Schlitzstemmmaschine ist ein Wunderwerk, sie gehörte zu den ersten Holzbearbeitungsmaschinen, die im 19. Jahrhundert entwickelt wurden.

Die passenden Zapfen lassen sich mit der Hand oder einer Bandsäge sehr viel leichter schneiden, als die Schlitze zu stemmen. Ich habe oft mit dem Gedanken gespielt, mich von meiner Schlitzstemmmaschine zu trennen. Aber jedes Mal, wenn ich ein traditionelles Möbelstück baue, gebe ich diese Gedankenspiele wieder auf.

Andere Maschinen und Werkzeuge

Ich glaube, die meisten Anhänger von Handwerkzeugen können mit den drei genannten Maschinen und einer guten Staubabsaugung schon glücklich werden. Eine Ständerbohrmaschine, eine Abrichthobelmaschine und eine Tischkreissäge mögen manchmal ganz nützlich sein, aber sie ersparen einem nicht so viel Arbeit wie die genannten drei Maschinen. Ich würde mir sogar noch vor anderen Maschinen einen guten Akkubohrer kaufen. Ich kann kaum noch ohne einen in der Werkstatt leben.

8 | WERKZEUGE ZUM SCHLAGEN UND BEFESTIGEN

Ich glaube, ich war damals 13 oder vielleicht 14 Jahre alt. Mein Vater hatte die ganze Familie zu unserem Bauernhof mitgenommen, wo er um das „kleine Haus“ eine Veranda bauen wollte. Das „kleine Haus“ mit seinem Pultdach hatte er gebaut, um die Grundlagen des Hausbaus praktisch zu üben, die er sich aus Lehrgängen und Büchern angeeignet hatte.

An jenem Samstag konnte sich meine Schwester Robin nur unbeholfen bewegen, da sie wegen eines Reitunfalls eine Halskrause trug – ich habe immer noch Bilder von ihr mit der Halskrause. Trotz dieser Verletzung bestand mein Vater darauf, dass Robin und ich eine Unmenge von Nägeln in die Bretter der Veranda hämmerten, die sich um zwei Ecken des kleinen Gebäudes herum ziehen sollte.

Als er uns diese Aufgabe erteilt hatte, war ich glücklich. Ich habe nichts dagegen, Nägel einzuhämmern. Nach jahrelangem Üben an den Leichtbauwänden unseres Hauses und bei fast allen Projekten, die ich in unserer Werkstatt zuhause gemacht hatte, konnte ich das ziemlich gut. Nageln war die einfachste Form, eine Verbindung herzustellen. Die Arbeit war auch mit Abstand besser, als Löcher für Zaunpfosten zu graben.

Genauso wie ich mich an Robins Halskrause mit absoluter Klarheit erinnern kann, kann ich mich auch an die wilden Geräusche an jenem Tag erinnern. Es war ein alles einhüllendes, dröhnendes Brummen – wie ein Schwarm von Zikaden –, das über den nächsten Hügel kam. Von unserem Haus, das auf einer hohen Klippe stand, konnte man nicht sehen, was das Geräusch verursachte.

Nach einigen Sekunden dieses Brummens, hörten wir etwas, das sich wie das Schlagen eines Hammers auf einen riesengroßen Amboss anhörte. Ich fragte meinen Vater, was es war.

Er sagte, es sei der Tagebau.

Den ganzen Tag lang haben wir Nägel eingehämmert, und manchmal hämmerte ich im Takt mit den Tagebaumaschinen, sodass mein 450-g-Hammer von Craftsman wie ein Hammer der Götter klang.

Viele Tischler, die ich respektiere, finden, dass Hämmer in einer echten Möbelwerkstatt nichts zu suchen haben. Der Hammer ist ein Werkzeug des Zimmerers – primitiv, brutal und einfach. Ich sehe das vollkommen anders.

Hämmer und alle andere Befestigungswerkzeuge, die mit Nägeln zu tun haben, sind beim traditionellen Möbelbau unverzichtbar. Nägel gehören zu feinen Möbeln. Richtig verwendet, sorgen sie für Belastbarkeit. Sie erlauben das Arbeiten des Holzes besser als andere Befestigungsmittel. Nägel sind schön.

Ich habe nicht immer so gedacht. Als ich ein Kind war, haben wir auf unserem Bauernhof häufig Nägel benutzt, aber in der Universität habe ich viel über Shinto und buddhistische Philosophie gelernt. Ich bin mir sicher, dass meine folgenden Ausführungen über die Sicht des Shintoismus auf diese Dinge fehlerhaft sein werden, und ich hoffe, dass meine japanischen Leser mir vergeben werden.

Man kann Shinto heutzutage nicht mehr als formelle Religion bezeichnen. Kennzeichnend ist die Idee, alle Gegenstände hätten einen Geist („Kami"). Da auch Bäume, Felsen und Kräuter *Kami* haben, nehmen die Bautechniken für shintoistische Schreine hierauf Rücksicht. Fazit: So werden sie dann aus Holz und ohne Metallnägel gebaut. Ein shintoistischer Schrein wird mit Holzverbindungen und Nägeln aus Holz gebaut, nicht mit eisernen Nägeln.

Als ich den Shintoismus in einem Kurs über Religion kennenlernte habe, war es zugleich meine erste Begegnung mit dem japanischen Möbelbau. Sie hinterließ einen bleibenden Eindruck. Was kaum überraschend ist. Als Student während der 1980er Jahre erschien mir eine animistische Philosophie natürlich als passende Antwort auf die „Vergewaltigung des Landes", die ich in der Umgebung unseres Bauernhofs erlebt hatte.

Angesichts des Tagebaus, der die Hügel um den geliebten Bauernhof meines Vaters verschwinden ließ, wirkte der Verzicht auf Nägel wie ein kleines Gegenmittel.

Ob man nun ein Freund des Nagels ist oder nicht, wird man einige Werkzeuge zum Schlagen und Befestigen benötigen. Auch wenn sie einfach oder sogar fast primitiv erscheinen mögen, sind sie eigentlich raffiniert und hoch entwickelt.

Klüpfel für Stechbeitel

Das Schlagen eines Stechbeitels ist eine ernstzunehmende Sache. Der falsche Klüpfel kann einen ermüden, sein Ziel verfehlen oder den Griff des Stechbeitels zersplittern. Es kann passieren, dass man schließlich mehr als einen Klüpfel besitzt, insbesondere wenn man sich dem Schnitzen oder der Bildhauerei zuwendet.

Es gibt unterschiedliche Arten von Klüpfeln, von denen manche für spezifische Verwendungen gedacht sind. Das sollte man vor dem Kauf verstehen.

Hölzerner Klüpfel mit rechteckigem Kopf: Dies ist der traditionelle Klüpfel für den Tischler und Zimmermann.

Der Kopf besteht normalerweise aus einem einzigen Holzstück, durch den ein verjüngter Schlitz läuft. Der Stiel verjüngt sich nach oben und sitzt mit Presspassung im Kopf.

Kräftig treiben. Ein guter Klüpfel für die Arbeit mit dem Stechbeitel ist schwer, kompakt und schlagkräftig. Sogar Klüpfel, die genau gleich zu sein scheinen, können sich aufgrund von Unterschieden im Holz unterscheiden.

Diese Art funktioniert bestens mit Stechbeiteln, die Holz- oder Kunststoffgriffe haben. Sie sind allerdings beim Schlagen auf Metall nicht so strapazierfähig. Man sollte sie also nicht kaufen, wenn man japanische Stechbeitel mit Eisenzwingen um den Griff oder Meißel mit stählernen Schlagknöpfen benutzt. Das Metall würde die Schlagfläche des Klüpfels schnell zerstören.

Solche Klüpfel müssen aus einem dichten Holz hergestellt werden – traditionell ist das Buche. Leichte Holzarten oder sogar leichte Stücke eines eigentlich schweren Holzes taugen nichts. Ich hatte einmal einen Klüpfel aus Ahorn, der aus einem besonders leichten Stück dieses Holzes hergestellt worden war. Es war, als schlüge ich mit einem Ballon auf den Stechbeitel ein.

Das Gewicht eines solchen Klüpfels liegt zwischen 400 und 700 Gramm. Das hängt von der Dichte des Holzes und der Größe des Kopfes ab. Ich bevorzuge eher schwere Klüpfel von 450 bis 650 Gramm. Leichteren Klüpfeln fehlt es einfach an der Schlagkraft, die nötig ist, um einen Beitel in hartes Holz zu treiben.

Der Kopf sollte auf eine bestimmte Weise geformt sein: Die Schlagflächen sollten einem Winkel zu Ober- und Unterseite bilden, sodass sich gedachte Verlängerungslinien der Schlagflächen am Ende des Griffs schneiden. Dies ermöglicht eine sehr natürliche Bewegung des Armes beim Schlagen und verringert die Wahrscheinlichkeit von Fehlschlägen.

Diese Art von Klüpfel ist beliebt, weil sie leicht herzustellen und preiswert zu kaufen sind. Und die Nachteile? Ich finde, dass dieser Klüpfel sich nicht so feinfühlig kontrollieren lässt wie andere Klüpfelarten. Außerdem lockert sich der Kopf des Klüpfels oft im Laufe der Zeit. Nichtsdestotrotz ist dieser Klüpfel schwer zu schlagen. Vielleicht sollte ich besser schreiben: leicht zu schlagen.

Runde Klüpfel

Die Köpfe von runden Klüpfeln sind typischerweise verjüngt (auf die gleiche Weise wie die Schlagflächen bei Klüpfeln mit rechteckigen Köpfen) und die Stiele sind typischerweise rund. Sie werden von Tischlern bevorzugt, die auch schnitzen – der rundköpfige Klüpfel gehört zur Standardausrüstung des Schnitzers. Einige Tischler finden, dass der runde Kopf eine bessere Kontrolle beim Schlagen von schneidenden Werkzeugen bietet. Ich neige auch zu dieser Meinung.

Ich wurde zum Anhänger von rundköpfigen Klüpfeln, als ich begann, einen mit einem unzerstörbaren Kopf zu benutzen, der aus mit Harz imprägniertem Ahorn hergestellt war. Runde Klüpfelköpfe werden auch aus Messing, Kunststoff und anderen zähen Materialen hergestellt. Warum? Weil viele runde Klüpfel aus Holz relativ schnell zerfallen, weil man sowohl mit der Längsfaser als auch mit dem Hirnholz des gedrechselten Kopfes zuschlägt. Die Längsfaser ist nicht so widerstandsfähig wie das Hirnholz.

Wer eine Drechselbank besitzt und innerhalb einiger Minuten einen neuen Kopf drehen kann, wird sich an dieser Kurzlebigkeit kaum stören. Keine Drechselbank? Dann wird man schnell mürrisch.

Runde hölzerne Klüpfel werden aus zähen Holzarten wie Pockholz oder Robinie hergestellt, die relativ widerstandsfähig sind.

Klüpfel aus Messing oder Stahl

Andere Klüpfel sehen eher wie Hämmer aus – sie haben Köpfe aus Messing oder Stahl. Sie werden von Tischlern bevorzugt, die japanische Stechbeitel benutzen, deren Griff am oberen Ende eine eiserne Zwinge aufweist.

Die Zwinge führt zu einem sehr schlagfesten Griff.

Dank der Zwinge und der modifizierten Angel-Tüllen-Konstruktion habe ich noch nie den Griff eines japanischen Werkzeugs zerstört. (Mehr dazu im Abschnitt über Stemmeisen.)

Man kann auch einen Beitelgriff aus Holz oder Kunststoff mit einem Metallklüpfel treiben, muss dann aber etwas Vorsicht walten lassen.

Der große Vorteil von Klüpfeln aus Metall ist die Kombination aus großer Schlagkraft und geringer Größe. Manchmal können Klüpfel aus Buche mit großen quadratischen Köpfen etwas schwer in der Hand liegen, bei Klüpfeln mit Metallköpfen ist das aber nie der Fall. Da sie im Vergleich zu hölzernen Klüpfeln eine große Masse in kleinem Raum aufweisen, kann man leichtere Metallklüpfel benutzen. Ich bevorzuge Metallklüpfel von ungefähr 280 Gramm.

Der einzige Nachteil von diesen Klüpfeln besteht darin, dass sie sich manchmal kopflastig anfühlen, und ich ermüde bei der Verwendung solcher Exemplare schneller.

Andere Konstruktionsmaterialien für Klüpfel

Ich habe sicher nicht alle Herstellungsmaterialien für Klüpfel kennengelernt. Einige Tischler benutzen ausgefallene Kunststoffe. Andere bestücken die Schlagflächen ihrer Klüpfel mit Leder. Noch andere Klüpfel haben eine Schlagfläche aus Rohleder, das von einem Rahmen aus Gusseisen umgeben ist.

Die Schlagfläche aus Rohleder ist eine gute Idee, insbesondere in Verbindung mit der Masse des Metalls. Man bekommt so einen kleineren Klüpfel mit erhöhter Schlagkraft, der aber die Stechbeitelgriffe nicht so stark in Mitleidenschaft zieht.

Der Tischlerhammer

Meist braucht der Tischler zwei Hämmer. Der eine wird benutzt, um größere Nägel zu schlagen, der andere (von einem meiner Kollegen als „Kleinmädchenhammer“ bezeichnet) wird für kleinere Nägel und die Justierung von Werkzeugen benutzt.

In meiner Werkstatt wird der kleinere häufiger als der große benutzt. Er liegt immer in Reichweite, wenn ich meine Bankhobel benutze, weil ich damit die Hobeleisen besser seitlich verstellen kann als mit den Justierungsmechanismen der Hobel. Mit einem leichten Klopfen an die Kanten des Eisens kann man das Eisen im Maul des Hobels fast immer gut zentrieren.

Wenn man einen solchen zierlichen Hammer kauft, kann man sich für einen Klauenhammer entscheiden, aber ich finde, dass der Tischlerhammer englischer Bauart *(crosspeen hammer)* die bessere Wahl ist. Er hat eine runde Bahn, um Nägel zu treiben, und auf der anderen Seite eine abgerundete Pinne. Die Pinne hat

Ein Hammer für Holzarbeiten. Klauenhämmer sind vorwiegend für Zimmerleute, aber der Schreinerhammer ist für uns. Die Pinne ist hilfreich, um Nägel anzusetzen und ist auch ideal, um für Hobeleisen einzustellen.

viele Verwendungszwecke, am häufigsten benutzt man sie aber, um kleine, zwischen den Fingern gehaltene Nägel mit leichten Schlägen anzusetzen. Ich benutze die Pinne auch für die seitliche Einstellung meiner Hobeleisen, weil sie in engere Räume als der runde Kopf gelangen kann.

Für solche Aufgaben muss der Hammer nicht groß sein. Ein Kopf von 75 bis 150 Gramm reicht normalerweise aus. Der Kopf kann aus Stahl oder Messing sein. Viele antike selbstgemachte Schreinerhämmer wurden aus einem Messingrohling gefeilt. Hämmer aus Messing werden schnell beschädigt, wenn man mit ihnen stählerne Nägel schlägt. Wenn man sie aber nur benutzt, um Werkzeuge einzustellen, ist Messing absolut in Ordnung. Alte Schreinerhämmer aus Messing werden auch oft in Umgebungen benutzt, wo brennbare Gase anwesend sind, weil sie beim Schlagen auf andere Metalle keine Funken verursachen. Falls man einen alten Tischlerhammer aus Messing angeboten bekommt, sollte man in Betracht ziehen, ihn zum Einstellen von Werkzeugen zu erwerben.

Britische Eisenwarenhändler der 18.und 19. Jahrhunderts hatten viele unterschiedliche Arten von Tischlerhämmern im Sortiment. Man findet Bezeichnungen

Für große Nägel. Ein gut ausgewogener Klauenhammer mit einem angenehmen Griff steht am Ende des evolutionären Wegs, der mit einem Stein begann.

wie *London pattern, Warrington pattern, Lancashire pattern* und noch andere, wenn man sich gründlich genug mit dem Thema beschäftigt. Die Arten unterscheiden sich in der Form der Pinne oder in den an der Bahn angeschliffenen Fasen. Ich habe einige von diesen britischen Bauformen probiert und festgestellt, dass es in der Verwendung keine nennenswerten Unterschiede gibt. Der *Warrington pattern* kommt heutzutage am häufigsten vor und funktioniert recht gut.

Klauenhammer (370 bis 450 Gramm)

Ich habe meine eigenen Meinungen zum Thema Hämmer, bin aber nicht so sicher, dass sie viel wert sind. Hämmer haben – wie Sägen – starke Persönlichkeiten, vielleicht weil sie die direkte Verlängerung der dominanten Hand sind.

Ich kann erklären, was ich an einem Ham5mer schätze und warum, aber ich empfehle, dass man vor dem Kauf eines Hammers einige Nägel mit ihm einschlägt. Man sollte einen großen Nagel mit ein paar Schlägen einhämmern können, sodass der Nagelkopf mit der Oberfläche des Holzstücks bündig ist, ohne Dellen ins Holz zu machen.

Der Kopf

Die meisten Tischler wählen Klauenhämmer mit Köpfen, die 370 bis 450 Gramm wiegen. Die Gesamtlänge des Werkzeugs sollte ungefähr 33 Zentimeter betragen. Bei kürzeren Hämmern fehlt die nötige Schlagkraft und mit längeren ist es schwieriger zu zielen.

Die Klauen eines Klauenhammers sollten so stark gekrümmt sein, dass die Spitzen der Klauen parallel zum Griff liegen. Wenn die Klauen rechtwinkelig zum Griff stehen, handelt es sich eher um einen Latthammer, den man vor allem in der Zimmerei benutzt, oder um Dinge zu zerlegen. Mit den geraden Klauen kann man Gipskartonplatten von Trägern reißen und zusammengenagelte Bretter voneinander trennen.

Die Bahn des Hammers kann eine von drei Formen haben: Flach, leicht konvex oder versaut. Versaut ist das schlimmste. Eine verformte Bahn bedeutet, dass der Hammerkopf zu weich oder dass er missbraucht worden ist. Unabhängig von der Ursache ist der Hammer dann schwierig zu kontrollieren, und die Schläge können leicht vom Nagel abgleiten.

Man kann die Bahn mit einer Feile glätten, muss aber die ursprüngliche Geometrie beibehalten beziehungsweise wieder herstellen. Die Bahn sollte rechtwinkelig zu den Seiten des Kopfs liegen. Sie sollte aber nicht parallel zum Griff, sondern ein paar Grad nach vorne geneigt liegen. Warum? Wenn man sich die Schlagbewegung des Hammers vorstellt, erkennt man, dass die Bewegung in einem Bogen verläuft und das Handgelenk etwas nach oben gedreht ist – das ist der Schlüsselfaktor. Wenn man die Winkel des Arms und des Handgelenks berücksichtigt, lenkt die abgewinkelte Bahn die Schlagkraft gerade auf den Kopf des Nagels. Es funktioniert wirklich.

Hämmer mit ebenen Bahnen sind meist für Menschen, denen Dellen in den Holzoberflächen egal sind. Mit einer ebenen Bahn ist es schwierig, den Nagelkopf bündig zur Holzoberfläche zu schlagen. Ebene Bahnen sind jedoch leichter herzustellen.

Eine leicht ballige Bahn ist am besten. Die konvexe Krümmung erleichtert das Einschlagen des Nagelkopfes, ohne die Oberfläche des Holzes zu beschädigen. Man kann natürlich immer noch Dellen hineinschlagen, aber mit einer balligen Bahn ist es unwahrscheinlicher.

Die wichtigsten Formen. Hölzerne Griffe haben komplexe Formen. Einige sind mehr oder wenig rund, einige sind achteckig. Man sollte einige Griffe ausprobieren, bevor man sich für einen entscheidet.

Der Stiel

Hammerstiele gibt es in einer solchen Vielfalt von den Formen, dass es schwierig ist, sie alle einzuordnen. Sie unterscheiden sich in der Länge und Form, im Umfang und Material. Fangen wir mit dem Einfachsten an: dem Material. Auch wenn man alles ignoriert, was ich bisher geschrieben habe, hoffe ich, dass man hier meinem Rat folgt und einen Hammer mit Holzstiel kauft. Ich habe Tausende von Nägeln eingehämmert und kann bezeugen, dass Hämmer mit Griffen aus Metall oder aus glasfaserverstärktem Kunststoff absoluter Mist sind. Sie ermüden den Unterarm schneller als hölzerne Stiele. Die Vibrationen, die sie an die Knochen leiten, sind markerschütternd.

Stiele aus Holz sind angenehm. Der Stiel erwärmt sich in der Hand. Holz wird nicht klebrig wie der moderne Schrott aus Kunststoffguss, der an billige Gummihandschuhe erinnert. Holz bleibt über längere Zeiträume angenehm zu benutzen. Holz sieht besser aus.

Es gibt Holzstiele mit zwei unterschiedlichen Querschnitten: oval und achteckig. Ich bevorzuge die achteckigen. Ich weiß nicht, warum. Sie liegen einfach

Den Kopf halten. Die Backen, manchmal „Ohren“ genannt, sollen Kopf und Griff miteinander verbinden. Fliegende Hammerköpfe waren in früheren Zeiten eine häufige Plage.

besser in der Hand. Es gibt einen Platz für meinen Daumen, und die Finger landen von selbst an einer der Flächen. Der Stiel liegt einfach richtig in der Hand. Ich weiß auch immer, wo der Hammerkopf ist, was hilft, gerade zu schlagen.

Die ovalen Griffe geben ähnliche haptische Rückmeldungen, die aber meiner Meinung nach nicht so deutlich sind.

An Holzstielen gefällt mir außerdem, dass ihre Form gewisse Verfeinerungen aufweist, die bei Metallstielen nicht zu finden sind. Die Holzstiele haben in Längsrichtung eine leichte Verdickung, die hilfreich ist. In der Regel hält man den Stiel an einer von zwei Stellen: am Ende, um die Schlagkraft zu erhöhen, und für genauere Schläge mehr in der Mitte.

Die Verdickung in der Mitte liegt bei der zweiten Stellung genau in der Handfläche. Bei Metallhämmern fehlt die Verdickung, stattdessen endet der Gummigriff an dieser Stelle. Es gibt kein Gummi mehr und man hat einen Teil aus Gummi und einen aus Metall in der Hand. Das schätze ich nicht sehr.

Zum Thema antike Hämmer

Die meisten modernen Hämmer haben eine „Dechselauge"-Konstruktion als Verbindung zwischen Kopf und Griff. Das Dechselauge ist ein Loch im Kopf mit einem langen Hals und der Form einer Sanduhr. Wenn der Griff durch einen Keil im Loch gehalten wird, ist die Verbindung meistens sehr zuverlässig.

Frühere Hämmer hatten keinen Dechselauge-Kopf. Die Konstruktion wurde von David Maydole erfunden, einem Schmied aus Norwich im Bundesstaat New York. Seine ersten Dechselauge-Hämmer verkaufte er 1840, ließ die Konstruktion allerdings nicht patentieren, sodass sie rasch zur Industrienorm wurde.

Hämmer aus der Zeit vor 1840 weisen verschiedene Befestigungsmethoden auf. Bei der häufigsten Bauart, die auch heute noch verwendet wird, wurde der Kopf durch zwei Metallbacken am Griff befestigt. Diese Backen ziehen sich einige Zentimeter vom Kopf am Steil entlang. Die Backen sind mit Nieten befestigt, die durch den Stiel laufen, was meist für eine dauerhafte Verbindung von Stiel und Kopf sorgt. Im Vergleich zum Dechselauge-Hammer ist diese Bauweise jedoch etwas kopflastig, und im Vergleich zu früheren Hämmern, die einen kurzen Hals und ein gerades Loch durch den Kopf hatten, ist sie entschieden kopflastig.

Man sollte aber nicht vor antiken Hämmern zurückscheuen. Wenn das Werkzeug gut – richtig gut – in der Hand liegt, sollte man es behalten. Man kann den Stiel fest verkeilen und während des Lebens eines Tischlers wird er sich kaum wieder lösen.

Alte Hämmer mit neuen Stielen

Beim Kauf von alten Hämmern sollte man vorsichtig sein, falls sie mit neuen Stielen versehen wurden. Fast immer wird dabei schlechte Arbeit geleistet. Das führt dazu, dass der Kopf nach links, rechts oder vollkommen krumm und schief zum Stiel steht. Solche Hämmer taugen nichts und treffen nur selten einen Nagel präzise. Die einzige Lösung besteht darin, den Stiel zu entfernen und durch einen neuen zu ersetzen.

Das erinnert an die alte Geschichte von einem Zimmermann, der einen gebrauchten Hammer zu einem Schnäppchenpreis kaufte. Bald stellte sich heraus, dass der ursprüngliche Stiel durch einen schlechten, neuen Stiel ersetzt worden war. Also wechselte der Zimmermann ihn aus. Nach einigen Monaten stellte er fest, dass ihm der Kopf zu weich war, und wechselte auch diesen aus. So hatte er endlich einen guten Hammer.

Ein letztes Wort zum Thema Stiele

Man sollte nicht zögern, einen Stiel umzugestalten, bis er die Form hat, die man haben möchte – noch ein guter Grund für den Kauf eines Holzstiels. Einige Leute bohren flache Vertiefungen in den Stiel, um die Griffigkeit zu verbessern. Andere entfernen den Lack und ersetzten ihn durch Leinöl. Andere mutige Kerle greifen zur Raspel oder zum Schweifhobel. Was man auch macht, man sollte nicht vergessen, dass einem der Hammer gehört. Er ist wie eine Steinzeitkeule und sollte bereit sein, den Widerstand jedes Nagels im Keim zu ersticken. Also sollte man ihn sich auch wirklich zu eigen machen.

Der Schonhammer

Der Schonhammer (auch rückschlagfreier Hammer genannt) ist ein Luxuswerkzeug. Man kann ohne einen auskommen. Andererseits sind sie aber so günstig, dass es dumm wäre, sich nicht einen zu kaufen.

Ein guter Schonhammer ist aus Gummi oder einem Kunststoff wie Polypropylen, und der Kopf ist mit Bleischrot oder Sand gefüllt. Ich besitze einen Champagne CH-2-Schonhammer. Alles, was die Bezeichnung „Champagne“ trägt, stammt bekanntlich aus der Champagne, sonst dürfte es den Namen nicht tragen. Mein Schonhammer wurde in Taiwan hergestellt und hat weniger als ein Hamburger mit Pommes gekostet. Ein gutes Gewicht für den Zusammenbau und die Zerlegung von Möbeln ist ungefähr 700 Gramm. Der Schonhammer sollte schwerer als der Klauenhammer oder Klüpfel sein, sodass er hilfreich beim Aufbauen und Zerlegen ist.

Der Sand im Kopf vermindert beim Schlag auf einem Gegenstand den Rückschlag des Hammers, sodass mehr Schlagkraft übertragen wird und weniger im Rückprall verloren geht.

Es gibt teure Schonhämmer, darunter einige mit austauschbaren Köpfen. Ich habe sie benutzt. Man muss sie nicht haben. Bei der Herstellung ist es schwierig, die wichtigsten Eigenschaften des Schonhammers zu vermasseln, und so gelingt es auch den meisten Billigherstellern, gute Exemplare anzubieten:

Schonend. Der Schonhammer ist ein günstiges Werkzeug, das bei der Zerlegung von Möbeln hilfreich ist. Wenn man nur €10 übrig hat, darf er auf der „nicht nötig" Liste erscheinen.

- Der Kopf sollte mit Sand oder Bleischrot gefüllt sein. Ein Schonhammer mit einem Kopf aus massivem Gummi ist nur geeignet, falls man vorhat, sich zum Clown ausbilden zu lassen.
- Der Griff sollte gut in der Hand liegen, auch wenn die Hände nass sind. Wer mit wasserlöslichem Leim arbeitet und Leimreste mit Wasser entfernt, bekommt nasse Hände. Dann will man den Schonhammer aber nicht versehentlich in der Werkstatt herumwerfen.
- Der Kopf sollte das Werkstück nicht beschädigen. Auch die besten Hersteller lassen erhabene Kunststoffnähte stehen, die bei der Herstellung entstanden sind. Die Nähte hinterlassen kleine Dellen im Holz. Ich schneide die Nähte mit einem Messer ab, einfach weil ich ein so unglaublich harter Kerl bin. Schleifpapier geht aber genauso gut.

In all den Jahren, in denen ich Fragen über Werkzeug beantwortet habe, hat mich nie jemand um eine Empfehlung für einen Schonhammer gebeten. Dieses Werkzeug führt nicht zu leidenschaftlichen Diskussionen, aber es ist wie Leim: preisgünstig und sehr nützlich.

Nagelversenker

Willkommen im Werkzeugghetto, wo wir über Werkzeuge sprechen, über die man meist kein zweites Mal nachdenkt – bis man sein eigenes Exemplar nicht finden kann. Nagelversenker gehören zu diesen eher nicht so glamourösen Werkzeugen. Der Höhepunkt an ‚sexy' bei einem Nagelversenker ist eine angespitzte Stahlstange mit Rippen und Noppen und einem bunten Überzug aus Kunststoff.

Ohne Nagelversenker aber würden Möbel wie hölzerne Stachelschweine aussehen. Ohne den richtigen Nagelversenker würden sie aussehen, als ob sie von einer mit einem winzigen Maschinengewehr bewaffneten Kakerlake angegriffen wurden. Nagelversenker treiben den Nagel unter die Oberfläche des Holzes. Danach kann man den Nagel einfach so lassen, oder man kann das Loch mit gefärbtem Holzkitt ausfüllen, der am Tag der Herstellung noch gut aussieht. Wenn das Holz im Laufe der Zeit dunkler oder heller wird, sticht der Kitt wie Sommersprossen hervor.

Die meisten Tischler brauchen zwei Nagelversenker, höchstens drei: 0,8 mm, 1,6 mm und 2,4 mm für größere Nägel. Die meisten Nagelversenker haben eine kegelförmiger Spitze, manchmal mit einer Vertiefung in der Mitte, die für das Versenken von Rundkopfnägeln gedacht ist.

Wenn man wie ich geschmiedete Nägel benutzt, möchte man vielleicht seinen eigenen Nagelversenker herstellen. Die Köpfe dieser Nägel sind rechteckig, und ich finde, dass Nagelversenker mit rechteckigen Spitzen besser mit ihnen funktionieren. Es ist sehr leicht, einen eigenen Nagelversenker herzustellen: Man kauft einfach einen billigen Körner und feilt oder schleift die Spitze, bis sie genau auf die Nagelköpfe passt.

Es gibt auch eine japanische Art von Nagelversenker, die manche Tischler mögen. Er sieht aus wie ein riesiger, altmodischer geschmiedeter Nagel, aber der Kopf liegt rechtwinkelig zum Schaft. Der Kopf ist eigentlich ein zweiter Nagelversenker, mit dem man unter beengten Verhältnissen arbeiten kann. Leider ist die Spitze riesengroß. Sie muss also auf eine brauchbare Größe gefeilt werden. Dann hat man ein nützliches Werkzeug.

Instandhaltung des Nagelversenkers

Nach längerer Zeit können Nagelversenker sich verformen, insbesondere die Eigenanfertigungen aus weichem Stahl. Es ist eine gute Idee, sie gelegentlich nachzufeilen. Wenn der Nagelversenker mit Schmierfett bedeckt ist, kann er seitwärts

Nicht sexy, aber notwendig. Wenn man seine Nägel unter die Holzoberfläche treiben möchte, benötigt man einen Nagelsenker. Man sollte sich nicht scheuen, die Spitze passend für die verwendeten Nägel umzuarbeiten.

vom Nagel aufs Holz gleiten und eine Delle im Holz verursachen. In diesem Fall kann Feilen manchmal die einzige Lösung sein.

Alternative zum Nagelversenker

Einige Tischler kommen ohne Nagelversenker zurecht. Wie versenken sie dann ihre Nägel? Mit anderen Nägeln. Man kann einen Nagel mit einem anderen versenken, und wenn man nicht viele Nägel zu versenken hat, geht das. Wenn man also ein paar (buchstäblich) Euro sparen muss, kann man es mit dieser Methode probieren.

Kneifzange oder Seitenschneider

Eine Kneifzange oder ein Seitenschneider ist notwendig, wenn man häufig mit Nägeln arbeitet. Nägel verfehlen manchmal ihre richtige Bahn. Der Fehler kann an einem selbst liegen, manchmal folgt der Nagel aber auch einfach dem weichen Teil des Jahresrings im Holz und ragt an unerwünschter Stelle heraus. Die Kneifzange ist die Lösung.

Mit dieser Zange kann man mit minimalem Schaden am Holz einen verbogenen Nagel aus dem Werkstück ziehen. Man kann mit ihr auch Nägel kürzen, wenn die einzigen Nägel, die man zur Hand hat, zu lang sind. Wenn nur der Kopf des Nagels umgebogen ist, kann man ihn abschneiden und den Rest des Nagels mit dem Nagelversenker eintreiben.

Kneifzangen und Seitenschneider gibt es in unterschiedlichen Größen. Die Kleinste ist für kopflose Nägel und Drahtstifte, man kann sie an Stellen einsetzen, die für größere Kneifzangen zu eng sind. Die kleinsten Exemplare sind jedoch nicht für alle Aufgaben geeignet, weil sie beim Ziehen eines großen Nagels wegen des sehr kleinen Kopfes eine Delle im Holz hinterlassen würden. Die größeren Kneifzangen haben größere Köpfe, die die Hebelkraft über eine breitere Fläche verteilen, was zu geringeren Beschädigungen führt. Deshalb benutze ich immer die größtmögliche Kneifzange.

Eine Kneifzange wählen

Vor dem Kauf einer Kneifzange sollte man die Backen untersuchen. Sie müssen lückenlos schließen. Eine Lücke zwischen den Backen ist schlecht. Die Schneiden

Der Greifer. Die Kneifzange erlaubt das Ziehen von Nägeln, die mit dem Hammer unerreichbar sind. Sie sind als Werkzeuge keine Prestigeobjekte, aber wenn man Fehler gemacht hat, können sie einen retten.

haben Fasen an beiden Seiten. Diese Fasen vermindern die Fähigkeit des Werkzeugs, Nägel zu greifen, die bündig mit der Holzoberfläche sind, aber sie verstärken die Backen und verhindern das Ausbrechen der Schneiden.

Man öffnet die Zange und schaut die Innenseite der Backen an. Die Fase sollte deutlich, aber nicht zu scharf sein. Eine scharfe Fase durchtrennt den Nagel beim Versuch, ihn zu ziehen. Auf der anderen Seite sollte die Fase scharf genug sein, einen Nagel wirklich zu durchtrennen, wenn es nötig sein sollte.

Wenn man fest mit dem Finger auf die Fase drückt und das Gefühl hat, man könnte sich so in den Finger schneiden, ist die Schneide wahrscheinlich zu scharf.

Eine letzte Bemerkung zum Thema Backen: Die runde Außenkante der Backen soll glatt sein. Unebenheiten oder raue Flecken werden ins Holz gedrückt und hinterlassen hässliche Markierungen. Unebenheiten kann man nötigenfalls glatt feilen oder abschleifen.

Schlitzschraubendreher

Die Welt der Schlitzschraubendreher kann einen verrückt machen. Es gibt wenig Übereinstimmung sowohl zwischen den Herstellern der Schraubendreher wie auch denen der Schrauben. Die Spitze des Schlitzschraubendrehers sollte ein Hauch schmaler als die Breite des Schraubenkopfes sein. Die Spitze sollte in der Stärke so eng wie möglich in den Schlitz der Schraube passen.

Man könnte jetzt fragen, warum ich überhaupt über Schlitzschraubendreher schreibe. Warum nicht eine modernere Art wie Pozidriv benutzen, die leichter einzuschrauben ist?

Die Antwort ist einfach: An einem Möbelstück sieht nichts besser oder passender aus als eine Schraube mit einem geraden Schlitz, und an einer Kommode sieht nichts so seltsam aus wie eine Torx oder Kreuzschlitzschraube. Wenn man sich die Mühe macht, ein Möbelstück mit aufwendigen Profilleisten und Verbindungen auszustatten, sollte man nicht bei den Schrauben auf solche Detailverliebtheit verzichten. Die modernen Schrauben kann man ja für modern gestaltete Möbel verwenden.

Die Größen und Formen der Schraubendreher sind am irreführendsten, also werden wir diese Eigenschaften zuerst besprechen.

Die richtigen Schraubendreher. Wenn man traditionelle Möbel baut, sollte man auch traditionelle Schrauben verwenden. Sie stellen zwar etwas höhere Anforderungen, sehen aber auch besser aus als Spanplattenschrauben.

Die richtigen Schraubendreher. Wenn man traditionelle Möbel baut, sollte man auch traditionelle Schrauben verwenden. Sie stellen zwar etwas höhere Anforderungen, sehen aber auch besser aus als Spanplattenschrauben.

Mit verjüngten oder geraden Spitzen?

Es gibt zwei Formen von Schraubendreherspitzen: verjüngt oder gerade. Die erste Form ist hinter der Spitze breiter als die Spitze, dann verjüngt sie sich bis auf die Breite des Schafts. Diese Art kommt häufiger vor und ist ab diesem Punkt mit dem Begriff Schlitzschraubendreher gemeint. Die andere Art ist einfach gleichbleibend breit – ohne Verjüngung oder breiterer Stelle. Sie ist seltener.

Normale Schlitzschraubendreher (mit verjüngter Spitze) sind gut, um Beschläge (z.B. Scharniere) anzubringen und um Schrauben in einen Möbelkorpus einzudrehen. Ihr Nachteil wird deutlich, wenn man eine Schraube in einem tiefen, vorgebohrten Sackloch eindrehen muss. Die breite Stelle beschädigt den Rand des Sacklochs.

Ich benutze beim Korpusbau nur wenige Schrauben, für mich sind die normalen Schlitzschraubendreher also völlig in Ordnung. Notfalls kann man einfach die breite Stelle eines normalen Schraubendrehers feilen oder abschleifen, wenn man einen Schraubendreher mit gleichbleibend breiter Klinge braucht.

Die Breite und Stärke der Spitze

Die wichtigsten Merkmale eines Schraubendrehers sind die Breite und Stärke der Spitze. Man kann die meisten Arbeiten mit zwei Breiten erledigen: 4,5 mm und 6 mm. Damit deckt man die meisten Schraubengrößen für Scharniere, Griffe und andere Beschläge ab. Es gibt noch breitere Schraubendreher, aber ich benutze sie beim Möbelbau nur selten.

Also, zwei Schraubendreher reichen, nicht wahr? Vielleicht.

Die Stärken von Schraubendreherspitzen können variieren. Außerdem verjüngen sich die Spitzen von einigen Schraubendrehern und bei anderen ist das nicht der Fall. Ich bevorzuge die verjüngten Spitzen, weil man mit so einer Spitze mehrere Schraubengrößen benutzen kann, auch denjenigen, die ungewöhnliche Schlitze haben. Eine verjüngte Spitze erhöht die Verwendbarkeit. Viele Tischler schleifen etwa 1 bis 1,5 mm vom Ende des Schraubendrehers ab, so dass er den Boden des Schraubenschlitzes nicht berührt. Damit stellt man sicher, dass der Schraubendreher eng in das obere Teil des Schlitzes passt und verhindert das Abgleiten des Schraubendrehers beziehungsweise eine Beschädigung der Schraube.

Abhängig von Unterschieden bei Schrauben sind vielleicht zwei Schraubendreher mit einer Breite von etwa 4,5 mm nötig, um alle Aufgaben zu erledigen – einer mit abgeschliffenem Ende, einer nicht abgeschliffen.

Noch etwas zur Verjüngung der Spitzenstärke: Sie sollte nur leicht sein. Eine starke Verjüngung führt zu Schwierigkeiten, weil man stark drücken muss, um das Abgleiten des Schraubendrehers zu verhindern.

Die andere Art von Spitze verjüngt sich nicht an der Stelle, wo der Schraubendreher die Schraube trifft. Das ist ideal, wenn Schraubendreher und Schraubenschlitz perfekt aneinander passen. So bieten z.B. einige Hobelhersteller und Büchsenmacher Schraubendreher an, die genau an die Schrauben ihrer Werkzeuge oder Waffen angepasst sind. Es ist eine feine Sache, solche Werkzeuge zu benutzen, aber wenn man einen dieser Schraubendreher in einen etwas zu großen Schlitz steckt, kann es problematisch werden.

Fazit: Man sollte nicht zögern, auch einen Schraubendreher an die eigenen Bedürfnisse anzupassen. Da Schraubendreher nicht gerade teuer sind, kann man es sich leisten, einige Exemplare zu besitzen.

Das Material der Spitze

Einige Spitzen sind zu weich und verformen sich schnell. Manche sind verchromt oder vernickelt und die Oberfläche wird schnell abgenutzt. Ich wünschte, ich könnte guten Rat in Hinsicht auf den besten Stahl und die Härte nach Rockwell für Schraubendreher anbieten, aber die meisten Hersteller veröffentlichen diese Informationen nicht.

Hier sind einige Hinweise für diejenigen, die ihr Wissen zum Thema vertiefen möchten. Schraubendreher werden aus unterschiedlichen Stählen hergestellt, obwohl der gute alte Kohlenstoffstahl auch ausreicht. Andere Legierungbestandteile mögen hinzugefügt werden, um den Stahl robuster oder korrosionsbeständiger zu machen. Die meisten Angaben, die ich gelesen habe, geben eine Härte nach Rockwell zwischen 58 und 62 an, d.h. härter als ein Brecheisen oder eine Säge und ungefähr so hart wie einige Stechbeitel.

Obwohl man die Härte für äußerst wichtig halten könnte, sollte man nicht vergessen, dass jedes Werkzeug, das zu hart ist, leicht zerbrechen kann. Wünschenswert ist ein ausgewogenes Verhältnis zwischen Sprödigkeit und Härte.

Ich bin der Meinung, dass Schraubendreher mit nicht beschichteten Spitzen in der Regel von höherer Qualität sind. Das kann bedeuten, dass die Spitze nach der Beschichtung des Werkzeugs präzise zugeschliffen wurde oder dass der Hersteller eingesehen hat, dass die Beschichtung an der Spitze nach und nach abblättert und sowieso nichts bringt. Es zeigt auf jedem Fall, dass der Hersteller etwas von seiner Arbeit versteht.

Griffe

Wie bei allen Werkzeugen bevorzuge ich hölzerne Griffe gegenüber Griffen aus Kunststoff oder Metall. Es stehen einige gute Formen zur Verfügung. Ich bevorzuge aus zwei Gründen ovale oder achteckige Griffe: Sie rollen nicht von der Werkbank ab, wie ein Werkzeug mit einem runden Griff es tut, und die flachen Flächen oder Wölbungen des Griffes können – und sollten – an der flachen Spitze ausgerichtet sein.

Dieses kleine Detail bedeutet ein Stück Information für die Hände. Wenn man weiß, wie die Spitze im Verhältnis zum Griff orientiert ist, ist es leicht die Schrauben aneinander auszurichten, z.B. alle Schlitze eines Scharniers vertikal zu stellen. Das mag krankhaft ordnungsbedürftig klingen, vielleicht ist es das auch. Aber so will ich es haben.

Das letzte Merkmal

Eine andere Eigenschaft des Schraubenziehers hoher Qualität ist die Möglichkeit, die Klinge mit einem anderen Werkzeug zu greifen, um zusätzliches Drehmoment zu erzeugen, insbesondere wenn man rostige Schrauben ausdrehen möchte. Der traditionelle englische Schraubendreher mit ovalem Griff hat direkt unter dem Griff eine flache Fläche, die mit einer Zange gegriffen werden kann. Andere Arten haben eine sechseckige Zwinge, an die man einen Maulschlüssel ansetzen kann.

Die Verwendung einer Zange oder eines Maulschlüssels mit dem Schraubendreher ist nicht täglich nötig, aber es ist sehr nützlich, es machen zu können, wenn man es machen muss.

Bits für Bohrmaschine und Schraubendreher

Wer mit einem Akkubohrer Schrauben drehen möchte, braucht andere Arten von Schrauben. Schlitzschrauben mit einer Bohrmaschine zu drehen, ist schwierig.

Infolge des industriellen Aufschwungs im 18. und 19. Jahrhundert nahm die Anzahl der Schraubenarten zu. Heutzutage gibt es so viele unterschiedliche Arten, dass es leicht ist, Fehler zu machen. Es gibt Unterschiede zwischen Robertson- und Innen-Rechteck-Schrauben, zwischen Kreuzschlitz- und Pozidriv-Schrauben. Es gibt auch viele Hybridschrauben, die man mit einer Kombination aus einem Schlitz- und Kreuzschlitz- oder Robertson-Bit drehen kann. Manche Schraubenhersteller bieten auch hauseigene Schraubendreher beziehungsweise Bits für ihre Schrauben an.

So viel zum Thema Normen. Ich empfehle den Schraubendreher des Schraubenherstellers zu kaufen. Man sollte auch alles möglichst unkompliziert halten. Es ist keine gute Idee, eine Vielfalt unterschiedlicher Schraubenarten in der Werkstatt zu haben: Das erschwert alles nur.

Da ich in den Vereinigten Staaten lebe, benutze ich Kreuzschlitzschrauben, wenn ich mit der Bohrmaschine arbeite. Ich bin mit Kreuzschlitzschrauben groß geworden und ich habe viele von ihnen in meinem Haus. Ein Wechsel auf z.B. Robertson-Schrauben würde nur eine Verdopplung der Anzahl von Werkzeugen bedeuten, die ich für die Instandhaltung meines Hauses und meiner Möbel brauche. Ich habe das Robertson- und andere Systeme ausprobiert, und ich weiß, dass sie bestimmte Vorteile anbieten. Auf der anderen Seite erfüllt eine gut eingeschraubte Kreuzschlitzschraube durchaus ihre Aufgabe.

Ein notwendiges Übel. Auch wenn man eine Allongeperücke trägt, um antike Möbel zu bauen, wird man manchmal eine Kreuzschlitzschraube eindrehen müssen. Dann braucht man die passenden Bits dafür.

Es gibt drei Größen von Kreuzschlitzschraubendrehern für Arbeiten mit Holz: Nr. 1, Nr. 2 und Nr. 3. Für den Möbelbau braucht man am häufigsten die Größen Nr. 1 und 2. Diese drehen Schrauben bis zu Größe 10 und manchmal kann man eine Nr. 10 Schraube mit einem Nr. 2 Bit drehen. Das Nr.3-Bit ist für die großen Nr.10 und Nr.12Schrauben, die gelegentlich beim Möbelbau verwendet werden.

Bits oder Handschraubendreher

Für Akkubohrer und -schraubendreher braucht man Bits mit Sechskantschaft, die man einfach in den Halter der Bohrmaschine einsteckt. Diese Bits können teuer oder billig sein. Man braucht sich aber nicht sehr intensiv mit dem Thema zu beschäftigen, wenn man nicht seinen Lebensunterhalt mit schraubintensiven Arbeiten verdient. Hauptsache, die Bits passen an die Schrauben.

Für Schraubendreher mit diesen modernen Spitzenformen gelten dieselben Regeln wie für Schlitzschraubendreher. Sie sollten hölzerne Griffe haben, und sie sollen nicht von der Werkbank abrollen können.

Der Schlitzmutterdreher

Wer Sägen besitzt, die mit traditionellen Schlitzmuttern gebaut sind, muss einen Schlitzmutterdreher kaufen oder anfertigen, um die Muttern nachziehen zu können. Schlitzmuttern neigen dazu, sich durch das Benutzen der Säge oder klimatische Änderungen zu lockern, und ein wackeliger Griff fördert Genauigkeit nicht.

Wer Sägen mit einfachen Schlitzschrauben hat, sollte normale Schraubendreher benutzen können. Sonst bitte weiterlesen.

Soweit ich weiß, gibt es für Schlitzmutterdreher keine Normen. Diese Werkzeuge waren bis 1875 alltäglich, und heutzutage kommen sie wieder häufiger vor. Ich habe sowohl neue als auch alte Sägen von vielen Herstellern ausprobiert und bisher habe ich kein System bezüglich der Größen der Schlitze an den Muttern erkennen können. Das bedeutet, dass es unwahrscheinlich ist, dass der Schlitzmutterdreher einer Marke bei den Sägen eines Konkurrenten brauchbar wäre. Man hat also die Wahl;

- Man macht oder kauft einen Schlitzmutterdreher für jede Marke, die man besitzt.
- Man kauft Sägen bei nur einem Hersteller.
- Man kauft Sägen ohne Schlitzmutter.

Ich bitte darum, mich nicht falsch zu verstehen. Ich mag das Aussehen der traditionellen, aber etwas kniffligen Schlitzmutter, Wenn man es aber mit einer Mutter zu tun hat, die ein zerbrechliches Gewinde an einem dünnen Schaft hat, eine Mutter, die aus weichem Messing ist und wenn der Schlitzmutterdreher nicht dazu passt, dann hat man die Mutter bald ruiniert.

Mir ist Funktion wichtiger als Form, also bevorzuge ich robuste Muttern. Womöglich wähle ich Sägen, deren Mutter mit normalen Schlitzen versehen sind. Wenn ich doch eine mit Schlitzmuttern kaufe, mache ich einfach einen Schlitzmutterdreher extra dafür. Es ist eine leichte Aufgabe. Man schleift einen alten kaputten Schraubendreher so zu, dass er das richtige Muster hat. Das Einzige, was mir nicht so gefällt: Ich habe jetzt vier unterschiedliche Schlitzmutterdreher für vier unterschiedliche Marken.[3]

---

3 Diese Befestigung zwischen Griff und Sägeblatt ist im deutschen Sprachraum weitgehend unbekannt und unseres Wissens auch nicht erhältlich.

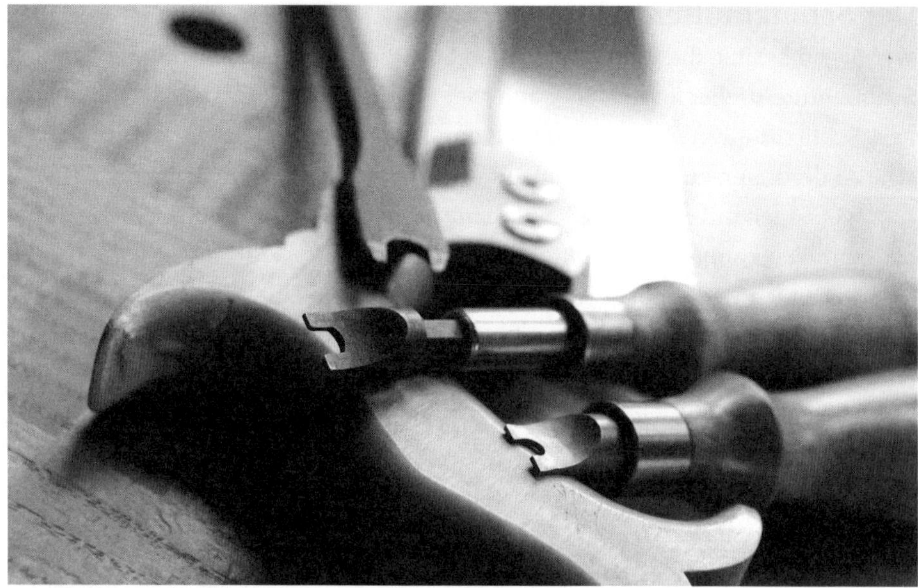

Bei amerikanischen Sägen sind Griff und Blatt mit besonderen Muttern aneinander befestigt. Dafür benötigt man Schraubendreher wie in der Abbildung zu sehen. Notfalls muss man sie sich aus einem alten Schraubendreher selbst herstellen.

Konische und zylindrische Versenker

Es gibt Versenker sowohl für Holz als auch für Metall. Abhängig von der eigenen Arbeitsweise kann es sein, dass man beide, einen oder keinen braucht.

Versenker für Holz schneiden ein konisches Loch, sodass der Schraubenkopf leicht unterhalb der Oberfläche des Werkstücks liegt. Wenn man den Schraubenkopf unter einem hölzernen Zapfen verstecken möchte, braucht man einen zylindrischen Zapfensenker oder ein Werkzeug, das beide Funktionen in sich vereint.

Die Auswahl an Versenkern ist nicht groß. Eine Art hat viele Schneiden – bis zu acht. Es gibt andere, die nur eine Schneide haben. Diese sind teurer, schneiden aber ein saubereres Loch. Sie sind schärfer und schneiden eher wie ein Hobel. Die Werkzeuge mit vielen Schneiden schneiden etwas gröber, und das Loch ist leicht ausgefranst.

Der Versenker für Metall dient dazu, Beschläge anzupassen. Einige Beschläge haben Schraubenlöcher, die in einem Winkel von 82° gebohrt sind, bei anderen beträgt der Winkel 90°. Die meisten Senkkopfschrauben in Nordamerika haben am Kopf einen Winkel von 82° (in Deutschland sind es meist 90°).

Also es mag nötig sein, die Löcher in den Beschlägen nachzuschneiden, damit die Schrauben passen.

Ich verwende diese Werkzeuge auf folgende Weise: Gelegentlich baue ich Möbel für meine eigene Werkstatt mit Schraubenverbindungen. Dann benutze ich einen Versenker mit einer Schneide, um die Schraubenköpfe zu versenken. Andererseits stelle ich keine Wohnmöbel mit Schraubverbindungen für mich selbst oder für andere Menschen her, d.h. ich brauche keinen zylindrischen Versenker – ich werde nie verdeckte Schrauben als Verbindungsmittel einsetzen.

Ich habe nie einen Versenker für Metall gebraucht. Ich kaufe immer Beschläge mit dazu passenden Schrauben und so weiß ich, dass die beiden Teile zueinander passen und dass die Schrauben richtig in den Löchern sitzen. Ich bin bisher nie in eine Situation gekommen, die mich gezwungen hätte, einen Versenker für Metall zu kaufen.

Ich kenne viele Tischler, die keinen Versenker besitzen, weil sie nicht im Traum daran denken, Schrauben zu benutzen. So verrückt bin ich nicht.

Noch mehr zum Thema Schrauben. Wer viel schraubt, braucht die richtigen Werkzeuge, wie gute Versenker und Zapfenversenker.

Bohrwinde (25 cm)

Eine gute Bohrwinde erzeugt mehr Drehmoment als eine schnurlose Bohrmaschine. Sie kann mit einer Genauigkeit und Feinfühligkeit verwendet werden, die mit Elektrowerkzeugen einfach unerreichbar ist. Die Bohrwinde ist eine der erstaunlichsten Errungenschaften der Zivilisation, und sie ist seit ihrer Einführung vor fast 500 Jahren fast unverändert geblieben. Man kann ein Exemplar der Weltklasse für kaum mehr als den Preis eines Schinkenbrötchens kaufen.

Ich kann mir ein Leben ohne Bohrwinde nicht vorstellen. Mein Vater hat eine benutzt, als er sein erstes Haus auf unserem Bauernhof in der Nähe von Hackett in Kentucky baute. Wir hatten keinen Strom und konnten deshalb nur eine Bohr-

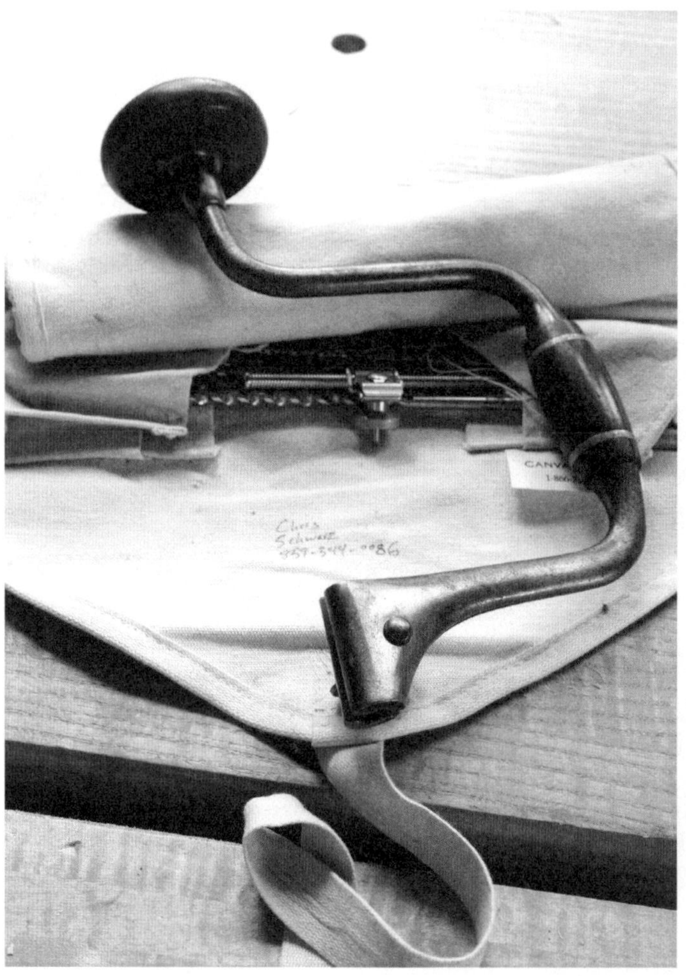

winde benutzen, um die großen Löcher zu bohren, in die wir die Verbindungsschrauben für die Querbalken und Dachsparren des Pultdachs einsetzten.

Ich habe die Bohrwinde meines Opas geerbt, ein durchschnittliches Modell der Marke Craftsman, das sich immer noch munter wie ein Brummkreisel dreht.

Obwohl ich mir sicher bin, dass jemand heutzutage noch gute Bohrwinden herstellt, bin ich bisher nicht darauf gestoßen. Also empfehle ich, nach gebrauchten Exemplaren zu suchen. Es gibt viele davon. Sie sind täglich bei Flohmärkten und Versteigerungen zu finden. Wenn man clever ist, kann man ein einwandfrei funktionierendes Exemplar für wenig Geld kaufen. Meist kosten die besten und schlechtesten Bohrwinden ungefähr gleich viel. Warum? Weil die meisten Leute nicht wissen, worauf sie achten müssen.

Das Aussehen kann täuschen

Man soll sich nicht von Chrom, exotischen Hölzern oder ausgeklügelten Mechaniken blenden lassen. Diese Merkmale machen eine Bohrwinde hübsch, aber nicht nützlich. Die besten Bohrwinden haben nur zwei Merkmale: Futterbacken, die den Bohrer fest und gerade halten, und ein runder Brustknopf oben, der sich leicht dreht und nicht wackelt.

Diese zwei Merkmale sorgen dafür, dass die Bohrer gerade bohren. Wenn man also eine Bohrwinde in die Hand nimmt, sollte man diese zwei Sachen kontrollieren, bevor man nach dem Preis fragt.

Zugegeben, es gibt weitere Faktoren, die die Benutzung einer Bohrwinde angenehmer machen. Ein bequemer, frei drehender Holzgriff ist gut. Eine Knarre im Bohrfutter ermöglicht es einem, in engen Ecken zu arbeiten und bei schweren Aufgaben die Muskelbewegungen bis auf die leichtesten zu beschränken. Bohrwinden können auch mit Schmuckelementen versehen sein – Platten aus Messing, Einlagen aus Zinn, Griffe aus Ebenholz und Verzierungen aus Messing. Aber damit bohrt man keine Löcher.

Das Bohrfutter unter die Lupe nehmen

Es gibt eine unglaubliche Anzahl von Bohrfutterarten. Ich kann nicht anfangen, sie aufzuzählen, aber sie lassen drei Kategorien zuordnen.

- Bohrfutter, die nur Bohrer aufnehmen, welche extra für eine spezifische Bohrwinde oder für eine spezifische Marke hergestellt wurden.
- Universelle Bohrfutter aus dem 19. und frühen 20. Jahrhundert, die an einen verjüngten Vierkantschaft greifen. Dieser Schaft war jahrelang die Norm und er wird noch heute bei manchen Bohrern verwendet. Normalerweise hat das Bohrfutter zwei Backen, die durch eine Drahtfeder auseinander gehalten werden. Die Backen greifen den Schaft des Bohrers, wenn das Bohrfutter zugedreht wird.
- Merkwürdige moderne Bohrfutter mit drei Backen. Einige halten die verjüngten Vierkantschäfte, andere nur runde Schäfte. Ich bin kein großer Anhänger von dreibackigen Futtern, die nur Bohrer mit runden Schäften aufnehmen.

Der Drehkreis

Es gibt Bohrwinden in unterschiedlichen Größen. Je größer die Bohrwinde, desto größer die Hebelwirkung, desto langsamer aber auch die Arbeit und desto unhandlicher das Werkzeug. Die Größe der Bohrwinde wird von der zentrale Achse des Gesamtwerkzeugs bis zur Achse des Handgriffs gemessen. Eine Verdopplung dieses Maßes (z.B. 12,5 cm) ergibt den Drehkreis des Werkzeugs – in diesem Fall 25 cm –, also den Durchmesser des Kreises, durch den sich der Griff bewegt.

Der kleinste „normale“ Drehkreis beträgt etwa 15 cm, es gibt aber auch moderne Werkzeuge mit einem Drehkreis von etwa 10 cm. Drehkreise von 20, 25 und 30 cm sind die häufigsten, solche von 35 cm und mehr sind seltener, insbesondere beim Möbelbau.

Die meisten Tischler benutzen Bohrwinden mit einem Drehkreis von 25 cm. Damit hat man ein gutes Verhältnis zwischen Arbeitsgeschwindigkeit und Drehmoment. Wer meist kleinere Löcher bohrt (z.B. der Werkzeugmacher), wird sich normalerweise für einen Drehkreis von 17,5 oder 20 cm entscheiden. Wer Hobelbänke baut und viele oder tiefe Löcher bohrt, wird 30 oder sogar 35 cm für ideal halten.

Ein paar Worte zu Knarrenmechanismen

Bohrwinden mit Knarre haben Vor und Nachteile. Ein Nachteil ist das höhere Gewicht, das einige Leute nicht schätzen. Außerdem ist die Knarre ein komplexer Mechanismus, der normalerweise als erster Teil der Bohrwinde kaputt geht, wodurch die gesamte Bohrwinde unbrauchbar werden kann.

Es gibt aber auch Vorteile. Die Knarre ermöglicht die Vor- oder Rückwärtsbewegung des Bohrers durch einen Bruchteil des Drehkreises. Das bedeutet, dass man relativ leicht ein Loch in einer Ecke bohren kann. Wenn man mit großen Bohrern bohrt, kann man die Knarre auch so benutzen, dass man den Bohrer nur in dem Teil des Drehkreises bewegt, in dem man sich am wenigsten anstrengen muss.

Zum Beispiel: Gehen wir davon aus, dass man ein großes Loch waagerecht in die Rückwand oder Seite eines Schranks bohrt. Die Knarre ermöglicht es, dass man den Griff nur vom obersten Teil des Drehkreises bis zum untersten dreht. Dann kann man den Griff leicht wieder zurück nach oben drehen. So benutzt man nur die starken Muskeln.

Der Knopf ist entscheidend

Schließlich: Man sollte keine Bohrwinde kaufen, die einen sehr wackeligen Brustknopf hat. Er darf etwas wackeln. Ein wackelfreier Knopf wäre das Nonplusultra. Ein fester Knopf ermöglicht ermüdungsfreies und gerades Bohren. Einen wackeligen Brustknopf sollte man nicht akzeptieren, sondern sich dem nächsten Angebot zuwenden.

Handbohrmaschine oder Handschraubendreher

Für Bohrer mit einem Durchmesser von 6 mm oder weniger gibt es zwei gute Möglichkeiten: Eine kabellose Bohrmaschine oder eine Handbohrmaschine. Es kommen dauernd neue Akkubohrer auf den Markt. Das Einzige, was man mit Sicherheit dazu sagen kann: Irgendwann gehen die Akkus kaputt und nehmen keine Ladung mehr auf. Dann ist es normalerweise günstiger eine neue Maschine zu kaufen. Dieser wirtschaftliche Schwindel ärgert mich gewaltig.

Handbohrer sind im Gegensatz dazu für die Ewigkeit gebaut. Sie drehen sich wegen ihres Zahnkranzantriebs mit hoher Geschwindigkeit. Man dreht das Rad und das Bohrfutter dreht sich und man muss niemals etwas neu kaufen.

Alte Handbohrer gibt es im Überfluss – sie wurden zu Millionen hergestellt und Tausende werden immer noch benutzt. Die Preise fangen bei fünf Euro für ein voll funktionsfähiges Exemplar an und gehen für komplett sanierte Exemplare, die besser als neu sind, in die Höhe – teilweise in schwindelerregende Höhen. Es gibt moderne Handbohrer, die gut sind, aber sie sind teurer als die alten, die

genauso gut funktionieren. Man muss eine Entscheidung treffen: Man nimmt sich etwas Zeit und gibt weniger aus, oder man kauft sofort und gibt etwas mehr aus.

Das Antriebssystem

Ein guter Handbohrer weist sehr wenig Spiel zwischen dem senkrechten und dem waagerechten Zahnkranz auf. Lose oder wackelige Zahnkränze bedeuten verschwendete Energie. Je fester die Zahnkränze, desto effizienter die Arbeit.

Handbohrer guter Qualität haben einen senkrecht drehbaren Zahnkranz (vom Benutzer über den Griff gedreht) und zwei waagerecht drehbare Zahnkränze (die das Bohrfutter drehen). Ein Mechanismus mit zwei waagerechten Zahnkränzen verringert Energieverluste innerhalb des Systems. Man sollte sich aber keine großen Sorgen machen, wenn man einen Handbohrer mit nur einem waagerechten Zahnkranz gekauft hat. So lange der Mechanismus spielfrei arbeitet, ist das kein Problem.

Ausgeklügelte Antriebssysteme

Es gibt Handbohrer mit einer verrückten Zahl von Antriebsmöglichkeiten für das Bohrfutter, insbesondere die des amerikanischen Herstellers North Bros. aus Philadelphia. Ich haben einen Bohrer von der Firma, Modell Nr. 1530A, der einen Antriebswechselschalter mit fünf Einstellungen hat.

In der ersten Stellung (nahe am Bohrfutter) funktioniert der Handbohrer, wie man es erwarten würde: Man dreht den Griff im Uhrzeigersinn und der Bohrer bohrt ins Holz hinein. Beim Drehen entgegen dem Uhrzeigersinn zieht man den Bohrer heraus.

Stellung zwei: Drehen im Uhrzeigersinn bewirkt nichts. Drehen entgegen dem Uhrzeigersinn zieht den Bohrer heraus.

Stellung drei: Beim Drehen im Uhrzeigersinn bohrt der Bohrer hinein. Drehen entgegen dem Uhrzeigersinn bewirkt nichts.

Stellung vier: Man glaubt es nicht, wenn man es nicht gesehen hat. Unabhängig von der Drehrichtung des Griffs bohrt der Bohrer hinein. Verrückt.

Stellung fünf: Das Antriebssystem bleibt unbeweglich, wie mein Gehirn, als ich versucht habe, das Ganze zu verstehen (die Patentpapiere aus dem Jahr 1908 haben auch nicht geholfen).

Man braucht keine solche außerirdische Technik, um Löcher zu bohren, aber es macht Spaß, auf Partys damit zu protzen, („Hallo Süße, möchtest du Stellung Nummer fünf ausprobieren?“). Solche Geräte sind auch sehr teuer, weil Sammler sie lieben. Wie mir mein Vater aber gesagt hat, das ist einfach noch eine weitere Sache, die kaputt gehen kann, Aus diesem Grund habe ich auch so viele Autos besessen, die manuelle Fensterheber hatten.

Man sollte deshalb vor allem auf spielfreie Zahnkränze achten, die alle Zähne haben. Das Bohrfutter sollte sich auch richtig öffnen und schließen – bei vielen fehlt die Feder, und das führt zu Schwierigkeiten bei der Verwendung. Auf der anderen Seite ist eine abgenutzte Lackierung unwichtig. Es bedeutet meist nur, dass der Bohrer durch viel Holz gebohrt hat, und so lange die Zähne nicht abgenutzt sind, ist es ein gutes Werkzeug.

Die Bohrer

Traditionell wurden Handbohrer mit Bohrern benutzt, die nur eine Schneide aufwiesen und die häufig noch in den Geräten zu finden sind. Sie funktionieren gut. Ich benutze meist Holzspiralbohrer in meinen Handbohrern, die auch gut funktionieren. Fast alle Bohrer mit Durchmessern bis zu 6 mm lassen sich im Bohrfutter verwenden.

Eine letzte Bemerkung

Es gibt viele von diesen Werkzeugen. Im frühen 20. Jahrhundert waren Handbohrer in jeder Werkzeugkiste in Amerika zu finden. Das bedeutet, dass man nicht viel Geld ausgeben muss, um einen guten zu bekommen. Man braucht nur etwas Geduld und Entschlossenheit. Warum? Weil sie aus unbekannten Gründen – falsche Mondphase, falsches Jahr – ab und zu vorübergehend selten werden. Ich vermute, dass Leute sie nicht verkaufen, weil sie glauben, dass es die Mühe nicht wert wäre. Man muss also nur warten und keine Kompromisse eingehen.

Schlangenbohrer für Bohrwinden

Ein kompletter Satz von Schlangenbohrern besteht aus 13 Bohrern mit Größen von 6 bis 25 mm. Mit der Bohrwinde kann man Schlangenbohrer mit einem Durchmesser von mehr als 25 mm drehen, aber solche Größen sind in Tischlerwerkstätten eher selten. Bei großen Durchmessern benutzen viele Tischler verstellbare Bohrer, die verstellbaren Forstnerbohrern ähneln.

Wenn es um Schlangenbohrer für Bohrwinden geht, sind alte gebrauchte Exemplare kaum zu übertreffen. Die modernen Hersteller haben kaum noch Gründe Schlangenbohrer mit Vierkantschaft für Bohrwinden herzustellen. Obwohl Schlangenbohrer mit rundem und sechskantigen Schaft zur Verwendung mit Bohrmaschinen immer noch hergestellt werden, können sie im Bohrfutter der Bohrwinde rutschen. Diese modernen Schlangenbohrer funktionieren mit der Bohrwinde, sie sind aber nicht optimal.

Es gibt eine verwirrende Anzahl von Formen von Schlangenbohrern. Es sind so viele, dass ich keinen Überblick bieten kann. Also werde ich die Eigenschaften von Schlangenbohrern und ihre Wirkung auf Holz beschreiben. Wenn man dann einmal einer dieser Eigenschaften begegnet (z.B. einer wirklich groben Zentrierspitze), dann weiß man, was sie bewirkt (bohrt sich wie verrückt durch Nadelholz).

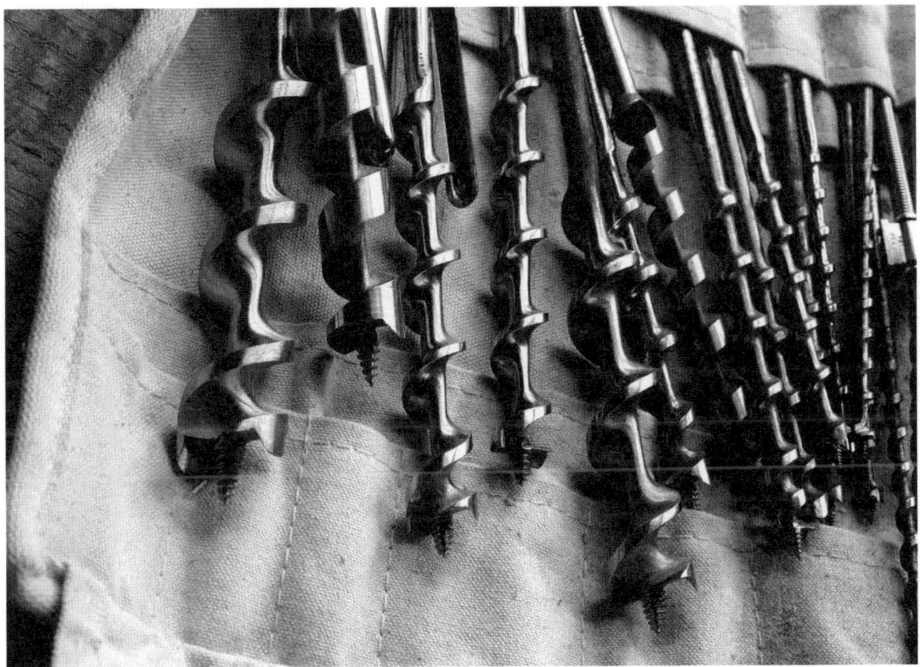

Holzfresser. Schlangenbohrer sind mechanische Wunder. Scharfgeschliffen, ermöglichen sie ein erstaunlich schnelles Durchbohren von Holz.

Die Zentrierspitze

Als Erstes werden wir die Zentrierspitze besprechen. Sie bildet die Spitze des Schlangenbohrers, und sie ist der beste Freund des Tischlers. Sie greift ins Holz hinein und zieht dabei den Schlangenbohrer ins Loch. Wenn die Zentrierspitze ihre Schneide verloren hat oder nicht ins Holz greift, muss man sehr viel Energie aufwenden, um die Bohrwinde zum Bohren zu bringen. Wenn der Schlangenbohrer nicht tief schneidet, sollte man also die Zentrierspitze unter die Lupe nehmen.

Vielleicht ist sie mit Holzteilchen verstopft oder mit einer Schicht harzigem Holz belegt. Nach einigen Minuten in Terpentinersatz soll sich so etwas leicht entfernen lassen. Es gibt Tischler, die Zahnseide für die Reinigung verwenden, andere benutzen Ventilschleifpaste (eine Technik, die vom Tischler Tom Price empfohlen wurde). Man bohrt ein Loch mit der Zentrierspitze und gibt ein Klümpchen Ventilschleifpaste hinein. Dann wird die Zentrierspitze hineingeschraubt. Hinein und heraus. Hinein und heraus. Danach hat man eine Zentrierspitze, die sauber, glänzend und scharf ist.

Die wichtigen Teile. Hier sind die Zentrierspitze, die Vorschneider und die Schneide zu sehen. Sie muss man scharf halten. Die Spiralen müssen poliert werden. Wer diese zwei Aufgaben erledigt, wird zur menschlichen Ständerbohrmaschine.

Wenn die Spitze nicht scharf ist, kann man sie mit einer feinen Dreiecksfeile feilen. Man muss vorsichtig, aber nicht zu vorsichtig feilen. Auch wenn es vielleicht schief geht, ist das kein großes Problem, da Schlangenbohrer überall auf Flohmärkten zu sehr günstigen Preisen zu finden sind.

Wenn die Zentrierspitze sauber ist, kann man sich Gedanken darüber machen, wofür sie gedacht ist. Es gibt grobe und feine Zentrierspitzen. Die groben sind für Weichhölzer gedacht (genauso wie bei Schrauben für Weichhölzer). Die feinen Zentrierspitzen sind für Harthölzer gedacht. Die groben kommen häufiger vor und solange man sie scharf hält, bohren sie auch gut in Harthölzern. Bei einer scharfen Zentrierspitze muss man sich also keine Gedanken darüber machen, ob sie grob oder fein ist. Die einzige Situation, in der es zu Schwierigkeiten kommen könnte, ist wenn man mit einer feinen Zentrierspitze in extrem weiches Holz bohrt.

Die Vorschneider

Nachdem die Zentrierspitze sich ins Holz eingebohrt hat, kerben die Vorschneider am Umfang des Schlangenbohrers die Oberkante des Lochs ein. Sind die Vorschneider stumpf oder abgenutzt, wird diese Kante rau.

Das Profil eines Vorschneiders sollte der Hälfte eines Rugbyballs ähneln. Der Vorschneider sollte glatt sein und die einkerbende Schneide soll sehr dünn sein (d.h. sehr scharf). Der Zustand von vielen Vorschneidern ist kläglich, weil man die Schlangenbohrer lose in einer Kiste aufbewahrt, in der sie herumrollen können, sodass die Vorschneider beschädigt werden. Deswegen gehören Schlangenbohrer in eine passende Kiste oder Rolltasche.

Mit einer feinen Nadelfeile kann man die Vorschneider leicht schärfen. Man sollte nur an der Innenseite schleifen. Wenn man die Außenseite schleift, schneiden die Vorschneider ein Loch, das zu klein für den Rest des Bohrers ist, sodass er stecken bleibt. Man feilt mit sanften Bewegungen an der Kante entlang. Wenn man einen kleinen Grat an der Außenseite fühlen kann, ist die Arbeit fertig.

Scharfe Vorschneider erhöhen die Leistung des Schlangenbohrers erheblich. Mit einer Schlangenbohrerfeile (sie sind billig) oder einer Nadelfeile ist das Schärfen schnell erledigt.

Die Schneide

Schlangenbohrer haben eine oder zwei Schneiden. Sie heben die Holzspäne zwischen der Zentrierspitze und den Vorschneidern ab und schieben sie in der Transportschnecke des Schlangenbohrers nach oben. Zwei anstatt einer Schneide bedeutet schnelleres Bohren, aber dafür muss man mit mehr Kraft nach unten drücken und mehr Drehmoment erzeugen, damit das Werkzeug wie am Schnürchen läuft.

Unabhängig davon, wie viele Schneiden der Schlangenbohrer hat, müssen sie scharf sein. Wie bei den Vorschneidern kann man sie mit einer Nadel oder Schlangenbohrerfeile schärfen. Man sollte versuchen, möglichst wenig Metall abzutragen. Wird die Geometrie der Schneide drastisch geändert, kann es zu echten Schwierigkeiten kommen.

Wenn ich eine Schneide schärfe, feile ich sanft von der Fase der Schneide aufwärts Richtung Transportschnecke. Nachdem ich einen Grat erzeugt habe, feile ich ihn sanft von der zum Holz gewandten Seite ab. So behält der Bohrer ein langes Arbeitsleben, vor allem wenn er zwei Schneiden hat.

Die Transportschnecken

Es gibt zwei Typen von Transportschnecken: nach Irwin oder nach Jennings. Der Irwin-Schlangenbohrer hat einen zentralen Schaft und eine einzige Transportschnecke, die um den Schaft liegt. Der Jennings-Schlangenbohrer hat keinen zentralen Schaft. Er sieht wie ein Stoffband aus, das um sich gedreht wurde, um eine Transportschnecke zu erzeugen.

Diese zwei Arten von Schlangenbohrern haben unterschiedliche Eigenschaften. Beide funktionieren gut, aber die meisten Leute neigen dazu, die eine oder andere Art zu bevorzugen. Ich bin ein Irwin-Typ. Ich mag die Irwin-Schlangenbohrer, weil sie nicht verstopfen – es zwischen den Transportschnecken ist viel Raum, um sehr tiefe Löcher zu bohren. Ich finde, dass die Jennings-Schlangenbohrer zum Verstopfen neigen, insbesondere bei Hölzern mit hohem Harzgehalt, aber sie sind genauer, weil sie von mehr Metall durch das Bohrloch geführt werden.

Unabhängig davon, welche Art man wählt, sollten die Transportschnecken rostfrei und so hochglanzpoliert wie möglich sein. Ich benutze manchmal eine Polierscheibe am Schleifgerät. Alles was man tut, um die Transportschnecke sauber zu halten, verringert die Neigung des Bohrers, sich mit Spänen zuzusetzen.

Man sollte Schlangenbohrer möglichst mit einer Rolltasche oder Schatulle kaufen. Sonst sollte man eine Schatulle für sie bauen (als Tischler kann man das, oder?) oder eine Rolltasche kaufen. Die Bohrer funktionieren viel besser, wenn man sie richtig pflegt.

Holzspiralbohrer

Ich wünschte, ich könnte sagen, Holzspiralbohrer sind Holzspiralbohrer, und dass man einen billigen Satz kaufen kann, den man instand hält, und damit wäre das Thema erledigt. Das wäre, als ob Ostern und Pfingsten auf einen Tag fallen würden. Billige Holzspiralbohrer verstopfen ständig, werden schnell stumpf und sind so zerbrechlich wie Kartoffelchips.

Der Tischler braucht gute Holzspiralbohrer, aber er braucht nicht viele davon, es sei denn, er baut Spielzeug oder hölzerne Mechaniken, die geringe Toleranzen erfordern. Mit einem Satz von 7 Bohrern kommt man schon sehr weit: 3, 4, 5, 6, 8, 10 und 12 mm. Was macht einen guten Holzspiralbohrer aus? Wie bei allen Werkzeugen: das Material, die Herstellung und die Vergütung.

Schlechte Holzspiralbohrer werden aus Kohlenstoffstahl hergestellt, der schnell stumpf wird. Gute Holzspiralbohrer sind aus Schnellarbeitsstahl (HSS) oder aus einem anderen modernen und exotischen Stahl. Den Unterschied kann man nicht mit dem Auge erkennen, aber der Hersteller wäre dumm, wenn der Bohrer aus HSS wäre und er es nicht erwähnte.

Billige Holzspiralbohrer haben raue Schneiden. Typischerweise versucht der Hersteller das Auge zu täuschen, in dem er die Innenseiten der Transportschnecken schwarz lackiert. Raue Lippen neigen zum Verstopfen. Wenn der Bohrer verstopft ist, speichern die Späne Hitze, wodurch die Lebensdauer des Bohrers noch weiter verkürzt wird. Ich würde keinen Holzspiralbohrer mit schwarz lackierten Transportschnecken kaufen.

Gute Holzspiralbohrer haben hochglanzpolierte Transportschnecken, die die Späne hinauf und aus dem Loch tragen.

Wenn der Holzspiralbohrer Vorschneider hat, sollte man sie unter die Lupe nehmen. Sie führen zu einem sauberen Anfang des Lochs, solange sie scharf sind. Ich habe einige Male Holzspiralbohrer ohne Vorschneider gekauft, es aber immer bereut.

Die Spitzen. Holzspiralbohrer sind nützliche moderne Bohrer. Einen guten Satz wird man lebenslang benutzen.

Gute Holzspiralbohrer haben zwei Vorschneider, manchmal mit einem leichten negativen Schnittwinkel. Die Schneide weist also etwas von der Schnittrichtung zurück. Diese Geometrie ergibt ein saubereres Loch.

Gut hergestellte Holzspiralbohrer entsprechen genau dem angegebenen Solldurchmesser. Das klingt wie eine Selbstverständlichkeit, aber ich habe Bohrer gehabt, die davon abwichen.

Die Oberfläche des Bohrers bestimmt, ob und wie sehr er verstopft und wie er ins Holz hineinbohrt. Hoch polierte Holzspiralbohrer sind schlicht leichter zu benutzen.

Es gibt noch einen Faktor, um zwischen guten und schlechten Bohrern zu unterscheiden: den Preis. Gute Holzspiralbohrer sind zwei bis dreimal so teuer wie die Billigware, mit der man keine Zeit verschwenden sollte. Ich habe nie einen Holzspiralbohrer gesehen, der sowohl günstig als auch von hoher Qualität war.

Die Ahle(n)

Es gibt unterschiedliche Ahlen für unterschiedliche Aufgaben. Wenn man nur eine kauft, sollte das meiner Meinung nach eine kurze Ahle sein, die im Englischen als *birdcage awl* (Vogelkäfigahle) bezeichnet wird, obwohl ich den Namen für total bescheuert halte. Angeblich stammt der englische Name daher, dass man mit dieser Ahle die Löcher im Holz von Vogelkäfigen herstellen konnte, so wie es der Zimmerman im Roman Moby Dick tat: Ein Landvogel mit merkwürdigem Gefieder war auf dem Schiff gelandet und gefangen worden. Aus Walknochen und -elfenbein baut der Schiffszimmerer einen pagodenähnlichen Käfig für den Vogel.

Ich kann mir vorstellen, dass man mit diesem Werkzeug einen Käfig bauen kann, aber ich habe es nie dazu verwendet.

Wenn ich eine Namensalternative vorschlagen müsste, wäre es Schraublochahle oder Allzweckahle.

Die kurze Ahle hat eine vierseitige Klinge (mit quadratischem Querschnitt) mit scharfen Kanten und eine sehr scharfen Spitze. Die scharfen Kanten schneiden das Holz und ermöglichen durch einfachen Handdruck und Drehen das Eindringen der Ahle (insbesondere bei Weichhölzern). Ich verwende die kurze Ahle, um Löcher in die Rückseite von Regalen und die Schraubenlöcher für Beschläge zu bohren. Ich benutze sie auch als Anreißnadel, weil man mit der scharfen Spitze sehr gut Linien anreißen kann.

Alles Über Ahlen. Eine kurze Ahle ist die beste Ahle für das Bohren von Löchern.

Beim Kauf einer Ahle gibt es nicht sehr viel zu bedenken. Sie sollte gut in der Hand liegen und leicht zu greifen sein, und die vier Kanten des Schafts sollten gut definiert, sogar scharf sein. Ich habe mich mit meiner kurzen Ahle sogar schon selbst geschnitten.

Die andere nützliche Art von Ahle ist die Stechahle. Sie ist schmaler, hat einen runden Schaft und eine Spitze, die dem eines Schraubendrehers ähnelt. Sie ist gut geeignet, Löcher für kleine schmale Nägel vorzubohren. Manche Tischler bevorzugen die Stechahle, weil sie die Holzfasern nicht schneidet. Sie schiebt sie eher zur Seite. Dann schlägt man den Nagel hinein, und die Fasern sollten sich zurück in ihre ursprüngliche Lage bewegen (vielleicht tun sie es nicht) und den Nagel greifen.

Die letzte Art von Ahle, der man begegnet, ist der Pfriem. Der Pfriem ist lang und schlank, und sein Ende verjüngt sich zu einer Spitze. Man benutzt sie zusammen mit einem Winkel, um Linien an einem Werkstück anzureißen. Ich habe diese Art von Ahle nie wirklich gemocht. Ich reiße einfach mit einem Messer an.

Dübeleisen oder Platte zum Umschlagen von Nägeln

Ein Stück Stahl oder eine Eisenplatte ist in der Werkstatt sehr hilfreich. Irgendeine Platte, die mindestens 6 mm stark und etwa 7 x 12 cm groß ist, reicht vollkommen aus, um ein Leben lang Nägel umzuschlagen und Dübel zu schneiden.

Mit einer solchen Metallplatte kann man zwei Aufgaben erledigen. Im Folgenden wird erklärt, wie man eine kauft oder herstellt. Worum geht es beim Umschlagen von Nägeln? Es geht um ein kleines Wunder. Als ich das erste Mal einen Nagel umgeschlagen hatte, habe ich einen kleinen Freudentanz aufgeführt.

Man schlägt dabei einen langen Nagel durch zwei Stücke Holz. Der Nagel ist länger als die Gesamtstärke der beiden Holzstücke. Die Spitze des Nagels wird dann ins untere Holzstück zurück gebogen. Danach ähnelt er einem Angelhaken. Wenn man es richtig macht, sind die zwei Holzstücke nicht voneinander zu trennen.

Es gibt einige Methoden, Nägel umzuschlagen. Hier sind die beiden, die ich bevorzuge:

1. Man schlägt den Nagel durch beide Holzstücke. Die Spitze ragt etwa 6 bis 8 mm heraus. Man legt das Ganze auf die Stahl oder Eisenplatte, sodass der Kopf des Nagels auf der Platte liegt. Man schlägt die Spitze des Nagels mit dem Hammer. Der Nagel wird zu einem „J" verformt und die Spitze dann zurück ins Holz geschlagen.
2. Bei der schnelleren Methode bohrt man ein Führungsloch durch beide Holzstücke und legt dann das Holz auf die Stahl oder Eisenplatte. Man treibt den Nagel durch die Löcher und auf die Platte. Wenn die Nagelspitze die Platte trifft, wird sie zurückgebogen und dringt ins Holz hinein. Auch hier erinnert das Aussehen an einen Angelhaken. Nachdem der Nagel ganz eingeschlagen ist, kann man das Werkstück umdrehen und kontrollieren, ob die Nagelspitze zurückgebogen ist.

Unabhängig davon, welche Methode man verwendet, ist dies eine dauerhafte Nagelverbindung.

Man kann aus dieser Stahl oder Eisenplatte auch ein Dübeleisen herstellen. Dazu muss man mit der Ständerbohrmaschine Löcher unterschiedlicher Größen in die Platte bohren. Dann kann man dünne Holzleisten durch die Löcher schlagen und so Dübel anfertigen. Die Dübel kann man z.B. verwenden, um Schlitz- und Zapfenverbindungen zu verstärken.

Am einfachsten kauft man ein Dübeleisen. Einige Firmen stellen gute Exemplare her, die optimale konische Löcher genau in der Sollgröße aufweisen.

Moment Mal, die Löcher sind konisch? Ja, weil es optimal ist, wenn das Loch an der Oberkante genau dem richtigen Durchmesser des Dübels entspricht (z.B.

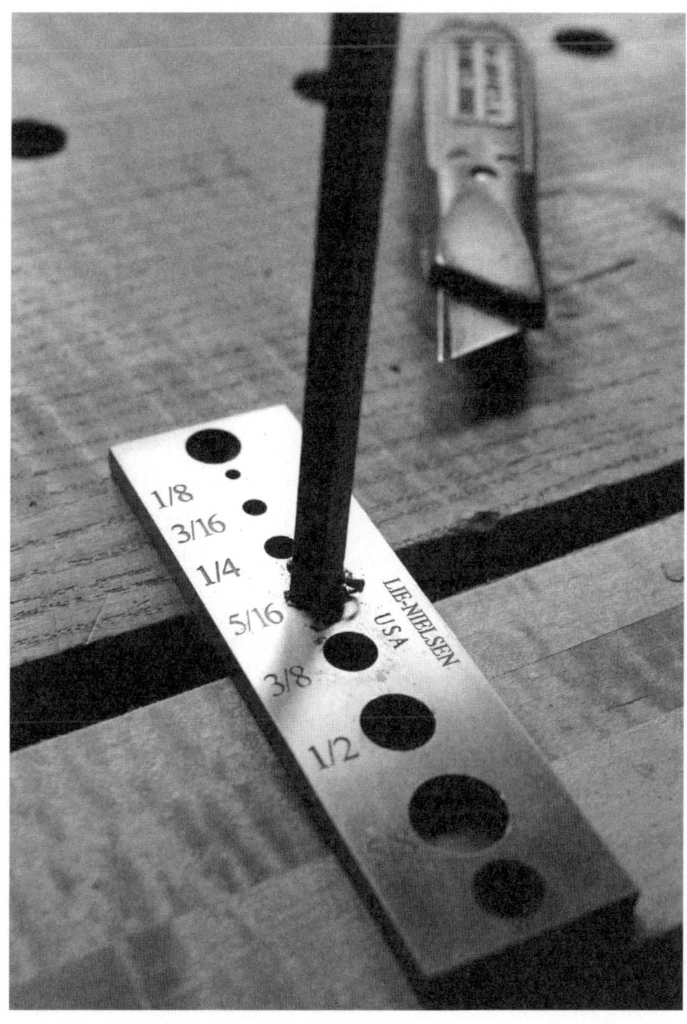

6 mm oder 10 mm). Darunter wird das Loch etwas weiter, sodass das durchgeschlagene Holzstück leicht aus dem Loch fällt.

Das Loch muss nicht konisch sein. Die Platte, die ich jahrelang benutzt habe, hatte Löcher mit geraden Wandungen, und so eine Platte funktioniert gut.

Man muss das Holz einfach etwas härter schlagen. Es ist keine große Sache, aber eine Platte mit verjüngten Löchern ist sehr annehmlich. So wie es annehmlich ist, eine Zentralheizung zu besitzen.

Wer einen Kegelsenker hat, kann verjüngte Löcher selbst herstellen. Mithilfe dieser kegelförmigen, metallschneidenden Bohrer kann man die Unterseite der Löcher der Dübelplatte so ausfräsen, dass das Holz sich leicht durchschlagen lässt. Aber wie schon gesagt, es ist ein Luxuswerkzeug.

Die Größen der Löcher in der Dübelplatte sollten von der persönlichen Arbeitsweise bestimmt werden. Ich bevorzuge eine Reihe von Löchern mit Größen von 6 mm bis 10,5 mm und mit Stufen von 1,5 mm. So kann ich mit einer etwas überdimensionierten Rundstange anfangen und sie schrittweise verkleinern.

Zusätzlich zum Biegen von Nägeln und Verkleinern von Rundstangen kann man die Dübelplatte zum Begradigen von verbogenen Nägeln und zum Zusammenpressen von Scharnierblättern nutzen.

Die Blätter eines Scharniers werden zusammengeschlagen bzw. zusammengedrückt, bis sie parallel zueinander liegen und sich gegenseitig berühren. Scharniere werden normalerweise so hergestellt, dass sich die Blätter bei einem geschlossenen Scharnier nur an den Außenkanten berühren. Wenn Sie Scharniere in diesem Zustand für ein Möbelstück verwenden, führt es zu einer großen und hässlichen Lücke an der Scharnierseite der Tür bzw. des Deckels. Das Scharnier vorher zusammenzupressen, verkleinert die Lücke bis auf ein akzeptables Maß von ca. 0,75 mm.

Man kann ein Scharnier zusammenpressen, indem man die Blätter in einem stählernen Schraubstock zusammendrückt oder man schließt die Lücke, indem man die Blätter übereinander auf eine Dübelplatte legt und sie mit einem Hammer schlägt. Es ist auch möglich eine zweite Dübelplatte bzw. ein Stück Metall auf das obere Blatt zu legen. So kann man mit gleich verteiltem Druck schlagen.

Eine solche Dübelplatte hat viele Verwendungsmöglichkeiten in der Werkstatt, besonders geeignet ist sie für die Modifikation von Geräten bzw. Nachjustierung von bestimmten Werkzeugen. Sie funktioniert eigentlich wie ein Miniaturamboss, und daraus wird irgendwann eine Art Geheimwaffe zur Lösung von vielen kniffligen Problemen in der Werkstatt. Kaufen Sie sich eine.

9 | WICHTIGE SÄGEN

Handsägen sind für den Tischler unentbehrlich. Wenn man versucht, ohne wenigstens ein paar Handsägen Möbel zu bauen, wird man auf unratsame und vielleicht gefährliche Verfahren mit elektrischen Werkzeugen verfallen. Hmm. Das sieht nicht besonders überzeugend aus. Wie kann ich mich besser ausdrücken?

Mit der Handsäge an einer angerissenen Linie entlang zu sägen, ist eine der befreiendsten Fertigkeiten des Tischlers. Man kann auf diese Weise viele Aufgaben ohne eine Vielzahl von Vorrichtungen und ohne Probeschnitte erledigen. Man kann kleine Werkstücke sägen, ohne sich dabei einen Finger abzuschneiden oder Reststücke wie Geschosse durch die Werkstatt zu feuern. Die Arbeit geht schneller, weil man keine Zeit mit dem Einstellen von Maschinen verschwendet. Mit Handsägen ist jeder Schnitt gleich, egal ob er gerade, gewinkelt, komplex oder gewölbt ist.

Das trifft eher die Wahrheit. Hier ist meine Faustregel für den Umgang mit Handsägen: Wenn man die Linie sehen kann, kann man sie sägen. Das gilt für alle Linien.

Obwohl man glauben könnte, es sei ein ganzes Leben nötig, um diese Fertigkeit zu meistern, ist die Verwendung der Handsäge unglaublich einfach, wenn man ein gutes Werkzeug hat und sich selbst möglichst weit aus dem Vorgang heraushält. Ich weiß, dass sich das dümmlich anhört. Ja, der Sägende macht die Arbeit, indem er die Säge vor und zurück schiebt, aber er verursacht auch die Abweichung der Säge von der Linie. Er ist es, der die Säge dazu bringt, zu tief zu sägen. Er ist das Problem. Der Einfluss des Sägenden zu minimieren und die Säge einfach ihre Arbeit machen zu lassen, ist das A und O.

Wenn man also das Sägen lernt, lernt man, die Säge nicht zu stören. Je weniger man selbst mit dem Sägen zu tun hat, desto besser wird das Holz geschnitten.

Reden wir als Erstes über die ideale Säge. Dann werden wir den idealen Säger beschreiben.

Die ideale Säge hat einen angenehmen Griff, ihr Blatt ist gerade und ihre Zähne sind scharf und gut geschränkt. Jede von diesen Eigenschaften kann unglaublich langweilig und detailliert beschrieben werden, aber man muss sich keine Sorgen um die subtilen Unterschiede der Schneidengeometrie machen. Darum kann man sich kümmern, wenn man ein Sägebesessener geworden ist. Fangen wir lieber mit den Grundlagen des Sägens an.

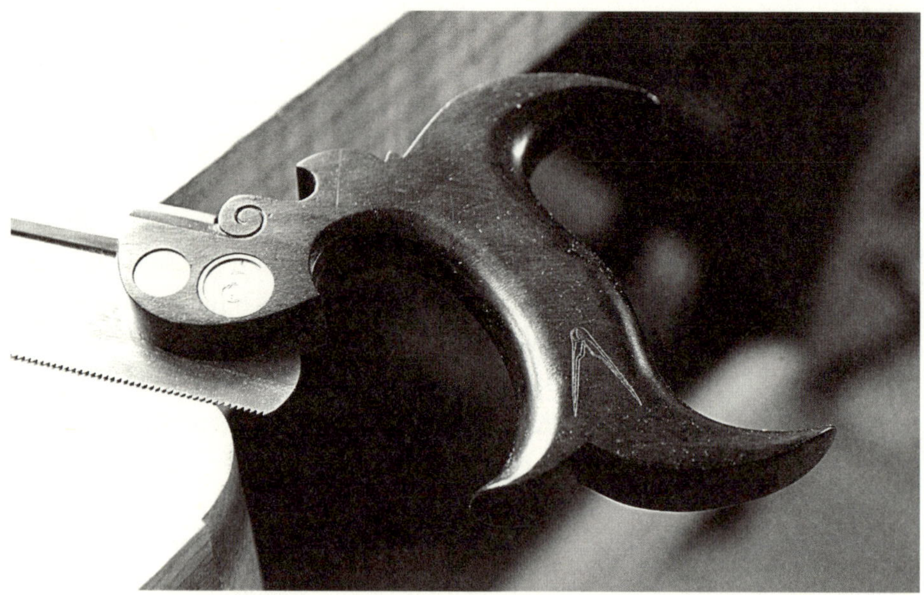

Das ist nichts für dich. Die Säge, die perfekt in meiner Hand liegt, mag für deine Hand nicht richtig sein. Zugegeben: Es gibt Griffe, die viele Verwender gut finden, und einige, die kaum jemand gut findet, aber irgendwo gibt es einen Griff, der für dich perfekt ist.

Der Griff

Viele Tischler achten nicht sehr auf den Griff ihrer Säge. Er ist die Schnittstelle zwischen Mensch und Werkzeug. Nichts könnte wichtiger sein. Wenn die Säge nicht gut in der Hand liegt, wird das Sägen eine Art Folter.

Einen guten Griff erkennt man daran, dass man drei Finger um den Griff legen kann, sodass die Fingerspitzen die Handfläche berühren oder fast berühren. Der Zeigefinger soll ausgestreckt an der Seite des Griffs und nicht neben den anderen drei Fingern liegen.

Ein angenehmer Griff kann glatt und abgerundet sein oder er kann markante Kanten und harte Krümmungen aufweisen. Beide Varianten sind in Ordnung. Problematisch wird es nur, wenn die Rundungen zu extrem sind und der Griff deswegen schwierig zu halten ist, oder wenn die Rundungen nicht betont genug sind und sich der Griff wie ein Kantholz anfühlt. Der Griff muss irgendwo zwischen den beiden Extremen liegen. Das war Jahrhunderte hindurch bekannt, während eines Zeitraums von ungefähr 40 Jahren nach dem zweiten Weltkrieg vergessen und wurde am Ende des 20. Jahrhunderts von Sägeherstellern wiederentdeckt.

Ein guter Griff ist wie die große Liebe. Man erkennt ihn am Gefühl. Das bedeutet, dass es schwierig ist, eine gute Säge anhand einer Fotografie auszuwählen. Es ist immer besser, eine Säge in die Hand zu nehmen, einige Schnitte damit zu machen und dann die Kreditkarte zu zücken. Das Ganze umgekehrt zu machen, ist kein Vergnügen.

Auch Griffe haben einen Neigungswinkel. Ich kann unglaublich langatmig über die Entwicklung des Neigungswinkels während der Jahrhunderte sprechen (meine arme Frau wird das bestätigen). Hier sind aber die Grundlagen: Der Neigungswinkel bestimmt, wie die Säge als Verlängerung des Arms funktioniert. Ist er niedrig, liegt der Griff rechtwinklig zu der Flucht der Sägezähne. Dadurch wird meiner Meinung nach das Sägen langsamer, aber leichter zu kontrollieren.

Ein hoher Neigungswinkel bedeutet, dass der Griff 25° bis 45° von der Senkrechten abweicht. So schneidet die Säge aggressiver und man kann beim Sägen aufrechter stehen, aber die Säge kann etwas schwieriger zu lenken sein.

In der Vergangenheit waren die Neigungswinkel niedriger. Heutzutage sind sie meist relativ hoch. Man kann sich an beides gewöhnen. Ich habe das Sägen mit hohen Neigungswinkeln gelernt und bevorzuge es deshalb.

Noch etwas zum Griff: Man sollte den Griff sehr entspannt halten, als ob man eine kleine Maus in der Hand hat, die man nicht verletzen will. Mit dem Griff in der Hand sollte man sich die Hand anschauen. Gibt es Stellen, an denen sich die Haut weiß oder purpur färbt? Wenn ja, ist der Griff zu klein. Auch wenn es sich im Moment gut anfühlt, wird es sich nicht mehr gut anfühlen, nachdem man 122 Schwalbenschwänze gesägt hat.

Das Sägeblatt

Gute Sägeblätter sind vor allem gerade, so dünn wie möglich und hochglanzpoliert. Jeder dieser Faktoren beeinflusst die Genauigkeit der Säge und wie leicht sie zu benutzen ist. Im Folgenden wird jedes dieser Merkmale besprochen.

Ein Sägeblatt muss unbedingt vollkommen gerade sein. Wenn es geknickt oder verbogen ist, verklemmt sich die Säge im Holz oder schneidet keine gerade Linie. Eine winzige Biegung ist akzeptabel und sie kommt häufig bei Sägen vor, die maschinell geschliffen wurden, aber es darf nur eine wirklich winzige Wölbung sein – eine, die bei der Arbeit nicht spürbar ist.

Um zu kontrollieren, ob ein Sägeblatt gerade ist, sollte man an den Zähnen entlang visieren, genau wie man ein langes Holzstück auf Verwindungen über-

Gerade und schmal. Sägeblätter müssen absolut gerade sein, um auf höchstem Niveau zu funktionieren. Es ist auch gut, wenn sie rostfrei und dünn sind. So schneidet das Blatt leicht durch das Holz.

prüfen würde. Falls es ein Problem gibt, wird es sichtbar. Wenn das Sägeblatt etwas wellig ist, kann man bei einer Rückensäge eine Reparatur versuchen, indem man die Säge mit dem Rücken scharf gegen die Werkbank oder auf den Boden schlägt. Manchmal hat sich die Verbindung zwischen Blatt und Rücken gelockert, wodurch die Biegung des Blatts verursacht wird. Das Blatt zurück in den Rücken zu schlagen, kann das Problem manchmal beseitigen.

Falls das nicht funktioniert, stehen auch andere Methoden zur Verfügung, aber sie sprengen den Rahmen dieses Buchs. Ich würde eine professionelle Reparatur nur bei besonderen Sägen in Betracht ziehen.

Die Stärke des Sägeblatts ist sehr wichtig. Die richtige Stärke ermöglicht ein leichtes Schieben der Säge durch das Werkstück und bedeutet, dass das Blatt stabil genug ist, gerade zu bleiben, wenn man die Säge benutzt. Ein zu dünnes Blatt knickt zu leicht. Ein zu starkes Blatt ist schwer und macht die Arbeit anstrengender als nötig.

Ich kann nicht sagen, welcher Sägetyp der beste für einen bestimmten Tischler ist. Japanische Sägeblätter sind dünner – 0,3 bis 0,4 mm sind typisch –, weil sie auf Zug schneiden, wodurch das Sägeblatt gespannt und belastbarer gemacht wird. Westliche Sägeblätter sind stärker. Fuchsschwanzsägen (ohne Rücken) sind an der Zahnlinie meist 0,7 bis 0,9 mm oder noch stärker. Das Blatt wird zu seiner oberen Kante hin dünner. Diese geschliffene Verjüngung ermöglicht eine geringere Schränkung der Zähne.

Die Blätter von Rückensägen können dünner sein – 0,5 mm ist typisch –, weil sie durch den Rücken versteift werden. Blätter, die noch dünner sind, können von Amateuren leicht geknickt werden. Blätter, die stärker sind, verlangen vom Sägenden mehr Kraft.

Ein glänzendes Blatt ist schön. Es muss nicht hochglanzpoliert sein, aber ein lichtspiegelndes Blatt ist aus zwei Gründen nützlich. Erstens verlangsamt Korrosion am Blatt die Arbeit. Zweitens kann die Spiegelung des Werkstücks im Sägeblatt genutzt werden, um sicher zu sein, dass man gerade sägt. Wenn man es probiert, sieht man sofort, wie das funktioniert.

Die Zähne

Westliche Sägen haben dreieckige Zähne. Ihre Form bestimmt, wie sie schneiden. Ist der Zahn nach vorne geneigt, schneidet er aggressiver, aber dafür ist es schwieriger, mit ihm den Schnitt anzusetzen und die Säge reibungslos in der Schnittfuge zu bewegen. Ist der Zahn rückwärts geneigt, schneidet die Säge langsamer, aber der Anfang und das weitere Sägen sind leichter.

Die Größe der Zähne ist ebenfalls wichtig. Wenn sie zu klein sind, werden die Zahnlücken schnell mit Spänen verstopft. Wenn sie zu groß sind, verklemmt sich die Säge im Holz und der Schnitt wird rau und splitterig. Wie groß sollten die Zähne sein?

Es gibt Faustregeln, aber die Bandbreite ist so groß, dass ich es für sinnvoll halte, nur die Mittelwerte zu besprechen.

Zahnteilung
Zinkensäge speziell für Schubladen: 1,2-1,4 mm (18-20 tpi)
Zinkensäge ideal für Korpusse: 1,7 mm (15 tpi)
Rückensäge 1,8-2.1 mm (12-14 tpi)
Zapfensäge 2,3-2,5 mm (10-11 tpi)
Fuchsschwanzsäge für grobe Arbeit 3,1-3,6 mm (7-8 tpi)
Fuchsschwanzsäge für feinere Arbeit 1,8 mm (12 tpi)
Fuchsschwanzsäge für Längsschnitte im Möbelbau 5-6,4 mm (4-5 tpi)
Tpi: *tooth per inch*, dt.: Zähne pro Zoll; diese Angabe finden Sie häufig auch bei deutschen Werkzeughändlern. Normalerweise erfolgt die Angabe der Zahnteilung in Deutschland aber in mm; daher haben wir hier beide Werte angegeben.

Diese Sägen und Zahnteilungen werden eingesetzt, um Bretter mit einer Stärke von etwa 20 bis 25 mm zu bearbeiten, wie sie im Möbelbau typisch sind. Wer kleine Schachteln baut, wird Sägen mit feineren Zahnteilungen, wer sehr große Möbelstücke baut, dagegen solche mit gröberen Zahnteilungen brauchen.

Ich möchte aber Folgendes sagen, (auch wenn es allen rationalen Erwartungen zu widersprechen scheint): Man kann fast jede Arbeit mit fast jeder Säge erledigen. Mit einer Zinkensäge mit einer Zahnteilung von 1,7 mm (15 tpi) kann man fast jede Schwalbenschwanzverbindung schneiden. Eine Säge mit einer Zahnteilung von 2,5 mm (10 tpi) kann fast jeden Zapfen schneiden. Eine Fuchsschwanzsäge mit einer Zahnteilung von 3,1 mm kann fast jeden Schnitt quer zur Faser schneiden. Nur wenn man etwas versucht, das vollkommen unrealistisch ist, bekommt man Schwierigkeiten.

In einem Kurs, den ich leitete, hat einmal ein Teilnehmer versucht, mit einer Säge mit einer Zahnteilung von 1 mm Zapfen an einem etwa 80 mm starken Werkstück anzuschneiden. Er war eine gute Weile damit beschäftigt. Die anderen Teilnehmer hatten je vier Zapfen gesägt, als er immer noch mit seinem ersten beschäftigt war. Es gibt also Grenzen.

Ein anderes Merkmal der Zähne ist die Fase an der vorderen Kante jedes Zahns. Zähne, die nur für Längsschnitte gedacht sind, haben keine oder nur eine kleine Fase – sie werden gerade geschliffen. Zähne für Querschnitte bekommen eine Fase von bis zu 20° angeschliffen. Diese Fase ermöglicht einen sauberen Querschnitt, weil dadurch aus jedem Zahn ein kleines Messer wird, das die Holzfasern zerschneidet, anstatt sie hochzuziehen wie ein Längsschnittzahn.

Die letzte bedeutende Eigenschaft jedes Zahns ist seine Schränkung, d.h. um wie viel der Zahn nach links oder rechts ausgebogen ist. Diese Schränkung bestimmt die Breite der Schnittfuge, die von der Säge geschnitten wird und die immer etwas mehr als die Stärke des Sägeblatts beträgt. Wegen der Schränkung verklemmt sich die Säge nicht in der Schnittfuge.

Die meisten Sägen haben eine zu große Schränkung, und so wird die Schnittfuge zu breit. Eine zu breite Schnittfuge macht es schwieriger, die Säge zu schieben, und viel schwieriger, die Schnittlinie zu halten. Wenn die Schränkung zu gering ist, und das Holz noch etwas nass ist, verklemmt sich die Säge in eine Tiefe von etwa 20 mm.

Wie viel Schränkung ist richtig? Beim Sägen von trockenen Laubhölzern kann sie minimal sein – etwa 0,05 mm oder weniger zu jeder Seite. Das ist ungefähr die Hälfte der Schränkung, die der Säge während der Herstellung gegeben wird.

Wie kann man die Schränkung eliminieren? Am besten, indem man Sägen mit einer Sägefeile zu schärfen lernt. Zwei oder dreimal geschärft, haben die Sägezähne keine Schränkung mehr, und man muss dann vor dem nächsten Schärfen eine leichte Schränkung anbringen. Das Werkzeug, das man dafür braucht, ist die Schränkzange. Sie greift den Zahn und biegt ihn zur Seite.

Es gibt eigentlich relativ viel über das Schärfen vom Sägen zu lernen. Meiner Meinung nach sollte man eine gute scharfe Säge kaufen und sie ein Jahr lang benutzen oder bis sie stumpf wird. Dann sollte man das Schärfen lernen. Mit etwas Erfahrung kann man sicher sein, die Säge so zu schärfen, dass sie genau so wird, wie man sie haben möchte.

Der Handwerker, der nicht weiß, wie sich eine scharfe, gut geschränkte Säge anfühlt, wird Schwierigkeiten haben, eine Säge so zu feilen, dass sie in einem Zustand ist, den er nicht aus Erfahrung kennt,. Deshalb sollte man eine scharfe Säge kaufen.

Die folgenden Sägen sind diejenigen, die in den Werkzeugschrank eines Tischlers gehören, der mit Handwerkzeugen arbeitet. Mit diesem Satz von Sägen kann man alle anstehenden Aufgaben erledigen. Aber vielleicht will man auch nicht alles machen. Vielleicht stellt man sich eine kürzere Liste von Aufgaben vor. Also werde ich die Eigenschaften und Fähigkeiten jeder Säge beschreiben, damit man sehen kann, welche von ihnen man braucht.

Die Zinkensäge

Die meisten Holzwerker kaufen diese Säge, nachdem sie die Entscheidung getroffen haben, „ernsthafte" Tischler zu werden, (egal, was das bedeuten soll). Schwalbenschwanzzinkungen sind nur so schwierig, wie man sie machen will. Um dies zu beweisen, haben wir einen frischgebackenen Fachmann für Computer an seinem ersten Arbeitstag für den Verlag in die Werkstatt der Zeitschrift genommen und ihm gezeigt, wie man Schwalbenschwanzzinkungen sägt. Er wusste vorher so wenig darüber, dass er nicht von der Aufgabe eingeschüchtert war und eine akzeptable Verbindung sägte.

Welche Säge er benutzte? Ist vollkommen egal.

Der Punkt ist, dass fast jede scharfe Zinkensäge ordentliche Schwalbenschwanzzinkungen schneidet. Es gibt einige Leitlinien, die ich für wichtig halte, aber man kann Schwalbenschwanzzinkungen auch mit einer Puk-Säge schneiden. Ich habe es getan.

Die Zähne der Zinkensäge sollten klein sein, Zahnteilungen von 1,27 bis 1,7 mm (15-20 tpi) wären typisch. Viele Zinkensägen sind für Längsschnitte geschliffen, aber ein geringer Fasenanschliff ist auch in Ordnung. Das Blatt sollte dünn sein (eine Stärke von etwa 0,5 mm) und die Schnitttiefe sollte nicht mehr als etwa 75 mm betragen. Man braucht höchstens ungefähr 50 mm Blatt unterhalb des Sägerückens. Ein zu breites Blatt bedeutet, dass die Säge schwieriger zu lenken ist, wenn man die schrägen Schnitte für die Schwalbenschwänze schneidet.

Bei den meisten Zinkensägen ist das Blatt relativ kurz – meist 23 bis 25 cm. Es gibt kürzere Exemplare, aber ich habe sie nie gemocht, weil sie zu langsam schneiden.

Der Griff der Zinkensäge ist wichtig. Er sollte sich wie eine Verlängerung des Arms anfühlen. Es gibt einige Griffarten zu besprechen. Den geraden Griff findet man an fast allen japanischen Sägen. Im englischsprachigen Raum heißt eine Säge mit geradem Griff *gentleman's saw*. Manche Tischler lieben diese Griffart. Andere – ich gehöre zu ihnen – bevorzugen den sogenannten Pistolengriff, weil man damit besser spürt, wie das Blatt liegt. Ein runder, gerader Griff lässt nicht erkennen, ob das Sägeblatt senkrecht oder schräg liegt.

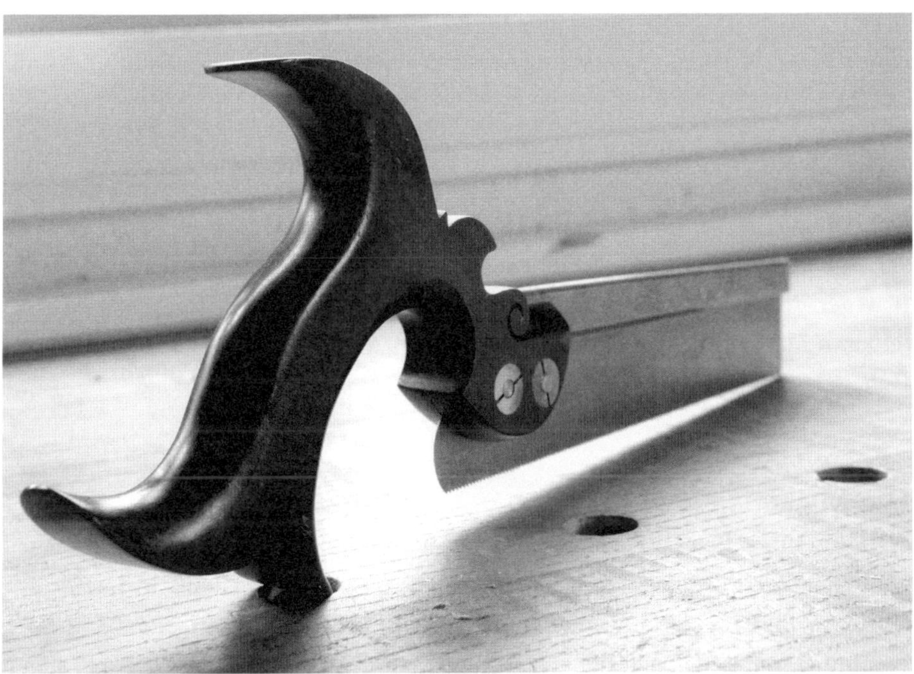

Die kleine Säge. Man benutzt Zinkensägen, um Schwalbenschwanz und andere kleinen Verbindungen zu sägen. Man sollte sie nicht missbrauchen, weil es leicht ist, diese Werkzeuge zu beschädigen.

Es gibt noch viele andere, subtile Faktoren bei der Zinkensäge. Wie schwer ist der Rücken? Ein schwerer Rücken kann dazu führen, dass sich die Spitze der Säge schwer und unausgewogen anfühlt. Verjüngt sich die Breite des Sägeblatts? Die Blätter einiger Zinkensägen sind an der Spitze schmaler als am Griff. Diese Form verringert das Gewicht der Spitze und führt dazu, dass man die angerissene Grundlinie der Verbindung zuerst an der sichtbaren Seite des Werkstücks trifft.

Es wird viel über den Winkel zwischen Griff und Zahnlinie (Neigungswinkel) diskutiert. Manche mögen einen großen Winkel, andere einen kleinen. Beides ist in Ordnung.

Es gibt auch exotische Arten von Zahnanschliffen. Beim sogenannten progressiven Schliff ist die Zahnteilung an der Spitze fein, wird aber Richtung Griff zunehmend gröber. Das bedeutet, dass es einerseits leicht ist, den Schnitt anzufangen, die Säge aber insgesamt relativ aggressiv schneidet, und man deshalb auch dickes Holz gut sägen kann. Aus demselben Grund haben manche Sägen auf etwa 25 mm feine Zähne, die direkt von gröberen Zähnen gefolgt werden. Einige maßgeschneiderte Sägen haben Querschnittzähne an der Spitze und Längsschnittzähne am

Rest des Blatts. Das erleichtert den Anfang des Schnitts, und natürlich kann man damit auch schnell die beiden Endstücke des Schwalbenschwanzbretts absägen.

Manchmal wird der Schnittwinkel der Zähne an der Spitze noch steiler angeschliffen, um den Anfang des Schnitts zu erleichtern.

Für Anfänger können solche Sachen verwirrend sein. Anstatt sich damit zu beschäftigen, sollte man sich die folgenden Fragen stellen, wenn man die Zinkensäge in die Hand nimmt: Fühlt sie sich gut an? Sind die Zähne scharf? Ist das Blatt gerade? Die Antwort auf diese drei Fragen bringt einen schon sehr weit. Später kann man zum Sägefanatiker werden. Am Anfang ist es besser, die Säge einfach zu benutzen.

Die Rückensäge

Man hört nur selten Loblieder auf die mittelgroße Rückensäge, die im Englischen als *carcase saw* bezeichnet wird, aber ohne sie wären viele Arbeiten schwieriger auszuführen. Sie sägt Zapfenwangen mit chirurgischer Genauigkeit. Man benutzt sie zusammen mit einer Sägelade, um Holz abzulängen. Man schneidet Dübelstangen mit ihr auf Länge. Man sägt mit ihr die Endstücke des Schwalbenschwanzbretts ab, wobei sich auch entscheidet, ob die sichtbarste Fuge der Schwalbenschwanzverbindung dicht schließt oder nicht.

Mit der Rückensäge kann man kurze Nuten und Gratnutverbindungen sägen und allerlei kleine Schnitte machen, um Verbindungen anzupassen. Sie ist hervorragend für Gehrungsschnitte geeignet.

Eine rasiermesserscharfe Rückensäge ist unverzichtbar.

Bei der Wahl einer ‚Korpussäge' gelten die meisten Kriterien wie für die Wahl einer Zinkensäge oder irgendeiner anderen Rückensäge. Der Griff muss angenehm in der Hand liegen. Das Blatt muss gerade sein. Die Zähne müssen scharf sein. Es gibt aber andere, kleine Einzelheiten bei diesen Rückensägen, die oft übersehen werden.

Kurz oder lang?

Die Länge des Blatts liegt bei der Rückensäge normalerweise zwischen 28 und 35 cm. Meiner Meinung nach sind die kürzeren Sägen besser für Anfänger. Vielleicht liegt das an der Tatsache, dass sie nicht viel größer als Zinkensägen sind, mit denen viele Anfänger anfangen.

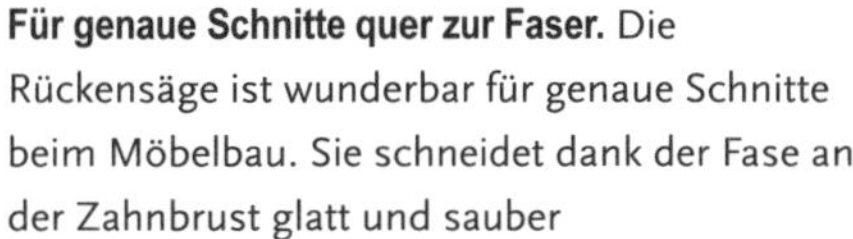
Für genaue Schnitte quer zur Faser. Die Rückensäge ist wunderbar für genaue Schnitte beim Möbelbau. Sie schneidet dank der Fase an der Zahnbrust glatt und sauber

Ich mag die Sägen mit einer Länge von 28 cm, aber es ist erstaunlich, wie schnell die Arbeit von der Hand geht, wenn ich auf 35 cm wechsele. Ich kann auch viel mehr Arbeiten mit einer längeren Säge erledigen. Ich ziehe es z.B. vor, Nuten mit der Hand zu sägen, wenn ich nur einen einzelnen Korpus herstelle. Ich schneide die Seiten der Nut mit einer langen Rückensäge, und den Rest der Arbeit erledige ich mit einem Beitel und einem Grundhobel.

Mit einer kurzen Rückensäge dauert diese Arbeit länger. Die Zahnlücken verstopfen schneller mit Spänen, und das verlangsamt die Arbeit. Eine längere Säge hat mehr Zahnlücken, und deswegen arbeitet man schneller. Die längeren Sägen wiegen mehr und das beschleunigt die Arbeit auch etwas. Ich finde, dass längere Sägen einfacher in der Schnittlinie zu halten sind. Das könnte Selbsttäuschung sein, aber beim Möbelbau kann Selbsttäuschung ganz hilfreich sein.

Die Länge des Blatts hat auch mit der Griffart zu tun. Man muss sich bei der Wahl einer Rückensäge für eine Griffart entscheiden.

Offen oder geschlossen?

‚Korpussägen' gehören zu den wenigen Sägen, die sowohl mit offenen als auch mit geschlossenen Griffen angeboten werden. Ein offener Griff ist wie ein Pistolenlengriff. Sein unteres Ende steht frei. Bei einem geschlossenen Griff ist der Unterteil nach vorne verlängert und mit dem Teil verbunden, in dem das Sägeblatt eingelegt ist. An vielen Sägen ist dies der dekorativste und verzierungsreichste Teil des Werkzeugs. Er kann auch aufwendig profiliert sein.

Einige Tischler empfinden offene und geschlossene Griffe unterschiedlich. Manche Leute, die große Hände haben, mögen die geschlossenen Griffe nicht, weil sie für den kleinen Finger zu eng sind.

Der wichtigste Unterschied zwischen den beiden ist ihre Stärke. Der geschlossene Griff ist stärker als der offene. Meist sind offene Griffe an kürzeren Sägen und geschlossene Griffe an längeren Sägen zu finden. Das ist sinnvoll. Mit einer langen Säge muss man kräftiger schieben, also ist ein geschlossener Griff langlebiger.

Einige sehr frühe Sägen hatten unabhängig von der Größe offene Griffe. Die Tatsache, dass viele von ihnen reparierte Griffe aufweisen, sollte einem zu denken geben.

Die Zähne der Rückensäge

Die meisten ‚Korpussägen' haben eine Zahnteilung von 1,8 bis 2,1 mm (12-14 tpi). Normalerweise haben die kleineren Sägen kleinere Zähne und die größeren Sägen größere Zähne – genauso wie im Tierreich. Die Zahnteilung ist nicht das A und O bei diesen Sägen. Alle Exemplare mit der o.g. Zahnteilung können glatte Schnitte liefern. Man muss mit den langen und groben Sägen einfach mehr üben als mit den kleineren und feineren.

Es gibt zwei Dinge, die in Bezug auf die Zähne nennenswert sind. Eins davon ist die Fase an der Zahnbrust (der Vorderseite des Zahns). Ein typischer Fasenwinkel für eine Rückensäge beträgt etwa 20°. Den Fasenwinkel zu vergrößern – um bis zu 5° – kann zu noch glatteren Schnitten führen, der Nachteil ist aber, dass die Zähne öfter geschärft werden müssen.

Die zweite Sache, die mir aufgefallen ist: Rückensägen, die von Hand geschärft sind, schneiden immer besser als maschinell geschliffene. Obwohl diese Regel für alle Sägen gilt, ist es bei Rückensägen am deutlichsten zu bemerken. Die kleinen Unregelmäßigkeiten, die vom Handschärfen stammen, scheinen das Sägen sauberer und glatter zu machen.

Mysteriöse Säge. Sie wird verwendet, um Zapfen zu schneiden, aber welche Teile des Zapfens? Die Wange? Die Brüstung? Die Antwort: Man kann sie für beide Aufgaben verwenden, abhängig davon, wie sie geschliffen wurde.

Die Zapfensäge

Die Zapfensäge ist richtig benannt. Man benutzt sie, um Zapfen zu sägen. Aber welchen Teil des Zapfens? Die Wangen? Das ist ein Längsschnitt, der für größere Werkstücke eine relativ grobe Säge erfordert. Die Brüstung? Das wäre am besten mit einer Säge zu erledigen, die für Querschnitte geschliffen ist, d.h. die Zahnbrüste sollten mit Fase geschliffen werden.

Ich habe keine wasserdichten Lösungen, aber ich habe einige alte Bücher, und ich habe viele Zapfen gesägt.

Die frühen Bücher zum Thema Möbelbau machen keinen echten Unterschied zwischen Längsschnitt- und Querschnittsägen. Es gibt sogar einige Historiker (insbesondere jene, die im Museumsdorf Colonial Williamsburg arbeiten), die der Meinung sind, dass alle frühen Sägen für Längsschnitt geschliffen wurden. Alle Sägen in ihrer nachgebauten Werkstatt sind deswegen so geschliffen. Andere Historiker des Möbelbaus sehen das anders.

Die Zapfensägen der Vergangenheit waren vielleicht auf Längs- oder Querschnitt oder auf etwas dazwischen geschliffen. Einige frühe Bücher beschreiben, wie mit der Zapfensäge die Brüstung geschnitten wurde. Dann wurden größere Sägen benutzt, um die Wangen zu sägen. Das ist eine Methode, die durchaus auch funktioniert.

Bei diesem Thema muss man sich also nicht ein für alle Mal entscheiden. Seit der Mitte des 19. Jahrhunderts sind Zähne üblich geworden, die für Querschnitte geschliffen sind. Man hat die Wahl, ob man solche Zähne mit Fase benutzt. Ich finde die Fase nützlich, also benutze ich Sägen mit dieser Zahngeometrie.

Hier ist noch ein überlegenswerter Aspekt: Frühe Zapfensägen waren größer – mit einer Länge bis zu 45 cm – als typische moderne Zapfensägen. Die Blätter hatten auch eine größere Schnitttiefe – bis zu 100 mm. Es ist eigentlich leichter, eine große Säge senkrecht zu halten als eine kleine. Der Grund ist, dass die große Zapfensäge ein höheres Trägheitsmoment hat. Wenn man ein Gewicht (wie den schweren Rücken einer Säge) in der Luft balanciert, spürt man bei einem kopflastigen Gegenstand deutlicher, wenn alles genau senkrecht steht, und es ist leichter, diese Ausrichtung beizubehalten.

Ein hohes Blatt macht es also leichter, es genau senkrecht zu halten. Ein schmaleres Blatt mit einem niedrigeren Trägheitsmoment (wie bei der Zinkensäge) ermöglicht das geneigte Halten des Werkzeugs (z.B. um Schwalbenschwänze zu schneiden), ohne dass der Rücken beim Sägen stört, indem er die Säge in eine Richtung zum Kippen bringt.

Diese kleine Tatsache könnte ein Hinweis darauf sein, dass man Zapfensägen benutzt hat, um die Wangen zu sägen, weil diese genau senkrecht stehen sollten. Oder es könnte ein Hinweis darauf sein, dass man genau senkrechte Brüstungen für erforderlich hielt.

Noch mehr zum Blatt

Weil die Zapfensäge so groß ist, könnte man vielleicht denken, dass das Blatt stark sein muss. Das Gegenteil ist der Fall. Frühe Zapfensägen hatten relativ dünne Blätter, manchmal nur 0,7 mm. Das macht die Säge empfindlicher und anfälliger für Überhitzung, aber es bedeutet auch, dass man sie leichter durch dickes Holz schieben kann.

Ich finde, dass Zapfensägen mit dicken Blättern viel schwieriger zu benutzen sind. Ich habe einige benutzt, deren Stärke 0,8 mm oder mehr betrug. Wie scharf sie auch sein mögen, ist das viel Stahl, den man durch das Holz schieben muss. Auf der anderen Seite gleiten dünne Zapfensägen geradezu durch Holz, auch wenn sie genauso wie die dicken geschliffen sind. Die dünnen Blätter können aber heiß werden und sich vorübergehend verziehen.

Die Zähne der Zapfensäge

Zapfensägen haben typischerweise eine Zahnteilung von 2,3 bis 2,5 mm (10-11 tpi). Wenn man sie benutzt, um die Wangen eines Zapfens zu sägen, sind die Zähne auf Längsschnitt geschliffen. Einige Tischler, insbesondere Anfänger, finden es schwierig, mit der Zapfensäge Schnitte anzufangen. Das liegt daran, dass die Zähne relativ groß sind. Nach und nach lernt man, wie man einen Schnitt mit jeder beliebigen Säge ansetzt, indem man alles Gewicht von der Spitze des Blatts nimmt. Ich erkläre meinen Kursteilnehmern, dass man am Anfang der Vorwärtsbewegung versucht, das Blatt über dem Holz schweben zu lassen. Manche verstehen das auf Anhieb. Bei anderen erkläre ich, dass man einen Sägeschnitt anfängt, so wie man ein Flugzeug landet: Man will den Boden sanft berühren.

Bis das aber ins Gehirn und Hände übergegangen ist, gibt es einige Maßnahmen, die einem helfen können. Manche Zapfensägen sind progressiv geschliffen, d.h. die Zähne an der Spitze sind klein, und in Richtung Griff werden sie größer.

Eine andere Möglichkeit besteht darin, einige oder alle Zähne mit einigen Grad (bis zu 5°) negativem Spanwinkel zu schleifen. Das macht den Anfang des Schnitts leichter, aber das Sägen wird langsamer. Wenn man die Zähne nur an der Spitze so zuschleift, kann man schneller sägen.

Wer seine Sägen selbst schärft oder feilt, kann diese Justierungen leicht vornehmen. Wer schleifen oder feilen lässt, sollte sicher sein, dass der Handwerker genau weiß, was er zu tun hat. Ein typischer Schärfdienst, der alles von Rasenmähern bis zu hartmetallbesetzten Tischkreissägeblättern schärft, wird es wahrscheinlich nicht richtig machen. Wenn solche Unternehmen Handsägen schärfen, klemmen sie die Sägen wahrscheinlich in ein Sägeschärfgerät, lassen das Gerät laufen und geben einem dann die Säge zurück. Man muss sich jemanden suchen, der per Hand schärft.

Noch besser ist es, wenn man lernt, seine Sägen selbst zu schärfen. Es ist nicht besonders schwierig, und die Zapfensäge ist von den Rückensägen am leichtesten zu schärfen. Die einzigen Sägen, die sich leichter schärfen lassen, sind für Längsschnitte geschliffene Fuchsschwanzsägen.

Ich werde oft gefragt, warum die Zähne von Zapfensägen nicht größer sind. Wenn man einen Zapfen von 75 mm Breite sägt, könnte eine Zahnteilung von 2,5 mm (10 tpi) einem wirklich zu fein scheinen.

Der Clou ist, dass man auch eine 75 mm breite Zapfenwange sägen kann, ohne dass Zahnlücken verstopfen, wenn man es richtig macht. Die richtige Methode ist, die Seiten diagonal von oben nach unten zu sägen. Man fängt an einer Ecke an und sägt eine flache Fuge in das Hirnholz. Dann sägt man in einem Winkel, sodass man gleichzeitig das Hirnholz und die Seite des Werkstücks sägt.

Durch diese diagonale Arbeitsweise verstopfen die Zahnlücken nicht, weil man nur selten durch die volle Breite des Werkstücks sägt – das passiert nur dann, wenn man den Grund des Zapfens sägt. Also sägt man erst diagonal von einer Seite, dreht dann das Werkstück um und sägt diagonal von der anderen Seite. Schließlich sägt man den Verschnitt frei. Dieser ist dreieckig, sodass man auch hier erst dann die volle Breite des Stücks sägen muss, wenn man am Grund des Zapfens angekommen ist. Das ist dann ein guter Zeitpunkt, langsamer zu sägen – schließlich will man nicht in die Brüstung hineinsägen.

Ich habe diese Technik nicht erfunden. Sie ist uralt. Sie ist fantastisch, und sie erlaubt die Verwendung einer Säge mit 2,5-mm-Zahnteilung für Arbeiten, die vielleicht ein gröberes Werkzeug zu erfordern scheinen.

Der wichtige Winkel. Um präzise zu sägen und zu verhindern, dass sich die Zahnzwischenräume zusetzen, sollte der Zapfen mit einem Winkel von 45° angesägt werden. Drei Schnitte in diesem Winkel stellen sich sicher, dass die Säge kaum jemals auf der ganzen Breite des Werkstücks ins Holz greift.

Fuchsschwanzsägen

Die erste Säge, die ich zu benutzen und schärfen gelernt habe, war eine Fuchsschwanzsäge von Craftsman, ein Stück Schrott mit einer Länge von etwa 65 cm, das mein Vater immer noch besitzt. Der Griff ist ein Blasen erzeugendes Unding mit scharfen Kanten und einem Handloch, das viel zu groß ist. Aber auch dieses abschreckende Beispiel der ‚Kunst' der Werkzeugherstellung kann Großartiges leisten. Mit diesem und ein paar anderen Werkzeugen hat mein Vater ein ganzes Pultdachhaus gebaut.

Auch wenn man also nicht die Disston Säge Nr.12 in neuwertigem Zustand findet, von der man träumt, kann fast jede Säge gute Arbeit leisten, wenn man lernt, sie zu schärfen, und wenn man seine Angst überwindet, die Säge an die eigene Hand und Arbeitsweise anzupassen.

Diese großen rückenlosen Sägen werden vor allem verwendet, um Rohholz zuzusägen, sodass man es mit anderen Werkzeugen weiter bearbeiten kann. Ab und zu benutzt man diese Sägen auch für die letzten Schnitte, aber meist sind sie die schweren Arbeitspferde unter den Handwerkzeugen.

Diese rückenlosen Sägen haben Blätter mit Längen von 50 bis 75 cm. Das ist eine ziemlich große Bandbreite und die Vielzahl von Größen und Schliffen kann verwirrend wirken. Also besprechen wir, was der Tischler normalerweise braucht. Das ist ein guter Anfangspunkt.

Die häufigste Länge ist 65 cm, und auf der Suche nach einem gebrauchten Fuchsschwanz wird man am ehesten diese Länge finden. Diese Sägen sollte man auf dem Sägebock benutzen, einer Stütze in Kniehöhe, die es ermöglicht, das Werkstück mit den Beinen zu fixieren, ohne mit der Spitze der Säge auf den Boden der Werkstatt zu treffen. Tischler haben zwar auch immer diese Sägen benutzt, aber man findet sie so häufig, weil sie ein Lieblingswerkzeug des Zimmermanns waren.

Sägen, die für den Möbelbau gedacht sind, sind selbstverständlich etwas kleiner als solche, die beim Hausbau verwendet werden. Die Sägen des Tischlers sehen aus wie eine etwas verkürzte Längs- oder Querschnittsäge. Das Blatt ist typischerweise 50 bis 60 cm lang, so kann man sie in der Werkzeugkiste aufbewahren oder in der Werkstatt benutzen. Sie sind auch leichter und deswegen gut geeignet, Werkstücke zu sägen, die in der Zange der Hobelbank eingespannt sind.

Das kürzere Blatt bedeutet, dass sie etwas langsamer als die längeren Sägen schneiden, aber da es nicht darum geht, das gesamte Holz für den Bau eines Hauses zu sägen, ist das keine große Sache.

Eine kürzere Fuchsschwanzsäge (engl. *panel saw*) ist also nützlich. Gebrauchte Exemplare findet man nicht so häufig, man kann aber auch eine neue kaufen.

Wie bei allen Sägen sollte der Griff gut in der Hand liegen, das Blatt sollte gerade sein und die Zähne sollten von guter Qualität sein. Bei der Wahl des Griffs und des Blatts gelten dieselben Kriterien wie beim Kauf einer Rückensäge. Die Zähne sind jedoch gröber, weshalb wir im Folgenden die richtigen Zahnteilungen für den Möbelbau besprechen.

Eins, zwei oder drei?

Wer Möbelstücke baut, braucht eigentlich nicht mehr als drei dieser Sägen.

Man braucht eine relativ grobe Zahnteilung (typisch wäre etwa 3,5 mm, 7 tpi) für Längsschnitte. Damit kann man alles außer dem stärksten Holz sägen. Falls man sich einem 3 m langen und 200 x 100 mm starken Stück Ahorn gegenübersieht, sollte man vielleicht die Verwendung einer Bandsäge in Betracht ziehen. Das habe ich jedenfalls getan.

Es mag merkwürdig klingen, aber diese grobe Fuchsschwanzsäge ist die erste, die ich kaufen würde. Man kann sie für ihren beabsichtigten Zweck benutzen: Längsschnitte. Wer vorsichtig arbeitet, kann sie auch fürs Sägen quer zur Faser verwenden. Wenn man mit einer Längsschnittsäge quer zur Faser sägt, sollte das Werkstück etwas breiter als die Endbreite gesägt werden, denn die Säge neigt dazu, Fasern aus dem Holz zu reißen, vor allem an der Kante, an der der Schnitt endet.

Die zusätzliche Breite bedeutet, dass man das Holz mit den Ausrissen mit dem Hobel verputzen kann. Man muss sich mehr Mühe geben, als wenn man eine Querschnittsäge benutzt, aber ich halte es für die bessere Methode.

Wer darüber nachdenkt, wird vielleicht zustimmen. Eine Längsschnittsäge ist die richtige erste Fuchsschwanzsäge. Sie wird auch sanfter und sauberer sägen, nachdem sie mit der Hand geschärft wurde, weil die kleinen Ungenauigkeiten der Handarbeit dazu führen, dass die Zahnbrüste eine kleine Fase bekommen.

Was sollte dann die nächste Säge sein? Ich würde eine Querschnittsäge mit einer Zahnteilung von 3,2 bis 3,5 mm (7-8 tpi) kaufen und es damit gut sein lassen. Mit einer solchen Säge kann man die meisten Querschnitte erledigen, und wenn man die Säge gemeistert hat, sind die Ergebnisse ausgezeichnet und benötigen kaum Nachbearbeitung.

Mit dieser Säge kann man sowohl grobe als auch feine Querschnitte sägen. Eine feine Säge kann dagegen nur feine Arbeit leisten. Wer nicht vorhat, eine Sammlung von Sägen aufzubauen, sollte die Sägen mit einer Zahnteilung von 2 mm (12 tpi) einfach vergessen und direkt zu dem nächsten Abschnitt über Dübelsägen weiterblättern. An dieser Stelle ist es dann nämlich zu Ende.

Immer noch dabei? Nun, es ist so, dass es viele gebrauchte Querschnittsägen mit einer 2-mm-Zahnteilung gibt. Früher waren sie bei Handwerkern recht beliebt. Wenn ich sie dann einmal benutze, mag ich sie auch. Zugegeben, sie sind nicht die allerwichtigsten Werkzeuge, aber es ist gut, sie zu haben, und auch wenn man nicht aktiv nach einer sucht, wird man irgendwann über eine stolpern.

Leute, die viel mit Sägen arbeiten, scheinen sie wie Magneten anzuziehen. Eines Tages rief mich ein Leser an. Er hatte ungefähr 20 Sägen, die er nicht benötige, bei Auktionen ersteigert. Wer Auktionen besucht und wartet, bis am Ende die gemischten Lose aufgerufen werden, weiß, wie das passieren kann. Der Auktionator schmeißt wahllos Werkzeuge in einem Los zusammen. Man will nur eins davon haben, aber man muss die ganze Kiste kaufen, um es zu bekommen.

Oft sind es Sägen, die in so einem Sammellos landen.

Der Leser hatte gehört, dass ich Sägen mag, und er bat mich darum, sie ihm abzunehmen, was ich auch tat. So bin ich heute der stolze Besitzer einer D12 und einer D100 von Disston.

Die Dübelsäge

Man könnte wahrscheinlich auf eine Dübelsäge verzichten. Man kann die meisten Sachen mit einer Rückensäge fast bündig sägen und sie dann später mit einem Beitel oder Hobel genau bündig verputzen. Andererseits sind Dübelsägen billig und nützlich. Sie sind auch leicht zu meistern, nachdem man eingesehen hat, dass sie einen Fehler haben, der in keinem Buch erwähnt wird.

Dübelsägen sollten keine Schränkung der Zähne aufweisen (so können sie ihre Aufgaben bewältigen), aber die Wahrheit ist etwas komplexer. Alle Dübelsägen, die ich gesehen habe, haben eine Schränkung, aber nur an einer Seite.

Warum? Ich vermute, dass die Sägenhersteller das Blatt von einer Seite schleifen. Danach schränken sie die Zähne nicht. Das führt dazu, dass eine Seite nicht geschränkt ist und keine Grate aufweist. Die andere Seite (in deren Richtung geschliffen wurde), hat einige Grate und geschränkte Zähne. Das Ergebnis? Dübelsägen haben normalerweise eine einseitige Schränkung.

Manche Tischler lassen sich davon irritieren. Die Säge funktioniert uneinheitlich. Manchmal liefert sie hervorragende Ergebnisse. Manchmal reißt sie Fasern aus dem Holz und taucht im falschen Moment in das Holz hinein. Wenn man weiß, zu welcher Seite die Dübelsäge geschränkt ist, wird man keine Schwierigkeiten haben.

Ich ermittele dies durch Beobachtung, Fühlen mit den Fingern und durch Probeschnitte. Dann schreibe ich auf eine Seite: „Diese Seite nach oben." (Ich habe es auch schon in das Blatt eingraviert.) Mit dieser Markierung hat man alle Information, die man braucht. Wenn man die geschränkten Zähne nicht ans Werkstück legt, wird dessen Oberfläche nicht verunstaltet. So kann man Dübel und Stifte leicht bündig sägen.

Nützlich wenn man sie versteht. Dübelsägen sollten keine Schränkung aufweisen, damit das Holz nicht verkratzt. Tatsächlich haben sie an einer Seite eine geringe Schränkung und keine an der anderen. Man muss die beiden Seiten voneinander unterscheiden, bevor man mit der Arbeit anfängt.

Schieben oder ziehen?

Bei allen modernen Sägen gibt es eine Wahl zwischen Zähnen westlicher Art, die auf Stoß schneiden, und Zähnen östlicher Art, die auf Zug sägen.

Obwohl ich westliche Sägen mag, stellt die Dübelsäge den einzigen Fall dar, in dem ich japanische Zähne bevorzuge. Vielleicht liegt das daran, dass alle (alle!) westlichen Dübelsägen, die ich bisher probiert habe, einfach eine Verschwendung von Stahl und Palisander waren. Man sollte sie bitte nicht kaufen, es sei denn, ich schwöre allem ab, was ich je geschrieben habe, oder die Wiederkunft Christi steht bevor.

Dübelsägen weisen unterschiedlich geschliffene Zähne auf. Meist sind die Sägen für Schnitte quer zur Faser geschliffen, einige allerdings auch für Längsschnitte. Fast alle Arbeiten, bei denen man ein Stück Holz bündig sägen muss, kann man mit einer auf Zug geschliffenen Säge hervorragend erledigen.

Weil die Sägen auf Zug schneiden, geht die Arbeit schnell und leicht von der Hand. So sehr, dass manch ein Tischler sich schon ins eigene Fleisch geschnitten hat.

Zähne aus dem Osten

Eine letzte Bemerkung zu den Zähnen: Die Regeln für westliche Zähne gelten bei östlichen Zähnen nicht. Sägen, die auf Zug geschliffen sind, haben Zähne, die weniger wie Dreiecke und eher wie Nadeln aussehen. Deswegen sind sie zerbrechlicher als westliche Zähne, aber sie haben viel tiefere Zahnlücken. Weil die Zahnlücken tiefer sind, kann man eine feiner geschliffene Säge bei gröberen Aufgaben verwenden. Das bedeutet, dass die Zahnteilung von auf Zug geschliffenen Sägen nicht so kritisch ist, wie bei westlichen Sägen, es sei denn, die Werkstücke sind extrem stark.

Es gibt eigentlich sehr viel über auf Zug geschliffene Sägen zu lernen, aber in diesem Buch bleibe ich hauptsächlich bei Sägen, die auf Stoß sägen. Trotzdem präsentiere ich hier einige Grundlagen, die beim Kauf einer auf Zug geschliffenen Säge zu beachten sind.

Die Farbe der Zähne. Wirklich? Ja, wirklich: die Farbe. Japanische Sägen, die für normale Verbraucher gedacht sind, haben verfärbte Zähne. Sie sind schwarz oder schillern regenbogenartig wie eine Ölpfütze. Diese Verfärbung, die nur an den Zähnen zu finden ist, ist das Ergebnis des Induktionshärtens. Dabei fließt ein starker elektrischer Strom durch die Zähne und so werden sie extrem hart. Hart ist gut, weil die Zähne dadurch eine lange Standzeit bekommen. Hart ist aber auch schlecht, weil die Zähne zu hart sind, um sie nachzuschärfen. Eine Feile würde einfach über die Oberfläche hinweg gleiten.

Induktionsgehärtete Sägen haben schlechte Zukunftsaussichten. Wenn sie schließlich stumpf geworden sind, werden sie normalerweise weggeworfen und ersetzt. Ist der Besitzer besonders umweltbewusst, wird das Blatt in Teile geschnitten, aus denen er Ziehklingen anfertigt. Wenn der Besitzer wirklich geizig ist, wird er die induktionsgehärtete Zähne abschneiden und neue Zähne anschleifen.

Das ist, als ob man ein Einwegfeuerzeug zur Reparatur in die Fabrik schickt.

Wenn die Zähne nicht dunkel verfärbt sind, werden sie schneller stumpf, aber man kann sie mit einer Sägefeile wieder schärfen. Die meisten Tischler schicken jedoch ihre Sägen zurück nach Japan, wo sie extra auf ihre Arbeitsbedürfnisse geschärft werden.

Natürlich kann man gut verstehen, warum einige Tischler ihre stumpfen japanischen Sägen einfach wegwerfen, wenn man bedenkt, dass es ein paar Hundert Euro kosten kann, eine Säge zu schärfen, die € 50 gekostet hat. Ich behaupte nicht, dass das richtig ist. Das ist es nicht, aber der wirtschaftliche Aspekt ist nicht zu leugnen.

Der Griff

Alle Dübelsägen, die ich kenne, haben gerade Griffe. Manche sind mit Griffringen aus Gummi gerippt, manche sind aus massivem Holz und noch andere haben die traditionellen mit Rattan umwickelten Griffe japanischer Art. Keine Griffart scheint bedeutend besser oder schlechter als die anderen zu sein. Alle fühlen sich an, als hätte man einen Stock in der Hand.

Die Laubsäge

Die Laubsäge wird meist unterschätzt, aber ohne sie hätte ich weniger Spaß beim Möbelbau.

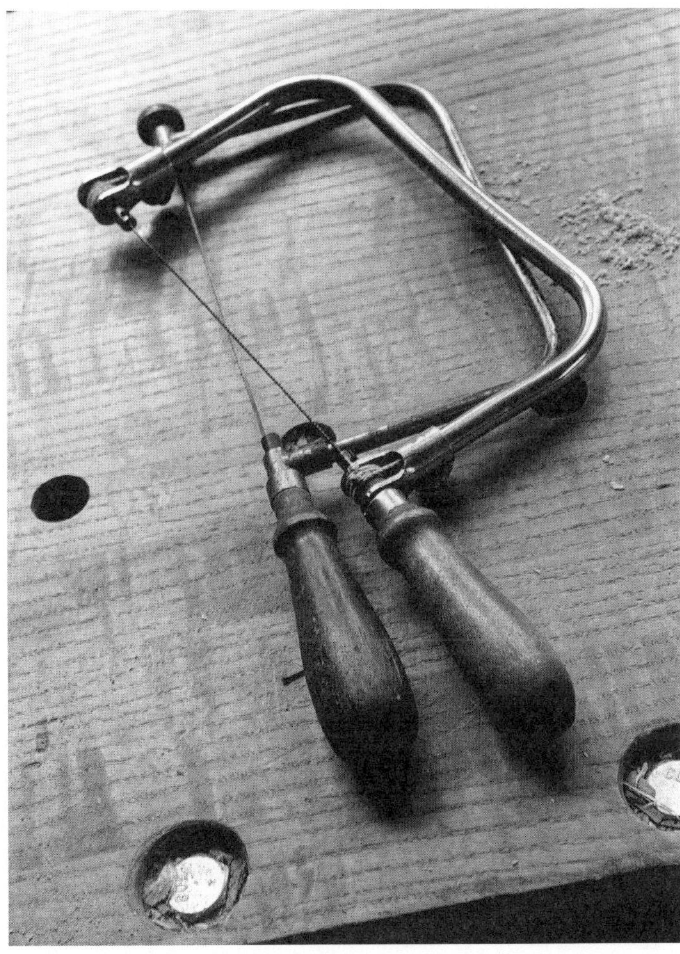

Als ich mit ungefähr elf Jahren mit der Tischlerei begann, verbot mir mein Vater die Benutzung von Elektrogeräten. Ich hatte nur zwei Sägen: eine Fuchsschwanzsäge mit blauem Kunststoffgriff, die nicht einmal ein Blatt Papier schneiden konnte. und die Laubsäge von Craftsman, die ich so verachte.

Diese Säge habe ich für alles benutzt, vielleicht auch für Aufgaben, für die ich sie nicht hätte einsetzen sollen: das Zerlegen von selbst geschossenem Wildbret und das Sägen von tiefgefrorenem Fleisch. Das hat dazu geführt, dass ich immer noch an dieser Art Säge hänge.

Ich frage mich aber, warum bisher niemand versucht hat, die moderne, kaum brauchbare Version des Werkzeugs zu verbessern. Fast alle Laubsägen, die ich unter die Lupe genommen habe, waren – gelinde gesagt – eine Verschwendung von Stahl und Holz.

Warum ist diese Art von Säge so miserabel? Wie ist sie entstanden? Hier sind einige Antworten auf diese Fragen, die ich in meiner Bibliothek gefunden habe.

Einige Indizien

Die Laubsäge hat einen D-förmigen Bügel aus Stahl. Sie ist offensichtlich ein Nachfahre von frühen römischen Sägen, die dünne Blätter hatten, welche mit Schnur in hölzernen Rahmen gespannt wurden.

Die Rahmensäge wurde bei der Marketerie eingesetzt, und als diese Kunstform im 17. und 18. Jahrhundert ihren Höhepunkt erreichte, wurden alle damit verbundenen Werkzeuge spezialisierter und raffinierter. Andre Roubo hat ein ganzes Buch, *Le Menuisier Ébeniste*, zum Thema Marketerie geschrieben. Seine Abbildung Nr. 292 zeigt eine „Marketeriesäge“, die einen Metallrahmen hat, der das Blatt ohne Schnur oder Spannstift spannt. Die Säge sieht wie eine Laubsäge aus, auch wenn das Blatt nicht im Rahmen gedreht werden kann und die Bügelhöhe des Werkzeugs ziemlich groß ist.

Die andere Entwicklung, die eine Ähnlichkeit zur Laubsäge aufzuweisen scheint, war die Einführung von Sägen mit D-förmigen Rahmen – Juweliersägen, Metallbügelsägen und Elfenbeinsägen, die verwendet wurden, um Metalle oder exotische Materialien zu schneiden. Diese Sägen wurden zuerst im 18. Jahrhundert abgebildet (etwa in Roubos Buch), und im 19. Jahrhundert waren sie schon relativ verbreitet.

Im 19. Jahrhundert haben wir also folgende Situation: Marketeriesägen mit hohen Bügeln und Rahmensägen mit mäßigen Bügelhöhen, die verwendet wurden, um dichte Materialien zu schneiden. Die Laubsäge scheint halbwegs zwischen diesen beiden Formen zu liegen.

Der englische Name für diese Säge – *coping saw* – weist auf ihre Verwendung hin. *Coping* hatte ursprünglich mit dem Anschneiden von Fasen zu tun. Im modernen Möbelbau bedeutet *coping* das Schneiden von Profilen, wenn profilierte Holzstücke mit Konterprofil auf Gehrung miteinander verbunden werden, wie z.B. bei den Friesen und Sprossen einer Tür.

Soweit ich weiß, wurde die Laubsäge erstmalig in Büchern und Werkzeugkatalogen des 19. Jahrhunderts erwähnt. Das erste US-amerikanische Patent auf eine moderne Laubsäge erhielt William Jones im Jahr 1883 – frühere Versionen hatten große Bügelhöhen wie Marketeriesägen.

In diesem Patent aus dem Jahr 1883 wurde die Säge als „Rahmen für eine Juweliersäge" beschrieben. Im folgenden Jahr hat C.A. Fenner einen faszinierenden Mechanismus patentiert, der die Rotation des Blatts im Rahmen ermöglicht. Er hat es (nicht besonders hilfreich) „eine Handsäge" benannt.

1887 ließ Christopher Morrow eine Laubsäge (diesmal *coping saw* genannt) patentieren, die einen Spannmechanismus für das Blatt hatte wie bei einer hölzernen Rahmensäge. Danach wurde der Begriff *coping saw* in Katalogen und Patenten gängig. Ab 1900 war die Laubsäge weit und breit im Gebrauch.

Dieses günstige Werkzeug wurde zu einem Grundbestandteil der Ausrüstung eines Tischlers. Es spielte auch eine zentrale Rolle im Werkunterricht, wie er im späten 19. Jahrhundert aufkam. Die Schüler benutzten die Laubsäge, um allerlei Spielzeuge und dekorative Gegenstände herzustellen. Im späten 19. und frühen 20. Jahrhundert erscheinen dann auch viele Bücher und Gebrauchsanweisungen zum Thema Laubsäge.

Wird überall verwendet, aber nicht auf die gleiche Art und Weise

Obwohl viele Leute die Laubsäge benutzten, gab es (und es gibt immer noch) eine grundlegende Meinungsverschiedenheit: Sollte sie auf Stoß (wie die meisten westlichen Sägen) oder auf Zug (wie die meisten östlichen Sägen) schneiden? Die früheste Quelle zu diesem Thema, die ich finden konnte, war *Trade Foundations*, ein Ausbildungshandbuch für Handwerker aus dem Jahr 1919 vom Verlag Guy M. Jones Co.

„Bei der Verwendung der Laubsäge liegt das Werkstück meist waagerecht auf der Werkbank und wird mit der linken Hand festgehalten. Die Zähne der Säge sollen Richtung Griff weisen. Ist das Werkstück in der Bankzange eingespannt, sollen die Zähne vom Griff weg gerichtet werden."

Andere Schreiber, die eine traditionelle Ausbildung genossen haben, neigen auch zu dieser Meinung. Robert Wearing zeigt in seinem Buch *The Essential Woodworker* eine Laubsäge, die Schwalbenschwänze auf Stoß aussägt, und das Werkstück ist in der Bankzange eingespannt. Er erklärt, dass die Laubsäge auf Stoß sägt, es sei denn, man sägt dünnes Material, das auf einem waagerechten Sägetisch liegt. Denn sollte sie auf Zug sägen.

Charles Hayward erklärt in *Tools for Woodwork*, dass Laubsägen meist auf Stoß sägen, es aber Gründe gäbe, das Blatt manchmal umzudrehen.

Unter modernen Autoren scheinen viele (mit der Ausnahme von Aldren A. Watson), die Säge auf Zug zu benutzen.

In *Carpentry and Construction* von Rex Miller und Glenn E. Baker behaupten die Autoren, dass die Zähne Richtung Griff zeigen sollten. „Dies bedeutet, dass sie nur nach unten sägt."

In *The Bandsaw Handbook* schreibt Mark Duginske, dass die Laubsäge nur auf Zug benutzt wird. „Da das Blatt nur auf Zug sägt, spannt es sich selber."

Angesichts dieser Meinungsverschiedenheiten bin ich der Meinung, dass diese Debatte in der Akte „Nicht zu beantwortende Fragen" abgelegt werden sollte.

Die schwache, moderne Version

Jetzt kommen wir zum eigentlichen Grund für meine historischen Forschungen. Die modernen Laubsägen sind – meist – mangelhaft, aber das war nicht immer der Fall.

Inwiefern sind sie mangelhaft? Meist liegt es am Mechanismus, der die Rotation des Blatts ermöglicht. Ich habe nie eine Laubsäge besessen, die die Einstellung des Blatts halten konnte, wie sehr ich den Rahmen auch gespannt oder wie viele Schraubensicherungen ich an der Säge angebracht habe.

Nach einigen Zügen verdreht sich das Blatt. Normalerweise verdreht sich das Blatt mehr (oder weniger) am vorderen Ende als beim Griff. Durch dieses Verdrehen wird die Kontrolle über die Säge schwieriger. Das ist der Grund, warum einige Experten Juweliersägen für Schwalbenschwanzzinkungen benutzen und deren Blätter mit einer Zange justieren.

Ich habe die Nase voll von Juweliersägen, weil ich den Verdacht hege, dass sie nur dazu hergestellt werden, um die leicht reißenden Blätter zu verkaufen.

Also sollten sich die CAD-Entwerfer mit diesem Problem beschäftigen? Vielleicht nicht. Meine Forschungen in alten Werkzeugkatalogen und Patentpapieren haben viele Lösungen zum Problem von verdrehten Blättern ans Licht gebracht. Einige Lösungen waren einfach dümmlich (z.B. Fenners Patentlaubsäge). Andere waren im Gegenteil einfach und robust, darunter die Ideen von Simonds, Jones und der Firma Millers Falls.

Im Wesentlichen wurden die Sägen mit acht Einkerbungen versehen, die es ermöglichen, das Blatt in acht verschiedenen Stellungen zu fixieren. Wer eine Abbildung davon in einem Katalog sieht, wird anfangen, nach einer alten Säge dieser Bauart zu suchen. Jedenfalls tat ich das.

Die ideale Laubsäge

Die Laubsäge muss nur drei Aufgaben gut erfüllen. Die meisten modernen Exemplare scheitern an allen drei. Hier ist meine kurze Liste. Eine Laubsäge sollte:

1. Das Blatt gespannt halten, so dass man die Säge entweder auf Zug oder Stoß benutzen kann.
2. Eine 360°-Rotation des Blatts ermöglichen, und den eingestellten Winkel halten, sowohl vorne als auch am Griff.
3. Der Griff soll angenehm in der Hand liegen, sowohl auf Zug als auch auf Stoß.

Die Spannung

Das Herzstück der Laubsäge ist sein Spannmechanismus. Eine billige Laubsäge ermöglicht kaum eine gute Spannung des Blatts. Wenn man das Blatt zupft, sollte es wie die hohe E-Saite einer Gitarre singen. Wenn das nicht der Fall ist, wird sich das Blatt verbiegen und nicht gerade sägen. Es ist möglich, die Spannung zu erhöhen, indem man die Rahmenstangen auseinander biegt, aber wenn der Rahmen aus billigem Stahl hergestellt wurde, ist die Spannung schnell wieder weg.

Bei einer guten Laubsäge ist es nie nötig, den Rahmen zu verbiegen. Ich habe einige Laubsägen, die 100 Jahre alt sind (manche sind so gut wie unbenutzt, andere wurden viel benutzt), aber die Rahmen sind absolut in Ordnung. Gute Konstruktion und gute Materialien sind das A und O.

Apropos Konstruktion: Man sollte sich für eine Laubsäge entscheiden, die eine es erlaubt, das Blatt zu überspannen. Wenn die obere Grenze der Spannung leicht zu erreichen ist, sollte man eine andere Säge aussuchen.

Bei der Wahl der Materialien habe ich nur wenige Hinweise anzubieten. Einige Materialien halten ihre Form besser als andere. Manche biegen sich allmählich in eine neue Form. Normalerweise verlasse ich mich auf den Ruf des Herstellers. Wenn man die Spannung zu hoch einstellen kann und der Hersteller einen guten Ruf hat, dann bin ich bereit, das Risiko einzugehen.

Rotation

Man muss das Blatt auf andere Winkel als 0° einstellen können. Bei den meisten Laubsägen kann man das, aber die Frage ist, ob das Blatt beim Sägen den eingestellten Winkel beibehält. Leider ist das meist nicht der Fall. Die meisten modernen Sägen erlauben eine Verdrehung des Blatts sowohl vorne als auch beim Griff, was zu einem verdrehten Blatt und einer ungeraden Schnittlinie führt.

Wie am Schnürchen. Bei der patentierten Laubsäge von Jones läuft eine Schnur durch den Rahmen. Dadurch sind beide Enden des Blatts miteinander verbunden. Dieser Mechanismus führt dazu, dass sich beide Enden – mit einer gewissen Verzögerung – gleichmäßig drehen.

Einige hochwertige Laubsägen haben Einkerbungen an vier, sechs oder acht Stellen. Das ist gut, wenn die Einkerbungen wirklich das Blatt festhalten und wenn der Spannmechanismus gut funktioniert.

Andere Sägen haben keine Einkerbungen. Man muss sie aber nicht ausschließen. Wenn Spannmechanismus und Rahmen robust sind, kann das Werkzeug hervorragende Leistungen bringen.

Schließlich gibt es eine kleine Gruppe von Laubsägen, die einen Rotationsmechanismus hat, den man nicht verriegeln kann. Ich kenne zwei Marken – Jones und Fenner –, die einen Mechanismus haben, der das Blatt gerade hält, aber beim Sägen die freie Rotation des Blatts erlaubt. Diese Sägen sind kompliziert und selten. Sie sind an ihren komplexen Techniken sofort erkennbar: Die Jones-Säge verbindet beide Enden des Blatts mittels einer Schnur miteinander. Diese Schnur führt durch den Bügel. Die Fenner-Säge ist mit Kettengliedern und Zahnrädchen versehen. Es sind beides interessante Sägen, aber sie stellen eine Art Sackgasse der Entwicklung dar. Wenn Sie jedoch auf den Galapagos Inseln zufällig auf ein Exemplar stoßen sollten, greifen Sie ruhig zu.

Der Griff

Der Griff einer Laubsäge ist mehr als nur ein Stock. Wenn er wirklich nur ein Stock wäre, wäre man auf Dauer wahrscheinlich unzufrieden mit ihm. Warum? Weil der Griff nur minimal verändert werden muss, um optimal auf Stoß oder auf Zug zu sägen. Die modernen Laubsägen sind weder für das eine noch das andere optimal.

Der Griff einer guten Laubsäge hat eine kleine Verdickung vor der Zwinge oder dem Rahmen (nicht alle Laubsägen haben eine Zwinge, also ein Band aus Metall um das Ende des Griffs).

Diese Verdickung ist ziemlich nützlich. Beim Sägen auf Stoß legt man Daumen und Zeigefinger hinter ihr an. So kann man das Werkzeug schieben, ohne den Griff sehr fest halten zu müssen.

Beim Sägen auf Zug kann man die Verdickung hervorragend greifen, um die Säge beim Schneiden zurückzuziehen. Mit anderen Worten ist die Verdickung ideal, ob die Säge nun auf Stoß oder auf Zug schneidet.

Das Material des Griffs sollte man auch bedenken. Ist er aus Holz, Kunststoff oder noch Schlimmerem? Holz ist ideal. Es ist warm, und man kann es leicht an die Hand anpassen. Griffe aus Kunststoff oder Gummi mögen sich anfänglich gut

Günstige Lücken. Ein Weitzahn-Sägeblatt hat relativ kleine Zähne und eine relativ breite Lücke dazwischen. Das bedeutet, dass die Säge reibungslos schneidet, und es ermöglicht das Sägen von relativ starken Werkstücken.

anfühlen, aber sie können glitschig oder hart werden. Holz wird im Gegenteil noch angenehmer, je mehr man es in der Hand hat.

Eine letzte Bemerkung zum Griff: Wer viel auf Zug sägt, sollte nicht überrascht sein, falls er den Griff von der Säge zieht. Das ist mir ein paar Male passiert. Die beste Lösung ist, ein kleines Loch durch Zwinge und Holz zu bohren und einen kleinen Stift in das Loch zu setzen. Der Stift sollte mit der Zwinge bündig geschliffen werden.

Blätter für Laubsägen

Wer den Abschnitt über Laubsägen bis zu diesem Punkt gelesen hat, ist offensichtlich von dem Thema begeistert oder sitzt eine Haftstrafe ab. Also möchte ich auch noch das Thema Laubsägeblätter diskutieren. Höchste Zeit, noch eine Flasche Bier zu holen.

Das Erste, was man über Laubsägeblätter sagen muss, ist, dass die normalen Blätter nutzlos sind. Ja, das ist schockierend. Was können wir als normaler Bürger gegen diesen Fluch unternehmen, der auf unserem Planeten lastet?

Es gibt gute Blätter, aber sie sind nicht im Baumarkt zu finden. Im Jahre 2011 gab es nur einen Hersteller von Laubsägeblättern hoher Qualität. Also werde ich gegen ein Grundprinzip dieses Buchs verstoßen und eine Marke empfehlen: Olson. Die Firma, die diese Blätter herstellt, war Anfang des 21. Jahrhunderts in den USA die Einzige, die erwähnenswert war. Wer dieses Buch in einer fernen Zukunft liest, in der gute Laubsägen hergestellt werden, dem würde ich empfehlen, die gegebenen Möglichkeiten zu erkunden.

Blätter für Laubsägen sind günstig. Die billigen schlechten kosten ungefähr so viel wie die guten. Wodurch unterscheiden sie sich? Schlechte Blätter werden gestanzt, und so haben die Zähne einen großen Grat an den Kanten. Gute Blätter werden geschliffen, und geschliffene Blätter haben keinen großen Grat. Das bedeutet meiner Erfahrung nach, dass geschliffene Blätter gerader sägen.

Was ist mit der Zahnteilung? Laubsägeblätter werden grob oder fein angeboten. Eine Zahnteilung von 1,0 bis 1,4 mm (18-24 tpi) ist für ein feines Blatt normal. Das Interessanteste an diese Blätter ist, dass man Weitzahnblätter kaufen kann. Hier fehlt jeder zweite Zahn. Ein Blatt mit 1,0 mm Zahnteilung hat dann also eigentlich eine Zahnteilung von 2,0 mm. Die Zähne haben aber die Größe von Zähnen einer 1,0 mm Zahnteilung. Das Ergebnis ist eine beachtliche Lücke zwischen den Zähnen. Das Blatt sägt fein und reibungslos. Man kann aber stärkere Werkstücke damit sägen, als man erwarten würde.

Ein Blatt mit einer 1,4 mm (18 tpi) Weitzahn-Zahnteilung ist für den Tischler ideal. Damit kann man leicht Schwalbenschwanzzinkungen sägen. Der Schnitt ist leicht anzusetzen und das Blatt sägt reibungslos. Warum gibt es keine Handsäge mit einem solchen Blatt? Ich weiß es nicht.

Unterschiedliche Arten von Blätterenden

Die meisten modernen Laubsägeblätter haben mittig in den Enden angeordnete Stifte. Die Stifte werden in einer Aufnahme gehalten, und so kann man das Blatt oder den Rahmen spannen.

Es gibt zwei andere Systeme, die man kennen sollte. Einige Blätter haben keine Stifte. Ihre Enden sind einfach grade und glatt. Das sind jedoch keine Laubsägeblätter. Sie sind Juweliersägeblätter. Eine Juweliersäge ist wie eine Laubsäge, aber ihr Rahmen ist kleiner und man kann ihn verstellen, um Blätter unterschiedlicher Längen aufzunehmen. Die entsprechenden Blätter haben keine Stifte. Dies ist sowohl gut als auch schlecht. Die gute Nachricht: Man kann fast alle Blätter in den Rahmen einspannen. Die schlechte Nachricht: Wie sehr man sich auch bemüht, der Rahmen wird ein Blatt nie so gut spannen wie der einer Laubsäge, der Blätter mit Stiften aufnimmt.

Es gibt noch ein anderes, älteres Blättersystem für Laubsägen. Wer sich mit alten Bauarten von Laubsägen beschäftigt, wird diese Art von Blättern begegnen. Sie haben einen kleinen Kreis, der aus dem Blatt geformt ist und das Spannen der Säge ermöglicht. Ich kenne keinen modernen Hersteller, der diese Blätter noch anfertigt, aber es existieren noch viele alte Blätter guter Qualität, die man mit etwas Mühe ausfindig machen kann.

Wie sehen diese Kreise aus? Wie ein großes Nadelöhr. Es ist, als ob man jedes Ende des Blatts nimmt und es biegt, um einen Kreis zu formen. Diesen kleinen stählernen Kreis legt man in die Blattaufnahme der Säge.

Wichtig zu wissen ist, dass einige Sägen sowohl diese altmodischen Blätter als auch die neueren aufnehmen, die mit Stiften versehen sind. Einige Sägen nehmen nur die altmodischen.

Man kann die Blätter mit Stiften modifizieren, so dass sie in die altmodischen Sägen passen. Man muss die Stifte etwas abschleifen – ich benutze einen Elektroschleifer. Man kann die Stifte auch mit einer Kneifzange (siehe Kapitel 8) zurückschneiden, muss dabei aber Augenschutz tragen. Die Spitze eines Stiftes ins Auge zu bekommen, ist nicht sehr lustig.

Der ideale Säger

Bewaffnet mit einem Satz guter Sägen kann man jetzt zu sägen anfangen, oder wie schon erwähnt, die Sägen für sich arbeiten lassen. Hier sind die Regeln, denen ich beim Sägen folge. Bei der Arbeit erinnere ich mich ständig daran, weil man sonst dazu neigen könnte, die Arbeit selbst zu übernehmen.

- Man sollte die Säge entspannt halten. Man greift sie nur so fest, dass man den Griff unter Kontrolle hat. Wenn die Muskeln der Hand und des Arms gespannt sind, wird die Säge nach links oder nach rechts verzogen, je nachdem, welche Muskeln im Einsatz sind.
- Der Zeigefinger sollte gerade an der Seite des Griffs liegen. Immer. Auch wenn es möglich wäre, die ganze Hand um den Griff zu wickeln, sollte man es nicht tun. Man sägt gerade, wenn der Zeigefinger am Blatt entlang nach vorne zeigt.
- Der Ellenbogen soll immer frei schwingen können. Leider sind die Vereinigten Staaten ein Land, in dem Milch und Honig fließen, und deswegen sind

wir nicht die spindeldürren Säger der Vergangenheit. Mit anderen Worten: Unsere Bäuche neigen dazu, im Weg zu sein. Wenn die Arme gegen den Rumpf reiben, sollte man die Körperhaltung verändern, bis die Arme frei schwingen können.

- Man stelle sich ein Dreibeinstativ vor. Die richtige Körperhaltung erleichtert das gerade Sägen. Der schwächere Fuß sollte Richtung Werkbank zeigen. Der stärkere Fuß sollte weiter rückwärts stehen und in einem Winkel von circa 90° zum anderen Fuß. So wird die Körperhaltung stabil. Wenn es nötig ist, die Schnittlinie genauer anzuschauen, sollte man sich nicht aus dem Rücken heraus nach vorne biegen, sondern den stärkeren Fuß noch weiter nach hinten platzieren, wodurch der ganze Körper niedriger steht. Wenn die Werkbank die richtige Höhe hat, sollte man das Beugen des Körpers auf ein Minimum reduzieren können.

Man muss immer die angerissene Linie sehen können. Wie kann man ihr folgen, wenn sie nicht sichtbar ist?

- Man soll möglichst wenig mit der Säge nach unten drücken. Das Gewicht der Säge sollte das Sägen bestimmen. Nach unten zu drücken, beschäftigt weitere Arm und Handmuskeln, und gespannte Muskeln lenken die Säge nach links oder rechts ab.
- Man sollte sich vorstellen, dass die Säge länger ist, als sie tatsächlich ist. So bringt man sich dazu, längere Züge zu machen, wodurch man schneller sägt und die Zähne der Säge gleichmäßiger abgenutzt werden.
- Womöglich sollte man nacheinander in zwei Ebenen gleichzeitig sägen. Wenn man zum Beispiel ein Brett ablängt, dann sägt man zuerst diagonal durch das Brett, bis die Unterseite erreicht wird. Danach konzentriert man sich auf die Schnittlinie in der der Oberseite. Die diagonale Schnittlinie lenkt die Säge, während man das Brett sägt.
- Man sollte immer direkt auf dem Riss sägen und nie mit einem Abstand dazu. Wer nicht direkt auf dem Riss sägt, wird nie ein guter Säger. Stattdessen wird er geschickt im Umgang mit dem Beitel, weil er seine Sägeschnitte ständig nachstechen muss.
- Wenn man die Säge beim Rückwärtszug etwas vom Werkstück abhebt, werden die Sägespäne vom Riss entfernt.

10 | DIE AUSSTATTUNG FÜR DAS SCHÄRFEN

Eine Schneide scharf zu schleifen, ist die einfachste Arbeit eines Möbeltischlers. Sie ist aber durch die überwältigende Vielfalt von Schleifsteinen und Schleifführungen unendlich kompliziert gemacht worden. Jeder kann nach einer knapp halbstündigen Anleitung eine Schneide akzeptabel schärfen. Danach wird man immer anspruchsvoller und möchte bei jedem neuen Schleifen das Ergebnis des vorherigen übertreffen.

Dank meiner Arbeit in der Zeitschriftenredaktion habe ich mehr Werkzeuge einstellen und schärfen dürfen als jeder andere Holzwerker, den ich kenne. Ich habe Hunderten von Leuten das Schärfen beigebracht. Täglich schärfe ich Werkzeuge. Und doch werden meine Schneiden von Jahr zu Jahr noch besser.

Bei der Wahl eines Schärfsystems sollte man wie bei einer altmodischen Ehe vorgehen. Man widmet sich einem einzigen System. Alles andere wird zurückgewiesen. Das auserwählte System wird bis ins letzte Detail erkundet. Das System muss gepflegt werden. Es muss ständig instand gehalten werden und immer einsatzbereit sein. Wer sich daran hält, wird reich belohnt.

Ein ständiges Wechseln von einem System zum nächsten führt unweigerlich zu einem Desaster. Jedes Schärfmittel (Wassersteine, Ölsteine, Keramik, Schleifpapier, Diamanten) ist einzigartig, und im Laufe der Zeit enthüllt jedes seine Geheimnisse.

Die große Frage, die sich stellt, lautet: Für welches System sollte man sich entscheiden?

Die Antwort: Das ist egal.

Jedes System funktioniert. Ich habe sie alle ausprobiert und jedes stellt irgendeinen Kompromiss zwischen Schärfzeit, Instandhaltung und finanziellem Aufwand dar. Kein einziges System ist sowohl schnell als auch preisgünstig und leicht instand zu halten. Es gibt immer Leute, die einem erzählen, dass es ein solches System gibt (weil sie von ihrem auserwählten System begeistert sind), aber sie sind von ihrer Begeisterung geblendet. Das kann ich verstehen.

Obwohl Schärfsysteme radikal unterschiedlich erscheinen können, haben alle drei gleiche Funktionen. Man schruppt, schleift und zieht Werkzeuge mit ihnen ab.

Schruppen ist das schnelle Abtragen von viel Metall, um eine Schneide zu reparieren oder die Form der Schneide nach wiederholtem Schärfen wieder herzustellen. Diese Arbeit kommt nicht häufig vor.

Mit dem Schleifen fängt das Schärfen an. Schleifen heißt, die abgenutzte Schneide zu entfernen und eine neue zu formen. Durch das Schleifen kann man die Form der Schneide auch verändern, etwa wenn man der Schneide eines Ein-

Traditionell und langlebig. Ich das Schärfen mit Ölsteinen erlernt und hänge deswegen immer noch an ihnen und ihren Eigenschaften. Sie sind etwas langsam, aber das bin ich selbst auch manchmal.

handhobels eine leichte Rundung verleihen möchte, oder die Schneide eines Stechbeitels gerade schleifen will, die durch das letzte Schärfen etwas schief geworden ist.

Durch das Abziehen wird die Schneide auf den endgültigen Schärfegrad gebracht. Je mehr man abzieht, desto strapazierfähiger die Schneide, aber ab einem bestimmten Punkt gilt auch hier das Gesetz der abnehmenden Erträgen. Einige Möbeltischler sind lebenslang mit einem einzigen Stein zum Abziehen zufrieden. Andere brauchen fünf oder sechs Exemplare, um glücklich zu sein.

Wir werden jetzt die Merkmale der unterschiedlichen Systeme besprechen. Es gibt noch andere Systeme, aber die folgenden Systeme sind diejenigen, die während der vergangenen etwa 100 Jahre am gebräuchlichsten waren.

Ölsteine: Langsam, zuverlässig und strapazierfähig

Während des letzten Jahrhunderts sind im Westen vor allem Ölsteine benutzt worden. Sie sind in der Natur zu finden, obwohl die meisten heutzutage künstlich hergestellt werden. Die Körner werden dabei ähnlich wie bei der Herstellung von Ziegelsteinen miteinander verbunden.

Ölsteine werden mit Öl getränkt. Man kann fast jedes Öl benutzen von WD40 über Mineralöl bis hin zu leichtem Motoröl. Öl ist vorteilhaft, weil es das Rosten von Werkzeugen verhindert und (normalerweise) nur langsam verdunstet. Man muss also den Stein nicht immer wieder mit Öl versehen.

Ölsteine tragen Metall langsamer ab als die meisten anderen Schärfsysteme, d.h. man braucht mehr Züge, um die Schneide des Werkzeugs zu schärfen. Auf der anderen Seite nutzen sich Ölsteine viel langsamer ab als andere Schleifsteine, man muss sie also nicht so oft abrichten. Manche Möbeltischler berichten, dass sie ihre Ölsteine nie abgerichtet haben.

Das entspricht nicht meiner Erfahrung. Ölsteine funktionieren besser, wenn sie eben sind. Sie arbeiten schneller, weil das Abrichten neue Körner freilegt und verhindert, dass die Oberfläche glatt wird.

Wer sich für ein Ölsteinsystem entscheidet, braucht ein Mittel, um die Werkzeuge zu schruppen (zum Beispiel eine Schleifmaschine mit hoher Drehzahl), einen Ölstein zum Schleifen und mindestens einen Ölstein zum Abziehen. Der gröbste gebräuchliche Ölstein ist der Washita. Für das Schruppen ist er eher nicht grob genug. Viele kaufen einen Washita oder den nächst feineren Stein, den Soft Arkansas, für das erste Schleifen. Die Hard Arkansas-, Hard Black- und Translucent-Steine sind für das Abziehen geeignet.

Bei den Natursteinen, die aus Novaculit bestehen, gibt es Härteunterschiede zwischen den einzelnen Steinen. Ich habe Hard Black- und Translucent-Steine verwendet, die einander sehr ähnlich waren.

Oder vielleicht konnte ich damals die Unterschiede einfach nicht erkennen.

Ich bin ein Anhänger von Ölsteinen und ich benutze sie seit vielen Jahren. Man muss sie nicht vorbereiten. Sie müssen nur mit Öl besprüht werden und los geht's. Das Öl verhindert Rost. Die Instandhaltung der Ölsteine ist nicht aufwendig. Ölsteine sind auch das kostengünstigste aller Schärfsysteme. Es ist kaum möglich, während eines Menschenlebens einen Satz davon abzunutzen. Meistens kann man sie an die Kinder vererben.

Man sollte die besten Steine kaufen, die man sich leisten kann, und die Kosten auf die Länge eines Menschenlebens verrechnen. Gerechnet auf 20 Jahre kostet ein 50-Euro-Stein 2,50 Euro jährlich. Ein 100-Euro-Stein kostet während desselben Zeitraums 5 Euro jährlich. Der Preisunterschied entspricht dem Preis einer Tasse guten Kaffees pro Jahr.

Einfach nur Politur. Manche Holzwerker finden den Streichriemen geheimnisvoll. Als ob die Polierpaste eine Art Zaubermittel wäre. Das Polieren auf dem Streichriemen ist nichts anderes als am sehr feinen Ende des Spektrums abzuziehen. Die Polierpaste ist lediglich ein Schleifmittel.

Ich habe einen weichen India-Stein zum Schleifen und ein Hard Black Arkansas-Stein zum Abziehen. Nach dem Abziehen setze ich ein letztes Verfahren ein: Ich poliere die Schneide auf einem Streichriemen.

Polieren ist nicht einfach. Viele Möbeltischler sehen in der Verwendung des Streichriemens etwas Geheimnisvolles, als wäre die Schleifpaste irgendein Wundermittel. Das Verfahren ist einfach ein Schleifen im extrem feinen Körnungsbereich. Die Schleifpaste ist einfach ein Schleifmittel.

Mit dem Streichriemen polieren

Das Schleifen mit Ölsteinen und das Polieren mit dem Streichriemen gehören zusammen. Der Grund dafür ist, dass der feinste Ölstein (der Translucent) für manche Werkzeuge etwas zu grob ist. Um die schärfste Schneide zu erzeugen, braucht man einen Streichriemen. Das Polieren mit dem Streichriemen ist keine Zauberei.

Es ist einfach eine feinere Poliermethode. Der Streichriemen funktioniert wie ein Stein. Die Polierpaste ist ein wachsartiges Schleifmittel mit sehr kleinen Körnchen, deren Größe nur 1 Mikron beträgt, und damit poliert man die Schneide auf.

Auf dem Streichriemen bewegt man das Werkzeug in nur eine Richtung: Man zieht das Werkzeug zu sich. Schiebt man es nach vorne, gräbt sich die scharfe Schneide wahrscheinlich ins Leder hinein und beschädigt den Streichriemen.

Wassersteine

Seit Jahrhunderten haben Handwerker Steine mit Wasser benetzt – Schleifscheiben aus Sandstein sind überall auf der Welt immer mit Wasser benetzt worden. Die Japaner aber hatten Steinbrüche mit Steinen, die eine unglaubliche Schärfe verleihen konnten, wenn man sie mit Wasser benetzte. So wurde Japan also zum Mittelpunkt der Welt der natürlichen und künstlichen Wassersteine.

Wie natürliche Ölsteine sind heutzutage auch natürliche Wassersteine selten geworden. Die meisten Handwerker kaufen künstliche Wassersteine.

Der größte Vorteil der Wassersteine liegt darin, dass sie schneller als fast alle anderen Schleifmittel abtragen. Wie schnell? Das Abziehen mit einem Wasserstein kann nur drei oder vier Züge benötigen. Mit einem Ölstein sind 20 bis 30 Züge nötig, um eine neue Schneide zu schleifen. Dem Hobby-Möbeltischler mag dieser Unterschied nicht so wichtig sein, aber für jemanden, der so viel wie ich schleift, ist die Reduzierung der Schleifzeit merkbar.

Der Hauptnachteil von Wassersteinen ist, dass sie schnell hohl werden. Ich richte sie nach jeder Verwendung ab, um sicher zu sein, dass sie immer eben sind. Dafür verwende ich eine Diamant-Abrichtplatte. Wer es zulässt, dass seine Steine uneben werden, wird höchstwahrscheinlich seine Schneiden vermasseln. Da Wassersteine so schnell Material abtragen, können sie eine Schneide unglaublich schnell ruinieren.

Mit Wassersteinen verwendet man ein billiges und reichlich vorkommendes Schmiermittel – Wasser. Wasser ist aber auch eine Chemikalie, die das Verrosten von Eisen und Stahl fördert. Das bedeutet, dass man vorsichtig mit Wasser umgehen und nach dem Schärfen jedes Werkzeug ölen sollte. Wer sich nicht darum kümmert, hat schnell braun verkrustete Werkzeuge.

Bei Wassersteinen gibt es eine große Bandbreite von Körnungen, von sehr grob bis unglaublich fein. Wenn man nur ein einziges Schärfsystem in seiner Werkstatt haben will, sind Wassersteine die richtige Wahl.

Tränken oder nicht?

Es gibt im Grunde genommen zwei Sorten von Wassersteinen: diejenigen, die man vor der Verwendung zehn Minuten in Wasser tränken muss, und diejenigen, die nur kurz mit Wasser besprüht werden. Wassersteine der ersten Kategorie müssen getränkt werden, sonst würden sie sofort das Wasser von der Oberfläche absorbieren: Ein trockener Wasserstein setzt sich aber schnell mit Stahlspänen zu.

Die Wassersteine, die nicht getränkt werden müssen, sind teurer, dafür aber komfortabler.

Die feinsten Abziehsteine können getränkt werden, aber viele von ihnen müssen es nicht. Man kann sie einfach besprühen und mit dem Abziehen loslegen.

Die Wassersteine, die man braucht

Um Werkzeuge mit einem Wasserstein schruppen zu können, braucht man einen Stein mit einer 200er Körnung. Solche Steine fressen Stahl geradezu, und sie werden hohl, wenn man sie nur schief anschaut. Ein solcher Stein ist normalerweise sehr dick, weil er beim Schruppen sehr schnell abgenutzt wird. Ich schruppe nicht gerne mit Wassersteinen, da ich ein Anhänger von Schleifmaschinen bin, aber manche Leute mögen wiederum diese Maschinen nicht.

Zum Schleifen braucht man eine Körnung von ungefähr 800 bis 1 200. Die meisten entscheiden sich für 1 000. Einige kaufen noch einen 2 000er Stein dazu, aber das halte ich für eine Verschwendung von Geld und Stahl. Man soll nicht vergessen: Je mehr man schleift, desto mehr Stahl trägt man ab. Ich versuche immer möglichst wenig Stahl abzutragen. Das bedeutet auch, dass die Steine weniger abgenutzt werden, und das bedeutet wiederum, dass ich sie nicht so oft abrichten muss und die Steine länger halten.

Zum Polieren braucht man einen Stein mit einer Körnung von 4 000 oder feiner. Wer nur einen einzigen solchen Stein möchte, sollte einen Stein mit einer Körnung zwischen 4 000 und 8 000 kaufen.

Diejenigen, die sich zwei Steine leisten können, sollten einen 4 000er und entweder einen 8 000er oder 10 000er kaufen. Wer drei Poliersteine möchte, wird einen 30 000er dazu nehmen, die aber wirklich teuer sind.

Mein System besteht aus Wassersteinen mit Körnungen von 1 000, 4 000 und 8 000. Ich finde, dass Körnungen, die feiner als 8 000 sind, eine Verschwendung von Geld und Zeit sind. Die feineren Körnungen nehmen zu viel Zeit in Anspruch, um gute Ergebnisse zu liefern. Ich beschäftige mich lieber mit dem Schneiden von Verbindungen.

Die Kosten von Wassersteinen

Wassersteine finden sich im mittleren Preissegment der Schärfsysteme. Obwohl jeder Wasserstein ungefähr so viel wie ein Ölstein kostet, werden sie schneller abgenutzt. In den letzten 15 Jahren habe ich drei Wassersteine mit Körnung 1 000 aufgebraucht und ich bin schon bei meinem zweiten 4 000er. Die feineren Steine halten ein Leben lang.

Die Wassersteine eines Hobby-Tischlers können noch länger halten, es sei denn, man schärft wie ich täglich.

Obwohl es mir nicht gefällt, wie schnell ich meine Wassersteine abnutze, gefällt es mir sehr, wie schnell sie Stahl abtragen. Mit ihnen kann ich innerhalb von drei Minuten Schneiden korrigieren und Fasen anschleifen sowie Schneiden perfekt auspolieren. Dann bin ich wieder bei der Arbeit an der Hobelbank.

Ich habe einen schönen Satz von Wassersteinen gekauft, die nie getränkt werden müssen. Diesen Satz habe ich gewählt, weil ich viel unterwegs bin und mit ihm vermeiden kann, dass beim Transport Wasser auf meine Werkzeuge gelangt. Manchmal muss ich auch die Wassersteine herausnehmen und sofort mit dem Schärfen beginnen, da ich keine Zeit habe, die Steine zu tränken.

Der Hobby-Möbeltischler kennt diese Einschränkungen nicht, und das ist beim Kauf eines Systems zu bedenken. Wer bereit ist, sich ein bisschen mehr Zeit zu nehmen, kann auch Wassersteine wählen, die getränkt werden müssen.

Das Abrichten von Öl- und Wassersteinen

Es gibt drei Möglichkeiten, Schleifsteine abzurichten.

Man kann Schleifsteine mit anderen Schleifsteinen abrichten. Es funktioniert, aber die Steine werden noch schneller abgenutzt und das Verfahren kann langwierig sein. Außerdem muss man die feinen Schleifsteine sorgfältig säubern, sodass sich keine groben Körnchen in sie einbetten.

Die nächste Möglichkeit erwähne ich nur, um vor ihr zu warnen. Manche Möbeltischler richten ihre Schleifsteine mit Schleifpapier ab, das auf eine ebene Fläche geklebt wurde. Dies ist ein schrecklich teures Verfahren. Man kann mit einem Blatt Schleifpapier nur zweimal abrichten, bevor man es fortwerfen muss. Wer keine Schleifpapierfabrik besitzt, sollte sein Geld irgendwo anders ausgeben.

Die dritte Möglichkeit besteht darin, einen Stein extra fürs Abrichten anzuschaffen. Ich bevorzuge einen Diamantstein (die groben bzw. extra groben sind am besten geeignet). So ein Abrichtblock mit Diamantbeschichtung leistet jahrzehntelang seine Dienste, wenn man ihn richtig behandelt.

Es gibt auch Schleifsteine, die extra für das Abrichten gedacht sind. Sie bestehen aus einem ziegelsteinähnlichen Material. In den letzten 15 Jahren habe ich drei oder vier davon getestet und keiner davon war eben oder ist mehr oder weniger eben geblieben. Sie sind eine scheinbar gute und billige Lösung. Billig sind sie in der Tat.

Schruppen

Das Schruppen ist eine schmutzige, aber notwendige Sache. Die meisten Anfänger wollen sich nicht damit beschäftigen, bis sie es müssen. Ich empfehle aber, sich damit vertraut zu machen. Am besten kauft man auf einem Flohmarkt einen alten Beitel für 1 Euro, um das Schruppen zu üben. Das Werkzeug wird dadurch vielleicht ruiniert, aber man lernt, wie man schruppt.

Am häufigsten schruppt man mit einer elektrischen Trockenschleifmaschine, die ein Rad mit einem Durchmesser von 15 oder 20 cm hat. Der Verkäufer wird versuchen, einen davon zu überzeugen, dass eine teurere Maschine mit einer niedrigeren Drehzahl die bessere Wahl wäre („Damit werden die Werkzeuge nicht überhitzt!"). Das ist Quatsch. Man kann mit jeder Schleifmaschine Werkzeuge überhitzen. Ich ziehe eine schnellere Maschine vor, mit einem Schleifrad, das sich schnell abgenutzt. Damit kann man mit relativ niedrigen Temperaturen schruppen.

Die Schleifmaschine mit niedriger Drehzahl kann man also vergessen. Am besten kauft man eine Schleifmaschine mit hoher Drehzahl, die vor 1980 hergestellt wurde. Diese alten Riesen aus Gusseisen sind billig ($20 wäre ein vernünftiger Preis). Weil sie aus so viel Eisen bestehen, sind sie vibrationsarm. Sie laufen so glatt, dass man Schwierigkeiten hat, wahrzunehmen, ob sich das Rad dreht oder nicht.

Meine Schleifmaschine ist ein Modell von Craftsman. Sie hat eine 6-Zoll-Scheibe und wird wahrscheinlich noch 50 Jahre gute Dienste leisten.

Am besten kauft man sich also eine günstige alte Schleifmaschine (bevor man Geld ausgibt, muss man erst kontrollieren, dass die Achse keine Unwucht hat,) und mit dem Geld, das man so gespart hat, kauft man ein paar Schleifschei-

Einfacher als es aussieht. Die Arbeit mit der handbetriebenen Schleifmaschine benötigt etwas Übung, aber nachdem man einige Werkzeuge geschärft hat, ist man schon ein Experte. Die alten Maschinen können mit neuen Schleifscheiben ausgerüstet werden und lassen sich überall anbringen.

Funktioniert. Ich bin nicht besonders begeistert vom Schärfen mit Schleifpapier. Wenn es aber keinen anderen Weg gibt, das Schärfen zu erlernen, dann sollte man ihn beschreiten. Hauptsache, man schleift.

ben in Spitzenqualität. Ich benutze Scheiben mit 80er Körnung. Die Kornbindung ist sehr schwach, d.h. sie werden schnell abgenutzt. Solche Scheiben bleiben auch relativ kühl.

Scheiben, die zu hart sind, überhitzen Werkzeuge in kürzester Zeit. Sie bekommen auch glasige Oberflächen.

Man braucht außerdem ein Werkzeug, mit dem man die Scheiben abrichtet – eine empfehlenswerte Routine-Instandhaltungsarbeit. Mit diesem Werkzeug kann man auch Profile an einer Scheibe anarbeiten, um die Eisen von Profilhobeln zu schleifen.

Ich besitze auch eine von Hand angetriebene Schleifmaschine, die ich liebe. Man braucht eine gewisse Geschicklichkeit, um sie zu benutzen. Ich drehe sie mit meiner stärkeren Hand und schleife mit der schwächeren Hand. Es ist nicht sehr schwierig, das zu erlernen. Das Gerät arbeitet sehr schnell. Mit ihr kann ich ein Werkzeug sogar überhitzen.

Ich kenne keinen Hersteller, der heute noch handgetriebene Schleifmaschinen anbietet, aber gebrauchte Exemplare findet man häufiger.

Immer noch nicht überzeugt?

Es ist sehr schwierig, manche Leute zu überzeugen, sich eine elektrische oder handgetriebene Schleifmaschine anzuschaffen. Sie haben vor diesem Drehteufel Angst. Er wird ihre Werkzeuge auffressen oder noch Schlimmeres anrichten. Wenn eine Schleifmaschine einem Ängste einjagt, kann ich auch eine Alternative anbieten: Eine ebene Bodenfliese aus Granit, auf der man Schleifpapier festklebt, das für Bandschleifer konfektioniert ist.

Das System ist anfänglich kostengünstig. Eine 25 x 25 cm Granitfliese hat mich $7 gekostet. Außerdem musste ich etwa $15 für Aluminium-Zirkonium-Bandschleifpapier mit einer 80er Körnung ausgeben, wie man es normalerweise benutzt, um Edelstahl zu schleifen. Ich habe die Schleifpapierbänder in einzelne Teile geschnitten, die ich mit Sprühkleber an der Granitfliese anklebte.

So kann man sicher und billig mit dem Schruppen anfangen, aber die langfristigen Kosten wären immens. Auch gutes Papier setzt sich mit Stahlspänen zu. (Wassersteine nutzen sich dagegen unter Druck ab, wodurch neue Schleifkörnchen freigelegt werden.) Vielleicht muss man das Papier ein oder zweimal im Jahr ersetzen. So werden die Kosten nach 20 Jahren ungefähr zwischen $300 und $600 liegen. Eine gebrauchte Schleifmaschine mit Schleifscheiben würde im gleichen Zeitraum viel weniger kosten.

Wenn das Schleifpapier Stahlspäne enthält, entstehen Bereiche, die viel schärfer als andere sind. So kann es relativ leicht dazu kommen, dass man eine Schneide ruiniert, wenn man nicht genau aufpasst, wo man auf dem Papier schleift. Es entstehen auch Gebiete im Papier, die nicht so schnell Material abtragen. Mit Stahlspänen durchsetztes Papier führt leicht zu merkwürdigen und ungleichmäßigen Ergebnissen.

Auf der anderen Seite lassen sich mit Schleifpapier Werkzeuge recht gut schärfen. Einige Leute schwören darauf.

Schärfen mit Schleifpapier

Manche Tischler schärfen vorzugsweise mit Schleifpapier, was ich nicht kritisieren möchte. OK, das ist nicht ganz die Wahrheit. Das Schleifen mit Schleifpapier funktioniert, aber es ist langfristig unglaublich teuer. Gutes Schleifpapier kostet gutes Geld. Es gibt auch Bandschleifmaschinen, bei denen ein Motor eine Schleifscheibe oder ein Schleifband aus Papier antreibt. Auch sie sind in der Verwendung teurer als eine Schleifmaschine mit Schleifsteinen.

Ich empfehle Schleifpapier nur denjenigen, die sich nicht sicher sind, ob sie lernen wollen, ihre Werkzeuge selbst zu schärfen, oder jenen, die Angst vor einer elektrischen Schleifmaschine haben und auch nicht bereit sind, eine handgetriebene Maschine zu kaufen.

Der Hauptvorteil von Schleifpapier liegt in den niedrigen Anfangskosten. Mit nur ein paar Blättern selbstklebendem Schleifpapier und einer ebenen Fläche kann man anfangen. Das Papier muss aber regelmäßig ersetzt werden. Wie häufig man das machen muss, hängt von den Werkzeugen ab, die man verwendet, und wie häufig man sie schärft. Wer nur ein paar Beitel hat, wird sehr viel Nutzen von einem einzigen Blatt Schleifpapier haben, aber wer Hobeleisen, Beitel, Messer und Schnitzwerkzeuge schärft, wird Glück haben, wenn er bei der Arbeit an einem einzigen nur ein Blatt verbraucht.

Selbst wenn wir die langfristigen Kosten außer Acht lassen, bin ich mit Schleifpapier auch deswegen unzufrieden, weil es sich leicht mit Stahlspänen zusetzt und die Körner stellenweise abgerieben werden. Beim Abnutzen von Schleifsteinen wird frisches Schleifmittel frei. Beim Abnutzen von Schleifpapier verschwindet das Schleifmittel einfach.

Das bedeutet, dass man das Papier häufiger ersetzen muss, um einheitliche Ergebnisse zu erzielen.

Wenn einem nach allen meinen Warnungen dieses System immer noch verlockend erscheint, dann sollte man es benutzen. Es ist nicht mein Geld und auch nicht meine Arbeit, um die es dann geht. Für diesen Fall sind hier meine Empfehlungen.

Fürs Schruppen ist Aluminium-Zirkonium-Schleifpapier mit 80er Körnung am besten. Im vorhergehenden Abschnitt gibt es eine kurze Diskussion zu diesem Thema. Für das erste Schleifen ist Papier mit einer Körnung von 1200 bis 1500 geeignet. Wenn die Körnung in Mikron gemessen wird, sollte sie zwischen 20 und 7 Mikron liegen.

Fürs Polieren bzw. Abziehen braucht man eine Körnung von etwa 2500. Manche Tischler benutzen viele Körnungen mit kleinen Schritten dazwischen, aber meiner Meinung nach ist das sinnlos.

Man sollte vorsichtig sein, wenn man Papiere unterschiedlicher Systeme gleichzeitig verwendet. Dadurch ist es möglich total durcheinander zu kommen. Eine 800er Körnung von einer Marke muss nicht die 800er Körnung einer anderen Marke gleichen. Ich habe eine 800er Körnung von einem Hersteller benutzt, die feiner als die 1200er Körnung eines anderen Herstellers war.

Es gibt verschiedene Standards, nach denen Korngrößen definiert sind, im wesentlichen eine europäische (FEPA), eine amerikanische (ANSI) und eine japanische (JIS). Das bedeutet, dass eine 1000er Körnung nicht gleich einer anderen 1000er Körnung sein muss. [4]

Ölkanne oder Sprühflasche

Um Schleifsteine zu benetzen, empfehle ich für Wassersteine eine Sprühflasche, wie sie für Zimmerpflanzen verwendet wird, oder eine Ölkanne mit Pumpe für Ölsteine. Sprühflaschen sind entweder mit einem Hebel zu betätigen oder man setzt die Flasche mit einer Pumpe unter Druck.

Die Pflanzensprühflaschen sind für wenig Geld im Gartenmarkt zu bekommen. Mit einigen Pumpenstößen baut man genug Druck auf, um eine ganze Zeit sprühen zu können. Das ist viel schöner, als eine alte Fensterreinigerflasche zu verwenden.

---

4 Vergleich der internationalen Standards für Korngrößen bei Schleifpapieren:
alle Systeme: https://www.feinewerkzeuge.de/G10019.html
europäische vs. japanische Angaben: https://messerschaerfen.com/fepajiskoernung korngroessentabelleschleifmittel/

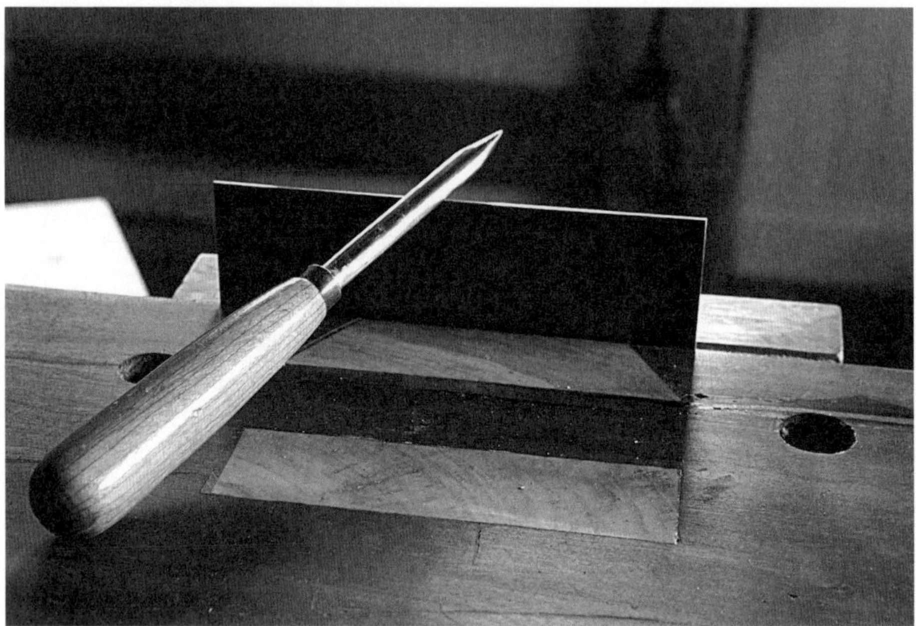

Zauberstab. Ein harter und polierter Ziehklingenstahl ist unabdingbar, um moderne Ziehklingen abzuziehen, die härter sind als die älteren.

Alte Ölkannen sind wunderbar. Sie sind sehr günstig auf Flohmärkten oder im Internet zu bekommen. Sie sind viel besser als die Kunststoffflaschen von einigen Antikorrosionsölen.

Abziehstahl

Wer seine Ziehklinge schärfen möchte, braucht einen Ziehklingenstahl. In manchen alten Büchern wird der Ziehklingenstahl als überflüssig bezeichnet. Es wird einem geraten, den Grat der Ziehklinge mit der Klinge eines Schraubendrehers oder mit der Rückseite eines Beitels oder eines Hohleisens anzuziehen.

Das war in vergangenen Zeiten ein guter Rat, als Ziehklingen aus weichem Stahl hergestellt wurden. Heutzutage werden Ziehklingen aus viel härterem Stahl hergestellt. Obwohl man mit einem harten Hohleisen vielleicht einen Grat anziehen könnte, wäre es viel leichter, es mit einem echten Ziehklingenstahl zu machen. Der Ziehklingenstahl muss viel härter als die Ziehklinge sein, und außerdem glatt und poliert. Diese drei Merkmale erlauben das Umgestalten der metallischen

Kante der Ziehklinge zu einem perfekten kleinen Haken, der glatt ist und nicht gezackt oder gebrochen ist.

Wenn ich einen Ziehklingenstahl kaufe, verlange ich nur eines: Eine Geld-zurück-Garantie. Die Qualität dieser Werkzeuge ist sehr unterschiedlich. Einige sind weich. Einige weisen tiefe Kratzer auf. Das kann man aber nicht auf einem Bild oder Foto in einem Katalog sehen. Es ist also wichtig zu wissen, dass man ihn zurückschicken kann.

Manche Leute halten das Profil des Ziehklingenstahls für sehr wichtig. Es gibt runde, ovale und dreieckige Ziehklingenstähle. Das Profil ist mir völlig Wurst. Mit einer scharfen Wölbung kann man den Grat mit weniger Druck anziehen. Mit einer flachen Wölbung kann man den Grat mit mehr Druck anziehen. Man kriegt dieselben Ergebnisse mit unterschiedlich starkem Druck.

Ziehklingenstähle aus Hartmetall

Es gibt auch Ziehklingenstähle, die aus zweckentfremdeten Hartmetallstäben aus der Industrie hergestellt sind. Sie können erstaunlich gut sein – Hartmetall kann leicht eine Rockwell-Härte von 90 erreichen. Sie können auch Schrott sein, wenn ihre Oberflächen kleine Löcher oder Kratzer haben.

Ziehklingenstähle, die aus wiederverwendeten medizinischen Geräten hergestellt sind, sollte man nicht automatisch ablehnen, aber man muss sicher sein, dass man sein Geld zurück bekommt, falls sie nicht glatt oder poliert genug sind, ihre Arbeit vernünftig zu erledigen.

11 | WICHTIGE VORRICHTUNGEN

Es gibt empfehlenswerte Bücher, die ausschließlich dem Thema „Vorrichtungen" gewidmet sind z.B. *Making Woodwork Aids And Devices* von Robert Wearing. Es ist nicht mehr über den Buchhandel erhältlich, aber sicherlich über das Internet oder ein Antiquariat.

Es wäre unmöglich, in einem einzigen Kapitel alles Wissenswerte über Vorrichtungen zu schreiben, die einem die genauere Verwendung von Handwerkszeugen ermöglichen. Ich werde die Eigenschaften einiger Vorrichtungen beschreiben und einige Hinweise zu deren Handhabung geben. Wie die Vorrichtungen herzustellen sind, sollte selbsterklärend sein. Allerdings habe ich in der Vergangenheit Ähnliches behauptet und dann bereut.

Dieses Kapitel dient auch als eine Auflistung der Vorrichtungen, die meiner Meinung nach in jeder Werkstatt zu finden sein sollten. Man könnte sich ein Leben lang mit der Herstellung von kleinen Vorrichtungen beschäftigen (und einige Bastler tun genau das). Aber man sollte mit den hier genannten Vorrichtungen anfangen und sie benutzen, bevor man anfängt, noch weitere zu bauen.

An den Anfang möchte ich eine Regel stellen, die mir genannt wurde, als ich noch Anfänger war: „Keine Vorrichtung sollte aus mehr als 10 Bauteilen bestehen, und sie sollte keine eingebaute Messuhr enthalten." Falls man mit dem Gedanken spielt, diese Regel nicht zu beachten, sollte man sich vielleicht überlegen, eher Hobby-Maschinenbauer als Tischler zu werden.

Die Sägelade

Die Sägelade ist die erste Vorrichtung, die man bauen sollte. Sie kann aus einem einzigen Stück Holz gefertigt werden – das wirkt unglaublich urtümlich – oder man kann sie aus drei einzelnen Holzteilen herstellen – Grundplatte, Haken und Anschlag.

Die Sägelade sorgt dafür, dass man Sägen richtig einsetzt, die quer zur Faser schneiden. Fest in die Vorderzange der Bank eingespanntes Holz kann man nicht gut ablängen, ohne sich zu verrenken oder das Sägen mit der schwächeren Hand zu lernen. Die Sägelade erlaubt deutlich schnelleres Arbeiten als der Einsatz der Vorderzange, weil sie so gestaltet ist, dass sie sowohl die Schwerkraft als auch die Eigenschaften der Säge ausnutzt.

Die Säge schneidet, wenn sie nach vorne geschoben wird. Dadurch werden das Werkstück gegen den Anschlag und der Haken gegen die Werkbank gedrückt. Die Schwerkraft leistet die restliche Arbeit. Man kann mit der Sägelade auf Gehrung sägen, indem man eine Schnittfuge in einem Winkel von 45° in den Anschlag sägt.

Was ist noch wichtiger als unabdingbar? Die Sägelade ist beim Sägen so grundlegend für genaue Arbeit, dass sie meiner Meinung nach zu den ersten Dingen gehört, die man bauen sollte, sogar noch vor der Hobelbank.

Sägeladen können jede beliebige Größe haben. Meine sind 12,5 bis 15 cm breit, und die Platte ist etwa 20 cm lang. Der Anschlag und der Haken sind etwa 2,5 cm stark. So entsteht eine Arbeitsfläche von 12,5 x 17,5 cm.

Der Clou bei der Verwendung der Sägelade besteht darin, das eigene Körpergewicht einzusetzen. Mit der schwächeren Hand greift man sowohl das Werkstück als auch den Anschlag und drückt sie so zusammen. Falls das Werkstück dafür zu breit ist, drückt man gegen seine näherliegende Kante.

Die ganze Kraft oder das ganze Gewicht sollte auf die näherliegende Kante des Werkstücks gerichtet werden, um es möglichst unverrückbar zu halten. Die sägende Hand sollte frei schwingen können und fast über dem Werkstück schweben. Es ist eine verrückte Art von Jungscher Dualität. Die eine Hand drückt möglichst viel, die andere möglichst wenig. Ihr Zusammenspiel schafft die perfekten Bedingungen für genaues Sägen.

Die Sägebank

Die zweite unabdingbare Vorrichtung ist die Sägebank. Man benutzt sie mit Fuchsschwanzsägen. Die Sägebank ist etwas anderes als ein Sägebock.

Eine Sägebank hat ungefähr in Kniehöhe eine Platte, die mindestens 12,5 cm breit und 90 cm lang ist. Die Höhe und Größe der Platte erlauben das Festhalten des Werkstücks mit den Knien, sodass man ohne Zwingen sowohl quer zur Faser als auch in Längsrichtung sägen kann.

Es gibt Sägebänke in hunderten Varianten. Sie können kistenartig oder halbpyramidenförmig sein. Sie können sogar wie eine Werkzeugkiste aussehen. Es geht aber nicht um die Bauweise der Sägebank, sondern darum, wie man sie benutzt.

Gehen wir davon aus, dass man als Rechtshänder(in) ein Stück Holz auf der Bank quer zur Faser sägen möchte. Man stellt sich so neben die Bank, dass das rechte Knie gegen das Werkstück drückt. Dann biegt man das linke Bein und legt das linke Knie auf das Werkstück. So kann man die Säge richtig auf die Schnittlinie legen.

Die richtige Stellung der Knie ist der Schlüssel zum Benutzen einer Sägebank. Wenn das Werkstück von den Knien eingerahmt ist, bleibt es während des Sägens fixiert.

Der kleine Helfer. Sägebänke sind noch eine Vorrichtung, auf die ich nicht verzichten könnte. Diese Platten in Kniehöhe halten das Holz fürs Sägen mit Fuchsschwanzsägen. Man kann auf ihnen auch Werkstücke zusammenbauen.

So kann man sich auf die Schnittlinie konzentrieren, anstatt sich um bewegendes Holz kümmern zu müssen.

Die Gehrungslade

Die dritte unverzichtbare Vorrichtung zum Sägen ist die Gehrungslade. Sie kann ganz einfach sein: Drei Stücke Holz, die zusammengenagelt werden und eine U-Form zu bilden, in deren Seitenwänden Schnittfugen eingelassenen sind, um die Säge beim Schneiden von Leisten zu führen. Ich habe viele Jahre mit einer solchen Gehrungslade gearbeitet, aber ich habe sie nie wirklich gemocht.

Zugegeben, sie funktionierte annehmbar, aber nach dem Sägen von einigen Dutzend Gehrungen waren die Schnittfugen ausgefranst, und so musste ich entweder jede einzelne Gehrung nacharbeiten oder eine neue Gehrungslade bauen.

Dann habe ich auf einem Flohmarkt für $5 oder $10 eine Gehrungslade aus Metall gekauft. Es war das Modell Langdon von der Firma Millers Falls, und sie war mit einer riesige Gehrungssäge (etwa 75 cm lang) ausgestattet. Nachdem ich die Säge geschärft und die mechanischen Teile geölt hatte, habe ich einige Gehrungen damit gesägt.

Es war Liebe auf den ersten Schnitt. Die Langdon-Gehrungslade war genauer und strapazierfähiger als meine selbstgemachte Vorrichtung aus Holz und sie hat kaum mehr gekostet. Es ist ein robustes und einfaches Werkzeug und im Gegensatz zu den elektrischen Kapp- und Gehrungssägen, die ich für die Zeitschrift getestet habe, wirkte sie irgendwie menschlich. Ich weiß, dass das eine merkwürdige Wortwahl ist, aber wer mit einer Kapp- und Gehrungssäge gearbeitet hat, versteht warum sie im Englischen den Spitznamen ‚Hacksäge' *(chop saw)* trägt. Es ist schwierig, damit präzise zu arbeiten, weil sie für Zimmerleute entwickelt wurde.

Man benutzt die manuelle Gehrungssäge genau wie man eine Sägelade benutzt.

Die schwächere Hand hält das Werkstück in Verbindung mit dem Körpergewicht fest. Mit der anderen Hand bewegt man die Säge und versucht dabei, mit ihr möglichst ohne Krafteinsatz durch das Holz zu schneiden.

Beim Benutzen einer Gehrungslade muss man ständig an die Ausrichtung des Werkstücks denken, d.h. welche Seite dem Säger gegenüber liegt und welche Seite die Anlage berührt. An dieser Seite kommt es zu Faserausrissen, wenn die Säge durch das Holz schneidet. Das bedeutet, dass die vordere Seite einer Leiste nicht die Anlage berühren sollte, weil sie nach dem Sägen wie zersplittertes Abfallholz aussieht. Man sollte also nicht zögern, die Säge nach links oder rechts umzudrehen, um das Werkstück mit der Sichtkante zum Sägenden sägen zu können.

Eine letzte Bemerkung: Manchmal sägt man Bauteile für einen Korpus, der nicht rechtwinklig ist, auf Gehrung. Das bedeutet, dass der Schnittwinkel verändert werden muss. Dies erreicht man, indem man eine kleine Zulage mit Klebeband am Anschlag anbringt, sodass das Werkstück in einem leichten Winkel anliegt. Vermutlich gibt es Formeln, nach denen man diesen Winkel berechnen kann. Es ist aber schneller und einfacher, ihn durch Experimentieren zu ermitteln.

Hirnholzstoßlade

Stoßladen sind wie überdimensionierte Sägeladen. Es gibt eine Platte – mir gefällt eine Größe von 60 x 45 cm –, auf die man das Werkstück legt. An der Unterseite gibt es einen Haken, der die Vorderseite der Hobelbank berührt. Der Anschlag ist normalerweise 2,5 cm stark und bis zu 5 cm breit. Die angegebenen Maße sind nur Orientierungswerte, weil Stoßladen aus Holzresten gemacht werden sollten. Kleine Abweichungen haben in der Praxis keine nennenswerten Auswirkungen.

Die Stoßlade führt einen Hobel, der auf der Seite liegt. Bei der einfachsten Stoßlade gleitet der Hobel auf der Hobelbankplatte. Wenn die Hobelbank schön

Der Freund der Säge. Mit einer Stoßlade entfernt man die Sägespuren am Holz und richtet es ab. Außerdem kann man die Länge eines Brettes im Tausendstellmillimeterbereich verändern.

plan ist, funktioniert das gut. Bei anderen Stoßladen gleitet der Hobel auf einer schmalen Leiste.

Eine solche Stoßlade ist unverzichtbar. Nachdem man auf Länge gesägt hat, verwendet man diese Vorrichtung, um die Spuren des Sägens zu verputzen und das Hirnholz genau rechtwinklig und plan abzurichten.

Die Vorrichtung wird auch benutzt, um Teile genau in ein Werkstück einzupassen, z.B. flache Sprossen, die an der Innenseite eines Türrahmens befestigt werden sollen. Die Stoßlade erlaubt es, die Länge in Stufen von Zehntelmillimetern zu verändern.

Eine Frage, die bei Stoßladen immer gestellt wird, lautet: „Warum trägt der Hobel keine Späne von der Vorrichtung selbst ab?" Der Grund liegt in der Bauart des Hobels. Das Eisen des Bankhobels reicht nicht zu den Seiten des Hobels (das ist nur bei Falzhobeln und anderen Sondermodellen der Fall). Dieser kleine Streifen Metall am Maul, wo die Seite und die Sohle des Hobels aufeinanderstoßen, verhindert, dass der Hobel Material von der Stoßlade abträgt. Bei den ersten paar Stößen wird noch etwas Holz abgetragen, aber danach bleibt die Stoßlade unversehrt.

Eine Stoßlade ist ganz einfach zu benutzen, wenn man seine Muskeln etwas trainiert hat. Genau wie bei der Sägelade dient die schwächere Hand als Zwinge. Sie drückt das Werkstück fest an den Anschlag. Wenn man auch nur etwas zu schwach klemmt, wird das Werkstück während des Schneidens vom Hobel weggedrückt und das Hirnholz wird nicht perfekt. Deshalb empfehle ich Schleifpapier – 120er ist eine gute Körnung – an die Stoppleiste zu kleben, es hilft beim Fixieren des Werkstücks. Wenn man das Arbeitsstück zusätzlich mit einer Zwinge festhalten kann, ist das noch besser. Ein Niederhalter ist in diesem Fall ein sehr gutes Hilfsmittel, besonders wenn es um Genauigkeit geht.

Man muss auch lernen, wie man die stärkere Hand einsetzt. Mit ihr schiebt man den Hobel nach vorne, sodass er ständig schneidet. Das heißt, man muss kräftig genug schieben, damit das Eisen sich nicht vom Werkstück abhebt.

Man darf das Werkzeug nicht kippen – ein häufiger Fehler.

Die Genauigkeit der Stoßlade kann verbessert werden, indem man eine kleine Leiste auf der Platte festnagelt, die den Hobel zwischen sich und der Platte führt. Der Nachteil ist, dass man nur genau diesen Hobel mit der Stoßlade benutzen

Das ist der Clou. Der schmale Streifen neben dem Maul hindert den Hobel daran, die Stoßlade nach und nach ‚aufzufressen'.

kann. Der Vorteil ist, dass das Werkzeug leichter zu führen ist und nicht von der Schnittlinie abweicht.

Für diese Arbeit wähle ich einen schweren Hobel. Ein Metallhobel wie die Kurzraubänke Nr.6 oder 7 ist eine exzellente Wahl. Die Stoßlade ist ein Grund, weshalb ich Hobel der sogenannten Bedrock-Bauart bevorzuge. Bei ihnen ist die Oberkante der Seite rechtwinklig, nicht abgerundet. Diese flache Kante macht es leichter, eine Leiste auf die Platte der Stoßlade zu nageln, um den Hobel zu führen.

Noch zwei Hinweise: Das Eisen des Hobels muss scharf sein. Wenn man Staub anstatt Späne produziert, sollte man sich Richtung Schleifsteine aufmachen.

Beim Hobeln des Hirnholzes kommt es an der Kante des Holzes, wo der Hobel seinen Schnitt beendet, zu Faserausrissen. Mit etwas Vorbedacht kann man das verhindern. Einige Tischler hobeln eine kleine Fase an. Ich nehme dafür einen Beitel, weil es damit schneller geht. Ich schneide eine Fase an die Kante neben meinem Riss. Dann hobele ich bis zum Riss.

Längsstoßlade

Es gibt auch eine Stoßlade, die beim Hobeln von langen Bretterkanten hilfreich ist. Diese Stoßlade hat eine lange Platte (bis zu 120 cm), ist schmaler (15 cm ist eine typische Breite) und viele Exemplare haben keinen Haken, weil man sie mithilfe der Hinterzange zwischen Bankhaken einspannt. Natürlich hat sie eine Stoppleiste, gegen die das Werkstück genauso wie bei der Sägelade oder bei der kürzeren Stoßlade gedrückt wird.

Längsstoßladen sind hervorragende Vorrichtungen zum Abrichten von langen Kanten, nachdem man die Bretter auf Breite gesägt hat. Damit hobelt man die Kante rechtwinklig zur angrenzenden Fläche des Bretts, die auf der Platte liegt.

Sollte die Oberfläche der Hobelbank ganz plan sein und die Bank eine Hinterzange haben, kann man auf eine Längsstoßlade verzichten. Man legt einige kleine Stücke dünnes Restholz (etwa 6 bis 8 mm stark) unter das Werkstück, so dass es höher als die Arbeitsplatte der Bank liegt. Dann wird das Werkstück zwischen die Bankhaken gespannt. Man legt den Hobel auf die Bank und hobelt an der langen Kante entlang. Dies ist eine französische Methode, die ich in einem Werkzeugkatalog aus dem frühen 20. Jahrhundert entdeckt habe, und ich finde sie gut.

Wenn man jedoch eine Längsstoßlade bauen möchte, nur zu! Es gibt aber ein paar Schwierigkeiten, die man bedenken muss. Es kann schwierig sein, das Werkstück stabil auf der Platte zu halten. Es versucht ständig, sich dem Hobel zu ent-

Für Kanten. Wenn man seinen Raubankhobel nicht sicher beherrscht, ist die Längsstoßlade sehr hilfreich, um lange Kanten mit einem Winkel von 90° zur Oberfläche des Werkstücks abzurichten. Die Konstruktion ähnelt derjenigen der Hirnholz-Stoßlade. Sie ist aber viel länger und schmaler.

ziehen. Wenn das Werkstück zu lang ist, um es zuverlässig festhalten zu können, ist eine Zwinge nötig.

Voraussetzung ist, dass die Stoßlade und Hobelbank dies erlauben. Mit anderen Worten: Man muss unter die Hobelbankplatte schauen und kontrollieren, ob es eine hohe Zarge gibt, die die Verwendung von Zwingen erschweren würde. Die Längsstoßlade sollte nicht breiter als die Zwinge mit der größten Ausladung sein, sonst wird es schwierig sein, schmale Werkstücke damit zu hobeln.

Gehrungsstoßlade

Mit der letzten Stoßlade, die man selber bauen sollte, werden Bilderrahmen, kleine Leisten und ähnliches auf Gehrung geschnitten. Diese Stoßlade ähnelt der Längsstoßlade.

Es gibt eine Platte, die normalerweise eine Länge von 60–85 cm hat, einen Falz als Führung für den Hobel und einen Anschlag in der Mitte der Stoßlade.

Der Anschlag ist das Wichtigste an dieser Stoßlade: Er besteht aus einem rechtwinkeligen Dreieck, dessen 90°-Ecke zur Seite am Führungsfalz weist.

Für 45°. Eine Gehrungsstoßlade ist ideal, wenn du keine Gehrungssäge hast. Damit kann man Gehrungen korrigieren, die mit der Handsäge nicht perfekt geschnitten wurden.

Diese Position und die Form des Anschlags erlauben es, in beide Richtungen auf Gehrung zu schneiden. Das ist günstig beim Schneiden von Profilleisten, weil man damit kontrollieren kann, wo das Holz ausreißt. Faserausrisse sollten sich an der Rückseite des Profils befinden. Diese Seite des Profils wird an den Korpus geleimt, wo sie nicht sichtbar ist. Ausrisse an der Vorderseite des Profils sind nicht erwünscht. Normalerweise kann man die Profilleiste umdrehen (so lange sie genügend gerade Flächen hat), um das Ausreißen in Grenzen zu halten.

Der kritische Punkt bei dieser Stoßlade ist die richtige Einstellung des Anschlags. Ich habe ein genau quadratisches Stück Holz genommen, habe es diagonal durchgesägt und so daraus zwei gleiche Dreiecke hergestellt. Dann habe ich in die Platte eine flache Ausklinkung für eins der Dreiecke gestemmt und sie so nachgearbeitet, dass der Anschlag perfekt hineinpasste und ich auf beiden Seiten genau im Winkel von 45° hobeln konnte. Das Nacharbeiten ist etwas mühselig und zeitaufwendig. Es lohnt sich aber.

Es ist relativ einfach, die Gehrungsstoßlade zu benutzen. Man spannt sie auf der Hobelbankplatte zwischen zwei Bankhaken ein. Das Werkstück muss sicher auf der Stoßlade gehalten werden – ich benutze Zwingen oder einen Niederhalter. An der Hinterkante des Werkstücks wird eine kleine Fase angehobelt, um Ausrisse zu verhindern. Dann fängt man mit dem Hobeln an.

Schleifklotz mit Korkauflage

Vor einigen Jahren fertigte mein Chef für alle in der Werkstatt Schleifklötze als Geschenk an, die an einer Fläche mit einer Lage Kork versehen waren. Mit dem Geschenk war auch eine Aufforderung verbunden: Bessere Arbeit beim Schleifen mit der Hand. Schleifklötze erlauben sowohl das effiziente Abtragen von Werkzeugspuren als auch das Ebnen des Holzes, sodass die Oberfläche glatt aussieht, wenn man sie mit einem spiegelnden Lack behandelt.

Schleifen mit der Hand ohne Schleifklotz kann bei ungenauer Arbeit zu einer welligen Oberfläche führen.

Die Korkschicht bewirkt, dass der Block etwas nachgibt, deswegen ist er meiner Meinung nach angenehmer zu benutzen. Mein Chef hat für die Klötze Korkblätter mit Klebeschicht auf der Rückseite aus dem Baumarkt benutzt. Er hat damit Sperrholzklötze beklebt und dann alle Ecken – auch die Korkseite – abgerundet, um die Klötze angenehm in der Handhabung zu machen.

Die genaue Größe des Schleifklotz ist in den Kreisen von Schleifklotzliebhabern ein heißes Thema. Bob Flexner empfiehlt 30 mm stark, 70 mm breit und 100 mm lang, andere Empfehlungen lauten 20 x 55 x 135 mm. Es gibt noch weitere Größen, die empfohlen werden, um jedes Stück eines Schleifpapierblattes in Standardgrößen auszunutzen. Sie verlangen allerlei Arten von Falten. Am Ende hat man ein Stück Schleifpapier, das wie ein Origami-Kunstwerk aussieht.

Mein Schleifklotz passt gut in meine Hand, und vor allem ist er mit meinem Namen beschriftet, sodass sich niemand an ihm vergreift oder ihn wegwirft.

Auch wenn man Purist ist und nur Handwerkzeuge benutzt, find ich, dass man einen Schleifklotz mit 220er Schleifpapier benutzen sollte. Die Behandlung von Oberflächen mit Schleifmitteln lässt sich bis in das Alte Ägypten zurückverfolgen. Hobeln mit einer scharfen Schneide ist die neuere Technik. Auch die Handwerkzeughelden des 18. Jahrhunderts haben Schleifpapier benutzt. Die Werkzeughändler der Zeit hatten in ihren Inventaren Unmengen davon, und es war sehr teuer und hoch geschätzt.

Schleifpapier kann nicht und sollte nicht sorgfältige Arbeit mit spanabhebenden Werkzeugen ersetzen. Es sollte der letzte, kurze Arbeitsgang sein, mit dem man alle Flächen auf den gleichen Stand bringt. Einige Flächen werden mit niedrigem Schnittwinkel, andere mit hohem gehobelt worden sein. Wieder andere können mit dem Stechbeitel oder der Ziehklinge bearbeitet worden sein. Mit Schleifpapier bereitet man alle Flächen auf die Oberflächenbehandlung vor, so dass das Holz Farbmittel gleichmäßig annimmt.

Ja, man braucht einen Schleifklotz. Wenn man glatt aussehende Oberfläche schaffen möchte, ist er unabdingbar.

Man sollte nicht zum Masochisten werden. Besser ist es, sich einen Schleifklotz herzustellen und eine Packung gutes 220er Schleifpapier zu kaufen. Es wird einem lange Dienst leisten.

Die Hobelbank

Ich habe zwei Bücher über Hobelbänke mit vielen detaillierten Informationen über Verbindungen, Holzwahl, Zangen usw. geschrieben. Wenn man diese Bücher nicht kaufen möchte, sind hier die nötigen Eckdaten, die man braucht, um die richtige Art von Hobelbank wählen zu können.

Bemerkung: Bevor ich wütende Briefe wegen dieser Liste bekomme, gebe ich zu, dass man keine gute Hobelbank haben muss, um ein guter Tischler zu sein. Man kann Weltklasse-Arbeit auf dem Küchentisch leisten, aber eine gute Hobelbank erleichtert viele der Arbeitsschritte. Sie ist einfach ein Werkzeug: die größte Zwinge in der Werkstatt.

Die Hobelbank meiner Tochter. Diese nach französischem Vorbild gebaute Hobelbank hat nie versagt. Sie ist belastbar, schwer und hält mühelos Bretter, sodass man Flächen, Kanten und Enden bearbeiten kann.

Regel Nr. 1: Immer für Masse sorgen

Bauen Sie Ihre Hobelbank immer übergroß, indem Sie ihre Masse erhöhen. Bei Hobelbänken kann man der Maxime folgen: Wenn sie stabil aussieht, sollte man sie doppelt stabil bauen. Alles an einer Hobelbank wird stark strapaziert, etwa so wie ein Küchenstuhl in einem Haushalt mit achtjährigen Jungen.

Frühe Hobelbänke im römischen Reich waren wie Windsor-Stühle gebaut. Kräftige Beine wurden in eine massive Arbeitsplatte eingezapft und verkeilt. Traditionelle französische Hobelbänke hatten starke Arbeitsplatten (150 mm dick) und Beine, die an Baumstämme erinnerten. Später verließ man sich beim Bau von Hobelbänken eher auf die Konstruktion als auf die Masse. Die klassische kontinentaleuropäische Hobelbank ruht auf einem Gestell und die Zargen und Zangen werden mit Schwalbenschwänzen eingezinkt, sodass man Stücke für die Ewigkeit erhält. Englische Hobelbänke aus dem 19. Jahrhundert beruhten auf einer verwindungssteifen Kastenkonstruktion für die Arbeitsplatte, um eine stabile Arbeitsfläche zu schaffen. Hochwertige moderne Hobelbänke verwenden Gewindestangen und Muttern, um Konstruktionen belastbarer zu machen, die sich nicht durch ihre Masse auszeichnen.

Viele preiswerte Bänke, die man kaufen kann, sind lächerlich instabil. Sie verziehen sich schon unter leichtem Druck der Hand. Man kann sie schon mit einfachen Arbeiten quer durch die Werkstatt schieben: Fräsen, Sägen, Hobeln. Falls eine Hobelbank zierlich aussieht oder die Maße ihrer Bestandteile denen eines modernen Esstisches entsprechen, würde ich mir den Kauf zweimal überlegen.

Eine große, kräftige Arbeitsplatte und stabile Beine sorgen für zusätzliche Masse, die bei der Arbeit hilft. Schwere Tischkreissägen mit viel Gusseisen laufen meist ruhiger. Das Gleiche gilt für Hobelbänke. Ab einem Gewicht von etwa 150 kg bewegt sich die Bank nur, wenn man das möchte.

Regel Nr. 2: Belastbare Verbindungen einsetzen

Übertreiben Sie es beim Bau der Hobelbank, indem Sie die besten Verbindungen einsetzen. Jetzt ist es Zeit, auf durchgehende Zapfen und auf Schwalbenschwänze zurückzugreifen.

Wenn Sie sich an die Regel Nr. 1 gehalten haben, sollte Regel Nr. 2 keine Probleme bereiten. Die Verbindungen werden in den Abmessungen auf die massiven Bauteile Ihrer Bank abgestimmt. Wenn Sie nicht durch Masse für Stabilität sorgen können, sollten Sie die Bank durch besonders gute Verbindungen aufwerten. Schwalbenschwänze und durchgehende Zapfen sind für einen Handtuchhalter vielleicht übertrieben, für eine Hobelbank aber nicht.

Das liegt daran, dass bei den typischen Arbeiten an der Bank starke Scherkräfte auf diese einwirken und die Bankzangen ihr Bestes tun, die Hobelbank in Stücke zu reißen. Bankzangen aus Holz müssen grundsätzlich überdimensioniert werden, damit sie nicht der Zerstörung anheimfallen, wenn man sie fest anzieht. Ich habe sogar einmal gesehen, wie eine Bankzange die Arbeitsplatte von ihrem Gestell riss.

Machen Sie die Zapfen kräftig und die Schlitze tief. Falls Sie wissen, wie man eine auf Zug durchbohrte Schlitz-und-Zapfenverbindung herstellt: Dies ist eine gute Gelegenheit, sie anzuwenden. Haben Sie sich schon einmal die Verbindungen der Zimmerleute an einem Fachwerkhaus genauer angesehen? Sie sind großproportioniert und mit Holznägeln durchzapft. Das sollte man nachahmen.

Für die Ewigkeit gebaut. Die Schwalbenschwanz- und durchgehenden Schlitz- und Zapfen-Verbindungen machen Platte und Gestell dieser Hobelbank französischer Art zu einer einzigen Einheit.

Hobelbänke sind eine gute Gelegenheit, das Anschneiden dieser klassischen Verbindungen zu üben, aber es gibt einige Holzwerker, die sich immer noch dagegen wehren. Falls Sie dazu gehören, sollten Sie sich Beschläge ansehen, um Ihre Bank stabiler zu machen. Gewindestangen, Bettbeschläge, Schlossschrauben oder Spezialbeschläge für Hobelbänke können einer klapprigen Konstruktion Stabilität verleihen und im Bedarfsfall nachgezogen werden. Die Beschläge tragen zwar nicht zur Masse bei, aber sie können eine schwächliche Konstruktion stärken.

Regel Nr. 3: Das Holz nach seiner Stärke aussuchen, nicht nach der Holzart

Bauen Sie Ihre Hobelbank aus einem kräftigen, biegesteifen, leicht erhältlichen und preiswerten Holz. Natürlich sind Schaustücke aus exotischen Materialien etwas Schönes. Richten Sie Ihr Augenmerk aber zuerst auf die Funktionen und dann auf das Aussehen. Mir wäre eine Bank aus Bauholz lieber, die alle diese Regeln befolgt, als eine schöne Bank aus edlem Holz, die auch nur eine von ihnen außer Acht lässt.

Es kursieren viele irrige Vorstellungen, wenn es um die Holzauswahl für eine Hobelbank geht. Das traditionelle Holz für Hobelbänke ist in Mitteleuropa die Buche. In Nordamerika werden oft verschiedene Ahornarten verwendet. Wichtig sind bei einer Hobelbank vor allem Eigenschaften wie Biegesteifigkeit, Abriebfestigkeit und Härte. Wenn man ein Holz mit guten Werten in diesen Bereichen bekommen kann, muss es nicht unbedingt Buche oder Ahorn sein.

Regel Nr. 4: Eine bewährte Konstruktion verwenden

Vergleichen Sie den Entwurf für Ihre Hobelbank mit historischen Bankkonstruktionen, bevor Sie anfangen, das Holz zuzuschneiden. Wenn Ihre Bank ein sehr radikaler Entwurf zu sein scheint oder aussieht wie nichts, das jemals zuvor gebaut worden ist, dann ist die Wahrscheinlichkeit groß, dass der Wurm drinsteckt. Ich habe Hobelbänke gesehen, die pneumatische Vorderzangen hatten. Wofür? Ich habe eine Hobelbank gesehen, die zwei Zangen mit Doppelspindeln hatten: Eine als Hinterzange mit zwei korrespondierenden Reihen von Bankhakenlöchern entlang der Länge der Arbeitsplatte; und eine als Vorderzange, zu der zwei weitere Reihen von Bankhakenlöchern gehörten, die quer über die Arbeitsplatte liefen.

Ich bin mir sicher, dass es den einen oder anderen Holzwerker gibt, der eine solche Anordnung wirklich braucht – vielleicht jemand, der an einem Ende der Hobelbank eine runde Tischplatte und am anderen einen Windsor-Stuhl bearbeiten möchte. Für die meisten Menschen, die Möbel bauen, ist diese Ausstattung jedoch redundant und lässt einige wichtige Funktionen der Hobelbank außer Acht.

Regel Nr. 5: Die Gesamtabmessungen der Hobelbank sind wichtig.

Ihre Hobelbank kann nicht zu schwer und nicht zu lang sein. Aber die Arbeitsplatte kann durchaus zu breit sein oder zu hoch liegen. Die Arbeitsplatte sollte meines Erachtens so lang wie möglich sein. Legen Sie fest, an welcher Wand die Bank stehen soll (im besten Fall ist das eine Wand mit einem Fenster). Messen Sie den zur Verfügung stehenden Platz aus. Rechnen Sie etwa 1200 mm von dieser Länge ab, um ein gutes Maß für die Arbeitsplatte zu erhalten. Hinweis: Die Arbeitsplatte sollte mindestens 1500 mm lang sein, wenn Sie nicht nur an sehr kleinen Werkstücken arbeiten.

Bestandteile von Möbeln können oft bis zu 1200 mm lang sein und sie sollten in voller Länge auf der Bank aufliegen. Ein wenig Abstand zu den Enden der Bank kann auch nicht schaden.

Ich habe schon Arbeitsplatten mit 2500 mm Länge gebaut. Meine nächste Hobelbank wird 3000 mm lang, das Maximum, das in meine Werkstatt passt. Es ist schwer, eine Hobelbank zu bauen oder sich auch nur vorzustellen, die zu lang ist. Das gleiche gilt für die Stärke der Arbeitsplatte. Nur bei entsprechender Stärke kann man solche langen Arbeitsplatten überhaupt bauen. Wenn man die Arbeitsplatte wirklich sehr stark (100 mm oder mehr) anfertigt, trägt sie ihr eigenes Gewicht und das des Werkstücks, ohne dass man eine Unterkonstruktion bauen muss. Die Platte kann einfach auf den Beinen aufliegen und wird sich nicht durchbiegen.

Die Breite ist etwas anderes. Eine Hobelbank kann durchaus zu breit für eine Einpersonen-Werkstatt sein. Ich habe an Bänken mit einer Breite von 900 mm gearbeitet und sie haben Nachteile. Wenn sie an der Wand stehen, muss man sich recken, um Werkzeug zu erreichen, das an dieser Wand hängt. Wenn man Werkstücke auf der Hobelbank zusammenbaut, tänzelt man sehr viel mehr um die Bank herum, als es nötig wäre.

Es geht aber noch weiter. Möbelabmessungen sind nicht willkürlich. Sie leiten sich aus den Maßen des menschlichen Körpers ab. Ein Küchenunterschrank ist in der Regel 600 mm tief und 880 mm hoch. Das ist aus mehreren Gründen wichtig. Zum einen bedeutet es, dass die Hobelbank nicht sehr viel breiter als 600 mm sein muss, um Schränke zu bauen. Diese Breite von 600 mm bietet sogar einige Vorteile, unter anderem kann man so den Schrank an bis zu drei Seiten an der Hobelbank anspannen. Das ist außerordentlich nützlich. Bei einer breiteren Bank kann man einen Schrank (mit wenigen Ausnahmen) nur von zwei Seiten aus anspannen. Zum anderen ist die Ergonomie von Küchenschränken ein Thema, das eingehend untersucht worden ist. Es gibt gute Gründe, dass sie 600 mm tief sind. Aus den gleichen Gründen sollte auch eine Hobelbank nicht sehr viel breiter sein.

Ich werde mich nicht mit Ihnen streiten, falls Sie wirklich sehr große Werkstücke bauen oder Ihre Bank mit einem zweiten Menschen teilen, der an der gegenüberliegenden Seite arbeitet: Dann brauchen Sie vielleicht eine breitere Hobelbank. Wenn Sie aber wie wir alle sind, ist eine 600 mm breite Hobelbank ein vielseitiges Werkzeug der richtigen Größe.

Zum Thema der Höhe: Viele Holzwerker, die sich eine Hobelbank bauen, machen sich über deren Höhe Gedanken und es gibt eine breite Auswahl an Regeln und Tipps. Im Grunde geht es aber darum, dass die Bank zu Ihnen und zu Ihrer

Arbeit passen muss. Letztendlich gibt es keine unumstoßbaren Regeln. Ich wäre froh, wenn es welche gäbe. Manche Menschen mögen niedrige Hobelbänke, andere ziehen es vor, wenn sie höher sind.

Vielleicht kann man von folgenden Gedanken ausgehen. Wenn Sie meine abgedrehten Theorien zur Kenntnis genommen haben, sollten Sie sich in die Werkstatt eines Freundes oder in ein Fachgeschäft begeben und dort die Höhe der Hobelbänke in Augenschein nehmen. Die Wahl der Höhe kann von einfachen Dingen wie einem Rückenleiden (hohe Bank) oder einer Vorliebe für Hobel mit Holzkorpus (niedrige Bank) abhängen.

Meine eigenen Erfahrungen mit der Höhe von Hobelbänken: Zuerst arbeitete ich an einer 915 mm hohen Bank, was für jemanden mit 192 cm Körpergröße angemessen schien. Für das Arbeiten mit Elektrowerkzeugen stimmte das auch. Die höhere Bank brachte die Arbeit näher an meine Augen heran. Ich liebte es so. Bis meine Leidenschaft für die Arbeit mit Handwerkzeug entflammte.

Wenn man mit Handwerkzeug arbeitet, ist eine hohe Bank nicht so ansprechend. Ich fing mit einer Kurzraubank und einigen Putzhobeln an. Man konnte an der hohen Bank mit ihnen arbeiten, aber es war recht ermüdend.

Nachdem ich über die Höhe von Hobelbänken informiert hatte, verringerte ich die Höhe meiner Bank. Es schien recht radikal, aber eines Tages fasste ich mir ein Herz und sägte 50 mm von den Beinen ab. Diese fünf Zentimeter änderten meine Einstellung zum Hobeln.

Die neue Bankhöhe von 865 mm erlaubte mir, den Hobel mit den langen Muskeln meiner Beine zu bewegen, anstatt mit den Armen.

Bevor Sie jetzt allerdings Ihre nächste Bank mit einer Höhe von 865 mm bauen, warten Sie noch einen Augenblick. Für Sie könnte es nicht die richtige Höhe sein. Arbeiten Sie mit Hobeln mit Holzkorpus? Falls ja, sollten Sie bedenken, dass solche Hobel dazu führen können, dass Ihre Arme 75 bis 100 mm höher über der Hobelbank gehalten werden als bei Metallhobeln. Wenn man Holzhobel benutzt, sollte deshalb die Hobelbank niedriger sein.

Aus diesen wie aus anderen Gründen sollte man sich an jemanden wenden, der eine gute Werkstatt hat, und die eigenen Ideen mit ihm diskutieren. Diese Entscheidung sollte man nicht nur am grünen Tisch treffen.

Es gibt aber auch noch andere Faktoren, die man in Betracht ziehen muss, wenn man die Höhe der Hobelbank festlegt. Wie groß sind Sie? Falls Sie mehr als 180 cm messen, sollte auch Ihre Hobelbank etwas höher sein. Bauen Sie sie ruhig etwas höher, die Beine können Sie später immer kürzen. Falls eine vorhandene

Bank zu niedrig ist, legen Sie Zulagen unter die Beine. Experimentieren Sie. Es ist kein Möbelstück für das Wohnzimmer; es ist ein Werkzeug.

Andere Aspekte, die man bedenken sollte: Arbeiten Sie mit Maschinen? Falls ja, ist eine Hobelbank mit einer Höhe von 850 mm – oder etwas weniger – vielleicht eine gute Idee. Der Arbeitstisch einer Tischkreissäge ist meist 850 mm hoch, sodass eine Hobelbank mit dieser Höhe im besten Fall als Abnahmetisch dienen kann, auf jeden Fall aber nicht im Weg ist, wenn man an der Tischkreissäge arbeitet.

Natürlich wünscht man sich einen groben Anhaltspunkt, von dem man ausgehen kann. Also: Stellen Sie sich gerade hin und lassen Sie Ihre Arme entspannt herabhängen. Messen Sie die Entfernung vom Fußboden bis zum Grundgelenk Ihres kleinen Fingers. Dieses Maß hat sich für mich bewährt.

Regel Nr. 6: Eine Hobelbank muss das Werkstück in drei Richtungen halten können

Jede Hobelbank sollte ein Holzstück so fixieren können, dass man leicht die Flächen, die Kanten und die Enden bearbeiten kann. Viele käufliche Hobelbänke weisen in dieser Hinsicht Mängel auf.

Unterziehen Sie Ihre Bank einem Gedankenexperiment. Ich nenne es den ‚Küchenschranktürtest'. Stellen Sie sich eine typische Tür für einen Küchenschrank vor: 20 mm stark, 380 mm breit und 585 mm hoch. Wie befestigen Sie diese Tür an Ihrer Hobelbank, um die Verbindungen zu verputzen und dann die Fläche zu schleifen oder zu hobeln?

Wie spannen Sie die Tür ein, um die Querfriese und die Enden der Längsfriese nachzuarbeiten, damit die Tür in den Korpus passt? Und wie wird die Tür hochkant gehalten, damit man die Ausklinkungen für die Scharniere schneiden und die Sägespuren mit dem Hobel verputzen kann, ohne dass sie wie ein Lämmerschwanz wackelt? Hat Ihre Bank den Test bestanden? OK, dann stellen Sie sich jetzt die gleichen Fragen bei einer Tür mit den Maßen 20 x 380 x 965 mm. Und dann für ein Brett, das 20 x 300 x 1800 mm misst.

Wie man diese Aufgaben bewältigt, hängt von den persönlichen Vorlieben und dem verfügbaren Budget ab. Um die Fläche eines Werkstücks zu bearbeiten, kann man einen Hobelanschlag verwenden, eine Anti-Rutsch-Matte, die Hinterzange mit Bankhaken, Zwingen oder Niederhalter.

Um an den Enden eines Brettes zu arbeiten kann man die Vorder- oder Hinterzange verwenden, einen Schnellspann-Schraubstock, eine Beinzange oder eine

Bankzange mit Doppelspindel. Alle diese Möglichkeiten lassen sich in Verbindung mit einer Zwinge verwenden, die über die Breite der Hobelbank gelegt wird. Die Zange hält eine Ecke des Werkstücks, die Zwinge die andere.

Die Bearbeitung von Längskanten ist an vielen Hobelbänken ein Problem. Die meisten Bänke erschweren die Arbeit an den Kanten von langen Brettern, Türen oder Blendrahmen sogar. Es gibt verschiedene Möglichkeiten, Abhilfe zu schaffen. Bei älteren Hobelbänken fluchtete die Vorderkante der Arbeitsplatte mit den Vorderseiten der Beine und gegebenenfalls auch der Zargen, sodass man Rahmen und lange Bretter an den Beinen anspannen konnte. Meist waren diese Bänke auch mit einem verschiebbaren Bankknecht ausgestattet. Diese Vorrichtung war vorne in die Bank integriert, ließ sich dort verschieben und war mit einer verstellbaren Stütze ausgestattet, um das Werkstück von unten zu halten. Eine andere alte Konstruktionsform, die in England verbreitet war, hatte eine hohe Zarge unterhalb der Arbeitsplatte, in der Löcher angebracht waren, um Bankhaken aufzunehmen, mit der man das Werkstück stützte.

Regel Nr. 7: Gestalten Sie Ihre Hobelbank zwingenfreundlich

Ihre Hobelbank ist eine dreidimensionale Anspannfläche. Alles, was an Ihrer Bank dem Anspannen von Werkstücken an der Arbeitsplatte im Weg steht (Zargen, Schubladen, Türen, Stützen und Streben), kann manche Arbeiten erschweren.

Es gab eine Zeit, als wir bei der Zeitschrift *Popular Woodworking* versuchten, bei jedem Werkstück einen Becherhalter unterzubringen. Es fing ganz unschuldig mit einem Sonnenstuhl an. Wer möchte da nicht ein kühles Getränk zur Hand haben? Dann kam die Darts-Scheibe. Was passt schon besser zu Darts als ein Bier? Ich glaube, wir kamen erst wieder zu Sinnen, als wir in den Nachbau eines Morris-Stuhls von Gustav Stickley eine Reihe von Becherhaltern einbauen wollten. Braucht man wirklich ein Riesenloch für Pappbecher in einem Morris-Stuhl? Ich glaube, eher nicht.

Ich erzähle das, weil es einen Trend im Bau von Hobelbänken aufzeigt, den ich persönlich etwas beunruhigend finde. Es ist eine unausgegorene Reaktion auf eine in Amerika verbreitere Beschwerde: Wir glauben immer, wir hätten in unseren Werkstätten nicht genug Platz, um unsere Werkzeuge und Vorräte unterzubringen. Wie lösen wir dieses Problem? Indem wir unsere Hobelbänke wie Küchenunterschränke konstruieren, auf denen eine Arbeitsfläche untergebracht ist.

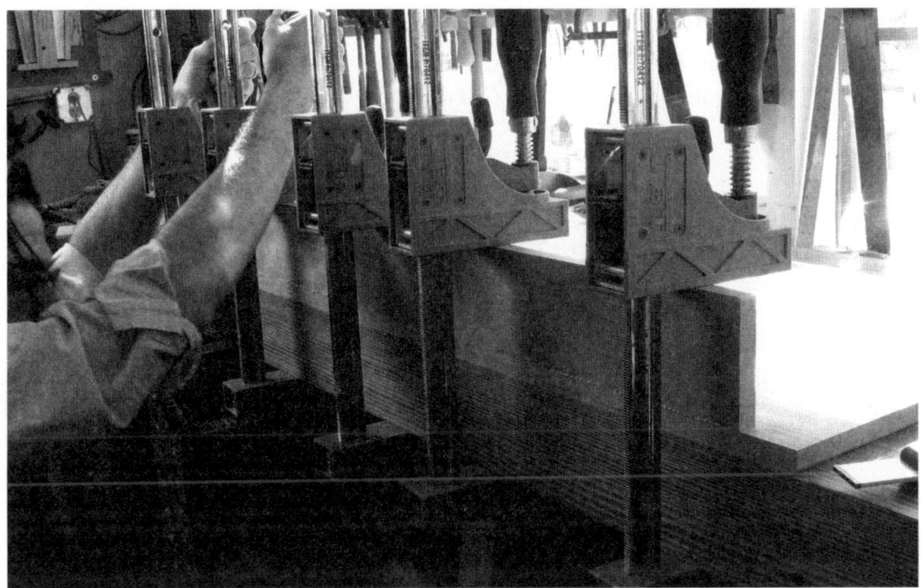

Keine Zarge. Eine dünne, breite Zarge an einer Hobelbank ist beim Einspannen ständig im Weg. Eine flache Unterseite ist eine schöne Sache, unabhängig davon, wie man arbeitet.

Dadurch bekommen wir eine Vielzahl von Schubladen unter der Arbeitsplatte, was natürlich die Möglichkeit bietet, all die Dinge in Reichweite aufzubewahren, die man tagtäglich braucht. Es kann die Hobelbank aber auch zu einem Ärgernis bei vielen alltäglichen Arbeiten machen, etwa wenn es darum geht, Gegenstände an ihr anzuspannen.

Wenn man den Platz unter der Arbeitsplatte zubaut, kann man von den Niederhaltertypen, die ich kenne, auch keinen mehr verwenden.

Wenn man unter der Platte Schubladen installiert, wie soll man dann noch Gegenstände anspannen, um sie zu bearbeiten? In der Regel hindern die Schubladen unter der Arbeitsplatte einen daran, die typischen Schraubzwingen in F-Form bei Montagearbeiten dort anzusetzen. Man kann eine solche typische Zwinge dann auch nicht verwenden, um eine Frässchablone an der Bank zu befestigen. Es gibt Lösungen für diese Probleme: Man kann zum Beispiel eine Hinterzange anbringen. Aber die Installation, Einrichtung und Verwendung einer Hinterzange stellt auch wieder ihre eigenen Probleme.

Man kann (wie ich) zu schummeln versuchen und die Schubladen so anbringen, dass unter der Arbeitsplatte noch reichlich Platz für Niederhalter und Zwingen verbleibt. Oder man kann die Bank mit einem großen Überhang konstruieren (wie man das bei manchen Hobelbänken im Shaker-Stil sieht); das hat aber zur Folge, dass man beim Einspannen von langen Brettern und Werkstücken zur Kantenbearbeitung entsprechende Vorkehrungen machen muss.

Regel Nr. 8: Es gibt bewährte Regeln für die Platzierung der Zangen an einer Hobelbank.

Die Zangen an einer Hobelbank sollten dort angebracht werden, wo sie mit den Werkzeugen zusammenarbeiten. Vorder- und Hinterzangen sind für viele Hobelbankbauer ein verwirrendes Thema. Das ist vor allem dann der Fall, wenn man noch nicht viel Zeit an einer Hobelbank verbracht hat und bei der Arbeit ein Gefühl für die Eigenarten der unterschiedlichen Zangen bekommen hat. Es gibt viele merkwürdige Konfigurationen, von einem einfachen Tisch ohne Zangen bis hin zur Hobelbank mit einer Zange an jeder Ecke.

Klassische Hobelbänke haben eine Zange irgendeiner Bauart an ihrer vorderen linken Ecke, die als ‚Vorderzange' bezeichnet wird. Warum befindet sie sich auf der linken Seite? Bei der Arbeit mit Handwerkzeug, vor allem mit Hobeln, arbeiten Rechtshänder von rechts nach links. Wenn die Vorderzange also links an der Bank angebracht ist, hobelt man immer in die Zange hinein und das Werk-

Richtung Schraube hobeln. Viele Tischler möchten ihre Vorderzange am anderen Ende der Hobelbank anbringen, weil sie glauben, dass so das Sägen quer zur Faser erleichtert wird. Wenn man aber nicht Richtung Zangenschraube hobelt, neigen die Bretter dazu, aus der Zange herausgedrückt zu werden.

stück kann an den Spindeln der Zange angelegt werden. Als Linkshänder sollte man also bei einem Eigenbau die Vorderzange ruhig an die rechte Ecke versetzen.

Wenn die linke Ecke also mit der Vorderzange ausgestattet wird, wo platziert man die zweite Zange, die so konstruiert ist, dass man mit ihr Bretter fixieren kann, deren Flächen man bearbeiten möchte? Bei der klassischen Hobelbank wird sie als „Hinterzange' bezeichnet. Nun, bei Rechtshändern ist die rechte Seite der Hobelbank noch frei, und da es keine Nachteile hat, wenn man die Hinterzange dort anbringt, tut man das in der Regel auch.

Änderungen an dieser Anordnung führen meist zu Problemen. Ich habe Vorderzangen an der rechten Ecke von Hobelbänken gesehen, die von Rechtshändern benutzt wurden. Sie sagten, so ließe sich mit der Handsäge besser ablängen. Wenn man dann jedoch beginnt, in Handarbeit zu hobeln, ist diese Zange im Weg, weil sie sich nicht eignet, um langes Material einzuspannen. Das hintere Ende des Werkstücks wird dann von der Vorderzange gehalten und der Hobel ist bestrebt, es aus der Zange zu ziehen.

Regel Nr. 9: Keine aufwendige Oberflächenbehandlung

Bei der Oberflächenbehandlung einer Hobelbank ist weniger mehr. Eine hochglänzende Lackschicht führt dazu, dass sich die Werkstücke über die ganze Arbeitsplatte hin und her verschieben. Außerdem reißen und platzen solche schichtbildenden Lacke, wenn man mit einem Hammer oder Klüpfel darauf schlägt. Wählen Sie ein Oberflächenmittel, das sich leicht auftragen lässt, ein gewisses Maß an Schutz bietet und keine dicke Schicht aufbaut. Ich verwende gerne ein Öl-Lack-Gemisch (als Danish Oil im Handel) oder einfach Leinölfirnis.

Regel Nr. 10: Ein Platz an der Sonne

Versuchen Sie, für Ihre Hobelbank einen Platz an einer Wand und unter einem Fenster zu finden, vor allem, wenn Sie mit Handwerkzeug arbeiten. Die Wand stützt die Bank beim Sägen und Hobeln quer zur Faser. Das Tageslicht lässt die Fehler im Werkstück deutlich werden, die Sie mit dem Handwerkzeug zu beseitigen versuchen. (Wenn ich mit Handwerkzeug arbeite, schalte ich die Raumbeleuchtung aus. Ich kann bei einer geringeren Zahl von Lichtquellen sehr viel besser sehen.)

Bei manchen Maschinenarbeiten, wenn auch nicht bei allen, empfinde ich die Aufstellung der Hobelbank an einem Fenster ebenfalls als hilfreich. Beim

Gutes Licht. Ich stelle meine Hobelbank gerne unter ein Nordfenster, so wie man es hier in einer Museumswerkstatt in Winterthur (im US-Staat Delaware) sieht. Bei diesem Licht kann man gut den ganzen Tag arbeiten.

maschinellen Schleifen zum Beispiel lässt das seitliche Licht aus dem Fenster Kratzer besser erkennen als Licht von einer Deckenlampe.

Meist ziehe ich meine Hobelbank von der Wand ab, wenn ich mit Elektrowerkzeugen arbeite, damit ich an allen Seiten der Bank arbeiten kann. Beim Fräsen muss man manchmal mit ausgefallenen Zwingenanordnungen arbeiten, um die Handoberfräse an einer Schablone führen zu können. Dann erweist es sich als günstig, von allen vier Seiten der Bank aus arbeiten zu können. Die Arbeit mit Maschinen und Elektrowerkzeugen profitiert vom Licht aus Deckenleuchten – je mehr, desto besser. Dann ist der Arbeitsplatz am Fenster zwar angenehm, aber nicht so wichtig.

12 | WEITERE WERKZEUGE, DIE NÜTZLICH SEIN KÖNNEN

In den bisherigen Kapiteln habe ich die Werkzeuge beschrieben, die ich für nötig halte, wenn man sich ernsthaft mit der Tischlerei beschäftigen möchte. Mit diesen Werkzeugen kann man sehr viel erreichen. Wer sich aber in dieses Handwerk vertieft, wird wahrscheinlich weitere Werkzeuge besitzen wollen, die bestimmte Aufgaben erleichtern oder effizienter machen, auch wenn sie nicht zwingend notwendig sind.

Dieses Kapitel ist der Liste von Werkzeugen gewidmet, die man irgendwann kaufen möchte, eine Liste, die sich ständig ändert. Es gibt noch hunderte von Werkzeugen, die ich hier nicht aufgelistet habe und von denen einige in der Tat sehr hilfreich sind, wenn es um spezialisierte Aufgaben geht. Manche von ihnen sehen bei der Betrachtung im Werkzeugkatalog äußerst hilfreich aus. Wer möchte, soll sie kaufen. Andererseits sollte man zweimal überlegen, bevor man nicht unabdingbare Werkzeuge kauft, falls man die tatsächlich unabdingbaren noch nicht besitzt.

Hier nun meine Liste von Werkzeugen, die man nicht unbedingt haben muss. Ich beschreibe auch, wozu sie am besten geeignet sind und was ich an ihnen mag und nicht mag.

Messschieber

Ich benutze dieses Werkzeug ziemlich häufig beim Hobeln von Holz, egal ob mit Handhobeln oder Elektrogeräten. Mit dem Messschieber kann man hohe bzw. tiefe Stellen schneller feststellen als mit dem Präzisionslineal. Er kann auch als praktischer Tiefenmesser für Schlitze dienen. Man kann ihn auch benutzen, um den Durchmesser eines Bohrers zu ermitteln.

Der Messschieber ist sehr hilfreich beim Anpassen der Bestandteile von Verbindungen. Ist ein Regalbrett zu stark, um in eine Nut zu passen, messe ich die Stärken von Regal und Nut. Wenn das Brett 0,15 mm stärker als die Nut breit ist und ich weiß, dass mein Putzhobel einen Span von 0,05 mm abträgt, ist klar, dass ich mindestens drei Späne abtragen muss, um das Regalbrett anzupassen.

Ich bevorzuge analoge Messschieber, die eine Skala mit dezimal geteilten Zollwerten haben. Man braucht zwar eine Weile, um die dezimalen Äquivalenzen zu Bruchteilen von Zoll zu lernen, aber das ist nicht der Grund, warum ich solche Messschieber gut finde. Wenn man mit Handwerkzeugen arbeitet, messen Bauteile nur selten z.B. genau 5/8 Zoll. Meistens weichen sie um einige Tausendstel eines Zolls nach oben oder unten davon ab. Das bedeutet, dass ein dezimaler Messschieber es mir ermöglicht, solche Abweichungen durch einfaches Subtrahieren

Eingespannt. Ich habe zwar versucht, mich dieses Werkzeugs zu entwöhnen, aber es will mir nicht gelingen. Ich finde es viel einfacher, die Rundskala zu verwenden als einen Nonius. Die Stärke von Material messe ich fast immer damit.

oder Addieren von dezimalen Werten festzustellen. Solches Rechnen mit kleinen Bruchteilen (etwa 1/64 Zoll) durchzuführen, ist einfach irrsinnig. Also meide ich Messschieber mit Bruchteilen-Skalen.

Ich weiß, dass mancher wegen des letzten Absatzes vermuten wird, ich hegte eine geheime Liebe zum metrischen System. Obwohl ich diesem französischen System Respekt zolle und es manchmal benutzen muss, wenn ich in Europa bin, bin ich aber mit Leib und Seele ein Anhänger des britischen Systems, aus Gründen, die zu persönlich und eigenartig sind, um hier erklärt zu werden.

Wer von Dezimal auf Bruchzahlen oder umgekehrt umschalten möchte, kann einen digitalen Messschieber kaufen, aber das wäre ein weiteres Teil, für das man Batterien benötigt. Vielleicht würde ich einen digitalen Messschieber kaufen, wenn er einen Pedal-Antrieb hätte.

Großer Kombiwinkel (30 cm)

Obwohl ich die 15-cm-Version des Kombiwinkels am meisten benutze, freue ich mich sehr über die 30-cm-Version, für die ich zudem (günstig) zusätzliche Lineale mit Längen von 45 cm und 60 cm kaufen konnte. Mit solchen langen Linealen kann man Bauteile schnell markieren. Noch wichtiger ist, dass man die Lineale als fehlerfreie Bezugskanten verwenden kann.

Wenn ich vermute, dass ein Schreinerwinkel oder ein Richtscheit aus Holz nicht mehr gerade ist, kann ich ihn mithilfe eines langen Lineals kontrollieren. Das ist eine weitere Methode, um Ärger zu vermeiden.

Wenn man anfängt, nach einen qualitativ sehr guten Kombiwinkel mit einer Länge von 30 cm oder länger zu suchen, ist man schnell einem Nervenzusammenbruch nahe. Gute Werkzeuge für Maschinenbauer und Metallarbeiter – und darum handelt es sich hier – kosten viel Geld. Die gute Nachricht ist, dass solche Werkzeuge seit 1878 hergestellt werden, was bedeutet, dass sie in großer Zahl als Gebrauchtware zur Verfügung stehen. Ich habe Kombiwinkel und entsprechende Lineale von Starrett in neuwertigem Zustand für ein Viertel des Neupreises kaufen können.

Man muss vorsichtig sein, wenn man gebrauchte Kombiwinkel kauft, weil sie abgenutzt und ungenau sein können. Es ist deshalb wichtig, sie retournieren zu können. Am sichersten kauft man direkt vom Hersteller. Es gibt überraschenderweise immer noch viele Werkzeughersteller, die den anspruchsvollen Maschinenbauer beliefern.

Zinkenwinkel

Früher habe ich die Risslinien von Zinken mit einer Schmiege und einem Schreinerwinkel markiert. Dann wurde ich angeberisch und habe einen Zinkenwinkel aus Holz hergestellt, mit dem ich sowohl die schrägen als auch die 90°Linien markieren konnte, ohne das Werkzeug wechseln zu müssen.

Dann habe ich für wenig Geld einen kommerziellen Zinkenwinkel aus Aluminium gekauft. Ich mag den Alu-Zinkenwinkel, weil ich ihn benutzen kann, ohne mir Sorgen machen zu müssen, dass ich seine Kanten mit meinem Messer beschädigen könnte. Und er hat bequeme kleine Fingermulden. Der Nachteil des Werkzeugs liegt darin, dass man auf einen bestimmten Winkel festgelegt ist, aber das stört mich nicht. Ich mag das Aussehen von 14°-Winkeln und diese Neigung hat bei jeder Schwalbenschwanzvariante, bei der ich sie angewendet habe, zu guten Ergebnissen geführt.

Raubank und Schlichthobel

Ich habe die wichtigsten Eigenschaften dieser zwei Hobelarten im Kapitel über Hobel beschrieben. Ich werde ihnen an dieser Stelle also nicht mehr Tinte und Papier widmen. Raubank und Schlichthobel sind sehr hilfreich, wenn man sehr viel hobeln möchte.

Großer Simshobel

Ich habe auch diesen Hobel in dem entsprechenden Kapitel angesprochen, insbesondere weil ich der Meinung bin, dass ein großer Simshobel auch Dienste als Falzhobel leisten kann. Wenn man diesem Rat gefolgt ist, besitz man ja bereits einen Simshobel. Falls man sich aber schon für einen reinen Falzhobel oder Stellfalzhobel entschieden hat, finde ich, dass man sich auch einen großen Simshobel gönnen sollte.

Mit „groß“ meine ich einen, der eine Breite von 30 mm hat, sodass er genügend Masse hat, um durch die Hirnholzfasern eines Zapfens zu schneiden und dabei zuverlässig in der Risslinie zu bleiben. Diese Breite macht ihn auch sehr

geeignet, um, die Wangen der Zapfen zu glätten. Außerdem bin ich der Meinung, dass die größeren Werkzeuge besser in der Hand liegen und leichter als die kleineren zu führen sind.

Solche Hobel sind am Gebrauchtmarkt massenweise im Angebot, aber beim Kauf sollte man vorsichtig sein. Die Seiten müssen absolut genau rechtwinklig zur Sohle stehen. Deswegen sind diese Hobel so teuer – bei ihrer Herstellung dauert das Fräsen und Schleifen sehr lange und die Qualitätskontrolle ist dementsprechend strenger als bei anderen Werkzeugen.

Wenn man sich also für einen gebrauchten großen Simshobel entscheidet (und ich weiß, dass ich mich hier wiederhole), sollte man ihn vor dem Kauf überprüfen und sich bestätigen lassen, dass eine Rückgabe möglich ist.

Zimmermannsbeil

Ein gutes Beil in der Hand zu halten ist eine sichere, wirkungsvolle und medizinisch bestätigte Methode, den eigenen Testosteronspiegel zu erhöhen. Es ist gut, mit dem Schärfen eines Beils beschäftigt zu sein, wenn der neue Freund der Tochter zum ersten Mal zu Besuch ist. Außerdem ist es auch ein gutes Werkzeug für die Bearbeitung von Holz.

Ein Beil, das für die Holzverarbeitung gut geeignet ist, ist anders als das Beil, mit dem man Brennholz spaltet, obwohl sie dem Uneingeweihten ähnlich erscheinen. Ein Zimmermannsbeil hat eine Schneide wie ein Stechbeitel. Eine Seite des Beils ist plan, und die andere hat eine Fase. Das Brennholzbeil ist eher wie ein Messer geschliffen, da beide Seiten mit Fasen versehen sind.

Wie bei allen Werkzeugen muss der Griff gut in der Hand liegen, und das Werkzeug sollte sich wie eine Verlängerung des Arms anfühlen. Ich empfehle, einige Beile auszuprobieren, bevor man eine Kaufentscheidung trifft. Dabei wird einem sofort deutlich, wie unterschiedlich sie in der Hand liegen. Wenn nur ein Beil zur Verfügung steht, kann man nicht wissen, ob es das bequemste und am besten ausgewogene für die eigenen Anforderungen ist.

Wozu kann man das Zimmermannsbeil benutzen? Formen! Spalten! Die robustesten Bauteile aus Holz sind diejenigen, die von einem Stamm abgespalten (im Gegensatz zu abgesägt) wurden. Wenn man ein Stamm spaltet, trennen sich die Teile entlang der Holzfasern. Das ergibt ein Stück, dessen Maserung durch die ganze Länge des Stücks verläuft, von einem Ende bis zum anderen. Das ist zähes Material, das für die Herstellung von Leitersprossen, Stuhlteilen und Holznägeln sehr gut geeignet ist. Mit anderen Worten, es ist gut geeignet für alle Teile, die stark mechanisch belastet werden.

Ein Beil ist auch gut, wenn man viel Holz von der Kante eines Bretts abtragen muss. Es ist zudem hilfreich, wenn man anfängt, mit grünem Holz zu arbeiten, wie es etwa bei der Herstellung von Stühlen vorkommen kann, einem meiner Lieblingsgebiete im Möbelbau.

Die Hauptschwierigkeit beim Kauf eines Zimmermannsbeils besteht darin, dass sehr wenige moderne Exemplare gut sind. Ich habe nur wenige gefunden, die geeignet sind, und bei den alten gebrauchten kann es auch Probleme geben. Das geringste Problem ist, dass der Kopf sich vom Griff löst. Man kann den Griff mit Keilen im Kopf befestigen.

Noch häufiger und schwieriger zu retten ist ein Beil, das von einem dummen Teenager benutzt wurde, um Bewehrungsstäbe aus Stahl zu hacken. So ein Beil auf Vordermann zu bringen, erfordert viel Schleifarbeit.

Das schlimmste Problem stellt sich jedoch, wenn jemand das Beil mit einem neuen Griff versehen hat, der Griff aber etwa so handlich ist, wie eine Holzkeule aus der Steinzeit. Einen neuen Griff herzustellen, ist für den Anfänger, der vielleicht nicht weiß, wie sich ein guter Griff anfühlt, kein leichtes Unterfangen. Ein kleines Beispiel: Bauen Sie eine Chiffarobe! Keine Ahnung wie so etwas aussieht? Oder wie sie funktioniert? Genau!

Manchmal findet man auch Zimmermannsbeile, die unter allen drei Fehlern leiden.

Ziehmesser

Muss man ein Ziehmesser besitzen, um ein Holzwerker zu sein? Nein. Aber nachdem man eines benutzt hat, gibt es keinen Weg zurück.

Ein echtes Ziehmesser ist eine Offenbarung. Man kann mit ihm Bretter der Länge nach schneller trennen, als man sie sägen könnte. Spindeln kann man sehr fein bearbeiten. Mit ihm kann man auch abgesetzte Fasen an Kanten anschneiden, um dem Werkstück ein leichteres Erscheinungsbild und eine schöne visuelle Note zu verleihen.

Das Hauptproblem mit Ziehmessern sind die widersprüchlichen Informationen, die man von wahren Meistern dieses Werkzeugs bekommt.

Sollte die Klinge gekurvt oder gerade sein? Sollte das Ziehmesser mit der Fase nach oben oder nach unten benutzt werden? Sollte die Schneide wie diejenige eines

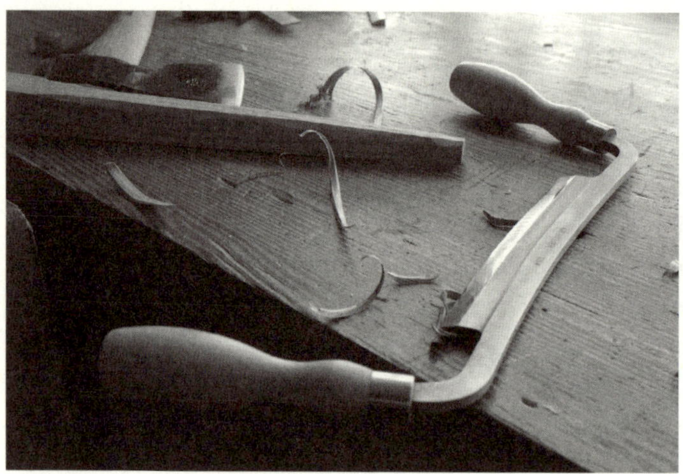

Messers oder eines Beitels geschliffen werden? Sollte die Unterseite der Fase auch geschliffen werden? Sollten die Griffe gerade oder angewinkelt sein? Taugen faltbare Ziehmesser etwas? Sollte man kleine oder große Ziehmesser benutzen? Und wie sollten sie geschärft werden?

Keine zwei Quellen stimmen bei diesen Einzelheiten überein. Es könnte einen dazu bringen, dem Ziehmesser abzuschwören.

Hier sind die harten Fakten: Ich habe vielen Meistern dieses Werkzeugs bei der Arbeit zugeschaut – Mike Dunbar, Brian Boggs, David Wright, Don Weber, Russ Filbeck und anderen. Sie haben alle das Werkzeug gemeistert, und jeder verwendet es etwas anders. Im Grunde genommen ist es nicht mehr als ein Beitel mit zwei Handgriffen, und wenn es um die Verwendung von Beiteln geht, gibt es ja auch nur sehr wenig Übereinstimmung,.

Das heißt, dass fast jede Verwendungsweise des Ziehmessers in Ordnung ist, dass aber auch von fast allen Techniken abzuraten ist. Meiner Meinung nach ist es eins der aggressivsten Werkzeuge überhaupt. Zu meinem ersten Aufenthalt in der Notaufnahme im Krankenhaus wegen der Arbeit mit Holz kam es aufgrund des Schärfens eines Ziehmessers.

Meine Vorlieben folgen. (Diesen Absatz darf man auch überspringen.) Ich bevorzuge ein Ziehmesser mit einer leicht gebogenen Klinge, mit der man immer leicht ziehend schneidet. Ich benutze es mit der Fase nach oben und nach unten. Wenn ich viel Holz abtragen möchte und es nicht tragisch ist, falls sich die Klinge ins Holz hineingräbt (abhängig von der Richtung der Maserung und der Eigenschaften des Holzes) richte ich die Fase nach oben.

Wenn ich weniger Holz abtragen und eine schöne Oberfläche erreichen möchte, arbeite ich mit der Fase nach unten.

Ich bevorzuge leicht angewinkelte Griffe, weil ich sie bequemer finde. Ich mag Griffe nicht, die parallel zu einander liegen. Ich bevorzuge größere im Gegensatz zu kleineren Ziehmessern. Die größeren, die Klingen mit einer Länge von etwa 18 bis 25 cm haben, sind leichter zu lenken als die kleineren. Masse ist in diesem Fall gut.

Ich bevorzuge eine beitelartige Schneide im Gegensatz zu einer messerartigen. Ich würde ein scharfes Ziehmesser mit keiner der von mir bevorzugten Eigenschaften einem sonst perfekten stumpfen bevorzugen. Schärfe erledigt alles.

Furnierschabhobel

Wer Oberflächen mit Hobeln bearbeitet, wird irgendwann einen Schabhobel brauchen. Obwohl einfache Ziehklingen sehr gut sind, sind sie für die Bearbeitung von größeren Flächen nicht optimal geeignet. Wenn man versucht, mit einer Ziehklinge die Ausrissstellen einer Esstischplatte zu beseitigen, wird zweierlei passieren. Erstens werden einem die Daumen in Flammen aufgehen. Zweitens wird die Oberfläche nach der Behandlung mit z.B. Lack wie die sanft welligen Hügellandschaften Englands aussehen.

Schabhobel schonen den Daumen, und sie halten die bearbeiteten Oberflächen eben. Auf der anderen Seite verlangen die meisten Schabhobel einen Master-Abschluss in Geometrie, um sie verwenden zu können. Man muss aus einer endlosen Bandbreite von Schnittwinkeln einen auswählen, und das kann irritieren. Noch dazu muss man es irgendwie vermeiden, Hobelspuren im Holz zu hinterlassen – die Ecken des Eisens können sich ins Holz eingraben. Meistens schleift man das Eisen leicht ballig zu.

Der Furnierschabhobel Nr. 80 von Stanley

Die Nr. 80 von Stanley war mein erster Furnierschabhobel und kostete $20. Er hat so gut funktioniert, dass es an ein Wunder grenzt, dass ich überhaupt andere Schabhobel ausprobiert habe. Das Eisen wird genauso wie dasjenige einer Ziehklinge geschliffen. Man legt das Eisen mit dem Haken nach vorn in das Werkzeug.

Das Eisen wird festgeschraubt und die Rändelschraube wird leicht zugedreht, bis das Eisen sanft gebogen ist. Ein leichter Schnitt ergibt hervorragende Ergebnisse. Ein schwerer Schnitt bringt den Hobel zum Rattern.

Die anderen Arten von Schabhobeln verlangen mehr Nachjustierung, um gut zu funktionieren, und sie sind alle viel teurer als der weit verbreitete und nützliche Stanley Nr. 80.

Seine Form ist so robust, dass mindestens ein moderner Hersteller die meisten seiner grundlegenden Merkmale kopiert hat. Jetzt hat man also die Wahl zwischen einem alten Furnierschabhobel (sehr günstig) oder einem neuen Furnierschabhobel (etwas teurer). Man kann nichts falsch machen. Man muss nur die komplizierteren Schabhobel meiden und wird nicht mehr verstehen, warum sich Leute wegen des Glättens einer Tischplatte die Haare raufen.

Halbstabhobel (Beading Plane)[5]

Reden wir über Profilhobel. Keine Sorge. Ich bin ganz vorsichtig.

Profilhobel scheinen für viele Holzwerker ein unerforschtes Land zu sein. Solche Hobel können komplexe Profile haben, sie zu schärfen verlangt eine gewisse Geschicklichkeit und die Instandsetzung von gebrauchten Exemplaren kann schwierig oder gar unmöglich sein. Ich bin aber der Meinung, wenn es einem gelungen ist, einen einfachen Profilhobel in einen funktionsfähigen Zustand zu ver-

5 Zu dem Begriff Beading Plane gibt es im Deutschen keine exakte Entsprechung. Bead bezeichnet allgemein ein Rundprofil mit sehr kleinem Durchmesser.

setzen, wird man mit Begeisterung weitere hölzerne Profilhobel für seine Werkzeugkiste suchen.

Mit dem Halbstabhobel schneidet man 180° eines Kreises plus zwei kleine gerade Flächen an den Seiten. Halbstäbe finden häufig Verwendung im traditionellen Möbelbau, z.B. um eine Schattenlinie zu schaffen, die zwei benachbarte Flächen voneinander abhebt.

Halbstäbe findet man oft an den Kanten der Rückwandbretter eines Korpus, an den Kanten eines Schubladenvorderstücks oder an den Kanten von Türlängsfriesen. Sie erscheinen auch an Schränken mit vorgesetzten Stollen, sodass ein Kontrast zur dahinterstehenden Wand entsteht.

Halbstabhobel sind unglaublich preisgünstig, weil sie überall in traditionellen Werkstätten benutzt wurden. Im Möbelbau verwendet man keinen großen Halbstab. Man sollte nach einem Halbstabhobel mit 3, 4 oder höchstens 6 mm Durchmesser suchen. Das sind die richtigen Größen für den Möbelbau. Die größeren sind für die Herstellung von Profilen beim Hausbau gedacht.

Das Schärfen des Eisens eines Stabhobels ist eine ziemlich leichte Aufgabe. Wenn das Profil des Eisens zur Sohle passt, muss man normalerweise die Rückseite des Eisens am Schleifstein schleifen und dann die Fase mithilfe eines Formsteins schärfen.

Man versucht, den Großteil der Arbeit an der flachen, profillosen Seite des Eisens auszuführen. Dann bearbeitet man die Fasenseite so wenig wie möglich. Ein kleiner Fehler an der Fase kann den Hobel unbrauchbar machen.

Auch der hölzerne Körper des Hobels muss sorgfältig überprüft werden. Er muss absolut gerade sein. Wenn er auch nur gering gebogen ist, ist das Spiel aus. Wenn das Eisen und die Sohle fertig sind, kann man sich dem Keil widmen. Ja, der Keil kann zu ernsthaften Problemen führen. Wenn er nicht perfekt in die Aufnahme des Körpers passt, löst er sich bei der Arbeit, und der Hobel wird aufhören, Holz abzutragen.

Falls das passiert, muss man die Ursache des Problems finden. Normalerweise gibt es eine Stelle am Keil oder in der Aufnahme, an der das Holz nicht plan ist. Diese Stelle muss geglättet werden, sodass der Keil gut im Schlitz sitzt.

Wenn ich mit diesem Problem konfrontiert bin, schraffiere ich die Oberfläche des Keils mit einem Bleistift und treibe ihn in den Hobel ein. Dann entferne ich ihn und schaue, wo die Bleistiftmarkierung abgerieben worden ist. Das ist eine hohe Stelle. Ich prüfe den Keil mit einem Präzisionslineal. Liegt die hohe Stelle am Keil? Wenn ja, denn versuche ich, sie mit einer Ziehklinge oder einem Beitel zurückzuschneiden. Wenn es aussieht, als ob die hohe Stelle nicht am Keil ist, suche ich im Körper des Hobels nach ihr. Mithilfe einer Fräserfeile oder eines Beitels kann man sie dann entfernen.

Dann probiere ich nochmal, ob der Keil gut sitzt, und wenn nötig wiederhole ich die ganze Prozedur, bis ich weiß, dass der Keil fest in der Aufnahme sitzt.

Eine kleine Auswahl von Halbstabhobeln reicht für das ganze Leben. Weil sie so häufig gebraucht angeboten werden, sollte man gute Exemplare aussuchen. Sie kosten genauso viel wie die nicht funktionierenden Exemplare. Der Preis sollte also nicht das Kaufkriterium sein. Die Preise von Profilhobeln richten sich normalerweise nach ihrem Sammlerwert und ihrer Seltenheit und nicht nach der Verwendbarkeit des Hobels.

Kleine Eierstab- oder Karniesprofilhobel

Wenn man den Halbstabhobel gemeistert hat, kann man sich auch an die Verwendung kleiner, komplexer Profilhobel wie Eierstab- oder Karniesprofilhobel wagen. Sie bieten die gleichen Vorteile wie die Halbstabhobel, stellen einen aber auch vor die gleichen Herausforderungen. Bei alten gebrauchten Exemplaren könnten die Eisen oder die Körper verformt sein, und wenn man sie benutzt, können die Keile aus ihren Aufnahmen herausfliegen.

Diese kleinen Profilhobel sind sehr nützlich, wenn man meterweise Profile herstellt, die absolut gleich sein müssen. Wie bei Rundstab- und Hohlkehlhobeln (s.u.) dargestellt, ist die vielseitige Anwendbarkeit der größte Vorteil dieser beiden Hobelarten. Man kann fast jedes Profil herstellen, das man zeichnen kann. Der größte Nachteil von Rundstab- und Hohlkehlhobeln liegt darin, dass es kaum möglich ist, das exakt gleiche Profil zweimal herzustellen. Wegen der freien Einsetzbarkeit dieser Werkzeuge ist jedes Profil ein Unikat.

Die kleinen komplexen Profilhobel sind dagegen hervorragend für die Herstellung von Profilen geeignet, die man immer wieder beim Möbelbau braucht. Kleine Halbstäbe, Karniese oder Eierstäbe sind sehr gut, um die Übergänge zwischen Flächen an einem Möbelstück zu markieren. Ein quadratisches Eierstabprofil ist sehr gut geeignet, um den Übergang zwischen einem Sockel und einem Korpus zu markieren. Ein Astragalprofil ist großartig, wenn man den Übergang zwischen den oberen und unteren Hälften eines Korpus markieren möchte. Der Übergang vom Korpus zum Deckel eines Schrankes lässt sich sehr gut mit einem Eierstab oder einer einfachen Hohlkehle markieren.

Der größte Vorteil dieser kleinen komplexen Profilhobel liegt darin, dass man (fast) genau dasselbe Profil wieder herstellen kann. Diese Hobel schneiden genau bis zum Punkt, an dem das Profil entsteht. Ist das Profil vollständig, hört der Hobel auf, Material abzutragen.

Das ist bei Rundstab- und Hohlkehlhobeln nicht der Fall, die abtragen, bis man sich entscheidet aufzuhören.

Ein halber Satz Rundstab- und Hohlkehlhobel

Diese Hobel sind für viele Holzwerker ein Mysterium. Man bringt am besten Licht in dieses Dunkel, indem man einen halben Satz der Hobel kauft. Durch ihre Verwendung wird ihre Nützlichkeit schnell deutlich.

Wie bei den schon erwähnten Stab und komplexen Profilhobel können auch bei Rundstab und Hohlkehlhobel Schwierigkeiten bezüglich der Eisen, Sohlen und Keile auftreten. Andererseits sind sie leichter zu schärfen und zu justieren, weil sie einfachere Werkzeuge sind. Ein Hohlkehlhobel hat eine hohle Sohle, die einem Sechstel eines Kreises (60°) entspricht.

Sie werden in verschiedenen Größen hergestellt. Ein Halbsatz besteht aus 18 Hobeln, ein ganzer Satz aus 36 Hobeln. Jedes Paar der Hobel ist von Nr. 1 bis Nr. 18 nummeriert. Ein gerader Satz hat Paare, die von 2 bis 18 nummeriert sind. Ein ungerader Satz hat die Paare 1 bis 17.

Die meisten Möbeltischler kaufen einen geraden Halbsatz. Ein ungerader Satz – bestehend aus den Zwischengrößen – wäre genauso praktisch. Manchen Möbelschreinern reicht ein Viertelsatz, der aus den Paaren 2 bis 10 besteht.

Was bedeuten die Ziffern an diesen Hobeln? Nicht viel. Manche Hersteller haben sie nach genormten Größen hergestellt. Anstatt also die Unterschiede (und die verrückte Welt des Herstellers Ohio Tool) zu erörtern, sprechen wir lieber über die Eigenschaften der Hobel. Nehmen wir als Beispiel einen Nr.-4-Hobel. Mit einem Lineal messen wir die Breite des Eisens von Kante zu Kante. Das ergibt den Radius des Kreises, den der Hobel schneidet. Wenn die Entfernung von Kante zu Kante einem 1/2 Zoll entspricht, dann schneidet der Hobel Teile eines Kreises mit einem Radius von einem 1/2 Zoll. Wer das weiß, kann an der Endmaserung an beiden Enden des Werkstücks die entsprechenden Risslinien markieren, was sehr hilfreich ist.

Der Hersteller Old Street Tool (der früher als Clark & Williams firmierte) benutzt ein modifiziertes britisches System, um die Rundstab und Hohlkehlhobel zu nummerieren. Ich gebe es hier wieder, um eine Vorstellung der Bandbreite der Größen dieser Hobel zu geben.

Nummer am Hobel	Breite des Eisens bzw. Radius des Kreises
#1	1/16 Zoll
#2	1/8 Zoll
#3	3/16 Zoll
#4	1/4 Zoll
#5	5/16 Zoll
#6	3/8 Zoll
#7	7/16 Zoll
#8	1/2 Zoll
#9	9/16 Zoll
#10	5/8 Zoll
#11	11/16 Zoll
#12	3/4 Zoll
#13	7/8 Zoll
#14	1 Zoll
#15	1 1/8 Zoll
#16	1 1/4 Zoll
#17	1 3/8 Zoll
#18	1 1/2 Zoll

Die Verwendung von Halbstab und Hohlkehlhobeln ist nicht schwierig. Man erlernt sie am besten, indem man einen Halbsatz kauft und ihn benutzt, um einfache Profile herzustellen. Am Anfang verwendet man bei diesen Übungen Kiefer, später dann auch schwierigere Holzarten.

Die Eisen der meisten Halbstab und Hohlkehlhobel liegen mit einem Winkel von 500 bis 550 im Körper. So reißt das Holz selten aus. Teure Hobel haben ein schräges Eisen. Deswegen sind sie ein bisschen schwieriger zu schärfen und zu verwenden.

Wenn man einige dieser Hobel geschliffen hat und einfache Profile schneiden kann, kann man sich entsprechende DVDs oder Bücher kaufen, um seine Ausbildung zu vervollständigen.

38-mm-Stechbeitel

Ein breiter und dünner Stechbeitel ist eine große Hilfe beim Sägen. Ich benutze diesen breiten Beitel, um Risslinien zu vertiefen und so meine Säge zu führen. Da er lang ist, kann man ihn leicht mit beiden Händen kontrollieren – eine Hand auf der Klinge und eine um den Griff.

Beim Kauf dieser Art von Beitel gelten dieselben Regeln wie beim Kauf aller anderen Beitel.

Sie werden mit Tülle, Angel oder nach japanischer Bauart hergestellt. Schlitze schneidet man mit diesen Beiteln nie, es ist also egal, welche Form man kauft. Ich bevorzuge die Tüllenkonstruktion, weil sie die Zerlegung des Werkzeugs in zwei Teile erleichtert, was ein Vorteil ist, wenn ich Werkzeuge für den Transport einpacken muss.

Moderne Beitel mit dieser Breite sind eher selten. Als gebrauchte Werkzeuge findet man sie aber häufig. Klassische Hersteller wie Buck Bros., Swan, Wetherby, Stanley, Underhill and Peck, Stow & Wilcox hatten sie im Programm. Sie leisten gute Dienste, wenn sie nicht in der Vergangenheit für die falschen Aufgaben eingesetzt wurden.

Stechbeitel in Fischschwanzform

Wer Schubladen mit Schwalbenschwanzverbindungen herstellt, wird einen Stechbeitel dieser Form besitzen wollen. Das Ende ist wie der Schwanz eines Fisches nach außen ausgestellt. Das ist beim Verputzen von halbverdeckten Schwalbenschwanzverbindungen hilfreich, die bei der Herstellung von Schubladen vorkommen.

Zugegeben: Man kann die engen Ecken durch eine Reihe von Schnitt- und Putztechniken mit schmalen normalen Beiteln säubern, aber mit dem Fischschwanzstechbeitel macht es Spaß, die Arbeit in einem Zug zu erledigen.

Das Interessante an diesen Beiteln ist, dass im 17. Jahrhundert alle Beitel diese Form hatten. Vermutlich erlaubte es die Herstellung von Beiteln mit weniger Eisen und Stahl. Manche asiatischen Beitel haben immer noch diese Form.

Beim Kauf eines solchen Beitels sollte man sich fragen, „Wie geizig bin ich eigentlich?“ Sie sind ziemlich teuer, aber der Kauf ist auch nicht zwingend notwendig. Man kann selbst einen aus einem gebrauchten normalen Beitel herstellen.

Das Einzige, was man dazu tun muss, ist die langen Kanten des Beitels so zu schleifen, dass sie steiler angewinkelt sind als der Winkel einer typischen Schwalbenschwanzverbindung. Ich bevorzuge Schwalbenschwanzverbindungen mit 14°, und so schleife ich die Kanten bis auf 15° oder etwas mehr. Das ermöglicht mir, die Ecke des Werkzeugs ganz in die Ecke der Verbindung zu führen.

Ich habe einige von diesen Werkzeugen aus alten Beiteln des Herstellers Marples hergestellt. Sie funktionieren hervorragend, sehen aber abscheulich aus.

Schubladenschloss-Beitel

Dieses ausgeklügelte kleine Werkzeug aus Stahl ist für das Schneiden von Aufnahmen für Schlösser bestens geeignet. Mit ihnen schneidet man die Schlitze an den Innenseiten von Korpus und Schublade, die sonst mit normalen Beiteln unmöglich zu bearbeiten wären. Der Beitel hat eine breite und eine schmale Schneide. Das Beste an diesem Werkzeug ist, dass es fast überall einsetzbar ist und man es mit dem Klüpfel oder sogar mit einem Hammer aus Stahl treiben kann.

Sie sollten einen solchen Beitel erst kaufen, wenn Sie mit einem großen Projekt beginnen, bei dem sie ihn wirklich brauchen werden.

Fräserfeilen

Wer (etwa bei der Herstellung von Möbeln z.B. im traditionellen Arts & Crafts-Stil) viele durchgehende Schlitze schneidet, kann sich mithilfe von ein oder zwei Fräserfeilen die Arbeit erleichtern.

Die Fräserfeile ist im Grunde genommen eine Kreuzung aus Säge und Raspel. Die großen Zähne kommen vom Säge-Papa und der breite Körper von der Raspel-Mama. (Ich muss aufhören, Werkzeuge zu vermenschlichen. Sie hassen es.)

Das Ergebnis ist ein Werkzeug, mit dem man die schwierig zu bearbeitenden Enden von durchgehenden Schlitzen besser als mit dem Beitel oder der Raspel rechtwinklig nacharbeiten kann. Bei dieser Aufgabe ist der Beitel schwieriger zu lenken und wird fast immer zu tief schneiden oder vom Riss abwandern, egal wie geschickt man ist.

Auf der anderen Seite ist eine Raspel leicht zu lenken. Sie wird aber immer dazu neigen, auch Material von der langen Wandung des Schlitzes abzutragen, egal wie geschickt man ist.

Für die Schlösser. Wenn man seine Möbel mit Schlössern versieht, ist dieses Werkzeug sehr nützlich. Falls man nichts von Schlössern hält, kann man gut darauf verzichten.

Die Fräserfeile ist dagegen für diese Aufgabe ideal. Wegen ihrer Länge lässt sie sich im Hirnholz nicht leicht vom Riss abbringen, und die Tatsache, dass die Zähne sich an nur einer Seite befinden, sorgt dafür, dass sie nicht in das Längsholz einschneidet.

Die meisten Möbelschreiner wären mit Fräserfeilen von einer Breite von etwa 6 bis 8 mm gut bedient. Eine neu erworbene Fräserfeile sollte man zuerst mit einer Sägefeile schärfen. Eine scharfe Fräserfeile ist eine glückliche Fräserfeile.

Passdorne, ein Paar

Die traditionelle Herstellung von Schlitz-und-Zapfen-Verbindungen mit einem auf Zug gebohrten Holznagel ist inzwischen eher selten. Früher war sie alltäglich und wurde in vielen Büchern über den Möbelbau erwähnt. Heutzutage kommt sie vor allem beim Fachwerkbau und in Möbeln von Tischlern vor, die sich mit dem Lesen alter Handwerkslehrbücher beschäftigen.

Bei dieser Technik bohrt man ein Loch durch einen Schlitz und ein zweites durch den Zapfen, das aber leicht (vielleicht 1,5 mm) Richtung Brüstung versetzt wird. Dann wird ein Stift aus Holz durch die zusammengesteckte Verbindung getrieben, und dieser Holznagel zieht den Zapfen in den Schlitz hinein.

Mit Dir bin ich durch. Wenn man viel mit durchgehenden Schlitzen arbeitet, sind Fräserfeilen hervorragende Werkzeuge. Mit ihnen bleiben die Innenecken schön sauber, sodass man eine gute Passung erreicht.

Diese Technik ist hervorragend, wenn die vorhandenen Zwingen nicht lang genug sind, um die ganze Verbindung zu greifen. Die Technik ist auch sehr gut geeignet, wenn das Holz nicht ganz trocken ist und man Sorge hat, dass es schwinden könnte. Eine Verbindung mit Stiften kann die Teile eng zusammen halten. Auch wenn man nicht sicher ist, ob der Leim hält, oder wenn man Leim nicht benutzen kann, weil das Holz zu feucht ist, sind Holznägel eine gute Alternative.

In all solchen Fällen können auf Zug gebohrte Löcher sehr hilfreich sein.

Das Hauptrisiko bei dieser Technik besteht darin, dass der Stift beim Eintreiben in die versetzten Löcher zerbrechen kann. Genau hier leisten die Passdorne ihren Dienst.

Der Passdorn ist ein uraltes Werkzeug, das entworfen wurde, um in Löcher von Verbindungen gesteckt zu werden und so zu kontrollieren, ob die Teile gut zusammen passen. Dann wird der Holznagel hineingetrieben. Der Passdorn weitet die Ränder der Löcher etwas, so wird das Eintreiben des Nagels am Versatz erleichtert. Der Passdorn ist einfach ein verjüngter Stift aus Stahl. Er ist auch gebraucht zu finden, und es gibt auch noch einige Werkzeughersteller, die ihn immer noch anfertigen.

Es gibt Tischler, die behaupten, der Passdorn sei unnötig. Ich meine, dass solche Leute sich eher theoretisch mit dem Möbelbau beschäftigen, oder sie haben

ihre Löcher nie um eine Entfernung von mehr als 1,5 mm versetzt. Ich habe in Kiefernholz *(Yellow Pine)* schon Löcher um bis zu 3 mm gegeneinander versetzt.

Die Verwendung des Passdornes stellt eine Art Versicherung dar. Solche Versicherungen habe ich gerne, wenn es um das Zusammenfügen von Verbindungen an einem Rahmen oder einer Tür geht. Hier wäre das Brechen eines Stiftes inakzeptabel, weil es die Konstruktion schwächen würde.

Wer diese Technik verwenden möchte, sollte sich Passdorne kaufen. Wer zu geizig ist, diese geringe Summe auszugeben, sollte sich fragen, warum er dieses Buch liest.

Und warum braucht man zwei Passdorne? Viele größere Verbindungen benötigen zwei Stifte in jedem Zapfen, man braucht also zwei Passdorne, um zu kontrollieren, ob die Verbindung gut zusammenpasst.

Gestellsäge

Mit der Laubsäge kann man die meisten Kurven aussägen, wenn man aber häufig Schweifschnitte ausführt, ist eine Gestellsäge hilfreich. Diese Säge hat einen Holzrahmen und wird mittels einer Schnur und eines Spannhebels aus Holz gespannt. Das Blatt ist länger (30 cm wären für eine englische Gestellsäge üblich)

und die Schnitttiefe höher als bei einer Laubsäge. So kann man weiter in ein Brett hineinschneiden als mit einer Laubsäge.

Über Gestellsägen wird heftig debattiert. Sollten sie auf Zug oder auf Stoß sägen? Sind sie mit einer oder mit zwei Händen zu benutzen? Wie viel Spannung braucht das Blatt?

Die Antworten auf diese Fragen sind vom Benutzer abhängig. Wie bei der Verwendung einer Laubsäge führt das Sägen auf Stoß oder auf Zug zu unterschiedlichen Ergebnissen. Man sollte das Blatt so einsetzen, dass man die erwünschten Ergebnisse bekommt.

Die meisten Holzwerker halten das Werkzeug mit einer oder beiden Händen am körpernahen Griff. Ich habe jahrelang so gearbeitet, bis Michael Dunbar mir gezeigt hat, wie er mit einer Hand an dem näheren Griff und der anderen am entfernten Griff arbeitet. Daraus resultiert eine Hin- und Herbewegung, ähnlich wie bei einer Dekupiersäge

Diese Zweihand-Technik führt zu einer erhöhten Genauigkeit insbesondere an der Rückseite des Bretts, die man während des Sägens nicht sieht. Danke, Mike.

Es gibt eine Vielzahl von Sägeblättern für Gestellsägen: dick, dünn, grob und fein. Die Regeln für die Wahl der optimalen Zähnung sind die gleichen wie bei Rückensägen. Bei dünnem Holz braucht man mehr Zähne und bei starkem Holz weniger.

Die Breite des Blatts hängt davon ab, wie eng die zu sägenden Kurven sind. Schmale Blätter (bis zu 3 mm) sind für enge Kurven geeignet. Breitere Blätter (5 oder 6 mm und noch breiter) eignen sich für das Aussägen von sanften Kurven und langen Geraden.

Ich besitze eine Gestellsäge und ich benutze sie, aber ehrlich gesagt benutze ich meine Laubsäge viel häufiger. Deswegen steht die Gestellsäge auf der Liste der sekundären Werkzeuge. Ich rechne aber damit, dass mir das missbilligende Briefe eintragen wird.

Sägefeilen

Wer seine eigenen Sägen schärfen möchte, braucht Sägefeilen und sollte sie für die Verwendung mit Griffen versehen. Der Querschnitt von Sägefeilen für westliche Sägen entspricht einem gleichseitigen Dreieck – jede Ecke misst 60°. Japanische Sägefeilen haben den Querschnitt eines abgeflachten Dreiecks und heißen *Yasuri*.

Beide Sorten werden in diversen Größen hergestellt, große Feilen für große Zähne und kleine Feilen für kleine Zähne. Ich bin kein Experte, wenn es um das Schärfen von japanischen Sägen geht,. Ich kann also keine Empfehlungen für den Kauf einer japanischen Sägefeile geben. Bei westlichen Sägen sollte eine Seite der Sägefeile mehr als zweimal so breit sein wie der Sägezahn lang ist.

Mit anderen Worten: Man sollte alle drei Seiten der Feile benutzen können, ohne die Mitte einer Seite abzunutzen. Eine Sägefeile, die zu schmal ist, wird zu schnell abgenutzt und versagt deshalb schließlich beim Schärfen der sehr wichtigen Zahnspitzen.

Das Feilen von Sägen ist nicht mit dem Feilen von Holz zu vergleichen. Die stählernen Sägezähne nutzen die Feile sehr schnell ab. Normalerweise schärfe ich maximal eine oder zwei Sägen mit einer Seite der Feile. Deswegen nummeriere ich die Seiten der Feile, sodass ich schnell weiß, welche Seiten scharf und welche abgenutzt sind.

Es gibt eine Vielzahl von Feilenherstellern. Einige Marken haben leicht abweichende Eigenschaften. Manche haben abgerundete Ecken, andere sind kantig. Wenn man sich daran gewöhnt hat, seine Sägen selbst zu schärfen, wird man bestimmte Sägefeilen bevorzugen, so wie man auch bestimmte Schleifsteine bevorzugt.

Schlichtfeile

Eine Schlichtfeile oder eine ähnliche flache feine Feile ist für das Schärfen von Sägen und Ziehklingen nötig. Der erste Schritt beim Schärfen einer Säge ist, sicher zu stellen, dass alle Zähne die gleiche Höhe haben. Ist das nicht der Fall, müssen sie höhengleich gefeilt werden. Man macht das am besten, indem man die Feile in eine Abrichtvorrichtung für Ziehklingen und Sägeblätter einspannt. Diese Vorrichtung hält die Feile in genau 90° zum Sägeblatt. Man kann auch die Feile in eine Nut in einem Stuck Holz drücken, um dasselbe Ergebnis zu erzielen. In diesem Fall dient das Holzstück als Lehre für das Feilen.

Die Flachfeile ist auch das erste Werkzeug beim Schärfen einer Ziehklinge. Die Feile trägt den abgenutzten Stahl ab und bereitet eine frische Kante vor, die geschliffen und poliert wird. Wer manuell geschickt ist, kann eine Säge oder eine Ziehklinge freihändig feilen, aber ich bevorzuge die Verwendung einer hölzernen Lehre, die meine Feile rechtwinklig zu dem Werkzeug hält, das ich schärfen möchte.

Feilen (und auch Raspeln) tragen Holz nur auf Stoß ab, d.h. man schiebt sie Richtung Spitze der Feile. Wenn Sie eine Feile über die Oberfläche zurückziehen, wird sie schnell stumpf.

Eine andere hervorragende Methode, eine Feile abzustumpfen, besteht darin, sie in eine Schublade mit anderen Feilen zu werfen und sie alle eine Weile gegeneinander stoßen zu lassen.

Wenn man eine Feile kauft, kann man zuerst ein billiges Exemplar aus dem Baumarkt kaufen und lernen, wie man sie benutzt. Nachdem man einige davon

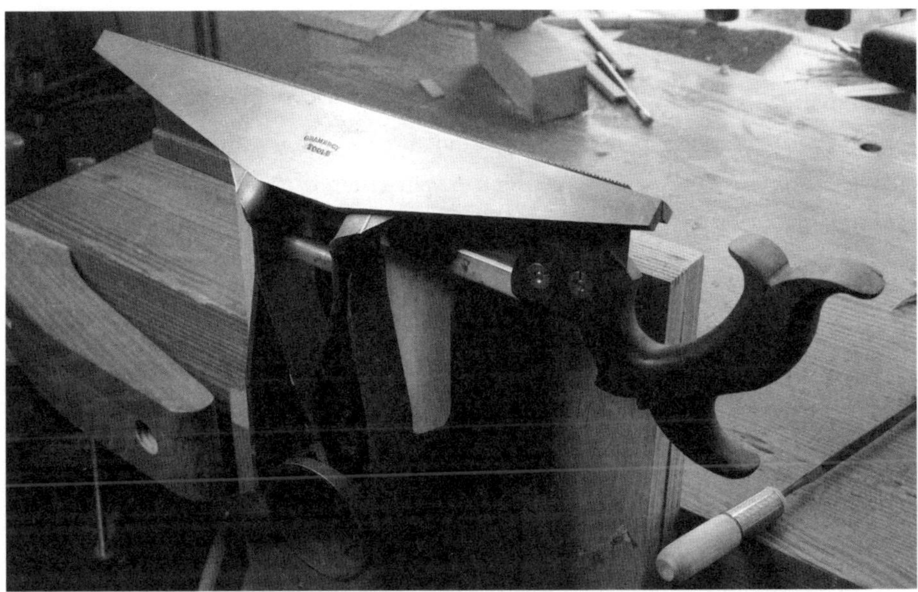

abgenutzt hat, kann man dann eines der teureren und sanfter schneidenden europäischen oder japanischen Exemplare erwerben.

Sägefeilkluppe

Um Sägen schärfen zu können, braucht man eine Sägefeilkluppe, die das Werkzeug sicher unterhalb der Zahnlinie festhält. Eine gute Sägefeilkluppe verhindert beim Schärfen die störenden,sehr lauten Vibrationen.

Man kann eine Sägefeilkluppe aus einigen Holzklötzen leicht selbst herstellen. Die meisten Holzwerker kaufen jedoch eine aus Metall. Die Sägefeilkluppe wird mit Schrauben oder Zwingen an der Hobelbank angebracht. Sie greift die Säge wie eine riesige Zange. Es gibt viele unterschiedliche Modelle, von denen die meisten nicht teuer sind. Im Versandhandel kann der Kauf jedoch teurer werden, weil sie meist schwer sind.

Die Backen einer guten Sägefeilkluppe aus Metall schließen in der Mitte nicht vollständig.

Wenn die Säge eingespannt wird, verbiegt sich das Metall der Kluppe, sodass das Sägeblatt auf ganzer Länge des Sägeblatts fest zwischen die Backen geklemmt wird. Das ähnelt der Breitenverbindung von zwei Brettern, deren Kanten auch leicht konkav abgerichtet werden, um die Passung zu verbessern.

Die meisten guten Sägefeilkluppen sind schwer, aber das muss nicht der Fall sein. Eine der besten Kluppen, die ich je benutzt habe, war aus Aluminium und hat die Vibrationen ziemlich gut gedämpft.

Beim Kauf einer Sägefeilkluppe ist die einfache Verwendung einer der wichtigsten Faktoren. Wenn sie umständlich einzurichten ist, schärft man seine Sägen weniger oft. Am besten ist die Sägefeilkluppe ständig einsatzbereit aufgestellt, am zweitbesten ist es, sie ständig an der Hobelbank bereit zu halten, um sie in einer der Bankzangen einspannen zu können.

Schränkzange

Die Schränkzange besteht aus einem winzigen Amboss und Stempel. Diese beiden Teile werden mit den Griffen wie eine normale Zange zusammengedrückt. Die einzige Aufgabe der Schränkzange besteht darin, die Zähne der Säge zur Seite zu biegen, sodass sie seitlich etwas über das Sägeblatt hinausragen.

Wenn man Möbel baut, wird man die Schränkzange nicht sehr häufig benutzen. Meiner Meinung nach ist die Schränkung bei den meisten Sägen sogar zu stark. Eine starke Schränkung ist gut, um nasses Nadelholz zu sägen, aber sie ist ein Nachteil, wenn man trockenes Laubholz sägen will. Eine Säge mit zu starker Schränkung weicht in Laubholz leicht von der Linie ab und ist schwieriger zu schieben, weil die Sägefuge breit ist

Wenn ich eine neue Säge kaufe, schärfe ich sie einige Male, bevor ich die Schränkzange benutze. Jedes Feilen reduziert die Schränkung ein bisschen und verbessert die Schnitteigenschaften. Der Nachteil einer möglichst geringen Schränkung ist, dass es schwieriger ist, einen verlaufenden Schnitt zu korrigieren. Die Schränkung verleiht ein bisschen Spielraum in der Schnittfuge, was für Anfänger von Vorteil sein kann.

Wenn man jedoch mit einer einst scharfen Säge so viel gesägt hat, dass sie stumpf geworden ist, hat man wahrscheinlich Erfahrung genug, um ohne starke Schränkung zu sägen.

Wenn es um Marken und Merkmale geht, bin ich nicht allzu wählerisch, weil ich die Schränkzange nicht so häufig benutze. Man sollte nur darauf achten, die Zähne an ihren Spitzen und nicht am Zahngrund zu schränken. An der Spitze ist die Hebelwirkung der Schränkzange nicht so stark.

Schärfführung für Beitel und Hobeleisen

Zum Schärfen von Beiteln und Hobeleisen benutze ich eine billige Schärfführung, in der die Werkzeuge an den Seiten eingespannt werden. So bekomme ich zuverlässige Ergebnisse beim Schärfen von Werkzeugen, die ich ständig benutze.

Ich kann auch per Hand gut schärfen und auf diese Weise schärfe ich auch viele Werkzeuge, vor allem solche mit Rundungen und Profilen. Trotzdem bevor-

zuge ich für Beitel und Hobeleisen die Schärfführung. Sie ist effizient und lässt mich nie im Stich.

Das kann man nicht von allen Schärfführungen behaupten. Eigentlich scheint es so zu sein, dass die Schwierigkeiten bei der Verwendung mit dem Preis einer Schärfführung eher steigen. Ich empfehle den Kauf einer preiswerten, seitlich klemmenden Führung – die im englischsprachigen Raum manchmal als *Eclipse Guide* bezeichnet werden – und sie dann etwas nachzuarbeiten.

Viele Anfänger lassen sich zum Kauf von Schärfführungen verlocken, die von oben und unten einspannen. Der Vorteil ist, dass sich solche Führungen zum Schärfen von unterschiedlichen Werkzeugarten einsetzen lassen, auch solchen mit schrägen Schneiden. Der Nachteil ist jedoch, dass sich die Eisen in der Führung nach links oder rechts verschieben können, wodurch die Schneiden verdorben werden.

Ich habe jede Führung probiert, die je angeboten wurde. Meiner Meinung nach sind alle, die von oben und unten einspannen, eher unzuverlässig. Man verbringt mehr Zeit mit dem Nachjustieren der Eisenposition und weniger Zeit mit dem Bau von Möbeln.

Wenn man also eine Schärfführung kaufen möchte, dann sollte es eine sein, die seitlich einspannt.

Ich habe schon erwähnt, dass ich meine Führung nacharbeite. Das ist nötig, wenn das Gerät nicht sehr präzise hergestellt wurde. Ich habe viele alte Führungen der Marke Eclipse, die früher in England hergestellt wurden. Sie sind tadellos. In den Vereinigten Staaten können sie jedoch schwierig zu finden sein und die meisten Holzwerker kaufen hier Nachbauten aus Taiwan oder China.

Diese funktionieren sehr gut, wenn man Folgendes beachtet:

1. Mit einer dreieckigen Feile werden die Lacküberstände aus den schwalbenschwanzförmigen Aufnahmen entfernt, in die man Beitel mit angefasten Eisenkanten einlegt.
2. Die beiden Backen werden zusammengeführt, um zu sehen, ob sie gut aufeinander passen oder ob es in der Mitte eine Ausbuchtung gibt. Eine Ausbuchtung reduziert die Genauigkeit des Geräts. Die oberen Flächen der Backen werden abgefeilt. Das ist eine leichte Arbeit, weil die Backen dieser Führungen aus Aluminium hergestellt sind.

3. Die Rolle muss regelmäßig geölt werden. Wenn sie schwergängig ist, dreht sie sich nicht mehr gut und man schleift schnell eine gerade Stelle an ihrem Umfang an. Das macht die Führung schwer zu benutzen und lässt sie stark vibrieren.

Das war es auch schon. Man sollte immer einen Schraubendreher benutzen, um die Eisen in der Führung zu befestigen. Ein rutschendes Eisen kann zu einem Ausflug in die Krankenhausnotaufnahme führen (ich spreche aus Erfahrung). Und schließlich sollte man eine kleine Lehre aus Holz herstellen, um ein schnelles Einstellen der Eisen auf die gängigsten Fasenwinkel zu ermöglichen.

Eine solche Führung mag zwar nicht auf Bruchstellen eines Millimeters genau sein, aber sie wird immer zu konsistenten Ergebnissen führen, was beim Schärfen viel wichtiger ist.

Stangenzirkelspitzen

Stangenzirkelspitzen sind die überdimensionierten Cousinen des Zirkels. Wenn man vorhat, nie etwas mit Kurven herzustellen, kann man auf sie verzichten. Wenn

man nur gelegentlich eine Kurve braucht, kann man ebenfalls darauf verzichten – man kann mit einem Stock, einem Nagel und einem Bleistift improvisieren. Ich liebe Kurven und so benutzte ich die Stangenzirkelspitzen meines Opas ständig. Sie wurden ihm von seinen Gastgebern geschenkt, als er auf Geschäftsreise in Japan war. Sie liegen immer noch in ihrem ursprünglichen mit Samt gepolsterten Kästchen, das irgendwann einen Wasserschaden erlitten hat, bevor ich es geerbt habe.

Ästhetisch betrachtet erinnern meine Stangenzirkelspitzen an den Bauhaus-Stil. Sie sind aus Edelstahl und haben keine Verzierungen bis auf die Funktionsteile. Ich finde sie aber schön, und sie funktionieren bestens.

Der Besitz solcher Werkzeuge könnte einen inspirieren, sich aus der Wohlfühlzone von geraden Linien und Rechtecken herauszuwagen. Ich glaube, ich halte sie für unabdingbar für die Weiterentwicklung eines Möbeltischlers und Designers.

Es gibt viele unterschiedliche Arten von Stangenzirkeln. Alle bestehen jedoch aus drei Teilen: einem feststehenden Kopf mit einer Spitze, der den Mittelpunkt des Bogens oder Kreises festlegt, einer Stange beliebiger Länge, die die zwei Spitzen miteinander verbindet, und einem beweglichen Kopf, der an jedem beliebigen Punkt der Stange fixiert werden kann. Dieser bewegliche Kopf kann mit einer einfachen Spitze versehen sein, die eine Kurve anreißt, oder er kann ein bleistift- bzw. tintenbasiertes System aufweisen.

In vielen Fällen ist die Stange aus Holz und wird vom Holzwerker selbst hergestellt. Ihre Stärke und Breite müssen den Stangenzirkelspitzen angepasst werden. Die Länge kann man frei wählen – kurz, lang oder beliebig nach Wunsch. Meine Stange hat eine Länge von 1,20 m, ich habe aber für bestimmte Werkstücke auch noch längere provisorische Stangen hergestellt.

13 | DIE GESCHICHTE DREIER TISCHE

Nachdem wir unsere Abschlussprüfungen geschafft hatten, wohnten meine Freundin (die ich bald danach heiratete) und ich zwei Wochen in einer Wohnung im ländlichen Teil von South Carolina, in der alles braun war oder langsam braun wurde. Unsere Mahlzeiten nahmen wir von einem Pappkarton ein.

Von unserem ersten Gehalt kauften wir in einem Möbelfilialgeschäft ein Futonbett und einen klappbaren Esstisch polnischer Herstellung. Es war der einzige ansprechend aussehende Tisch im ganzen Laden. Die Platte war aus riftgeschnittenem Eichenholz, das gebeizt war, um den Tisch wie ein teureres modernes Möbelstück im dänischen Stil aussehen zu lassen. Er kostete nur $60 und war damit der einzige Tisch, den wir uns von unseren Gehältern als Jungreporter leisten konnten.

Der Tisch hatte aber einen katastrophalen Konstruktionsfehler, den wir während eines unserer frühesten und romantischsten Hotdog-Abendessen entdeckten (nichts ist so romantisch wie einen fleischgefüllten Saitling in ein weiches Brötchen zu stopfen). Eine unserer Katzen sprang auf den Tisch, und beim Versuch das freche Tier zu fangen, drückte ich mit meinem ganzen Gewicht auf eins der Tischblätter.

Der Tisch, die Katze und das Abendessen machten einen Salto in meine Richtung, und so wurde ich mit Besteck, Stücken von nicht identifizierbarem Fleisch und einer erschrockenen Katze beworfen. Romantik gestrichen.

Jahrelang haben wir es mit diesem Tisch ausgehalten, aber kurz vor der Geburt unseres ersten Kindes sahen wir ein, dass wir einen größeren und stabileren Tisch brauchten. Wir waren gerade nach Lexington in Kentucky umgezogen, und ich hatte einen Tischlerlehrgang begonnen. Ich hatte aber nicht genügend Selbstvertrauen, einen Tisch zu bauen, der sowohl ein neugeborenes Kind in der Babywippe als auch unser Abendessen tragen könnte. Also haben wir die riskante Fahrt nach Cincinnati unternommen (jede Fahrt in meinem 1972er Pickup war riskant) und unser Geld bei einer Filiale von Pottery Barn für einen großen Esstisch aus Kiefernholz verprasst.

Es war ein rechteckiger Tisch mit kräftigen Beinen an den vier Ecken, wir wussten also, dass er nicht umkippen würde. Beim Kauf eines Tisches bei Pottery Barn kommt der Tisch aber nicht aus dem Ausstellungsraum, sondern aus dem Lager. Nachdem wir es (mit Mühe und Not) zurück nach Lexington geschafft hatten, baute ich den Tisch zusammen und wurde dabei ziemlich grantig. Die Auswahl des Holzes für die Platte wurde offensichtlich von einem blinden Koma-Patienten gemacht. (An dieser Stelle möchte ich mich bei allen Lesern entschuldigen,

Tisch. Jahrelang hatten wir unter schlechten Esstischen gelitten, dann beschloss ich, den letzten Tisch zu bauen, den wie je brauchen würden.

die blind sind und im Koma liegen.) Die Platte war aus schmalen, astreichen, nicht zusammenpassenden Kieferstreifen verleimt, die durch Fingerzinken miteinander verbunden waren.

Je mehr Erfahrung ich als Tischler sammelte, desto mehr hasste ich den Tisch. Wie jeder anständige Tischler wollte ich den Esstisch für meine Familie selbst bauen. Also riss ich Seiten aus Zeitschriften heraus, die Tische zeigten, die mir gefielen. Ich fotokopierte Baupläne aus ausgeliehenen Möbelbüchern. Ich skizzierte Tische im Shaker-Museumsdorf Pleasant Hill in Kentucky. Alle diese Blätter stapelten sich in meinem Büro. Trotzdem haben meine Entwurfsversuche zu nichts mehr beigetragen, als dass der Papierstapel noch weiter anwuchs.

Das lag daran, dass unsere Tage erfüllt waren mit Baby-Popos, die abgeputzt, und mit Mündern, die gefüttert werden wollten. Also schob ich das Tisch-Projekt auf, bis ich mir schönes Holz leisten könnte und ich die Zeit hätte, den Tisch unserer Träume zu entwerfen und bauen.

2005 hatte ich endgültig die Nase vom Pottery-Barn-Esstisch voll. Ich konnte ihn kaum anschauen. Seine Platte war sowohl zu breit als auch zu kurz. Das Holz war zu weich. Es war auch unmöglich, die ganze Familie zum Erntedankfest am Tisch unterzubringen, ohne dass jemand (ich) mit einem hässlichen dicken Tischbein zwischen den eigenen Beinen Platz nehmen musste.

Damals waren wir mit zwei kleinen Kindern voll beschäftigt und wir konnten uns immer noch nicht das Holz leisten, wollten aber (wie auch sonst) dafür keine Schulden machen. Aber dann kam ein Glücksfall zu Hilfe.

Ein Freund von mir hatte von einem Bauern in Kentucky einige etwa 45 cm breite Kirschholzbretter gekauft. Ich nahm sie ihm für $90 ab. Das Holz für eine Bockkonstruktion aus Sumpfkiefer als Gestell würde dann nur noch $30 kosten.

Der Entwurf war der schwierigste Teil. Ich wollte genau die richtige Breite und Länge. Wir sind als Familie eng verbunden und essen jeden Abend zusammen. Also sollte der Tisch lang genug sein, das ganze Essen aufzufahren, aber schmal genug, dass ich meiner Frau oder einer meiner Töchter anreichen könnte. Ich wollte einen Tisch, der einerseits länger und andererseits schmaler als üblich sein sollte.

Ich wollte einen Tisch, der in keinem Geschäft zu kaufen wäre, egal wie viel Geld ich verdiente. Jetzt hatte ich aber eine Lösung für dieses Problem. Als Tischler war ich erfahren genug, die Arbeit fachgerecht durchzuführen. Ich hatte das schönste Holz zusammengerafft (auch das Kiefernholz war Spitze) und vor allem hatte ich endlich genug Zeit. Ich konnte mir im Dezember 2005 einige Urlaubstage nehmen, um den Tisch zu bauen, während die Kinder in der Schule oder Kita waren.

Der Wechsel von Geld auf Zeit

Die Vorstellung, hart zu arbeiten, ohne dabei einen Gewinn zu machen, ist manchen Menschen fremd. Wenn wir arbeiten, erwarten wir dafür Geld, das wir während unserer Freizeit ausgeben können. Die Tischlerei hat mir beigebracht, diese Gleichung auf den Kopf zu stellen. Während meiner Freizeit baue ich Dinge, sodass ich darauf verzichten kann, Dinge zu kaufen. Wenn ich nicht so viele Dinge kaufen muss, muss ich keine Arbeit annehmen, die ich nicht mag, und so habe ich mehr Zeit, die ich in meiner Werkstatt verbringen kann.

Je älter ich werde, desto weniger sehne ich mich nach Geld und desto mehr nach Zeit. Diese seelische Änderung könnte einfach darauf zurückzuführen sein, dass man in seinem fünften Jahrzehnt begreift, dass man sterblich ist, aber ich halte es für etwas Tiefgreifenderes. Heutzutage bin ich mit meiner Zeit sehr geizig. Während beruflicher Telefonkonferenzen werde ich wütend auf Selbstdarsteller und auf Leute, die Zeit verschwenden, weil sie ihre Hausaufgaben nicht gemacht haben. Langes Warten in der Schlange im Lebensmittelgeschäft erhöht meinen Blutdruck. Im Stau zu stehen macht mich verrückt.

Dies mag klingen, als ob ich einfach einen Yoga-Lehrgang oder etwas Meditation bräuchte, aber ich bin kein ungeduldiger Mensch. Diese Stressgefühle rühren einfach aus der Verzweiflung, dass ich Zeit verschwende, die ich sonst bei der Tischlerei, beim Schreiben oder Kochen verbringen könnte.

Ich möchte Dinge herstellen, die langlebig, inspirierend oder einfach wohlschmeckend sind. Weil meine Einstellung zum modernen Kapitalismus grundverkehrt ist, verlangt mir mehr nach Zeit als Geld.

Die Vorstellung von Zeit als der ultimativen Währung mag modern oder radikal erscheinen, aber sie ist weder das Eine noch das Andere. Sie ist nicht gegen die freie Markwirtschaft gerichtet oder sozialistisch, und sie erfordert weder, dass Frauen aufhören, ihre Achseln zu rasieren, noch, dass man Baumwolle im Garten anbaut. Ein Alltagsleben ohne Geld ist eine Idee, die schon einmal sehr gut in einer Marktwirtschaft funktioniert hat. Eines der interessantesten Experimente, in der Zeit als Währung diente, fand nur ein paar Autominuten von meinem jetzigen Wohnort statt.

Ich wohne im Norden von Kentucky, und mein Haus liegt vier Autominuten von der Kreuzung der Fifth und Elm-Street in der Stadtmitte Cincinattis. Heute ist dies eine der fadesten und seelenlosesten Stellen in Cincinatti, einer Stadt, die sonst voll mit historischer Architektur des 19. Jahrhunderts ist.

An dieser Kreuzung stehen heutzutage zwei Hochhaushotels, das Konferenzzentrum der Stadt und ein Geschäftszentrum aus den 1980ern, das den Ruf genießt, immer wieder Pleiteunternehmen zu beherbergen.

Und doch eröffnete 1827 der Musiker, Drucker und Erfinder Josiah Warren an dieser Kreuzung den *Cincinatti Time Store* (‚Zeitladen Cincinatti').

Im Laden wurde eine breite Palette von Waren verkauft, aber Geld wurde nicht als Zahlungsmittel akzeptiert. Stattdessen war die Zeit des Kunden die Währung. Alle Waren im Laden hatten Preise, die ihre Herstellungskosten widerspiegelten, zuzüglich einer kleinen Verwaltungsgebühr von 4 bis 7%, mit der die laufenden Kosten des Ladens bestritten wurden. Außerdem gab es eine weitere Gebühr, mit der die Zeit vergolten wurde, die der Kunde in Anspruch nahm, um über den Preis zu verhandeln.

Das Motto des Ladens war, „Cost the limit of price" (die Kosten bestimmen die Preise). Das kann man wie folgt erklären: Man will z.B. zwölf Pfund Weizen im Zeitladen kaufen. Der Preis ist eine Stunde Arbeit vom Kunden – ein erstaunlich niedriger Preis, auch nach heutigen Maßstäben – plus die Verwaltungsgebühr und die Gebühr für die Zeit, die man beim Verhandeln verschwendet hat. Der Kunde erhielt den Weizen und bezahlte mit einem Schein, der ihn verpflichtete, als Entgelt eine Stunde seiner Arbeitszeit zu leisten.

Wegen dieses einzigartigen Systems waren die Preise im Zeitladen Cincinatti erheblich niedriger als in anderen Läden der Stadt. Bald wurde ein konkurrierender Laden eröffnet, der nach den gleichen Prinzipien funktionierte, (nachdem der Besitzer sich von Warren hatte beraten lassen, wie man so einen Laden führt). Andere Händler begannen, ihre Preise zu senken oder Arbeit als Währung zu akzeptieren. Dieses erfolgreiche System funktionierte einige Jahre lang gut (auch in anderen Städten, darunter Boston), bis Warren sich davon überzeugt hatte, dass es funktioniert. Dann schloss er den Laden, um sich anderen sozialen Experimenten zu widmen.

Die Preise in Warrens Zeitladen Cincinatti waren günstiger, weil Mittelsmänner und Zwischenhändler keine Rolle spielten. Arme Kunden verfügten über dieselbe Währung wie reichere: Eine Stunde Arbeitszeit war eine Stunde Arbeitszeit. Mit anderen Worten: Man kaufte mit seiner Zeit das, was man haben wollte oder benötigte. Man sparte dabei als Kunde: Man musste seine Zeit nicht durch Arbeit zu Geld konvertieren, um etwas kaufen zu können.

Wenn ich den Esstisch anschaue, den ich für uns gebaut habe, sehe ich die 40 Arbeitsstunden, die ich direkt mit der Herstellung des Tisches verbracht habe. Darum geht's beim Tischlern – die Herstellung von Dingen, oder? Oder geht es doch um etwas viel Radikaleres, etwas fast Subversives?

Betrachten wir jene 40 Arbeitsstunden auf andere Weise. Bevor ich Tischler wurde, hätte ich die 40 Arbeitsstunden im Dienst eines Medienunternehmens verbracht und dafür einen Bruchteil des Geldes bekommen, das ich für die Firma erwirtschaftete. Wenn man das durchschnittliche Einkommen eines männlichen Arbeitnehmers in Cincinatti zugrunde legt, wären das ungefähr $650. Nach Steuern hätte ich $515 übrig gehabt, um einen Tisch zu kaufen.

Mit $515 kann man nur ein Stück Holzschrott in Gestalt eines Tischs kaufen (wenn man von einem neuwertigen Exemplar ausgeht) oder noch mehr Zeit bei der Suche nach einem antiken Tisch verbringen (was ich wahrscheinlich getan hätte). Wenn ich mich aber für einen neuen Tisch entschieden hätte, wäre die Kalkulation noch komplizierter geworden, und die Kaufkraft des Geldes wäre noch weiter geschwunden. Die $515 hätten zwischen dem Möbelladen, Großhändler, den Besitzern der Möbelfabrik und den Menschen, die den Tisch wirklich hergestellt hatten, aufgeteilt werden müssen. Mein Geld hätte nicht so sehr die Herstellung des Tisches als den Transport und die Lagerung bis zum Verkauf bezahlt.

Ich sollte auch darauf hinweisen, dass ein Tisch aus einem Möbelladen meist nicht für die Ewigkeit gebaut ist. Die Massenherstellung von Möbeln stellt einen schrecklichen Kompromiss dar, wie massenhaft hergestelltes Bier, Fleischwurst oder Käse aus der Sprühdose. Industriell gefertigte Möbel passen nie genau zu dem vorgesehenen Ort oder Zweck. Sie mögen als vorübergehende Lösung gut genug sein, werden aber fast immer aus minderwertigen Materialien und mit schlechten Verbindungen hergestellt. Sie werden so hergestellt, dass sie nach einigen Jahren ersetzt werden müssen, und das ist eine relativ neue und schreckliche Idee.

Es kann auch schockierend sein, diesem Phänomen zu begegnen. Mein erster Zusammenstoß mit Einwegmöbeln fand an einem Erntedankfest im Hause meiner Schwägerin statt. Als wir uns zum Abendessen setzten, zerbrach mein Stuhl unter meinem Gewicht. In weniger als einer Sekunde saß ich auf dem Boden, umgeben von Holzstücken und Dübeln. Ich war sprachlos.

Noch schockierender war die Reaktion meiner Schwägerin. Sie zuckte einfach mit den Achseln.

„Er war von Ikea“, sagte sie, und dann hat sie einfach nach einen anderen, modischen, schwedischen Stuhl gegriffen, der meinem verdutzten Gesäß als Unterlage dienen durfte.

Dieses verrückte System von Einwegmöbeln war es, das meine Familie im ewigen Kreis vom Kaufen von Esstischen (und anderen Haushaltsgeräten) gefangen hielt, die vom ersten Tag an dem Untergang gewidmet waren. Unser erster Tisch – der einzige, den wir uns leisten konnten – war schlicht und einfach gefährlich. Auch nachdem wir eingesehen hatten, dass er zum Umkippen neigte, haben wir mindestens einmal in jedem Vierteljahr mit seiner Hilfe eine Katze oder ein Essen in die Luft katapultiert. Der zweite Tisch von Pottery Barn war teurer und stabiler, aber bald stellten wir fest, dass seine Größe ungeeignet war. Hinzu kam, dass er hässlich war.

Aber unser dritter und letzter Tisch ist perfekt. Bei den meisten Abendessen fasse ich unter die Tischplatte und fühle die Spuren, die mein Hobel hinterlassen hat – lange, flache Rillen, die sich wie sanfte Atlantikwellen anfühlen. Ich schaue auf die Platte, und sehe nur zwei Bretter, die nacheinander aus einem örtlich gefällten Kirschbaumstamm geschnitten wurden. Mein Auge folgt der Maserung von einem Ende zum anderen, das zweieinhalb Meter entfernt liegt.

An diesem Tisch können wir ohne weiteres zehn Leute unterbringen. Er wiegt relativ wenig, aber wegen seiner Verbindungen ist er so stabil, als ob er aus einem einzigen Stück Holz in dieser Form gewachsen wäre. So werde ich nie wieder als Käufer am Tischmarkt teilnehmen und diese Entlastung hat außer 40 meiner Arbeitsstunden nur eine fast bedeutungslose Geldsumme für das Holz gekostet.

Nachdem ich meinen Tisch gebaut hatte, habe ich das Verlangen nach einem neuen verloren. Nachdem ich den Stuhl gebaut habe, auf dem ich am Tisch sitze, ist die Lust auf einen besseren vergangen. Und so geht es weiter. Die Herstellung meiner eigenen Möbel hat die Lust auf industriell hergestellte Möbeln für immer zum Erliegen gebracht. Diese Einstellung ist auch in andere Teile meines Lebens eingesickert. Jetzt will ich nichts mit schlecht gemachten Kleidern, Büchern, Speisen oder Werkzeugen zu tun haben.

Wenn ich etwas nicht selber machen oder anbauen kann, versuche ich, es von Menschen zu kaufen, die mit großer Leidenschaft Sachen herstellen. Ich kaufe Fleisch, Brot und Gemüse von lokalen Händlern, die das Fleisch selbst zerlegen, das Brot selbst backen und das Gemüse selbst anbauen. Ich habe seit der Amtszeit von Präsident Clinton in keinem Fastfoodrestaurant gegessen. Und ich kaufe Werkzeuge von den Menschen, die sie herstellen.

Ich möchte die Menschen belohnen, die die Arbeit machen, genauso wie man mich belohnt, wenn ich an der Hobelbank in meiner Werkstatt arbeite.

Ästhetischer Anarchismus

Während ich einer meiner Begierden nach der anderen entwuchs, änderte sich dadurch gleichzeitig meine Weltanschauung. Wie nennt man es, wenn man Sachen hoher Qualität machen möchte, anstatt immer wieder Schrott zu kaufen? Gibt es einen Namen für die Unterstützung von Menschen, die auf sich gestellt arbeiten und die sich auf Qualität, Leistung und den eigentlichen Herstellungsvorgang konzentrieren?

Ich hatte keinen Namen dafür, aber eine Cousine wusste einen.

Meine Kusine Jessamyn West ist genauso alt wie ich, aber wir sind in unterschiedlichen Galaxien aufgewachsen. Die Wests sind Exzentriker, Genies, Schriftsteller und Radikale von der Ostküste. Ich bin in Arkansas groß geworden unter Schülerverbindungen, mit Schwestern, die Cheerleader waren, Debütantinnenbällen und meinem nie geäußerten Wunsch, so zu werden wie die Wests.

Jedes Mal, wenn die Familien West und Schwarz zusammenkamen, war ich im siebten Himmel. Ich sog die Ideen, Redewendungen und sogar die Punk-Einstellungen von Jess und ihrer genauso faszinierenden Schwester Kate auf.

Jessamyn begann im Frühjahr 1997 ein Blog (jessamyn.com), das sie immer noch führt, und das eine großartige Gelegenheit darstellt, ihre Denkweise zu verstehen und manchmal ein Foto von ... na ja ... ihr Blog zeigt das dann schon. In den frühen Tagen des Blogs sagte sie manchmal, sie sei Anarchistin, eine Behauptung, die ich zu jener Zeit nicht verstand. Jessamyn ist wahrscheinlich die am wenigsten zu Gewalt neigende Person, die ich kenne.

Ich habe mich mit dieser Ungereimtheit nicht weiter beschäftigt, bis sie mich eines Tages so sehr nervte, dass ich anfing, Texte über den Anarchismus zu lesen. Dabei habe ich entdeckt, dass er ein breiteres Gedankengut umschließt, als ich je vermutet hätte. Ich entdeckte Josiah Warren – manchmal als Amerikas erster Anarchist bezeichnet – und seinen Zeitladen Cincinatti. Ich las gierig das Buch *Native American Anarchists* von Eunice Minette Schuster und lernte so, wie die frühen amerikanischen Anarchisten eine zentrale Rolle im Kampf um die religiöse Freiheit, die Gleichberechtigung der Frauen und die Abschaffung der Sklaverei gespielt haben.

Dann habe ich an einem Abend auf einer Dinnerparty (nach einigen Bieren) verkündet: „Ich bin Anarchist“.

Das ist natürlich das Allerdümmste, das man auf einer Dinnerparty sagen kann. Ich habe die darauffolgende Stunde mit dem Versuch verbracht, meinen Freunden meine Ideen zu erklären. Sie konnten einfach nicht begreifen, was in meinem Gehirn los war. Die meisten Menschen, insbesondere die Europäer, denken bei Anarchismus an gewalttätige Radikale.

Also schlug ich eine andere Richtung ein und bezog meine Ideen auf den „Mutualismus" von Pierre-Joseph Proudhon und Clarence Lee Schwartz. „Mutualismus" ist ein wärmeres und weicheres Wort, aber sie kauften es mir nicht ab, und das tun sie immer noch nicht.

Ich wünsche, dass ich einfach den Mund gehalten hätte, aber davon abgesehen, wünsche ich, dass ich ihnen die Einleitung von William Bailies Biografie über Josiah Warren (Josiah Warren: *The First American Anarchist*) aus dem Jahr 1906 vorgelesen hätte. Der Abschnitt ist die Tinte und das Papier wert, die nötig sind, um sie ungekürzt zu zitieren:

„Der Anarchismus ist weder ein Kult, noch eine Partei, noch eine Organisation. Er ist keine neue Idee, keine Reformbewegung und kein philosophisches System. Er stellt keine Bedrohung der gesellschaftlichen Ordnung dar und er ist auch kein Komplott zur Beseitigung von Monarchien und Herrschern. Die gesellschaftliche Ordnung wurde seit ihrem Anfang viel häufiger von falschen Alarmen oder ihrer eigenen Trägheit bedroht.

Heutzutage kommen Kulte häufig genug vor: Sie keimen und welken dahin wie Frühlingsblumen. Parteien und Organisationen steigen auf und fallen mit fast rhythmischer Regelmäßigkeit, sie gehen ihren Weg, und im Laufe der Zeit werden sie umgestaltet wie alles unter der Sonne. Bewegungen entstehen, wie die Gegebenheiten es verlangen, und sie sterben aus, nachdem sie ihre Aufgaben erfüllt haben. Neue Ideen sind selten genug, wenn sie aber einer genauen Prüfung unterzogen werden, behalten sie selten ihre Neuartigkeit. Eine Philosophie ist eine Betrachtungsweise, eine Erklärung des Universums, ein konkretes intellektuelles System.

Der Anarchismus ist nichts dergleichen. Weder lehrt er Gewalt, noch schürt er Aufstand. Er ist auch keine bevorstehende Revolution. Nichtsdestotrotz hat er seine Stelle in unserer Zeit. Der moderne Anarchismus ist vor allem eine Tendenz – moralisch, sozial und intellektuell. Als Tendenz stellt er die Hoheit des Staates, die Unfehlbarkeit der Gesetze und das gottgegebene Recht aller Autoritäten, seien sie geistlich oder säkular, in Frage. Er ist eigentlich ein Produkt der Autorität, das Kind des Staates und eine direkte Folge der Unfähigkeit des Gesetzes und der Regierung, ihre angenommenen Rollen zu spielen. Kurz gesagt ist die anarchistische Tendenz eine Voraussetzung des Fortschritts, ein Protest gegen Usurpation, Privilegien und Ungerechtigkeit."

Die Verbindung des Anarchisten. Wer Möbel bauen möchte, die Massenwaren überdauern sollen, darf nur die bestmöglichen handwerklichen Techniken verwenden.

Wenn Herr Bailie das vorliegende Buch an meiner Stelle schriebe, würde er vermutlich behaupten, der Anarchismus sei eine Tendenz, die gesellschaftlichen und kommerziellen Strukturen in Frage zu stellen, die das Handwerk und die Herstellung von Möbeln hoher Qualität in unserem Zeitalter unmöglich machen. Er würde also sagen, der Anarchismus sei eine Tendenz, die Konsumkultur in Frage zu stellen, eine Kultur, die zugunsten der großen Unternehmen wirkt und die von unseren Regierungsorganen unterstützt wird.

Meine Abneigung gegenüber Billigwaren, großen Unternehmen und sich einmischenden Regierungen geht tiefer, als dass sie mich lediglich zur Herstellung meiner eigenen Möbel und meiner eigenen Wurstwaren geführt hätte. Ich glaube nicht, dass es nur darum geht zu sagen: Ich mache meine eigenen Möbel und damit zeige ich dem System den Stinkefinger.

Möbel mit schrägen Sacklöchern zu bauen gilt nicht. Modische Sachen zu machen, ist keine gute Idee. Die Verwendung von billigen Werkzeugen ist nicht hilfreich. Ich habe eingesehen, dass es einige Verpflichtungen gibt, wenn man wirklich das Leben eines selbst denkenden Handwerkers führen will.

Anarchismus und Handwerk

Wer aufhören möchte, kommerzielle Möbel zu kaufen, kann nicht industrielle Verfahren nachahmen. Man muss sich mit Bedacht für die richtigen Verbindungen entscheiden.

Als ich meinen Esstisch gebaut habe, musste jede Verbindung robust sein, sodass der Tisch die tägliche harte Nutzung überstehen würde. Alle Verbindungen im Gestell sind Schlitz-und-Zapfen-Verbindungen. Die Zapfen in den Verbindungen wurden auf Zug mit kleinen Zapfen gesichert und zusätzlich verkeilt.

Hätte ich das Gestell mit schrägen Sacklöchern oder Dübeln gebaut, hätte ich genauso gut einen Tisch im Möbelmarkt kaufen und ihn als Brennholz im Wartestand bezeichnen können. Schrauben sind nur eine vorübergehende Maßnahme, und sie würden in einem solchen Tisch nur einige Jahre halten.

Ich will nicht behaupten, dass man nie Formfeder-Verbindungen, Schrauben oder Dübel verwenden sollte. Man sollte sich aber für Verbindungen entscheiden, die für den Rest des Lebens halten werden, wenn nicht für die Ewigkeit. Das bedeutet, dass jemand, der einen hölzernen Stuhl oder Esstisch bauen möchte, präzise gearbeitete Schlitz-und-Zapfen-Verbindungen verwenden muss. Punkt. Ohne Ausnahme.

Wer einen Korpus baut, sollte Schwalbenschwanzzinkungen für die wichtigsten strukturellen Teile benutzen d.h. um Platten miteinander zu verbinden. Bei Stollenbauweise sind Schlitz-und-Zapfen-Verbindungen einzusetzen.

Schubladen? Schwalbenschwanzzinkungen. Türen? Tische? Stühle? Betten? Hobelbänke? Nochmal Schlitz-und-Zapfen-Verbindungen. Der klassische Möbelbau ist mit modernen Verfahren, Befestigungen oder Klebstoffen zu übertreffen.

Die Herstellung von bombensicheren Verbindungen verlangt etwas mehr Zeit in der Werkstatt, aber danach muss man nie wieder ein Bücherregal, Wandschrank oder einen Stuhl ersetzen. So spart man auch zukünftige Zeit und Material.

Der Anarchismus und das Entwerfen

Wenn Werkstücke langlebig sein sollen, sollte man meiner Meinung nach einfache und klassische Formen verwenden. Damit meine ich nicht, dass es keinen Platz für Dekor gibt, eher, dass man damit zurückhaltend umgehen sollte, damit das Stück nicht nach der Beerdigung des Erbauers sofort in den Keller verbannt wird.

Ich gehöre zu denjenigen Menschen, die glauben, dass es eine ideale Form für jeden Gegenstand gibt, sei es ein Tisch, Stuhl oder eine Tasse. Betrachtet man genügend Beispiele von Formen, die in unseren Heimen und in der Geschichte zu finden sind, kann man die Grundlage des Entwerfens erkennen, die alle gute Tischlerarbeiten gemeinsam haben.

Als ich meinen Esstisch entwarf und dann baute, habe ich Hunderte von Beispielen studiert, bis ich mich für die auf Böcke gestellte Konstruktionsform entschieden habe. Dann habe ich jeden solchen Entwurf – sowohl in Büchern als auch in der Wirklichkeit – unter die Lupe genommen. Ich habe einen großen Aktenordner mit Entwürfen gefüllt.

Dann habe ich etwas getan, das der Tischler Darrell Peart angehenden Tischlern beibringt. Erstens habe ich alle erreichbare Information über das Stück gesammelt, das ich bauen wollte. Dann habe ich das alles einige Tage ruhen lassen. Danach habe ich den Tisch mithilfe der in meiner Erinnerung gespeicherten Daten skizziert. Die meisten von uns können keinen Gegenstand genau aus der Erinnerung nachzeichnen, aber unsere Gehirne lassen alles Absorbierte in einem neuen Gegenstand verschmelzen, vielleicht sogar in einer idealen Form.

Man sollte also nicht im Alleingang entwerfen, auch wenn man etwas „Neues" kreieren möchte. Man muss Bücher lesen, Museen und Antiquitätenhandlungen besuchen und die Natur beobachten.

Mit anderen Worten: Die Hinweise auf den idealen Tisch, Schrank und Stuhl warten auf ihre Entdeckung, z.B. in *Furniture Treasury* (ein günstiges Bildlexikon der amerikanischen Möbel des 20. Jahrhunderts) von Wallace Nutting. Ein Besuch des Metropolitan Museum of Art in New York oder irgendeines Museums mit einer Möbelausstellung erweitert das gestalterische Denken. Das zehnbändige Werk *American Antiques* (aus dem Verlag Highland House) ist auch hilfreich, selbst wenn man z.B. in Schweden wohnt.

Ein Esstisch ist eine Zusammenstellung funktioneller Eigenschaften (eine Tischplatte, die 76 cm über dem Fußboden liegt; Platz für die Beine der Sitzenden; Gedeckplatz für mindestens zwei Personen usw.) Er ist auch eine Zusammenstellung mechanischer Eigenschaften (sein Gestell darf sich nicht verdrehen und er muss Fußtritten Widerstand leisten), und er ist eine Sammlung von ästhetischen Eigenschaften (gute Tische zeichnen sich durch eine Kombination aus einem eleganten Erscheinungsbild und einer unverhältnismäßigen Stärke aus).

Wenn man diese drei Haupteigenschaften im Auge behält, – Funktionalität, mechanische Qualität und ästhetische Qualität – und sich dann eine hinreichende Anzahl von Tischen anschaut, bildet sich das Konzept eines idealen Tisches in der Vorstellung. Man kann diese Form ergänzen und sie dabei von dem Ideal weg ent-

wickeln oder man kann dem Ideal treu bleiben und einen Tisch bauen, der den kritischen Augen zukünftiger Generationen standhalten wird.

Der Anarchismus und Werkzeuge

Meiner Meinung nach sollte man Werkzeuge kaufen, die so langlebig sind wie die Möbel, die man mit ihnen baut. Die Tischkreissäge und die Hobelmaschine, die man als erste kauft, sollten auch die Letzten sein (dies ist sicher auch der preisgünstigere Weg). Man sollte Handwerkzeuge nie ersetzen müssen, es sei denn ein Stechbeitel oder eine Säge sind durch wiederholtes Schärfen vollkommen abgenutzt.

Wenn wir schlechte Werkzeuge kaufen, ermuntern wir die Hersteller einfach, weiter lausige Werkzeuge zu produzieren. Es ist so weit gekommen, dass einige Hersteller Werkzeuge mit eingebautem Verschleiß produzieren. Wenn das unglaubhaft erscheint, sollte man sich die ökonomische Mathematik des Akkubohrers vor Augen halten. Die Marktforschung der Hersteller (einige Hersteller haben mir Einblick gewährt) zeigt, dass die meisten Tischler alle zwei oder drei Jahre eine neue schnurlose Bohrmaschine kaufen.

Besser als ich. Ein Werkzeug, das besser als meine Fähigkeiten ist, gehört zu meiner Lieblingsart von Werkzeugen. Ich bin mit dieser Säge gewachsen, und ich werde weiter an ihr wachsen.

Ein Werkzeug, das lebenslang funktioniert, ist immer die günstigere Option. Der Preisunterschied zwischen einem Einhandhobel zu $150 und einem anderen zu $40 ist unbedeutend, wenn man ihn auf das 100jährige Leben des Hobels umlegt. Eine Handbohrmaschine zu $15 ist nachweislich günstiger als alle elektrischen Bohrmaschinen, die je hergestellt wurden.

Also kauft man gute Werkzeuge. Weil gute Werkzeuge dazu beitragen, die konsumorientierte Wirtschaft zu unterminieren, sollten sie eigentlich illegal sein.

Der Anarchismus und Werkzeugkisten

Wenn man seine eigenen Werkzeuge besitzt, macht man dem enthumanisierenden Konzept der Arbeitsteilung eine lange Nase. Durch die Ablehnung massenhaft hergestellter modischer Esstische stellt man die herrschenden Konzerne in Frage, die sie produzieren. Wer sein Zuhause mit Möbeln ausstattet, die Generationen überdauern werden, entzieht dem System den Boden, das ständigen Konsum verlangt.

Das nenne ich Anarchismus. Aber auch wenn man diesen Begriff nicht verwendet (und das empfehle ich sowieso nicht), braucht man eine richtige Werkzeugkiste.

Für alle wichtigen Gegenständen und für Lasagne gilt: Gute kann man nicht kaufen. (Es sei denn, man hat das Glück, eine gute antike Werkzeugkiste ersteigern zu können. Antike Lasagne ist eher nicht zu empfehlen.)

Man muss 40 bis 80 Stunden arbeiten, um eine Werkzeugkiste zu bauen, die einem lebenslang dienen wird. Die Verbindungen müssen von Spitzenqualität sein. Die Werkzeugkiste, die in diesem Buch beschrieben wird, hat über 100 Schwalbenschwanzzinken. Der Entwurf der Werkzeugkiste sollte bewährt und traditionell sein – sie soll nach 100 Jahren noch so gut aussehen wie am Tag ihrer Fertigstellung. Sie sollte auch der ideale Stauraum für einen Werkzeugsatz sein, ohne selbst zu viel Raum in Anspruch zu nehmen und ohne das Herausnehmen der benötigten Werkzeuge zu erschweren.

Wer schon eine Werkzeugkiste in seiner Werkstatt hat, die all diese Kriterien erfüllt, gehört zu den wenigen Glücklichen. Wenn die Werkzeugkiste an einer der Kriterien scheitert, muss sie nach einigen einfachen Regeln neu entworfen werden, die ich zusammengestellt habe, nachdem ich Dutzende von Werkzeugkisten unter die Lupe genommen und viele Bücher gelesen habe und nachdem ich in den 1990ern eine traditionelle Werkzeugkiste gebaut habe.

14 | GRUNDLEGENDER ENTWURF EINER WERKZEUGKISTE

Wie sollte die Werkzeugkiste des Anarchisten also aussehen? Wer bis zu diesem Punkt gelesen hat, ahnt schon die richtige Antwort auf diese Frage. Die Werkzeugkiste sollte aus den besten verfügbaren Materialien bestehen. Man sollte sie mit Werkzeugen bauen, bei denen man keine wertvolle Zeit durch kniffliges Justieren und Einstellen verschwendet. Sie sollte ein Prachtexemplar unter den Werkzeugkisten sein, als ob man das ganze Wissen über Werkzeugkisten in ihren Bau destilliert hätte.

Genau das habe ich in 2012 versucht.

An dieser Stelle möchte ich etwas beichten. Die Werkzeugkiste, die hier beschrieben wird, ist nicht die Werkzeugkiste, die ich bauen wollte. Mein Entwurf litt unter dem Minderwertigkeitskomplex, den ich in Bezug auf Werkzeugkisten habe. Außerdem träumte ich von Furnieradern und Intarsien.

Ich hielt mich immer für den „langsamen Lerner“ unter meinen Kollegen und Lesern. Noch bevor ich anfing, mich zu rasieren (mit elf Jahren), spielte ich schon mit Holz und Werkzeugen rum, aber meine Möbelstücke weisen immer nur ein bescheidenes Maß an Verzierung auf.

Mein Geschmack ist relativ einheitlich, er hat eine Bandbreite von einfach bis spartanisch und das gilt für wirklich alle Gegenstände. Ich mag moderne Objekte von der Mitte des vorletzten Jahrhunderts: Die usonischen Stücke von Frank Lloyd Wright, Arbeiten von Gustav Stickley, Stücke von den Shakern, Möbel im Federal Style, Stücke aus dem Ohiotal, Möbel im Stil der Zeit Jakobs I. usw. Ich habe nie große Lust gehabt, zwischen üppig verzierten Rokokomöbeln zu leben. Furnierarbeit und Intarsien aus allen Zeitepochen finde ich beeindruckend, aber ich will sie nicht um mich haben.

Steve Latta, einer der besten Stilmöbel-Tischler unserer Zeit, machte mich eines Tages während einer Ausstellung seiner Arbeit fassungslos. Seine Stücke sind mit Intarsien, Schnitzereien, Sprossenfenstern, Furnieren und anderem mehr hoch verziert. Jedes Mal, wenn er das Foto eines weiteren Stücks zeigte, konnte man hören, wie das gesamte Publikum angesichts diese höchsten handwerklichen Niveaus die Luft anhielt.

Dann ließ Latta die Bombe platzen: „Ich baue gerne Möbel in diesem Stil,“ sagte er, „aber ich möchte nicht in diesem Stil wohnen.“

In diesem Moment fühlte ich mich wegen meiner minimalistischen Einstellung zu Verzierungen nicht mehr ganz so schlecht.

Ja, ich bewundere aufwendige Stücke und ich bin definitiv daran interessiert, wie man sie baut, aber wenn ich Möbelstücke für mich mache, habe ich kein Interesse an Schmuckelementen.

Ich interessiere mich für Grundformen. Ich mag Objekte, die so abgespeckt sind, dass ihre Funktionsfähigkeiten darunter leiden würden, wenn man noch etwas weglassen würde.

Trotzdem habe ich immer noch einen Minderwertigkeitskomplex, wenn es um Schnitzereien, Intarsien, Furniere und dergleichen geht. Als ich mich also entschied, eine Werkzeugkiste für meine eigene Werkstatt zu bauen, beschloss ich auch, alle Register zu ziehen. Ich kaufte Carlyle Lynchs Skizzen von Duncan Phyfes Werkzeugkiste. Ich erstand eine große Menge von Furnierblättern. Ich entwarf komplexe Pläne mit Sketchup, und ich fing an, alles zu lesen, das ich zu den Themen Intarsien und Furnieradern finden konnte.

Ich wollte eine Werkzeugkiste bauen, die sowohl Tischler als auch den Pöbel beeindrucken würde. Ich wollte mit dieser Werkzeugkiste meine Fähigkeiten zur Schau stellen.

Dann versetzte mir ein mehr als 100 Jahre alter Aufsatz eines anonymen englischen Tischlers eine Ohrfeige, die mich zur Vernunft brachte.

Beim Besuch einer Holzwerkermesse machte mir ein kanadischer Tischer ein wunderbares Geschenk: Einen gebundenen Band aller seit 1902 erschienen Ausgaben der Zeitschrift *The Woodworker*. Es war ein von meinem Helden Charles H. Hayward signierter Nachdruck. Hayward war während des 20. Jahrhunderts viele Jahre lang Redakteur der Zeitschrift.

Ich war wegen dieses Geschenks wie betäubt und einige Wochen trug ich es ständig mit herum. Ich habe es bei der Arbeit in der Mittagspause gelesen und während ich vor der Schule auf meine Kinder wartete und wenn ich in der Bibliothek saß. Eines Morgens, als ich das Buch beim morgendlichen Kaffee las, stieß ich auf einen Aufsatz, in dem die Merkmale einer guten Werkzeugkiste beschrieben wurden. Unterschrieben war er mit *A Practical Joiner* (Ein praxisorientierter Tischler). Das Ende des Aufsatzes lautete:

Wenn es etwas gibt, womit ich nicht einverstanden bin, sind es Werkzeugkisten, die mit Intarsien und ähnlichen Extravaganzen verziert sind. Sie sollten gut, robust und zweckmäßig gebaut werden, sodass sie ein Leben lang ihren Dienst leisten werden. Sie sollten für das Arbeiten und nicht zum Angeben gebaut sein.

Dieser Satz und Lattas Bekenntnis führten bei mir zu einem Kurswechsel.

Es war, als ob ich aus einem Traum erwachte, in dem man unwahrscheinliche Dinge tut (ohne Hose herumspazieren usw.) Die Werkzeugkiste, mit deren

Die Länge. Meine Raubank ist mit einer Länge von 61 cm mein längster Hobel. Ich wollte sicher sein, dass sie auf den Boden meiner Werkzeugkiste Platz findet, und dass sie leicht zu herauszunehmen ist.

Entwurf ich beschäftigt war, ähnelte keiner Werkzeugkiste, die ich jemals gesehen hatte. Ich habe bei Versteigerungen, in Werkzeugsammlungen und in Geschäften viele Werkzeugkisten gesehen. Ich habe aber keine zum Verkauf angebotenen Werkzeugkisten gesehen, die mit absonderlichen Intarsien, Furnierarbeiten und Schnitzereien verziert waren. Alle Werkzeugkisten, die ich gesehen habe, waren robust, aber einfach.

Die aufwendigen Stücke, die ich kenne, sind in Büchern, Zeitschriftenartikeln oder Tagträumen zu finden. An jenem Tag warf ich meine Pläne für eine aufwendige Werkzeugkiste fort und fing nochmal von vorne an.

Regeln für den Bau einer guten Werkzeugkiste

Genau wie beim Bau eines Möbelstücks gibt es beim Bau einer Werkzeugkiste Richtlinien, deren Nichtbeachtung Risiken nach sich zieht. Manche sind wichtiger als andere. Viele hängen untereinander zusammen, insbesondere wenn es um Materialien und Verbindungen geht.

Bisher waren diese Richtlinien in keinem Buch zu finden. Sie fassen die Beobachtungen zusammen, die ich bei der Untersuchung alter Werkzeugkisten sowohl in alten Dokumenten als auch in der Realität gemacht habe. Um das Jahr 1998 habe ich eine traditionelle Werkzeugkiste mit einer reich verzierten Schublade nach dem Vorbild von Benjamin Seatons Werkzeugkiste gebaut. Diese bekannte Bauform aus dem 18. Jahrhundert war mein Ausgangspunkt. Seit 1998 habe ich die Werkzeugkiste fast täglich benutzt. Ich habe sie modifiziert, und ich habe mir die Merkmale gemerkt, die ich liebe und die ich hasse.

Regel Nr. 1: So lang wie die Werkzeuge und noch ein bisschen mehr

Als Erstes sollten wir über einige schon längst erprobte Grundlagen sprechen. Die Größe von Werkzeugkisten für Tischler entspricht gewissen Erfahrungswerten. Die Länge liegt typischerweise zwischen 90 und 110 cm. So bietet die Werkzeugkiste ausreichend Platz für die Handsägen des Tischlers, deren Blatt 65 cm und Griff 13 cm lang sind. Die Blätter von Längsschnittsägen dürfen noch länger sein; bis zu 75 cm. Die Länge der Werkzeugkiste sollte auch der Hand genügend Platz bieten, sodass man leicht den Griff der längsten Säge greifen kann.

Die Werkzeugkiste sollte auch die lange Raubank aufnehmen können. Sie ist eins der wichtigsten Werkzeuge. Die Metallversionen sind etwa 60 cm lang, aber hölzerne Raubänke können noch viel länger sein – 75 cm sind keine Seltenheit. Andererseits wäre eine Werkzeugkiste, deren Länge mehr als 110 cm beträgt, schwierig in einem kleinen Van zu transportieren.

Wenn man eine Werkzeugkiste entwirft, sollte man also die längste Säge messen und noch etwa 13 cm dazu rechnen, sodass man mit der Hand leicht in die Kiste hineinreichen kann. Man sollte auch nicht vergessen, noch einige Zentimeter für die Stärke des Holzes hinzuzugeben. So kommt man, wenn man längere Sägen benutzt, leicht auf ein Außenmaß von 95 bis 100 cm.

Meine Werkzeugkiste war schließlich 96,5 cm breit. Ich wollte große Handsägen (meine sind etwa 77 cm lang) darin aufbewahren, obwohl ich zurzeit eine neue Werkzeugkiste für kürzere Sägen entwerfe.

Mit der rechten Hand hineinreichen. Man stabilisiert mit der schwächeren Hand den Körper an die Werkzeugkistenkante. Mit der anderen Hand sucht man nach dem Werkzeug. Es ist nicht nötig, tiefe Kniebeugen zu machen.

Regel Nr. 2: So hoch, dass man zum menschlichen Dreibeinstativ werden kann

Meist sind moderne Werkzeugkisten kürzer als die traditionellen – eine Entwicklung der letzten etwa 60 Jahre. Das wird in der Regel damit begründet, der moderne Tischler besäße weniger und kompaktere Werkzeuge und brauche deshalb nur eine kleinere Werkzeugkiste.

Das Problem mit diesen kleineren Werkzeugkisten ist, dass sie schwieriger zu benutzen sind. Sie sind ungefähr 35 bis 40 cm hoch, und wenn sie auf dem Boden stehen, ist es sehr anstrengend, sich darüber zu beugen, um ein Werkzeug zu entnehmen. Man muss sie also oben auf die Werkbank oder Tischkreissäge stellen, die sich 85 cm über den Boden erhebt. Die Oberseite der Werkzeugkiste liegt dann mindestens 120 cm über dem Boden. Das ist etwas zu hoch, und außerdem verschwendet man wertvolle Arbeitsfläche auf der Bank.

Traditionelle Werkzeugkisten sind etwa 55 bis 70 cm hoch. Viele von ihnen sind 60 cm hoch. Meiner Meinung nach ist das die ideale Höhe für den menschlichen Körper. Die Kante der Werkzeugkiste liegt etwas unterhalb des Beugepunkts der Taille. Man legt also eine Hand an die Kante der Werkzeugkiste und beugt sich nach vorne. So wird der Körper stabil gehalten. Mit der einen Hand verschiebt man die Tablare, während man nach dem gewünschten Werkzeug sucht. Die andere Hand wirkt wie das dritte Bein eines menschlichen Dreibeinstativs.

Da ich mit meiner Werkzeugkiste seit vielen Jahren so umgehe, ist es mir fast peinlich, diese Bewegung zu beschreiben, aber ich muss darauf hinweisen, damit man nicht wegen unangebrachter Sparsamkeit eine Liliputaner-Werkzeugkiste baut oder sich von einem Werkzeugkistenplan der Nachkriegszeit verführen lässt. Ich habe viele Kursteilnehmer mit Zwergwerkzeugkisten gesehen und habe beobachtet, wie sie in die Hocke gehen müssen, um mit ihnen arbeiten zu können. Sie mussten oft hocken, und ich bin kein Anhänger des Hockens.

Die zusätzliche Höhe einer traditionellen Werkzeugkiste bietet Raum für Schubladen, Sägen- und Stechbeitelhalter. Sie bedeutet auch, dass die Werkzeugkiste einen günstigen Sitzplatz anbietet. Meine alte Werkzeugkiste ist auf Laufrädern montiert, und ich setzte mich darauf, wenn ich feine Arbeit an der Hobelbank mache. Ihre Höhe ist auch günstig, um Rahmen und Füllungen auf dem geschlossenen Deckel zusammenzuleimen. Im Notfall kann die Werkzeugkiste auch als Sägebock eingesetzt werden. Ich bin nicht der erste Tischler, der seine Werkzeugkiste dafür benutzt: Ich habe immer wieder alte Werkzeugkisten gesehen, die Sägespuren aufwiesen.

Eine letzte Bemerkung zu den Zwergwerkzeugkisten: Es gibt auch alte Werkzeugkisten, die unterdurchschnittlich groß sind. Sie waren für den reisenden Tischler gedacht, für den Mann, der auf einer Baustelle arbeitete oder für den Zimmermann eines Schiffes. Eine kleine Werkzeugkiste mit einem kleineren Werkzeugsatz, die man auf einen Wagen laden konnte, war für alle Handwerker optimal, die mobil sein müssten. Diese kleinen Werkzeugkisten sind wie kleine Tischkreissägen für die Montage: Man möchte in der Werkstatt keine große Garderobe damit bauen. Auf der anderen Seite will man keine Formatkreissäge zur Baustelle transportieren.

Regel Nr. 3: Die Breite sollte der Armlänge angepasst sein

Die Breite der Werkzeugkiste entspricht normalerweise ihrer Höhe, wenigstens im Ansatz. Das ist aus vielen Gründen sinnvoll. Erstens sieht es gut aus. Eine quadratische Seitenansicht ist ansprechend. Es ist auch aus praktischen Gründen sinnvoll.

Wenn die Werkzeugkiste nicht so breit wäre, wäre sie nicht so stabil, besonders mit geöffnetem Deckel. Wenn sie viel breiter wäre, wäre sie schwieriger zu benutzen.

Stellen wir uns eine Werkzeugkiste mit einer Breite von etwa 90 cm vor. Es wäre schwierig, die Werkzeuge im hinteren Teil der Werkzeugkiste mit der Hand zu erreichen. Auch das Öffnen oder Schließen des Deckels wäre unangenehm, weil man über die Kiste reichen müsste, um die Kante des Deckels zu erreichen – der bei vollständiger Öffnung einige Grad nach hinten geneigt ist.

Tiefe Werkzeugkisten sind ähnlich wie breite Hobelbänke, d.h. nicht ideal. 55 bis 65 cm ist eine ideale Reichweite für unsere Arme. Für größere Entfernungen muss man sich beugen oder strecken.

Man könnte glauben, dies sei keine große Sache, aber nach Jahren der Arbeit mit zu breiten Werkzeugkisten kann ich sagen, dass es doch sehr wichtig ist.

Wir haben jetzt eine Idee von den ungefähren Abmessungen der Werkzeugkiste: Etwa 95 x 60 x 60 cm – vielleicht etwas kleiner oder größer, abhängig vom Material. Apropos Material: Aus welchem Holz sollten wir die Werkzeugkiste bauen? Man denkt sofort an ein starkes Holz wie Eiche oder Ahorn, aber beim Werkzeugkistenbau kommen sie nicht häufig vor. Warum?

Regeln Nr. 4 & 5: Ein Minimum an Gewicht; ein Maximum an Verbindungsstärke

Diese zwei wichtigen Eigenschaften der Werkzeugkiste haben eine symbiotische Beziehung zueinander. Das ergibt sich aus einer der Grundlagen des Werkzeugkistenbaus: Die Kiste sollte möglichst leicht sein, sodass sie leicht zu bewegen ist, und sie sollte möglichst robust sein, sodass sie z.B. die Strapazen einer langen Reise übersteht.

Leichte Holzarten sind normalerweise nicht so robust wie schwere Holzarten. Man macht also folgendes: Man nimmt ein leichtes Holz wie Kiefer, aber die Ecken werden miteinander durch die bombensicherste Verbindung verbunden, die es gibt: Schwalbenschwanzzinkungen. Alle Bauteile der Werkzeugkiste – mit Ausnahme solcher, die Reibung ausgesetzt sind (z.B. Schubladen) – werden aus diesem leichten (und günstigen) Holz hergestellt und werden durch Schwalbenschwanzzinkungen miteinander verbunden.

Wer alte Kommoden unter die Lupe genommen hat, weiß genau, wovon ich rede. Wenn die Schubladenseiten und -führungen aus Kiefer sind, hat man ein

Leicht, aber robust. Wenn man den Korpus aus Kiefer baut (und das sollte man), dann sollte das Material relativ stark sein. Ich verwende gerne 22 mm. Andere gehen bis zu 25 mm.

Möbelstück, das bald repariert werden muss. Normalerweise werden die abgenutzten Schubladenseiten mit einer Auflage aus Eiche versehen.

Was spricht dagegen, die Tablare der Werkzeugkiste aus Eiche zu bauen? Eiche ist viel schwerer als Kiefer. Die relative Dichte von Eiche ist etwa 0,77; die relative Dichte von Kiefer ist etwa 0,42.

Die beste Strategie ist es also, Eiche nur an den Stellen zu benutzen, wo es notwendig ist – d.h. Schubladenführungen und -böden aus Eiche (wenn die Böden auf den Führungen liegen). Wenn die Böden in Nuten in den Seiten, vorderen und hinteren Wänden gehalten werden, dann sollten die Seiten aus Eiche sein. Die anderen Teile sollten aus Kiefer sein und jede Ecke sollte mit Schwalbenschwanzzinkungen verbunden sein.

Festnageln. Wenn man den Boden mit Nägeln anstatt Holzverbindungen anbringt, ist er in Zukunft leichter zu reparieren. Die Bretter des Bodens können verrotten.

Regel Nr. 6: Die Wände sollten stark sein

Damit kommen wir zu den vier Wänden der Werkzeugkiste. Damit fängt sowohl die Holzauswahl als auch die Konstruktion an. Einige alte Bücher geben sehr genau an, welcher Qualität das Holz des Korpus" sein sollte: vollkommen astrein, nicht einmal Splintholz wird erlaubt.

Angesichts der Tatsache, dass die Werkzeugkiste lackiert wird, mag dieser Rat merkwürdig wirken, aber er ist doch sinnvoll. Eine der antiken Werkzeugkisten, die ich besitze, hatte einige Äste an der Rückseite. Als ich sie kaufte, waren schon ein paar herausgefallen, und nachdem ich mit der Kiste in den amerikanischen Mittleren Westen umgezogen war, sind noch ein paar ausgefallen. Ich habe sie mit Epoxidharz wieder eingeklebt. Warum sollte man Theater wegen Astlöchern machen? Weil sie Staub den Zugang zum Werkzeug ermöglichen, und Staub trägt Salze, die Werkzeuge korrodieren lassen.

Die meisten Werkzeugkisten, die ich gesehen habe, haben Wände mit einer Stärke von 22 bis 25 mm. Frühere Möbelstücke hatten meist starke Bauteile, d.h. ein Korpus mit nur 20 mm starken Wänden wäre ungewöhnlich gewesen.

Die Stärke ist für die Robustheit des ganzen Korpus' wichtig. Ich zögere nicht, meine vollgeladene Werkzeugkiste auf einen Wagen zu laden, wo sie gegen andere schwere Gegenstände prallt, aber ich würde davor zurückschrecken, wenn die Wände dünner wären.

Könnte man die Wände 38 mm stark machen? Ja, aber die Herstellung der Schwalbenschwanzzinkungen wäre dann sehr aufwendig, weil das Material so stark ist: Man müsste wahrscheinlich eine Zapfensäge einsetzen. Die zusätzliche Stärke würde meiner Meinung nach nicht zu einer nennenswert erhöhten Robustheit des Korpus" führen. Werkzeugkisten aus 22-mm-Holz haben eine Lebenserwartung von ein paar Jahrhunderten.

Regel Nr. 7: Der Boden kann angenagelt werden. Aber warum?

Nachdem ich so oft Schwalbenschwanzzinkungen erwähnt habe, mag es merkwürdig erscheinen, dass ich empfehle, den Boden am Korpus anzunageln. Auf den ersten Blick scheint das nicht klug zu sein. Der Ansicht war ich auch, als ich meine erste Werkzeugkiste baute. Ich dachte, ich würde bessere Arbeit als meine Vorfahren leisten und legte den Boden in eine Nut ein, die ich an allen vier Seiten des Korpus" aushobelte. Ich habe eine 20-mm-Vollholzplatte als Boden verwendet, deren vier Kanten ausgefälzt waren, so dass die Unterseite des Bodens mit den unteren Kanten des Korpus' fluchtete.

Im Nachhinein war das keine gute Idee. Ein massiver Boden aus einer Platte arbeitet stärker als fünf oder sechs Einzelbretter, deren Schwinden und Quellen sich teilweise ausgleichen kann. Wenn man also einen Boden aus einer Platte einbaut, muss man ihm genügend (d.h. relativ viel) Raum geben, so dass er innerhalb der Nut im Korpus arbeiten kann, und das ist nicht ideal. Alles sollte möglichst dicht sitzen.

Es gibt noch andere gute Gründe, festgenagelte Einzelbretter zu verwenden. Falls der Boden beschädigt wird, ist es leichter, ein einziges gerissenes Brett als eine ganze Platte zu ersetzen, unabhängig davon, wie der Boden befestigt wurde.

Ein angenageltes Brett ist auch leichter zu ersetzen als ein Brett, das in einer Nut liegt.

Der Boden der Werkzeugkiste ist der Teil, der am ehesten beschädigt wird, aber nicht durch Schäden, die durch etwas zusätzliche Materialstärke verhindert werden könnten. Die Bodenbretter könnten verfaulen, insbesondere in einer feuchten Kellerwerkstatt.

Nicht auf Gehrung. Die Schürze und Staubabdichtung sollten mit Schwalbenschwanzzinkungen verbunden werden, um sicherzustellen sein, dass sie passgenau sind – und bleiben.

Wer annimmt, dass seine Werkzeugkiste manchmal auf einem feuchten Boden stehen wird, wäre besser mit einem Boden aus Eichenholz bedient. Eiche ist feuchtigkeitsbeständiger als Kiefer. Wenn Gewicht ein Faktor ist, sollte man in Betracht ziehen, eine leichtere Holzart zu benutzen, die nicht leicht fault, etwa Zypresse (meine erste Wahl), Mahagoni (eine teure Wahl) oder Mammutbaum (den ich für zu leicht halte).

In der Regel ist es beim Entwerfen eine gute Idee, nicht zu versuchen, klüger als die Toten zu sein. Es ist wie in einem Zombiefilm: Die Lebenden verlieren fast immer.

Regel Nr. 8: Schürzen und Staubleisten und Gehrungen

Die Schürze und Staubleiste der Werkzeugkiste werden ähnlich stark wie der Boden strapaziert. Sie stellen beim Laden der Kiste auf einen Wagen die erste Verteidigungslinie dar, ebenso wenn man eine Maschine quer durch die Werkstatt rollt und sie von der Werkzeugkiste zum Halten gebracht wird.

Die (untere) Schürze und (obere) Staubleiste sollten bombensicher sein. Beim Bau meiner ersten Werkzeugkiste habe ich es mir leicht gemacht und ich habe es bereut. Ich habe die Schürze und Staubleiste an den Korpus geleimt – eine gute Idee. Aber ich habe die Ecken auf Gehrung geschnitten, anstatt Schwalbenschwanzzinkungen zu benutzen – eine schlechte Idee.

Es ist fast sicher, dass sich die Gehrungen im Laufe der Zeit öffnen. Ihre dünnen Spitzen werden beschädigt und man wirkt wie jemand, der sein Handwerk nicht versteht. Die Schürze und Staubleiste verlangen Schwalbenschwanzzinkungen. Zugegeben: Es ist relativ schwierig, das Ganze dann um den Korpus anzupassen, und ja, die Arbeit wird übermalt, sodass sie nicht besser aussieht als die Gehrungen. Eine Schürze und eine Staubleiste, die mit Schwalbenschwänzen hergestellt wurden, sind aber für die Ewigkeit gebaut. Die Ecken werden sich nie öffnen, und so wird die Außenseite der Werkzeugkiste in 100 Jahren genauso gut aussehen wie am Tag ihrer Konstruktion.

Obwohl ich Schwalbenschwanzzinkungen an den Ecken befürworte, halte ich es nicht für nötig, die Brüstung der Verbindung auf Gehrung abzusetzen. Bei einer Schwalbenschwanzzinkung auf Gehrung sind der obere Schwalbenschwanz und die obere Zinke auf Gehrung geschnitten, so dass die Verbindung wie eine normale Gehrung aussieht. Das ist eine gute Verbindung für Möbel, aber sie ist für eine lackierte Schürze oder Staubleiste nicht nötig. Eine normale Schwalbenschwanzzinkung, an die dann das gewünschte Profil angeschnitten wird, reicht vollkommen aus. Nach dem Streichen sieht die Verbindung nahtlos aus.

Wenn es ums Profil geht, bevorzuge ich eine einfache Fase. An meiner ersten Werkzeugkiste habe ich ein Karniesprofil angeschnitten. Obwohl es sich als genau so robust wie eine Fase erwiesen hat, finde ich, dass es einfach nicht zu einem so funktionalen Gegenstand passt.

Regel Nr. 9: Nicht mit dem Deckel alles verderben

Deckel können verschiedene Konstruktionen aufweisen. Einige funktionieren ganz gut und andere ganz und gar nicht. Fangen wir mit den Letzteren an. Als ich meine erste Werkzeugkiste gebaut habe, habe ich den Deckel eines alten Originals kopiert. Er bestand aus einer einzigen flachen Platte, die an drei der vier Kanten mit schmalen Leisten eingefasst war. Diese sollten genau über die Staubleiste am Korpus passen.

Wenn ich mich richtig erinnere, hat der Deckel ungefähr eine Woche lang perfekt funktioniert, aber danach begann er zu wackeln. Das erste Problem war das Schließblech, eine Messingplatte, die in die Unterseite des Deckels eingestemmt

Gehrung und Chaos. Der aus einer Platte bestehende Deckel hat sich verzogen und ist geschwunden. Die Gehrungen sind auseinandergegangen. Dieser Deckel ist eine Katastrophe.

ist. Weil der Deckel aus einer einfachen verleimte Platte bestand, ist er etwas geschwunden, und so änderte sich die Lage des Schließblechs.

Eines Tages versuchte ich, den Deckel abzuschließen, aber der Riegel ging nicht ins Schließblech. Stattdessen hob er einfach den Deckel nach oben von der Staubleiste hoch. Ich habe die Öffnung im Schließblech nachgefeilt, bis das Schloss wieder funktionierte. Ungefähr sechs Monate später war das Schloss wegen des zwischenzeitlichen Quellens des Deckels wieder funktionsunfähig. Diesmal hätte auch Feilen nichts gebracht – ich hätte eine Seite des Schließblechs vollkommen abfeilen müssen. Also habe ich mich damit abgefunden, eine Werkzeugkiste zu besitzen, die nur in der trockenen Jahreszeit abzuschließen war.

Dann hat sich der Deckel geworfen. Weil der Deckel mit der linken Seite der Bretter nach außen verleimt worden war, hat das Werfen alles noch verschlimmert. Die vorderen und hinteren Kanten des Deckels hoben sich nach oben, was ausreichte, um den Riegel nicht mehr ins Schließblech greifen zu lassen.

Das war aber noch nicht das Ende meiner Leiden. Als ich die Werkzeugkiste baute, war mir das Thema ‚Arbeiten des Holzes' nicht vollkommen fremd. Ich wusste, dass der Deckel arbeiten würde. Deswegen habe ich eine Holzart –

Besserer Deckel. Ein Deckel aus Rahmen und erhobene Füllung ist ohne viel zusätzliches Gewicht unübertroffen robust.

Weymouth-Kiefer – gewählt, die nach der Trocknung nicht viel arbeitet. Als ich die Leisten an den Kanten anbrachte, versuchte ich, die Konstruktionsprobleme zu vermeiden, die bei Verbindungen von Längs und Hirnholz entstehen. Die Leisten an den Enden des Deckels waren aber ein Problem. Sie mussten an das Hirnholz genagelt werden.

Das ist problematisch. Nägel und Schrauben halten im Hirnholz nicht so gut wie im Längsholz. Also wollte ich die Verbindung mit etwas Leim verstärken, um die Nägel zu unterstützen. Leim haftet an Hirnholz aber bekanntlich nicht besonders gut. Und wenn man Längsholz an Hirnholz anleimt, versucht das Hirnholz die Verbindung zu sprengen, wenn es auf Grund von jahreszeitlichen Veränderungen der Luftfeuchtigkeit schwindet und quillt.

Es gibt einige Lösungen für dieses Problem. Man kann Gratnutverbindungen verwenden, oder Schrauben in Langlöchern. Am einfachsten bringt man die Leiste an die Vorderkante des Deckels mit Nägeln und Leim an und an der Rückseite nur mit Nägeln. Diese Technik hatte der Tischler verwendet, der das Original gebaut hatte, das mir als Vorbild diente. Der Theorie nach halten Nägel und

Leim die Leisten an den Gehrungen dicht und die Nägel an der Rückseite erlauben das Arbeiten des Deckels.

Das ist eine interessante Theorie und manchmal entspricht sie den Tatsachen. In meinem Fall natürlich nicht.

Die Leisten halten sich kaum am Deckel. Die Gehrungen stehen offen und wackeln wie gebrochene Finger. Und die Verbindungen des Deckels sehen abscheulich aus. Ich möchte den Deckel abnehmen und ihn neu bauen. Ich sollte ihn abnehmen und neu bauen. Auf der anderen Seite gefällt mir die verwitterte Farbe des Deckels sehr gut und die defekten Verbindungen dienen als ständige Mahnung daran, wie verräterisch Holz sein kann.

Als ich mir dann vornahm, eine neue Werkzeugkiste zu bauen, habe ich nach anderen historischen Konstruktionsbeispielen gesucht, die langlebiger sein sollten. Bei der alten Werkzeugkiste, die ich gekauft hatte, waren die Leisten mit Nägeln und Leim an der Unterseite des Deckels angebracht. Dies hat den Vorteil, das Hirnholz unbedenklich zu machen. Bei sämtlichen Verbindungen wird Längsholz mit Längsholz verbunden. Trotzdem ist es eine schlechte Methode, um einen Deckel zu bauen. Die Leisten lockern sich zwar nicht, aber der Deckel wird irgendwann reißen. Und das tat er dann auch. Entlang der Mitte des Deckels verläuft ein breiter Riss (fast einen Zentimeter), der Staub in die Kiste einlässt. Das war ein derartiges Problem, dass die beste Lösung darin bestand, den Riss mit Klebeband zu verschließen, damit der Staub draußen bleibt.

Ich empfehle diese Konstruktion nicht.

Ich habe mir andere Werkzeugkisten angesehen. Duncan Phyfe (1768 – 1854) war ein kluger Mann, einer der renommiertesten Tischler des 19. Jahrhunderts. Seine Werkzeugkiste, die heutzutage bei der New York Historical Society ausgestellt ist, birgt allerlei wunderbare Werkzeuge, aber der Deckel ist merkwürdig. Er besteht aus einer flachen Platte mit Hirnholzleisten. Obwohl Duncan damit zufrieden war, kann diese Lösung auch problematisch sein. Hirnholzleisten sind eine Ergänzung, die bestimmt den Anschluss zwischen Deckel und Staubleiste verbessert, aber wenn man ein Schloss anbringt, hilft die Hirnholzleiste nicht weiter. Die Lage des Schlosses verändert sich, wenn die Platte schwindet oder quillt.

Die beste Lösung besteht aus einer Rahmen-und-Füllung-Konstruktion (oder man benutzt eine Resopal-Platte). So findet fast die ganze Bewegung des Holzes in der Füllung statt, die lose in die Längs und Querfriese eingelegt ist. Und wenn die Friese stehende Jahresringe aufweisen, gibt es überhaupt kein nennenswertes Arbeiten.

Nicht zum Heben gedacht. Handgriffe aus Seil oder Eisen an den Enden der Werkzeugkiste anzubringen sind beim Bewegen der Werkzeugkiste hilfreich. Man greift die Werkzeugkiste unten und hält sie mit den Griffen in Gleichgewicht.

Man könnte den Deckel wie eine Tür mit abgeplatteter Füllung bauen. Ich empfehle durchgehende Zapfen an den Längsfriesen. Aber was ist mit der Füllung? Sie sollte stark und robust sein, weil sie strapazierfähig sein muss. Das heißt, die Verbindung zwischen Füllung und Deckelrahmen ist kritisch. Die Kanten der Füllung sollten nicht dünn sein wie beim Bau von Türen. Dünne Kanten würden die Füllung schwächen.

Die altmodische Lösung ist eine überschobene Füllung: Man schneidet eine Nut in die Kanten der Füllung, sodass die Füllung in die Längs- und Querfriese einrastet. So ist die Verbindung möglichst robust und die Füllung ragt nach oben über den Rahmen hinaus.

Diese Bauweise weist keine Nachteile auf. Es gibt keine Schwachstellen im Deckel. Das Holz der Längs- und Querkanten am Deckel schwindet und quillt nicht nennenswert, d.h. die Leisten lockern sich nicht. Die Konstruktion ist so dauerhaft wie möglich.

Es gibt andere Einzelheiten, die man beim Bau des Deckels bedenken sollte. Die Scharniere sollten robust sein. Das strapazierfähigste Scharnier ist das sogenannte Klavierband. Ich würde es benutzen, wenn ich blind wäre. Meiner Meinung nach ist das Klavierband hässlich, wie Airbrush-Kunst an einem Aston Martin.

Die andere Möglichkeit sind Standardscharniere aus Messing oder Stahl. Drei Scharniere mit je einer Länge von etwa 60 mm sollten ausreichen. Manche Werkzeugkisten haben nur zwei Scharniere, aber ich neige zu Übertreibungen, wenn sie nicht hässlich sind.

Man muss auch dafür sorgen, dass der geöffnete Deckel nicht nach hinten fällt. Bei manchen Werkzeugkisten wird dies einfach ignoriert und der Deckel wird an der Wand angelehnt. Werkzeugkisten befinden sich aber nicht immer in der Nähe einer Wand. Einige Werkzeugkisten sind so klein, dass man den Deckel mit einer Hand aufhalten und mit der anderen Hand in der Kiste herumsuchen kann. Das wäre aber bei einer Werkzeugkiste in voller Größe nicht ideal.

Es ist möglich, die Staubleiste an der Rückseite der Werkzeugkiste etwas höher zu machen, so dass sie als Anschlag für den Deckel fungiert. Das habe ich bei meiner ersten Werkzeugkiste gemacht und es funktioniert. Aber ich mache mir Sorgen. Jedes Mal wenn ich den Deckel aufmache und er die Stoppleiste berührt, werden die Scharniere etwas von der Kistenwand abgehoben. Bisher habe ich keine Probleme damit gehabt, aber die kleinen Bewegungen der Scharniere lassen mich düster in die Zukunft blicken.

Deswegen empfehle ich eine Metallkette. Sie wird am Deckel und an der Kistenseite angeschraubt, und das war's. Es gibt andere, komplexere Beschläge, aber sie könnten den Tablaren im Weg sein. Wer ausgeklügelte Mechanismen mit Hebeln aus Messing verwenden möchte, sollte sich erst vergewissern, dass dafür genug Platz in der Werkzeugkiste ist.

Weitere äußerliche Ergänzungen

Manche Leute malen Adler auf ihre Werkzeugkisten (siehe meine Anmerkung oben zum Thema Airbrush). Andere montieren Griffe aus Seil an die Seiten ihrer Werkzeugkisten. Die Seilgriffe werden von Ösen gehalten und die Ösen können geschnitzt werden (auch in der Form eines Einhorns, wenn einem so etwas gefällt).

Ich mag Seilgriffe. Ich finde sie schön und habe viele an Seekisten gesehen, als ich in meiner Kindheit Schifffahrtsmuseen besucht habe. Meiner Meinung nach sehen sie aber an Werkzeugkisten von Tischlern einfach falsch aus. Ich gebe zu: Ich habe meine erste Werkzeugkiste mit Seilen und Ösen versehen, obwohl das Seil nicht aufwendig geflochten war. Das Seil stammte vom Segelboot meines

Großvaters. Die Seilgriffe erwiesen sich aber nicht als besonders nützlich. Warum? Griffe an einer Kiste, ob aus Seil oder Metall, sind nicht wirklich geeignet, um die Kiste zu bewegen. Ich habe vielmehr festgestellt, dass ich die Kiste am Seilgriff anhebe und dann unter ihren Boden greife, um sie zu bewegen. Eine Kiste, die in Bodennähe an Seilen hängt, ist schlecht für den Rücken und gerät auch leicht aus dem Gleichgewicht.

Nach ungefähr fünf Jahren habe ich die Kiste auf Laufrollen montiert, danach waren die Griffe ungefähr so nützlich wie ein Euter an einem Stier.

Regel Nr. 10: Den Boden der Werkzeugkiste aufteilen

Nachdem der Korpus entworfen ist, können wir jetzt unsere Gedanken der Aufteilung des Innern der Werkzeugkiste widmen. Man könnte denken, hier wäre Kreativität angesagt und man könne machen, was man will. Mir ist aber aufgefallen, wie sehr alte Werkzeugkisten einander ähneln. Nachdem ich einige Anordnungen ausprobiert habe, bin ich zum Schluss gekommen, dass die alten Methoden ziemlich gut sind.

Auf den Böden amerikanischer Werkzeugkisten sind meist zwei Arten von Werkzeugen zu finden: Hobel (Bankhobel, Profilhobel und Verbindungshobel) und Sägen. Bei einigen englischen Werkzeugkisten war ein spezieller Behälter für Sägen an der Unterseite des Deckels montiert. Bei amerikanischen Werkzeugkisten waren manchmal eine oder zwei Sägen am Deckel zu finden, aber meist waren die Sägen in einem Ständer in der vorderen Hälfte der Kiste untergebracht.

Die Rückwand der Kiste ist ein guter Platz für Profil- und Falzhobel. Man stellt sie auf ihre vorderen Enden und die Keile sind zur Mitte der Kiste gerichtet. Eine Trennwand unter den Keilen hält die Hobel aufrecht. Glücklicherweise haben die meisten Profilhobel die gleiche Länge und Breite. (Ältere Versionen weisen unterschiedliche Längen auf.) Die Hobel aufrecht in der Werkzeugkiste zu lagern ist ideal. So kann man die Profile der Sohlen erkennen und die Größen sehen, weil sie normalerweise an den Enden der Hobel eingestanzt sind. Die Profilhobel mit den Sohlen nach unten auf dem Boden der Werkzeugkiste zu lagern, führt zu Unklarheit, wenn weitere Hobel hinzukommen.

Dieser Teil der Werkzeugkiste nimmt nicht sehr viel Platz in Anspruch – etwa 9 cm plus die Stärke der Innenwand. Es bleibt also noch viel Platz übrig. Bei manchen Werkzeugkisten sind die Profilhobel im Vorderteil der Kiste und die Sägen am Deckel zu finden.

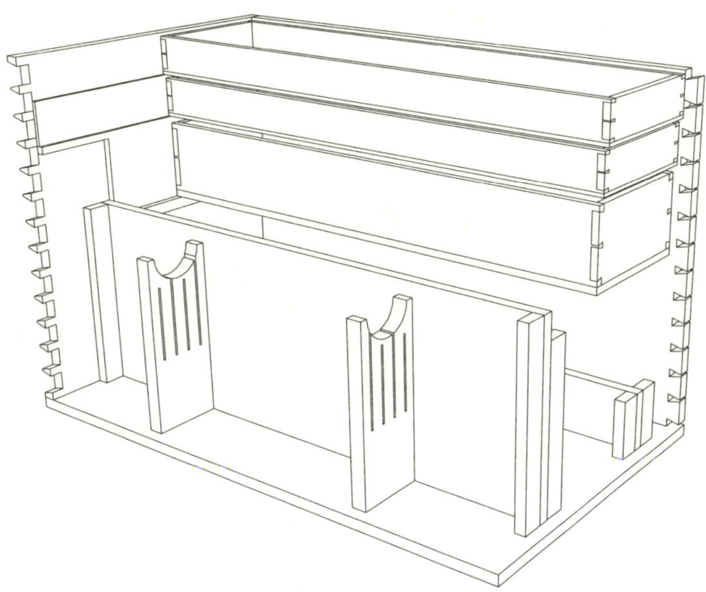

Klassische Aufteilung des Bodens. Die meisten Werkzeugkisten haben am Boden drei Abteilungen: eine für die Sägen, eine für Profilhobel und eine für Bank- und Verbindungshobel.

Wenn die Profilhobel im Rückteil der Kiste liegen, empfehle ich, die Sägen im Vorderteil zu lagern. Die Größe des Sägeständers hängt von der Zahl der großen Sägen ab, die man besitzt. Ein typischer Satz von Sägen besteht aus einer langen Längsschnittsäge, einer Querschnittsäge (beides Fuchsschwanzsägen), einer Zapfensäge, einer Rückensäge und einer Zinkensäge. Die großen Sägen (Längs-, Querschnitt- und Zapfensäge) können im Ständer stehen (den ich im Folgenden beschreibe). Die kleineren Sägen können an den Innenwänden der Werkzeugkiste aufgehängt werden.

In meinem Werkzeugsatz habe ich eine Längsschnittsäge, eine Fuchsschwanzsäge mit 3,1 mm Zahnteilung und eine Fuchsschwanzsäge mit 1,8 mm Zahnteilung für feinere Schnitte. Hinzu kommt eine große Zapfensäge: Ich brauche also vier Schlitze für meine längeren Sägen. Einige Leute haben noch mehr Sägen und brauchen deshalb noch mehr Platz. Weil ich nur vier lange Sägen habe, ist mein Sägeständer nur 12 cm breit. Hinzu kommt die Stärke der Innenwand, die den Ständer vom Rest der Kiste trennt.

Der Ständer ist relativ einfach – ein Paar Bretter mit eingeschnittenen Schlitzen, die die Blätter der Sägen halten. Der Ständer ist schwieriger zu entwerfen als anzufertigen.

Man muss die Stärke der Griffe und die Größe (sowohl Länge als auch Höhe) der Sägeblätter berücksichtigen. Der Ständer sollte die Sägen auch so hoch halten, dass man sich nicht zu weit beugen muss, um sie zu erreichen. Die Pläne für diese Werkzeugkiste zeigen, wie ich diese Faktoren eingeplant habe, um meinen Ständer zu bauen. Das sollte man nicht genau übernehmen. Man muss die eigenen Sägen ausmessen und nach diesen Maßen seinen eigenen Ständer entwerfen.

Der übrige Platz des Bodens der Werkzeugkiste ist für die Bankhobel und Verbindungshobel (wie Nuthobel, Grundhobel und Ziehklingen) reserviert. Bei meinem Entwurf hatte ich eine Fläche von mehr als 25 x 95 cm. Das ist viel Platz. Alle normalen Hobel sollten darauf untergebracht werden können, und es sollte etwas Platz für andere Dinge übrigbleiben. Manche Tischler falten ihre Werkstattschürze und decken die Hobel mit ihr ab.

Es ist eine gute Idee, Bankhobel, Sägen und Profilhobel auf dem Boden der Werkzeugkiste zu lagern. Zum einen wiegen diese Werkzeuge mehr als die kleineren, die über ihnen gelagert werden, und so ruht mehr Gewicht auf dem Boden der Werkzeugkiste, wodurch sie fest auf dem Boden ruht – unser Dank gilt der Schwerkraft!

Wenn ich arbeite, heißt die erste Aufgabe des Tages, die Hobel herauszunehmen und sie auf oder unter die Hobelbank zu legen. Dann nehme ich die Sägen heraus und hänge sie an die Wand vor mir. Das bedeutet, dass ich mich während der Arbeit nicht weiter mit einem großen Teil des Inhalts der Werkzeugkiste beschäftigen muss. Die Profilhobel können auch auf die Bank ausgelegt werden. Einige Tischler legen sie auf einen Ständer auf der Bank, so dass die Profile sichtbar sind. Für die meisten Tischler ist die Herstellung von Profilen nur ein kleiner Teil der Zeit, die man mit einem Projekt verbringt. Das bedeutet, dass diese Hobel in der Werkzeugkiste bleiben können und man sie nur herausnimmt, wenn man sie braucht.

Regel Nr. 11: Tablare oder eine Schubladeneinheit?

Während die unteren Teile von vielen Werkzeugkisten sich meistens relativ ähnlich sind, unterscheiden sich die oberen Teile oft deutlicher voneinander. Die einfachste Lösung ist es, den oberen Teil durch Tablare zu teilen, die nach vorne und nach hinten gleiten. Zwei oder drei Tablare sind typisch, aber die Anzahl hängt von der Höhe der Werkzeugkiste ab.

Es gibt Schubladen und Tablare, die nach links und rechts schiebbar sind, obwohl sie seltener sind.

Gleitende Schubladeneinheit. Die kunstvollste Lösung für den oberen Teils einer Werkzeugkiste besteht aus einem großen, verschiebbaren Schubladensystem, das sowohl Vor als auch Nachteile hat.

Warum? Es ist schwierig, den genauen Grund anzugeben. Ich habe nie mit einer solchen Werkzeugkiste gearbeitet, also ich kann nur Vermutungen anstellen. Ich glaube, dass Rechts-Links-Tablare das Herausnehmen von langen Werkzeugen aus dem unteren Teil der Werkzeugkiste erschweren. Es wären gewiss Verrenkungen nötig, um einen 75 cm langen Hobel oder eine 90 cm lange Säge von unten herauszuholen, wenn die Hälfte des Raums darüber von Tablaren eingenommen wird.

Außerdem – aber dies ist nur ein kleines Bedenken – möchte ich alle meine Profilhobel gleichzeitig sehen können. Vielleicht ist das anderen Tischlern nicht wichtig, aber mir schon.

Die Tablare gleiten auf Leisten nach vorne und hinten, die mit Leim und Nägeln an den Seiten der Werkzeugkiste befestigt sind. Diese Leisten sehen aus wie kleine Stufen an den Seiten der Werkzeugkiste, so dass jedes Tablar aus der Kiste herausgenommen werden kann, falls es repariert werden muss oder voller Zugang zum unteren Teil nötig ist. Fest eingebaute Tablare sind auf keinen Fall zu empfehlen.

Im Gegensatz dazu sollten die Verbindungen an ihnen sehr fest sein. Das Gewicht der Tabletts muss minimiert und ihre Stärke und Strapazierfähigkeit maximiert werden. Ich habe dafür gesorgt, indem ich die Tablare aus 12 mm starker Kiefer gebaut habe und an den Ecken Schwalbenschwanzzinkungen angearbeitet

Drei Tablare. Hier sieht man meine drei verschiebbaren Tablare. Sie sind so positioniert, dass ich ihren gesamten Inhalt sehen kann. Mit nur einer Handbewegung erreiche ich alles, was in der Werkzeugkiste unter ihnen liegt.

habe. Dadurch wird das Gewicht der Tablare niedrig gehalten. Sie sind aber auch belastbar. Die Böden bestehen aus dünnen Eichenbrettern, die an die Unterseiten der Tablare genagelt sind. Das bedeutet, dass der Teil, der dem größten Verschleiß ausgesetzt ist – der Boden – relativ robust ist. Indem ich die Böden an die Unterkanten der Tablare angenagelt habe, habe ich auch etwas Platz gewonnen, der gefehlt hätte, wenn ich die Böden in Nuten eingelegt hätte. Außerdem sind die Böden leichter zu reparieren, falls sie beschädigt werden.

In meiner Werkzeugkiste habe ich Platz für drei Tablare. Eins ist etwa 12 cm hoch und zwei sind je etwa 6 cm hoch. Man braucht nur ein einziges tiefes Tablar. Flache Tablare sind in fast allen Fällen besser.

Was bewahrt man in den Tablaren auf? Hier gibt es viele Möglichkeiten, und ich möchte in diesem Fall nicht dogmatisch sein. Stattdessen folge ich Spons" *Mechanics Own Book*, einem Ratgeber-Kompendium von Autoren des 19. Jahrhunderts:

An der linken Seite des obersten Tablars sollten sämtliche Bohrer für Bohrwinde und Handbohrmaschine gelagert werden. Sie liegen in einzelnen Kistchen, die man zur Hobelbank bringen kann. Außerdem sind laut Buch im obersten Tablar Bohrwinde, Wasserwaage, Streichmaße, Winkel und andere „empfindlichere Werkzeuge“ zu finden.

Das halte ich bis in gewissen Grenzen für sinnvoll. Streichmaße und Winkel sollten immer in Reichweite sein. Ich bin nicht ganz davon überzeugt, dass die Bohrer und Bohrwinde hierhin gehören. Die Wasserwaage ist eine weitere merkwürdige Wahl. Wäre ich ein Zimmermann, würde ich zustimmen, aber wenn es um den Möbelbau geht, braucht man die Wasserwaage nicht so häufig.

Und wie mache ich es? Ich will meine Beitel im obersten Tablar oder in einer Halterung an der Vorderseite der Werkzeugkiste haben. Jeder Arbeitsschritt beim Möbelbau scheint einen Beitel zu erfordern. Ich würde auch einen Einhandhobel ins oberste Tablar legen. Was die ‚feineren‘ Werkzeuge betrifft, hätte ich auch meinen Kombiwinkel, faltbares Lineal, Zirkel und Anreißmesser in dem Tablar. Das sind Werkzeuge, nach denen ich nicht suchen möchte.

OK, kehren wir zu Spons zurück, um herauszufinden, was in den unteren Etagen gelagert werden sollte.

Im mittleren Tablar hat Spons „Nagelbohrer, Ahle, Spitzzirkel mit Bleistifthalter, Zange und diverse kleine Werkzeuge“. Im unteren Tablar sind „Stechbeitel, Bildhauer-Hohleisen, Schweifhobel und Gehrungswinkel“ zu finden. Ich habe hier nichts einzuwenden, obwohl ich einige Werkzeuge nach oben oder nach unten versetzen würde.

Es ist sinnvoll, mit der Anordnung der Werkzeuge zu experimentieren, bevor man permanente Aufteilungen in die Tablare einbaut.

Wer keine Tablare mag, wird wahrscheinlich eine aufwendige Schubladeneinheit wollen. Dies ist im Grunde genommen eine kleine Kommode, die auf Leisten in der Werkzeugkiste nach vorne und hinten gleitet (die Kommode Duncan Phyfe lief auf speziellen Rollen aus Messing). Typischerweise hat das System oben ein Tablar, das von einem Deckel mit Scharnieren verschlossen wird. Darunter befinden sich drei oder mehrere Reihen von kleinen Schubladen.

Solche Schubladeneinheiten sind meist in Werkzeugkisten zu finden, die überdurchschnittlich aufwendig dekoriert sind. Viele von denen, die ich gesehen habe, sind aus furnierter Kiefer. Die Kanten der Vorderstücke der Schubladen sind mit Furnieradern versehen. Vielleicht sind auch Intarsien im Spiel. Ein Schubladensystem ist schön, wenn man Möbel mag. Es ist, als hätte jedes Werkzeug sein eigenes Fach.

Der Nachteil einer Werkzeugkiste mit Schubladensystem ist, dass es in vielen Fällen nicht die effizienteste Aufteilung des Platzes darstellt. Eine Schubladeneinheit ist komplizierter als Tablare. Man braucht mehr Holz, um es zu bauen, und es kann umständlich zu benutzen sein, vor allem, wenn man Werkzeuge entnehmen möchte, die ganz hinten in einer Schublade liegen, die selbst wiederum in einer Kommode untergebracht ist.

Der große Vorteil des Schubladensystems besteht darin, dass nur eine Bewegung nötig ist, um den Boden der Werkzeugkiste zu erreichen. Zugegeben, das ist nett.

Bei Tablaren muss man manchmal alle drei nach vorne bewegen, um einen Profilhobel zu erreichen. Wer jedoch bei der Arbeit seine Tablare gestaffelt anordnet, kann dieses Problem vermeiden und hat mit einer Handbewegung Zugang zu jeder Ecke der Werkzeugkiste.

Ich muss sagen, dass ich die offenere Natur und die Flexibilität von Tablaren schätze. Da sie nicht unterteilt sind, ist es viel leichter, ihren Inhalt umzuverteilen, sodass man auch dem neugekauften langen Schälbeitel sofort ein Zuhause bieten kann. Mit einem Schubladensystem bleibt man bei den Schubladenbreiten, die man gebaut hat. Das ist mit den einfacheren offenen Tablaren nicht der Fall.

Regel Nr. 12: Dinge am Deckel und an den Wänden anbringen

Man sollte nicht vergessen, dass die vordere Innenwand und der Deckel gute Möglichkeiten zur Aufbewahrung von flachen Gegenständen bieten. Manche Leute befestigen Tischlerwinkel am Deckel. Ich habe auch Fuchsschwanz und Rückensägen am Deckel gesehen. Winkel und kleinere Sägen kann man an der vorderen Wand aufhängen. Das ist ein traditionelles Verfahren. Andere Werkzeugkisten haben eine Halterung an der Vorderwand, die Stechbeitel, Bohrer und andere lange schmale Werkzeuge aufnimmt – Schlangenbohrer, Ahle, Anreißmesser, Hohleisen usw.

Ich empfehle, sich gut zu überlegen, was man an der Vorderwand aufhängen möchte. Das sollte man tun, bevor man die Tablare aufteilt oder die Größen von Schubladen festlegt. Mit sorgfältiger Planung kann man sehr viele Werkzeuge an der Vorderwand unterbringen.

Alles klar. Eine Oberflächenbehandlung mit Farbe ist die passendste Lösung für eine Werkzeugkiste. Die Farbe schützt die Kiste vor den Strapazen des Lebens in der Werkstatt.

Regel Nr. 13: Oberflächenbehandlung, innen und außen

Dies ist der leichteste Teil. Die Außenseite der Werkzeugkiste sollte gestrichen werden. Die moderne Wahl ist Kaseinfarbe, die relativ strapazierfähig ist und mit zunehmendem Alter immer besser aussieht. Farben mit Bleizusatz stehen nicht mehr zur Verfügung. Sie waren die Farben der vorindustriellen Zeit.

Kaseinfarbe lässt die Werkzeugkiste lange gut aussehen. Falls der Anstrich beschädigt wird, ist es leicht, alles mit einer neuen Schicht wieder in Ordnung zu bringen. Gebeizte oder mit Klarlack behandelte Oberflächen sind nicht so leicht zu reparieren. Es ist auch erwähnenswert, dass Kaseinfarbe die wetterfesteste, UV-beständigste und strapazierfähigste verfügbare Oberflächenbehandlung ist.

Für die Innenseite empfehle ich, auf eine Oberflächenbehandlung zu verzichten. Falls man ein aufwendiges Schubladesystem eingebaut hat, will man es wahrscheinlich behandeln. Ich empfehle Schellack, weil er schnell trocknet und im Gegensatz zu z.B. Leinöl nicht jahrelang stinkt.

Man sollte den Altweibergeschichten keinen Glauben schenken, wonach sowohl die Innen- als auch die Außenseiten zu behandeln sind, um den „Feuchtigkeitsaustausch auszugleichen“. Das hört sich als Theorie gut an, aber in der Praxis ist es belanglos.

Arbeitsbereit. Nachdem ich eine Werkzeugkiste 14 Jahre lang benutzt hatte und mich weitere zwei Jahre mit traditionellen Werkzeugkisten beschäftigt hatte, wusste ich, was zu bauen war. Das Ergebnis hat meine Erwartungen übertroffen.

Für Liliputaner? Kleine Werkzeugkisten haben mich immer stutzig gemacht. Zugegeben, einige Werkzeugkisten wurden einst entworfen, um sie zur Baustelle tragen zu können, aber die meisten kleineren Werkzeugkisten sind modern. Es wird behauptet, der Freizeitholzwerker brauche nur eine kleinere Kiste, weil sein Werkzeugsatz klein sei. Hier ist meine Theorie: In Kursen für Amateure sind die kleineren Werkzeugkisten leichter zu bauen und mit nach Hause zu nehmen.

Die fertige Werkzeugkiste

Nachdem man seine Werkzeugkiste gebaut hat, sollte man alle Werkzeuge, die man braucht, darin unterbringen können. Die Werkzeugkiste wird zur rechten Hand aufgestellt (oder zur linken, wenn man Linkshänder ist). Sie sollte auch stets als Erinnerung daran dienen, dass sie alle Werkzeuge enthält, die man benötigt, um fast alles zu bauen, das man entwerfen kann. Und noch wichtiger: Sie enthält die Werkzeuge, die einen von den Ketten befreien, mit denen man an Konsum, Verfall und neuem Konsum gefesselt ist.

15 | SCHWALBEN-SCHWANZZINKUNGEN AM KORPUS

Der erste Schritt beim Bau einer Werkzeugkiste ist die Materialbeschaffung. Durch die Breite der verfügbaren Bretter ergeben sich vielleicht kleine Veränderungen des Entwurfs – eine Kiste, die nur 580 mm tief ist, führt aber nicht zum Verlust aller Ehrenbezeichnungen als Holzwerker. Also beschafft man sich, bevor man die Arbeitszeichnungen für die Werkzeugkiste anfertigt, leichtes, aber belastbares Holz der Stärke 2,5 oder 3 cm.

Dann kann man mit dem Zeichnen beginnen.

Beim Bau einer Werkzeugkiste ist das Holz der Weymouth-Kiefer für die leichten Teile des Korpus kaum zu übertreffen. Unter den Kiefernarten ist die Weymouth-Kiefer am einfachsten mit Handwerkzeug zu bearbeiten. Sie ist geradezu atemberaubend leicht zu bearbeiten – etwa so leicht, wie einen Tanktop anzuziehen.

Das Holz ist leicht, für eine Kiefernart aber recht belastbar. Es lässt sich gut mit Handwerkzeug bearbeiten, ohne so brüchig zu sein wie manche der weicheren Kiefernarten. Früh- und Spätholz sind von relativ homogener Struktur – anders als die Gelbkiefer und ähnliche Arten – und lässt sich deshalb gut sägen. Außerdem arbeitet es im fertigen Möbelstück nicht sehr stark. Riftgeschnittene Weymouth-Kiefer ist fast so dimensionsstabil wie Sperrholz.

Ich finde zudem, dass Weymouth-Kiefer besser riecht als jedes andere Holz.

Es ist zudem in Breiten zu bekommen, die atemberaubend sind. Auch außerhalb des natürlichen Verbreitungsgebiets der Baumart ist es nicht schwierig, Bretter mit 400 mm Breite zu erhalten.

Ich bin zwar bereit, etwas Mühe auf mich zu nehmen, um Weymouth-Kiefer zu bekommen, aber auch fast jede andere Kiefernart ist für eine Werkzeugkiste geeignet, von schweren und harzreichen Kiefern wie etwa der Sumpfkiefer abgesehen, die sehr belastbar und hervorragend für den Bau von Hobelbänken geeignet sind. Manche Bretter aus Sumpfkiefer fühlen sich an, als ob sie das spezifische Gewicht von Zuckerahorn hätten.

Es macht auch keinen besonderen Spaß, Sumpfkiefer zu zinken.

Die Auswahl der einzelnen Bretter

Wenn man eine ausreichende Menge Kiefernholz gefunden hat, wird der Stapel durchgesehen, weil nicht alle Bretter für eine Werkzeugkiste geeignet sind. Wie ich im letzten Kapitel erwähnt habe, sind Aststellen schlecht. Sogar festsitzende Äste fallen im Laufe der Zeit auf Grund des Schwindens und Quellens heraus. Und offene Astlöcher sind Einfallstore für Staub und Schmutz.

Zum Trocknen aufgestellt. Diese Bretter sind für den Korpus meiner Werkzeugkiste bestimmt. Ich bearbeite mein Holz meist in Phasen und bereite nur das Holz vor, das ich für den jeweils nächsten Schritt benötige. Das mag zwar nicht die effizienteste Arbeitsmethode sein, aber es wird einem auch nie langweilig.

Frühe Fachbücher empfehlen sogar, eventuell vorhandenes Splintholz abzutrennen, da man annahm, Splintholz sei schwächer als Kernholz. Das stimmt jedoch nicht. Die Belastbarkeit von Splint und Kernholz ist durchaus vergleichbar. In manchen Fällen kann Splintholz sogar belastbarer als Kernholz sein, da es auf Grund seines geringeren Alters weniger Holzfehler aufweist.

Ich sortiere Bretter mit Splintholz also nicht aus, falls ich vorhabe, das fertige Werkstück deckend zu lackieren.

Ich suche Bretter aus, die trocken sind, gerade Holzfasern haben, aber keine Aststellen. Ansonsten können die Bretter aussehen, wie sie möchten. Das ist mir egal. Mit Farbe kann man fast alles überdecken.

Der Anfang

Wenn das Holz eingekauft ist, muss man es zuerst grob auf Länge schneiden (meist reicht ein Übermaß von 25 mm) und ihm Gelegenheit geben, sich an die Bedingungen in der Werkstatt zu akklimatisieren. Dabei sollte man bedenken: Wasser tritt vor allem am Hirnholz in ein Brett ein oder aus ihm aus. Wenn man es also auf Länge schneidet, trägt das dazu bei, dass es sich schneller akklimatisiert. Wenn man die Bretter allerdings auf einen feuchten Betonboden stellt, entsteht im Brett ein Feuchtigkeitsgefälle. Das Brettende, das auf dem Fußboden steht, ist feucht, das Ende, das in die Luft ragt, ist trocken.

Das ist nicht gut.

Wenn das Holz zuvor in einem Gebäude gelagert war, reicht es meist aus, wenn man ein oder zwei Wochen wartet, bevor man es mit dem Abricht- und Dickenhobel bearbeitet. Wenn man aber nicht sicher ist, wie feucht es ist, empfiehlt sich dringend die Anschaffung eines Holzfeuchtemessgeräts. Ich kenne viele erfahrene Holzwerker, die dummerweise beim Kauf von feuchtem Holz auf dessen Einsatz verzichtet haben.

Schon wenn man das Gerät nur einmal erfolgreich verwendet hat, hat es sich bezahlt gemacht.

Sobald sich das Holz im Holzfeuchtegleichgewicht mit der Umgebungsluft in der Werkstatt befindet, kann man beginnen, die Bretter mit dem Abricht- und Dickenhobel auf Stärke zu bringen.

Schmal ist für Schwachköpfe Ein Buch, dass behauptet, man müsse Rohholz zu schmalen Brettern zersägen, sollte man ignorieren. Breite Bretter sind immer besser. Sogar, wenn man eine Seite mit der Raubank abrichten muss, bevor das Brett durch die Dickenhobelmaschine passt.

Hinweise zur Vorbereitung des Rohholzes

Wenn man mit breiten Brettern arbeitet, ist es immer eine gute Strategie, sie in der Länge und Breite fast bis auf Endmaß zu bringen, bevor man sie mit Handhobeln oder Hobelmaschinen abrichtet.

Indem man sie so klein wie möglich schneidet, entfernt man Krümmungen und verzogene oder hohle Stellen an den Außenseiten und Enden, was es enorm erleichtert, das Brett mit möglichst geringem Aufwand abzurichten.

Ich schneide mein Holz auf Sägeböcken mit der Handsäge auf Länge. Um es auf Breite zu sägen, gehe ich an die Bandsäge. Lange Abbreitschnitte sind damit leichtes Spiel, und die Bandsäge ist bei der Bearbeitung von Rohholz viel sicherer als die Tischkreissäge. Bei der Bandsäge kann es nicht zum Zurückschlagen des Materials kommen.

Wenn die Bretter alle auf Maß geschnitten und trocken sind, kann man eine Seite des Brettes abrichten. Ich richte die konkave Seite des Brettes (das ist fast immer die Außen- also linke Seite) zuerst ab. Mit einer Abrichthobelmaschine ist der Vorgang einfach. Wenn ich, wie bei dieser Werkzeugkiste, mit Handhobeln arbeite, dann nehme ich über die Breite des Bretts mit einem Schrupphobel Material ab, dessen Eisen eine ballige Schneide hat.

Kurz und dick. Wenn man quer zur Holzfaser schruppt, bekommt man solche dicken Späne, die in Längsrichtung keine Biegesteifigkeit aufweisen. Sie sind so belastbar wie eine Handvoll Schnee.

Gute Platten. Ich habe die vier Seitenteile der Werkzeugkiste aus Platten hergestellt, die jeweils aus zwei Brettern verleimt wurden. Die Maserung wird so angeordnet, dass sie bei jeder Platte in der gleichen Richtung verläuft.

Dabei kann man ungeheuer starke Späne abnehmen, weil die Arbeitsrichtung quer zur Faser die Schwäche der Fasern in dieser Richtung ausnutzt.

Man muss allerdings beachten, dass dabei an der entfernten Kante des Bretts, wo der Hobel aus dem Holz austritt, Faserausrisse auftreten. Man kann das verhindern, indem man die Kante an der entfernten Seite mit einer Fase versieht oder indem man mit überbreitem Material arbeitet (was jedoch eine Materialverschwendung darstellt).

Wenn die linke Seite abgerichtet ist, kann man sich der konvexen rechten Seite zuwenden. Eine elektrische Dickenhobelmaschine ist die beste Möglichkeit, Material auf Stärke zu bringen. Mit Handwerkzeug tut man etwas für seine Kondition. Bei Kiefernholz ist es aber auch nicht übermäßig anstrengend.

Platten anfertigen; Fugen vermeiden

Die meisten traditionellen Quellen zum Bau von Werkzeugkisten (oder allgemeiner von gezinkten Korpussen) empfehlen, die Leimfugen der Platten gegeneinander zu versetzen, damit man nicht eine um den gesamten Korpus laufende Fuge erhält.

Das wird mit dem Argument begründet, der Korpus würde immer noch halten, auch wenn die geleimte Fuge an allen vier Seiten gleichzeitig auseinandergehen sollte. Falls die Fuge am gesamten Umfang in gleicher Höhe verläuft, würde der Korpus in zwei Teile zerfallen. Ich halte ein derartig katastrophales Versagen einer Verleimung zwar für unwahrscheinlich, andererseits sind die zusätzlichen fünf Minuten Planungszeit auch kein übermäßiger Aufwand. Also kann man es ruhig so machen.

Wenn die Platten verleimt sind, werden sie auf Endmaß gebracht und die Innenseiten abgerichtet. Das ist schließlich die Seite, an welcher die Verbindungen angeschnitten werden. Die Außenseiten müssen nicht vollkommen eben sein.

Um noch mehr Stoff zum Nachdenken zu geben: Die Innenseiten sollten in diesem Fall auch die besser aussehenden sein. Schließlich wird die Außenseite der Werkzeugkiste deckend lackiert und die Innenseite bleibt unbehandelt. Wenn alles gut geht, wird man sich diese Innenseite auch lange Zeit ansehen dürfen.

Am besten richtet man eine Platte mit der Raubank ab. Dabei hobelt man zuerst diagonal zur Länge des Bretts. Der Fortschritt wird mit den Richtscheiten und einem Haarlineal überprüft. Wenn die Innenseite der Platte eben ist, werden alle Bearbeitungsspuren auf beiden Seiten mit dem Putzhobel versäubert und man bearbeitet die nächste Platte.

Die Raubank als Vorbereitung für das Schneiden von Verbindungen. Die meisten Holzbearbeitungsmaschinen können eine Platte nicht so gut abrichten wie eine Raubank. Punkt. Ende der Geschichte. Ich höre nicht mehr zu. Nein. Nein. Nein.

Falz und Schwalbe: eine innige Beziehung

Wenn ich Schwalbenschwanzzinkungen schneide, dann arbeite ich immer einen flachen Falz an der Innenseite der Schwalbenbretter an. Der Falz ist höchstens 1 mm tief und so breit, wie die Schwalben lang sind. Durch diesen Falz wird der schwierigste Teil beim Anfertigen der Verbindung – das Übertragen der Schwalbenrisse auf das Zinkenbrett – kinderleicht. Kleinkindleicht...

Dann kann man die Brüstung des Falzes einfach gegen das Zinkenbrett halten, und die beiden Bretter sind perfekt aneinander ausgerichtet und können angerissen werden. Man kann das Schwalbenbrett sogar so fest gegen das Zinkenbrett drücken, dass leichte Wölbungen an einem der Bretter gerade gezogen werden. Wenn man dann die Verbindung anreißt, schneidet und zusammen steckt, zieht sie die Wölbung gerade und man hat eine perfekte Fuge. Außerdem erspart man sich Arbeit mit dem Stechbeitel, wie unten noch gezeigt wird.

Kritiker dieser Methode weisen darauf hin, dass das Schneiden des Falzes zeitaufwendig sei.

Die meisten von ihnen haben es noch nie versucht. Ich möchte ihnen nur sagen, sie sollten es einmal bei einem Werkstück ausprobieren. Wenn sie dann immer noch denken, es sei zeitaufwendig, frage ich mich, wie lange sie brauchen, um einen Falz anzuschneiden.

Wenn ich nur einen Kasten oder eine Schublade zinke, dann schneide ich den Falz mit einem verstellbaren Falzhobel. Wenn ich die Schwalbenschwanzzinkun-

Fälze machen es schneller. Durch die flachen Fälze an den Innenseiten meiner Schwalbenbretter ist das Übertragen der Schwalbenumrisse eine schnelle und einfache Arbeit.

gen für eine ganze Reihe von Verbindungen schneide wie bei dieser Werkzeugtruhe, dann schneide ich die Fälze mit einem Nutsägeblatt an der Tischkreissäge. Unabhängig davon, wie man Fälze schneidet, sollte es eine Routinearbeit sein. Ich habe länger gebraucht, um die Fotos der Arbeit aufzunehmen, als ich gebraucht habe, um sie vorzubereiten und auszuführen.

Bleistift bitte

Wenn ich zinke, schneide ich die Schwalbenschwänze zuerst. Man kann auch die Zinken zuerst schneiden. Das ist eine Frage, zu der ich keine Meinung habe. Aber wie man die Verbindung auch schneidet, es ist wichtig zu wissen, was wichtig an der Verbindung ist.

Unabhängig davon, welche Seite man zuerst schneidet, reißt man zuerst die Grundlinie der Verbindung mit dem Streichmaß an.

Die erste Seite der Verbindung dient als Schablone für die zweite Seite. Wenn man zuerst die Schwalben schneidet, ist deren seitliche Schräge nicht wichtig. Wichtig ist es, dass der Schnitt senkrecht zur Stärke durch das Brett geht. Der

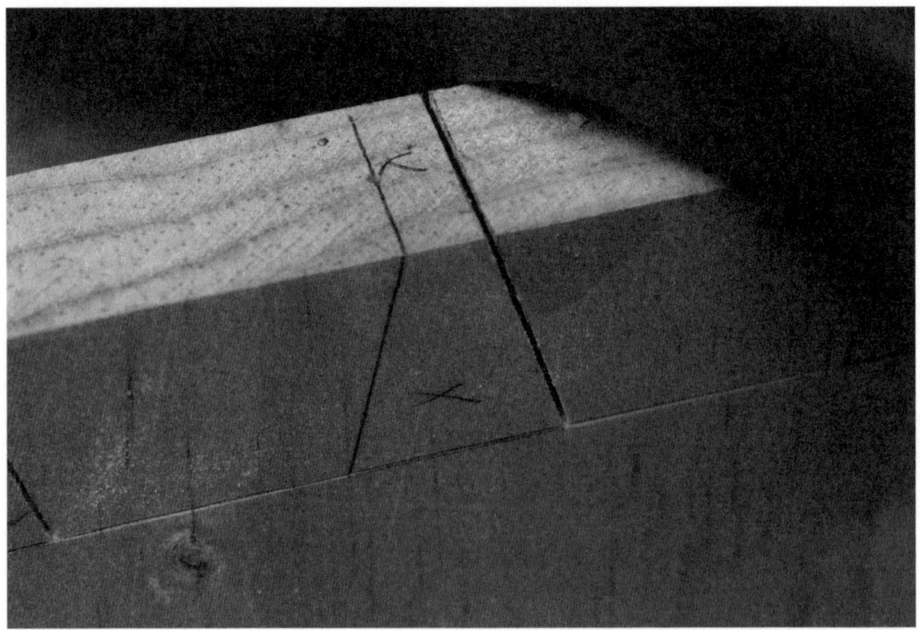

Anreißen. Ich reiße den Winkel der Schwalben an der Sichtseite des Bretts und am Hirnholz an. Dann schneide ich die Seiten der Schwalben.

Rechtwinklig bleiben. Ich setze meine Schnitte für die Schwalben an der Seite des Bretts an, die zur Hobelbank weist. Dann führe ich den Schnitt langsam auf dem Riss zu mir hin.

Gas geben. Wenn ich senkrecht zur Stärke des Bretts eingeschnitten habe, kann ich schneller sägen, weil ich mich nicht auf einen bestimmten Winkel festgelegt habe.

Und jetzt waagerecht. Wenn ich mich der Grundlinie nähere, halte ich die Säge parallel zum Fußboden, damit ich vorne und hinten die Grundlinien gleichzeitig erreichen.

Winkel der Seiten kann von 7° bis 20° betragen, das ist meines Erachtens eine ästhetische Frage.

Manchmal wird empfohlen, unterschiedliche Winkel für Nadel und Laubhölzer zu verwenden. Ich finde das übertrieben penibel.

Echte Möbel (also solche, die nicht nur aus Wörtern gebaut sind) zeigen Winkel, die leicht und leicht radikal sind. Ich mag kräftige Schwalbenschwänze mit Winkeln von 14°. Aber ich glaube, ich lasse mich dabei auch etwas von der Mode beeinflussen. Früher las man oft, die Winkel einer sichtbaren Schwalbenschwanzzinkung an einem Möbelstücke sollten geringer sein, weil das eleganter aussähe.

Das ist eine langanhaltende Debatte, mit der man sich innerlich beschäftigen kann, während man sich für einen Winkel entscheidet. Extreme in beiden Richtungen können sehr bald modisch überholt wirken.

Da die erste Hälfte der Verbindung als Schablone für die zweite dient, reiße ich die Seiten der Schwalben einfach mit dem Bleistift an – hier mit dem Messer anzureißen, wäre Zeitverschwendung. Und weil die Schnitte senkrecht zur Stärke des Bretts verlaufen müssen, kann man sich das Anreißen auf der Rückseite des Bretts auch ersparen.

Es gibt sogar Holzwerker, die eine Zinkung überhaupt nicht anreißen. Sie fangen einfach an zu sägen, und überlassen die Gestaltung der Verbindung ihrem Augenmaß. Das ist zwar die schnellste Methode, aber ich reiße lieber an, damit ich das Aussehen der Verbindung beurteilen kann, bevor ich meine Säge in die Hand nehme und mich auf die Aufteilung der Schwalbenschwänze und Zinken festlege.

Verschnitt entfernen

Ich entferne den Verschnitt zwischen den Schwalben schon immer mit der Bogensäge. Ich kann schnell mit ihr sägen und komme recht dicht an die Grundlinie heran, ohne über sie hinaus zu sägen.

Man kann den Verschnitt auch mit dem Stechbeitel entfernen, ohne vorher zu sägen. Ich mache es aber aus folgenden Gründen so, wie ich es mache: Ich verwende eine Bogensäge, weil es einfacher ist, ein stumpfes Bogensägeblatt auszuwechseln, als meinen Stechbeitel bei der Arbeit an einem Werkstück mehrmals zu schleifen.

Weil ich den Verschnitt aussäge, bleibt mein Stechbeitel viel länger scharf, da ich ihn weniger benutze. Und mit einem Bogensägeblatt kann ich mindestens drei Werkstücke bearbeiten. Angesichts dieser Zahlen lohnt es sich (für mich), den Verschnitt mit der Säge zu entfernen. Bei anderen mag die Gleichung anders aussehen.

Fast vollkommen ausgeräumt. So dicht kann ich an meinen Grundlinienriss heranschneiden. Es mag zwar so aussehen, als hätte ich auf der linken Seite der Zinkenaussparungen über den Riss hinausgeschnitten, aber das sind ausgerissene Fasern, die über den Riss hinabhängen und ihn verdecken. Der Riss ist noch da.

Warum verwende ich eine Bogensäge und nicht eine Laubsäge? Die Laubsäge hat zwar deutlich feinere Blätter, mit denen man viel schneller um Ecken sägen kann als mit der Bogensäge, aber andererseits schneiden diese Blätter auch langsamer und sind empfindlicher. Bei einem typischen Werkstück gehen mir (mindestens) zwei Laubsägeblätter entzwei.

Oder um es anders zu formulieren: Ich habe noch nie ein Laubsägeblatt ausgewechselt, weil es stumpf geworden war. Sie reißen, bevor sie stumpf werden. Andererseits ist mir wahrscheinlich nur ein Bogensägeblatt je gerissen.

Den Rest ausstechen

Wenn ich in Form bin, kann ich dann den restlichen Verschnitt mit nur wenigen Schnitten des Beitels entfernen. Meist kann ich sogar den Stechbeitel direkt auf dem Riss ansetzen, ohne mir Sorgen machen zu müssen, dass die Schneide über ihn zurück gedrückt werden könnte.

Wenn mir der Schnitt mit der Bogensäge nicht so gut gelungen ist, gehe ich folgendermaßen vor:

- Ich stelle mich so auf, dass ich sehen kann, ob ich den Stechbeitel genau senkrecht führe. Das heißt, ich stehe seitlich vom Werkzeug. Nicht davor. Nicht dahinter.
- Die Schneide des Beitels wird so angesetzt, dass man die Hälfte des Verschnitts entfernt. Falls 2 mm Verschnitt abgenommen werden müssen, wird die Schneide in 1 mm Entfernung vom Grundlinienriss angesetzt. Dann wird er bis zur halben Stärke des Bretts eingetrieben.
- Man sticht so lange immer die Hälfte des Verschnitts ab, bis der Stechbeitel den verbliebenen Rest nicht mehr halbieren kann. Das sind dann meist ungefähr 0,5 mm. Dann wird der Stechbeitel auf der Grundlinie angesetzt und bis zur halben Brettstärke eingetrieben.
- Danach dreht man das Brett um und arbeitet von der gefälzten Seite aus. Wegen des Falzes kann man hier direkt an der Grundlinie anfangen einzustechen, auch wenn eine größere Verschnittmenge zu entfernen ist. Die Brüstung des Falzes hindert den Stechbeitel daran, über die Grundlinie abzuwandern – ein weiterer guter Grund, einen flachen Falz an den Schwalbenbrettern anzuschneiden.

Beiseite stehen. Man sieht die Senkrechte. Und nach ein paar Jahren des Zinkens kennt man die Senkrechte wie seine eigene Hosentasche.

Halbzeit. Hier sind noch etwa 3 mm Verschnitt vorhanden, also setze ich den Stechbeitel etwa 1,5 mm vom Grundlinienriss an und steche bis zur halben Brettstärke.

Auf dem Riss. Wenn nur noch 1 mm Verschnitt (oder weniger) verblieben ist, setze ich die Schneide des Stechbeitels direkt auf den Riss und steche ein.

Einfaches Übertragen

Wenn die Schwalben vollständig angeschnitten sind, muss ihr Umriss auf das Zinkenbrett übertragen werden. Ich spanne das Zinkenbrett in die Bankzange ein und lege das Schwalbenbrett dann so darauf, dass der Falz genau auf das Zinkenbrett zu liegen kommt. Das Schwalbenbrett muss abgestützt werden, etwa mit einem Holzklotz.

Dann werden die Kanten der beiden Bretter aneinander ausgerichtet, indem man die Spiegelseite eines Stechbeitels seitlich an die Bretter anlegt. Das Schwalbenbrett wird nach rechts oder links verschoben, bis die beiden Kanten fluchten. Dann blickt man durch die Lücken zwischen den Schwalbenschwänzen in der Mitte der Platten. Falls eine der Platten schüsselt, zeigt sich das als Fuge zwischen den beiden Verbindungsteilen.

In diesem Fall drückt man das Schwalbenbrett nach unten und zu sich, bis die Wölbung verschwindet. Dabei macht sich der Falz am Schwalbenbrett ungemein nützlich.

Die Kanten ausrichten. Die Kanten werden nicht nach Augenmaß ausgerichtet. Man verwendet einen Stechbeitel, um ein genaues Ergebnis zu erzielen. So erspart man sich nach der Endmontage aufwendiges Verputzen der Kanten.

Von einer Liebkosung bis zum Abstechen

Manche Holzwerker kriegen die Krise, wenn sie mit dem Reißmesser die Umrisse der Schwalben auf das Zinkenbrett übertragen müssen. Das liegt aber daran, dass sie nicht mit dem Messer umgehen können. Sie fangen meist mit einem viel zu starken nach unten gerichteten Druck an. Dann folgt das Messer den weichen Fasern im Zinkenbrett und der Riss wandert ab.

Man muss das Messer so sanft wie irgend möglich ansetzen. Druck wird so ausgeübt, dass die Spiegelseite des Anreißmessers an der Kante des Schwalbenschwanzes entlanggleitet und die Spitze sanft über das Zinkenbrett geführt wird. Dann wird genauso zärtlich ein zweites Mal eingeschnitten. Die folgenden beiden Schnitte werden mit leicht erhöhtem Druck ausgeführt. Schließlich wird der letzte Schnitt mit starkem senkrechten Druck ausgeführt, aber mit geringem seitlichen Druck, um das Brett nicht nach links oder rechts zu verschieben, was auch einen Heiligen dazu bringen kann, wie ein Seemann zu fluchen.

Auf diese Weise wird der Umriss aller Schwalben übertragen. Dann nimmt man das Schwalbenbrett wieder ab und reißt die Grundlinie auf dem Zinkenbrett

Mit der Spitze und Stück für Stück. Bei den ersten beiden Schnitten setzt man leichten Druck nach unten ein. Bei den folgenden Schnitten wird der Druck verstärkt, um einen schönen, klare Riss zu erhalten.

an. Wegen des Falzes am Schwalbenbrett befindet sich die Grundlinie am Zinkenbrett nicht an der gleichen Stelle wie am Schwalbenbrett. Man stellt das Streichmaß auf die Endstärke der Schwalben ein und reißt damit die Grundlinie am Zinkenbrett an.

Die Zinken sind wichtig

Beim Schneiden der Zinken muss man vieles gleichzeitig im Auge behalten. Die drei wichtigsten Dinge sind:

- Der Winkel wird von jenem übernommen, den man am Hirnholz des Zinkenbretts angerissen hat.
- Die Säge muss beim Schneiden genau senkrecht gehalten werden.
- Man darf weder vorne noch hinten über die Grundlinie hinaus schneiden.

Weil so viel zu beachten ist, wende ich noch zwei zusätzliche Sicherheitsmaßnahmen an, damit ich diesen Teil der Verbindung nicht versaue. Das kostet zwar etwas Zeit, aber ich glaube, das Endergebnis rechtfertigt den Aufwand.

- Ich reiße die senkrechten Schnitte, die ich machen werde, mit dem Messer an. Ich lege die Spitze des Anreißmessers in den Riss am Zinkenbrett und verwende einen Tischlerwinkel, um das Messer zu führen. Man schneidet mit nur geringem Druck!

Gerade nach unten sägen. Wenn man nicht senkrecht sägen kann, muss man das üben. Man braucht keine neue Säge. Man muss keine Vorrichtung bauen. Man muss mehr sägen. Wenn man 100 Risse auf einem Brett anzeichnet und senkrecht an ihnen nach unten sägt, sollte das reichen.

- Ich ziehe die Messerrisse mit einem Bleistift nach, um sie deutlicher sichtbar zu machen. Ein Druckbleistift mit einer 3-mm-Mine ist dünn genug, um den Grund eines Messerrisses zu erreichen und zu markieren. Am Schluss sieht der Riss aus, als sei er mit dem Laser gezogen worden.

Dann wird der Verschnitt zwischen den Zinken mit der Bogensäge und dem Stechbeitel entfernt. Die Methode ist die gleiche wie am Schwalbenbrett.

Montage (oder: Draufhauen)

Wenn man die Schwalbenschwanzverbindung richtig geschnitten hat, braucht man keine Zwingen oder Zulagen. Um den Korpus zu montieren, reichen dann Leim, ein Klüpfel und ein Reststück Holz. Allenfalls eine Zwinge ist notwendig, um den Korpus nach dem Verleimen über eine Diagonale gerade zu ziehen, sodass die Ecken rechtwinklig sind.

Die Montage geht folgenderweise vor sich: Man bringt Leim in der Größe eines Zehncentstücks auf das Hirnholz zwischen den einzelne Zinken an. Dann verteilt man den Leim mit einem Palettenmesser (ein Malerwerkzeug) auf dem Hirnholz und an den Wandungen der Zinken.

Mehr Verschnitt. So dicht komme ich mit der Bogensäge an die Grundlinie des Zinkenbretts. Das ist weniger als 1,5 mm, ich kann also die Schneide des Stechbeitels direkt in den Riss setzen und drauflos stemmen.

Und montiert. Mit etwas Übung sieht jede fertige Schwalbenschwanzzinkung so aus. Falls eine Verbindung doch kleine Lücken aufweisen sollte, ist das kein Grund zur Verzweiflung. Deckende Farbe versteckt viele kleine Sünden.

Indem man mit dem Hirnholz beginnt, füllt man dessen Poren, bevor man den Leim auf dem Längsholz der Zinken verteilt.

Dadurch wird die Verbindung deutlich belastbarer. Hirnholz hält in einer geleimten Verbindung deswegen nicht so gut, weil es zu aufnahmefähig ist – es saugt den Leim auf, sodass die Leimfuge verhungert.

Indem man den Leim auf das Hirnholz gibt, bevor man ihn verteilt, erlaubt man ihm, die offenen Poren zu füllen, sodass tatsächlich eine Verbindung zwischen dem Hirnholz der Zinken und dem Längsholz der Schwalben zustande kommt.

Das hört sich vielleicht etwas weit hergeholt an. Wir haben in unserer Werkstatt aber viele Experimente zur Verleimung durchgeführt und auch die Experten bei Franklin Industries befragt, eine Firma, die sich ausgiebig mit der Erforschung dieser Fragen beschäftigt.

Es zeigt sich, dass die beschriebene Methode funktioniert.

Sich bei der Montage Zeit lassen. Man kann den Korpus Platte um Platte zusammenbauen, falls man möchte. Zuerst stellt man eine Eckverbindung zwischen Rückwand und einer Seite her. Dann wird die andere Seite angebracht. Schließlich baut man die Vorderwand ein.

Das kann man mir glauben. Ende der Geschichte. Man gibt also Leim an das Hirnholz des Zinkenbrettes an. Und man wird es nicht bereuen.

Allerdings muss das schnell gehen. Tischlerleim wie auch heißer Glutinleim ziehen schnell an. Wenn man sich bei der Montage mehr Zeit lassen möchte, sollte man Tischlerleime (PVAC-Kleber) mit längerer Offenzeit verwenden oder die Offenzeit eines normalen Leims verlängern, indem man ihm etwas Wasser (etwa 10 Prozent) zufügt.

Man kann auch einen flüssigen Glutinleim verwenden, der den Vorteil hat, wieder lösbar zu sein. Oder man verwendet einen Polyurethankleber, der eine Offenzeit bis zu einer Stunde haben kann.

Meine erste Wahl ist flüssiger Glutinleim, weil er wieder lösbar ist. Meine zweite Wahl ist Tischlerleim.

Welchen Leim man aber auch verwendet, man sollte ihn als Tropfen auf das Hirnholz geben, etwas stehen lassen und dann auf dem Längsholz der Zinken verteilen. Dann wird das Schwalbenbrett mit einem Klüpfel auf das Zinkenbrett getrieben. Dann schlägt man jede Schwalbe ein. Dabei geht man so vor:

Man legt eine Zulage aus Holz auf den Schwalbenschwanz und schlägt mit dem Klüpfel darauf, um den Schwalbenschwanz in die Aussparung zu treiben. Wenn alle Schwalben eingetrieben worden sind, sollten sie die Grundlinie der Zinkenbretter berühren.

Wenn das der Fall ist, wird der Korpus auf Rechtwinkligkeit überprüft. Falls die Schwalben nicht in die Aussparungen passen wollen, kann man versuchen, sie mit Zwingen hineinzuziehen.

Den Boden annageln

Den Boden der Werkzeugkiste sollte man am Korpus annageln und dann die Schürze darum führen. Dadurch erreicht man mehrere Ziele. Zum einen können die Bretter des Bodens leicht ersetzt werden, falls sie durch Wassereinwirkung zu faulen beginnen sollten. Zum anderen kann man sie aus zwei Richtungen mit Nägeln befestigen. Von unten durch den Boden und von der Seite durch die Schürze. Wenn man so nagelt, bleibt der Boden an Ort und Stelle, solange seine Bretter unbeschädigt sind.

Man kann sie aber leicht abziehen, wenn sie faulen sollten.

In älterer Literatur findet sich die Empfehlung, die Bretter des Bodens sollten von hinten nach vorne verlaufen. Dadurch wird der Boden belastbarer – die

Angenagelt. Hält. Vierkantige Schmiedenägel halten die Bodenbretter besser als jeder Drahtstift. Hier sieht man, dass ich die Nagelköpfe als Abstandshalter für die Bodenbretter verwendet habe. Ich hatte gerade keine Münzen zur Hand.

Wahrscheinlichkeit, dass er sich unter dem Gewicht der Werkzeuge durchbiegt, ist geringer als wenn die Faserrichtung parallel zur Vorder- und Rückwand liefe.

Das mag zwar übertrieben vorsichtig sein. Aber es ist eine sinnvolle Art der Übertreibung.

Die Bretter im Boden sollten formschlüssig verbunden werden. Breitenverbindungen auf Stoß sind entschieden „Nein, Fifi, pfui! Aus!" Man kann eine einfache Überlappung wählen, wie man sie für die Rückwand eines Schranks mittlerer Güte verwenden würde. Oder man kann es gleich richtig machen und die Bretter für den Boden spunden.

Diese bessere Verbindung macht den Boden etwas belastbarer und kostet nur geringfügig mehr Zeit. Und wenn man über einen Hobelsatz verfügt, mit dem man Nut und passenden Spund schneiden kann, ist die Arbeit wirklich im Nu erledigt.

Der Boden wird mit 50 mm langen Schmiedenägeln angebracht. Das Bohren der Führungslöcher für die Nägel nicht vergessen.

Wenn man die Bodenbretter annagelt, sollten sie den Korpus um etwa 1,5 mm überragen, damit man sie nach dem Befestigen mit dem Korpus bündig hobeln

Drei Wegwerf-Leisten. Diese Leisten faulen als erstes, wenn die Werkzeugkiste auf feuchtem Boden stehen sollte, und sie sind leicht auszuwechseln, weil sie nicht an der Schürze befestigt sind.

kann. Ach ja, man sollte auch eine kleine Fuge zwischen den einzelnen Brettern des Bodens lassen. Sie erlaubt das Schwinden und Quellen der Bodenbretter. Ich verwende unabhängig von der Jahreszeit, in der ich gerade arbeite, als Abstandshalter kleine Münzen. Mit diesem Abstand kann ich sicher sein, nie einen Licht-

Verputzen. Wenn der Korpus montiert ist, kann man alle Überstände (etwa an den Bodenbrettern, den Leisten und den Enden der Schürze) bündig verputzen. Eine Raubank ist so schwer, dass sie genügend Momentum entwickelt, um diese Arbeit mit Leichtigkeit auszuführen.

Und die schwierigen Stellen. Falls man sich fragt, wie das Hirnholz der Bodenbretter verputzt wird – die Antwort lautet: Masse und Schärfe. Ein schwerer Metallhobel mit einem scharfen Messer schneidet leicht durch das Hirnholz und verputzt die überstehenden Enden des Bodens so, dass er mit dem Korpus fluchtet.

strahl durch die Bretter des Bodens zu sehen, aber auch nie Aufwölbungen durch quellende Bretter.

Leisten: Versicherung gegen Flutschäden

Wenn man wirklich ganze Arbeit leisten will (und das sollte man), dann empfehle ich, unter dem Boden drei Leisten anzubringen und nicht nur zwei wie in den Zeichnungen zu sehen. Diese drei Stücke Kiefernholz sind die erste Verteidigungslinie gegen Holzfäule. Alles, was die Werkzeuge gegen Feuchtigkeit schützt, lohnt sich, vor allem dann, wenn es nur ein paar Euro kostet.

Die drei Leisten werden mit Nägeln (und Leim, falls man möchte) am Boden befestigt. Die Schürze wird um die Bodenbretter und die Leisten geführt. Aber die Schürze wird nicht – ich wiederhole: nicht – an diesen Leisten angenagelt. Das bedeutet, dass man sie einfach heraushebeln kann, falls sie faulen sollten.

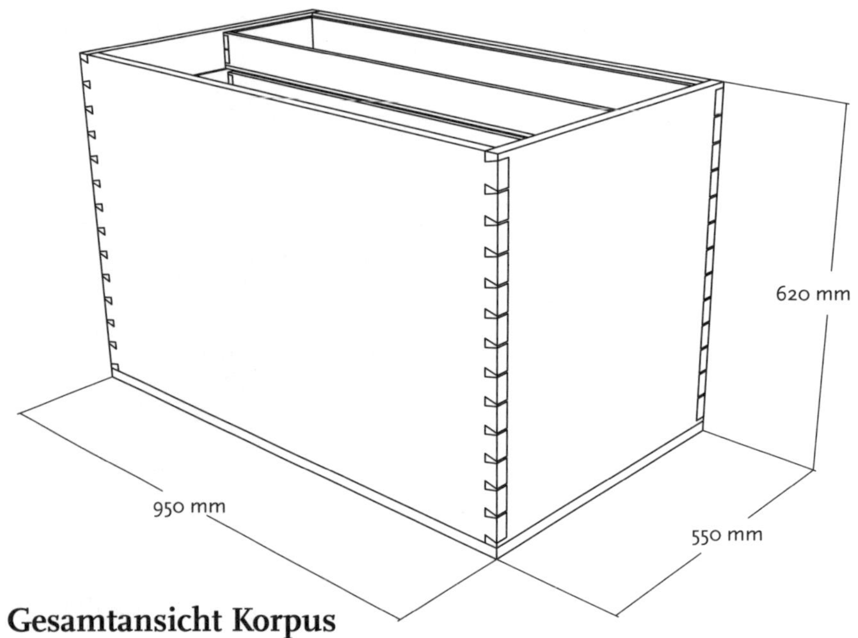

Gesamtansicht Korpus

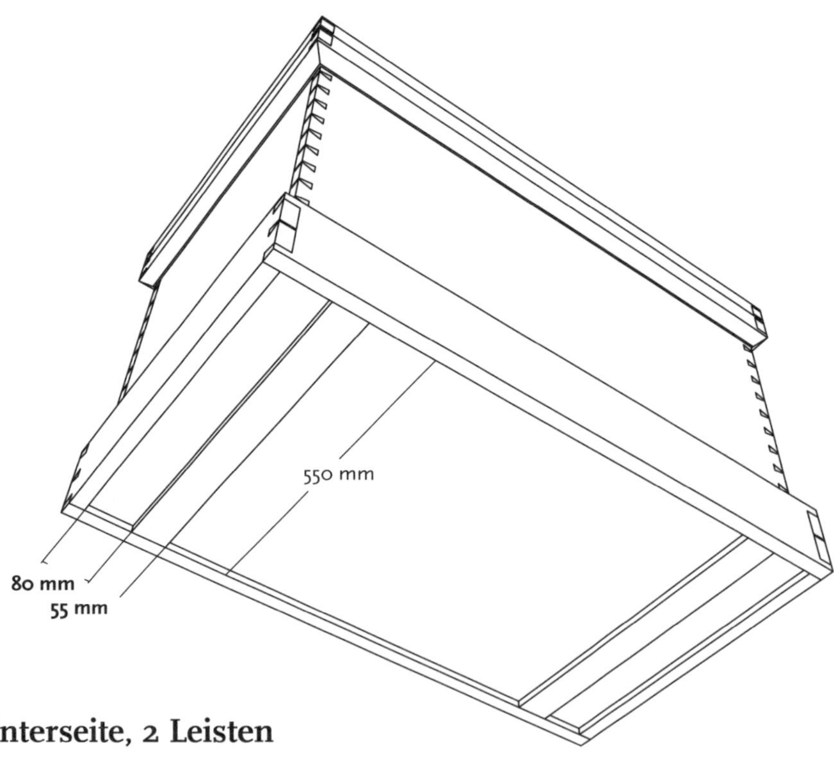

Unterseite, 2 Leisten

Vorderansicht Korpus

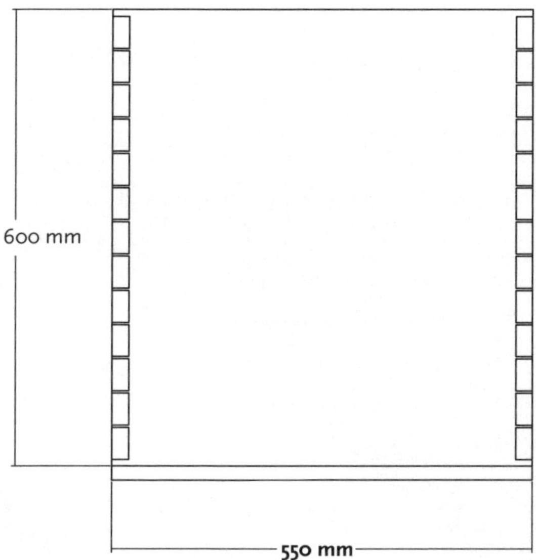

Seitenansicht Korpus

16 | DIE SCHÜRZEN

Ich bin kein großer Anhänger der klassischen Säulenordnung. Für den Tischler bedeutet die „Säulenordnung“ im Möbelbau die Anwendung der Proportionen klassischer architektonischer Säulen. Es gibt unterschiedliche „Ordnungen“ – ionisch, dorisch, korinthisch usw. –, die sich durch ihre Proportionen voneinander unterscheiden. Sie alle eint jedoch der gleiche Aufbau:

Jede Struktur hat einen Fuß (auch Plinthe genannt), einen mittleren Teil (die eigentliche Säule) und ein Kapitell (den obersten Teil).

Wenn man den Aufbau so vereinfacht, kann ich ihn verstehen und damit umgehen.

Unser Haus im imitierten Tudor-Stil aus dem Jahr 1928 hat zum Beispiel keine echte Plinthe. Es wurde so entworfen, dass man von vorne das Steinfundament des Hauses nicht sehen kann. Deswegen finde ich, dass das Haus nicht ausgewogen wirkt. Ich würde es gerne an der Vorderseite um ungefähr 60 cm erhöhen, so dass es aussieht, als sei es wirklich im Boden verwurzelt.

Dieser Mangel an Ausgewogenheit hat mich so beschäftigt, dass ich etwas dagegen unternommen habe. Nein, ich habe das Haus nicht erhöht. Ich habe stattdessen Buchsbäume entlang der Vorderseite des Hauses gepflanzt, um das Fehlen einer Plinthe zu verstecken. Im Laufe der Zeit sind sie zu einer Plinthe aus Laub herangewachsen. Das Aussehen wurde dadurch erheblich verbessert.

Obwohl die klassische Säulenordnung wie eine abgehobene, akademische Idee wirken mag, bietet sie jedoch konkrete Richtlinien, die man annehmen oder abwandeln kann. Man sollte sie auch beim Bau einer Werkzeugkiste nicht ignorieren.

Die Gestaltung der Plinthe

Es gibt einen allgemeinen Rat zum Bau einer Kiste oder Werkzeugkiste, der durchaus zu erwägen ist. Hier die ausführliche Version: Die Schwalbenschwänze einer Schürze sollten nicht an derselben Seite wie die des Korpus liegen. Oder, andersherum: Wenn die Schwalbenschwänze an der Vorder- und Hinterseite einer Kiste sind, dann sollten die Schwalbenschwänze der Schürze an den Endteilen sein.

Meiner Meinung nach ähnelt dies dem Rat in Bezug auf den Korpus der Kiste, der besagt, es solle sich keine kontinuierliche Fuge um den Korpus ziehen. Wenn die Schwalbenschwänze am Korpus und an der Schürze gegensätzlich angebracht sind, vermeidet man eine Katastrophe, wenn der Leim versagen sollte.

Das scheint mir etwas übertrieben zu sein, aber da ich auch ein großer Anhänger von Übertreibungen bin, habe ich nach diesem uralten Rat gearbeitet.

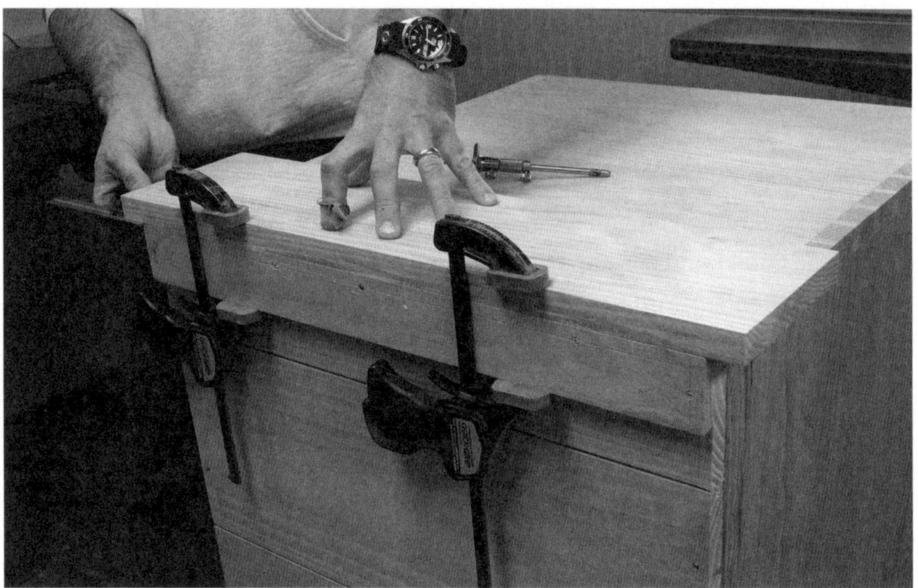

Ein passendes Ende. Ein Ende der Schürze wird auf das Ende der Kiste gelegt und so an die Kiste festgespannt. Dann reißt man die Risse für die Schwalbenschwänze dort an, wo der Korpus die Innenseite der Schürze trifft.

Außerdem wird die ganze Außenseite der Kiste gestrichen, weshalb die Unterschiede zwischen Korpus und Schürze nicht sichtbar sind.

Das Anpassen der Schürze

Es mag als große Herausforderung erscheinen, die Schürze an den Korpus anzupassen, ohne dass sie reißt, sich biegt oder hässliche Lücken klaffen. Es sieht wirklich so aus, als ob man sehr sorgfältig messen muss, um alle Teile aneinander anzupassen, sodass die Schürze problemlos um den Korpus platziert werden kann.

Die Wahrheit ist, dass man beim Bau der Schürze überhaupt nicht messen sollte.

Es ist nämlich so: Der Korpus ist selten genau rechteckig. Jede Seite könnte sich sogar etwas nach außen oder nach innen verjüngen. Wer weiß? Wenn man den Korpus misst und dann versucht, die Schürze an die Abmessungen anzupassen, bekommt man Probleme.

Man sollte stattdessen die Schürzenbretter eins nach dem anderen anpassen. Es ist einfach dies zu tun, verlangt kein echtes Abmessen und die Ergebnisse sind gut.

Am Ende anfangen

Die Kiste wird auf eines ihrer Enden gestellt, und dann spannt man ein Schürzenbrett am oberen Ende fest. Das Brett sollte so mittig wie möglich liegen. Wenn es etwas zu lang ist, ist das in Ordnung. Wenn es zu kurz ist, besorgt man andere, passende Bretter.

Wenn das Brett mittig liegt, kann man die Risse mit einem Streichmaß anreißen. Wird das Brett richtig mittig gelegt, sollten die Risse mit den Ecken des Korpus fluchten.

Ist der Korpus nicht rechtwinklig, braucht man möglicherweise eine andere Strategie. Wenn man wegen der Form des Korpus keine vernünftige Linie anreißen kann, empfehle ich, den Umriss des Korpus auf das Schürzenbrett zu übertragen. Dann kann man den Riss weiter um das ganze Schürzenbrett führen.

Unabhängig davon, welche Methode man benutzt, sollte man am Ende Risse haben, die der Form des Korpus entsprechen.

Noch mehr Schwalbenschwänze

Nach dem Anreißen wird das Schürzenbrett vom Korpus abgenommen und man reißt Schwalbenschwänze an den Enden des Bretts an. Dies sind einfache offene Schwalbenschwanzzinkungen. Eine offene Schwalbenschwanzzinkung mit auf Gehrung geschnittenen Ecken kommt auch in Betracht. Dann sähe die Schürze aus, als sei sie auf Gehrung geschnitten. Da aber die Außenseite der Kiste gestrichen wird, halte ich diese zusätzliche Arbeit an der Verbindung für sinnlos.

Nachdem die Schwalbenschwänze angeschnitten sind, werden die Zinken an den langen Schürzenbrettern gesägt. Diese Bretter werden an die Vorder- und Rückseiten des Korpus angebracht. Danach hat man eine große U-förmige Konstruktion, die um den Korpus passt. Sie sollte noch nicht verleimt werden.

Passend anreißen

Die Endlängen der Schürzenbretter müssen punktgenau sein. Sie sollten sogar so perfekt sein, dass es ungenauer wäre, sie zu messen. Man muss alle Bretter so anreißen und schneiden, dass sie genau passen. Die Arbeit geht dadurch zudem schneller und leichter von der Hand.

Die halb fertige Schürze wird ohne Leimzugabe um den Korpus gelegt, sodass das vierte Schürzenbrett oben liegt. Die teilmontierte Schürze sollte eng

Schwalbenschwänze an den Enden. Das Brett mit den Schwalbenschwänzen sollte drei von ihnen versehen werden. Hier sollte die Arbeit einfach sein, weil es eine einfache, offene Zinkung ist. Schwalbenschwanzverbindungen auf Gehrung sind nur sinnvoll, wo sie sichtbar sind.

am Korpus anliegen. Auf dem Bild rechts kann man erkennen, wie es aussehen sollte.

Diese Anordnung ermöglicht es, die endgültigen Längen der beiden langen Schürzenbretter festzustellen, sodass sie auf die richtige Länge nachgeschnitten werden können. Gleichzeitig kann man die Länge des vierten Bretts anreißen. Es mag sein, dass der Korpus an diesem Ende etwas schmaler oder breiter ist. Jetzt bietet sich Gelegenheit, dies zu überprüfen.

Nachdem die endgültigen Längen der drei Bretter ermittelt und sie nachgeschnitten sind, bleibt nur die fehlerfreie Herstellung der Schwalbenschwanzzinkungen. Es ist wichtig, nicht über die Risse hinauszuschneiden, sonst passt das Ganze nicht zusammen.

Anfasen und optisch anpassen

Die obere Kante der Schürze braucht ein Profil. Ich habe Kisten mit unprofilierten Schürzen gesehen und sie sahen nicht schön aus. Oder genauer gesagt, sie sahen aus, als ob der Tischler sein Fach nicht beherrschte.

Es muss kein aufwendiges Profil sein. In manchen alten Büchern wird sogar eine einfache Fase bevorzugt, und dazu habe ich an dieser Kiste ebenfalls gegriffen.

Schürze in der Luft. Wenn die halbfertige Schürze am Korpus angespannt ist, legt man das vierte Brett an. Man markiert, wo sie sich berühren, sodass man die langen Bretter auf ihre endgültigen Längen nachschneiden kann.

An meiner alten Kiste hatte ich ein Karniesprofil, das dann sehr unter den Strapazen des Lebens in der Werkstatt litt.

Mal sehen, wie sich die einfache Fase bewährt.

Ich habe die Teile der Schürze auseinandergenommen und die Fase an jedem Teil angerissen und geschnitten. Das erleichtert das Schneiden des Profils. Wenn man es so macht, wird man die Ecken ein bisschen nacharbeiten, damit die Fase ohne Versatz um den ganzen Korpus läuft.

Dieses Nacharbeiten der Ecken wird erleichtert, wenn man es vor dem Verleimen durchführt. Die Schürze wird (ohne den Korpus) zusammengesteckt und die Ecken zusammengespannt. Dann verputzt man die Ecken so, dass die Fase schön um den ganzen Korpus verläuft. Man kann die Ecken mit einem Einhandhobel oder sogar mit einem Beitel nacharbeiten. Unabhängig von dem Werkzeug, das man benutzt, muss man darauf achten, dass es am Hirnholz nicht zu Faserausrissen kommt.

Die Schürze endgültig zusammenzubauen und am Korpus anzubringen, ist eine knifflige Angelegenheit. Ich habe Leim an die langen Bretter angegeben und

Fast fertig. Die Fase an der Schürze vor dem Zusammenbau anzureißen und zu schneiden, war leichte Arbeit – alle Schnitte verliefen mit der Faser. Aber wenn die Ecken zusammengebaut sind, müssen die Halbzinken nachgeschnitten werden, wie man es hier sieht.

sie an der Vorder- und Rückseite des Korpus festgespannt. Dann habe ich die Enden der Schürze angeleimt und die Verbindungen zusammengetrieben. Ja, ich weiß, so klingt das einfach. Es war aber eine glitschige und klebrige Erfahrung.

Die Staubleiste

Die sogenannte Staubleiste dient an einer Werkzeugkiste sowohl ästhetischen als auch praktischen Zwecken. Diese Leiste zieht sich als schmale ‚Schürze' um die obere Kante des Korpus. Dann wird der Deckel, der auch mit einer Leiste versehen ist, über die Oberkante des Korpus gestülpt, sodass er auf der Staubleiste aufliegt.

Es klingt komplizierter, als es ist. Die ganze aufwendige Arbeit führt zum Ergebnis, dass sich keine herumfliegenden Staubpartikel in die Kiste verirren können. Ohne Staubleiste würde das geringfügigste Verziehen des Deckels den Eintritt von Staub und somit den Eintritt von schädlichen Salzen ermöglichen, die Wasser aus der Luft absorbieren und zur Bildung von Eisenoxid (Rost) an den Werkzeugen führen.

Nur die hartnäckigsten Staubpartikel finden trotz der Staubleiste noch ihren Weg in die Kiste.

Es gibt auch noch hochentwickeltere Staubabdichtungen. Meine erste Werkzeugkiste hatte eine Staubabdichtung, die ein Wunder der Ingenieurskunst war.

Bevor es glitschig wird. Hier ist der trockene Zusammenbau, bevor ich die Leimflasche aufmachte und das Elend begann. Man braucht vor allem viele Zwingen für diesen Teil der Arbeit. Es ist die kniffligste Verleimung des ganzen Projekts.

Empfindliche Staubleiste. Der schmale Falz unter dem Deckel bedeutet, dass die Staubabdichtung empfindlich ist, und dadurch sind an einigen Stellen Holzstücke abgebrochen.

Die obere Leiste war zusätzlich mit einem Falz versehen. Das bedeutet, dass der Deckel mit seiner Leiste in dem Falz der Schürze des Korpus lag. Die Staubabdichtung funktioniert bestens, aber der Falz ist etwas empfindlich und an einigen Stellen ist das Holz unter den Strapazen des Lebens in der Werkstatt abgesplittert.

Die einfache Staubleiste an dieser Werkzeugkiste hat nur eine Schwalbenschwanzverbindung an jeder Ecke (die Schwalben befinden sich an den End-

Ein Schwalbenschwanz. Weil die Minischürze so schmal ist, ist es kaum möglich, mehr als einen Schwalbenschwanz an jeder Ecke anzuschneiden, es sei denn, der Winkel der Verbindungen wird verkleinert. Ein Schwalbenschwanz reicht aus – besonders wenn man ihn mit der einfachen Gehrung an einige anderen Kisten vergleicht.

stücken). Manche Kisten haben eine breitere Staubleiste (und eine Zinkung mit mehreren Schwalbenschwänzen), aber meiner Meinung nach sehen sie etwas kopflastig aus, vor allem wenn man bedenkt, dass eine zweite Leiste den Deckel später noch optisch vergrößern wird.

Um die Staubleiste an den Korpus anzupassen, benutzt man dasselbe Verfahren, mit dem auch die untere Schürze an den Korpus angebracht wurde. Erst bringt man ein Brett am Ende des Korpus an. Dann werden die Vorder- und Rückbretter durch Schwalbenschwanzzinkungen mit dem ersten Stück verbunden, um eine U-förmige Konstruktion zu erhalten. Diese legt man um den Korpus und benutzt sie, um das vierte Stück anzupassen.

Wie die untere Schürze hat die Staubleiste eine Fase, die sich aber in diesem Fall an der unteren Kante der Leiste befindet. Die obere Kante ist mit einem Halbstab von 5 mm Breite versehen. Dieser Halbstab ist sowohl dekorativ als auch funktional. Er ist dekorativ, weil er den Deckel optisch vom Korpus trennt, und er ist funktional, weil er den Fingerspitzen eine Griffstelle bietet, an der man den Deckel heben kann – es sei denn, man bringt einen Griff oder einen anderen Beschlag am Deckel an. Das habe ich nicht getan.

Der Halbstab dient noch einem dritten Zweck: Er verdeckt kleine Makel. Alle diese Teile so zu schneiden, dass sie in allen drei Dimensionen gut zueinander passen, ist eine Herausforderung. Der Halbstab verdeckt die kleinen Unterschiede zwischen Deckel und Korpus, die auch dem sorgfältigsten Tischler unterlaufen können.

Nachdem man die Fase geschnitten hat, werden alle Teile zusammen und an den Korpus geleimt. Ich habe den Halbstab nach dem Zusammenbau angeschnitten, weil ich meinen Profilschabhobel benutzen wollte, um das Hirnholz an den Ecken zu formen. Diese Aufgabe wird erleichtert, wenn die Staubleiste schon zusammen- und eingebaut ist.

Bevor man mit dem Bau des Deckels beginnt, sollte man die gesamte Oberkante der Kiste verputzt und die Spuren der Werkzeuge entfernt haben. Beim Anbringen des Deckels und seiner dreiteiligen Schürze werden meist noch weitere Anpassungsarbeiten notwendig. Sie sind wesentlich leichter, wenn der Korpus sauber verputzt und seine Oberkante gleichmäßig hoch ist.

Schneiden mit dem Beitel. Man schneidet die Fase mit dem Einhandhobel, bevor die Staubleiste endgültig zusammenbaut wird. Die Fase wird an den Ecken mit einem Beitel geschnitten, sodass sie um den ganzen Korpus verläuft.

Die Ecken einspannen. Zwei Zwingen an jeder Ecke sollten reichen, um die Staubleiste eng am Korpus anliegend befestigen zu können.

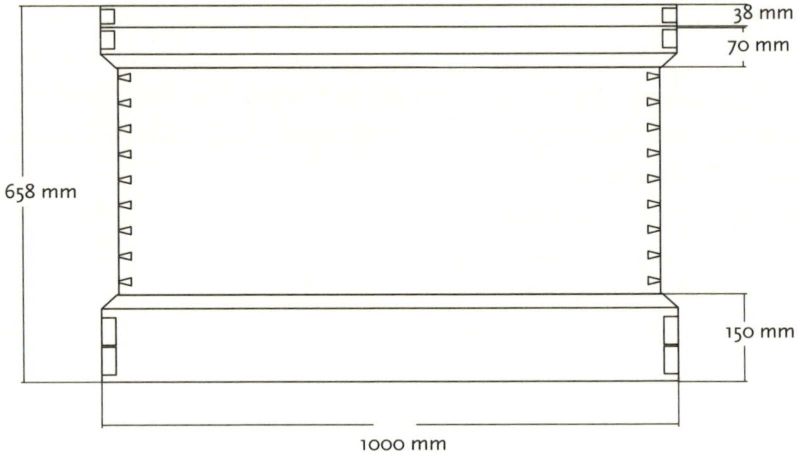

Schürze Vorderansicht

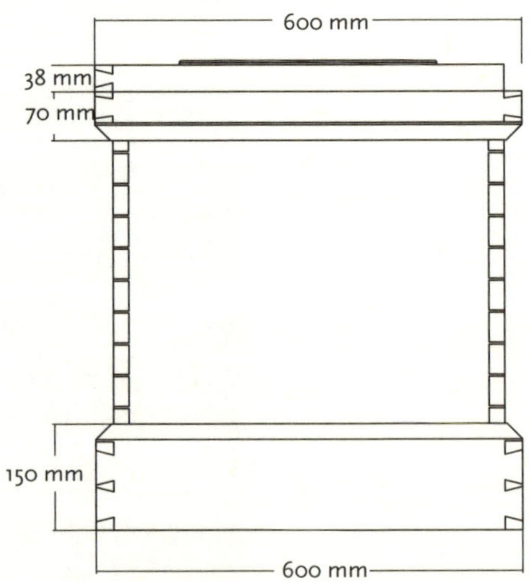

Schürze Seitenansicht

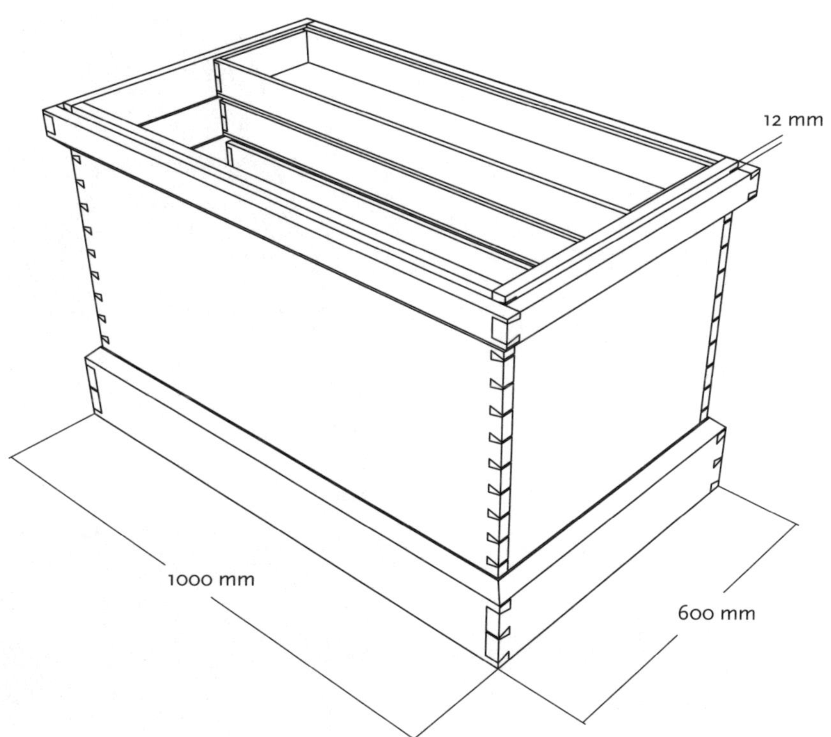

Ohne Deckel

17 | DECKEL UND SCHARNIERE

Man kann es beim Deckel einer Werkzeugkiste mit der Stabilität kaum übertreiben. Viele Deckel, die ich gesehen habe – darunter auch der Deckel meiner ersten Kiste – sind zu schwach. Man könnte die Werkzeugkiste genauso gut mit einer Bettdecke abdecken.

Die meisten Deckel sind zu dünn oder arbeiten im Verlauf der Jahreszeiten zu stark. Sie sind nicht eben, oder sie bleiben nicht eben. Die Gehrungsverbindungen an den Ecken gehen aus dem Leim. Bei normaler Verwendung reißen sie ihre eigenen Scharniere heraus. Langfristig funktioniert das Schloss nicht, weil es nicht richtig sitzt.

Und sie könnten zerbrechen, wenn man sich auf sie setzt.

Als ich anfing, den Deckel für diese Werkzeugkiste zu entwerfen, wollte ich ihn wie einen sowjetischen Badeanzug konstruieren: Vielleicht nicht das Erotischste, das Knappste oder Einfachste, was man sich vorstellen kann, aber dank der Bauweise würden Kakerlaken in einer postapokalyptischen Welt die Werkzeugkiste noch intakt vorfinden und benutzen können.

Der Trick dabei ist (natürlich) leichtes Holz einzusetzen, seine Stärken auszunutzen und bombensichere Verbindungen zu verwenden. Der Deckel sollte aus Kiefer mit einer Stärke von 22 mm (oder möglicherweise etwas stärker) gebaut werden. Bei solchen strukturellen Herausforderungen ist es eine gute Idee, möglichst starkes Holz zu benutzen, vorausgesetzt, dass es am Ende auch noch eben ist.

Die Rahmenecken sind als offene Schlitz-und-Zapfen-Verbindungen gestaltet. Besseres gibt es nicht. Die Füllung ist nicht wie üblich abgeplattet, erhebt sich aber über den Rahmen.

Viele Leute sind verdutzt, wenn sie diese Konstruktion zum ersten Mal sehen. Sie funktioniert auf folgende Weise: Die Längs und Querfriese des Deckels sind an den Innenkanten mit Nuten versehen, wie bei einer typischen Rahmen-und-Füllung-Tür.

Der Unterschied liegt in der Füllung. Bei der Konstruktion einer typischen Tür werden die Kanten des Paneels dünn ausgehobelt, bis sie in die Nuten der Längs und Querfriese passen. Bei dieser Konstruktion ist das nicht der Fall. Um die Verbindung zwischen Füllung und Rahmen herzustellen, hobelt man eine Nut in die Kanten der Füllung. Anstatt einer Feder-und-Nut-Konstruktion hat man eine Nut-in-Nut-Konstruktion.

Beim Zusammenbau des Deckels liegt die untere Kante der Füllung in der Nut des Rahmens. Die obere Kante des Rahmens liegt in der Nut der Füllung.

Schlitze, die nicht dilettantisch sind. Zugegeben, durchgehende Schlitze an den Ecken des Rahmens sind bestimmt nicht unbedingt nötig, aber nachdem ich mehr als ein Jahrzehnt mit einem nicht sehr robusten Deckel gelebt habe …

Das Ergebnis ist eine sogenannte überschobene Füllung, bei der keines der Bauteile dünner ist als die anderen, und das fördert die Robustheit des Deckels.

Die Konstruktion des Deckels

Wie bei allen Rahmenkonstruktionen sollte man gerades Holz mit stehenden Jahresringen für die Längs- und Querfriese wählen. Es sieht nicht nur gut aus, sondern arbeitet auch weniger und wird sich wahrscheinlich nicht verziehen.

Bei der Auswahl des Holzes für die Längs- und Querfriese bin ich bereit, breite oder hochwertige Bretter zu zersägen, um genau das richtige Stück zu bekommen, das ich für ein gutes Fries brauche. Beim Aushobeln der Friese sollte man versuchen, sie möglichst stark zu halten. Obwohl das meiste Holz für dieses Projekt eine Stärke von 22 mm hatte, betrug die Endstärke der Deckelteile fast 24 mm. Beim Deckel zählt jeder Millimeter.

Die Füllung kann aus normalem fladergeschnittenen Holz bestehen. Man sollte die attraktivste Seite für das Innere des Deckels wählen. Das ist die Fläche, die man am häufigsten sieht, wenn die Kiste geöffnet in der Werkstatt steht.

Hohe Erwartungen. Hier sieht man, wie die Füllung in die Friese eingelegt wird. Noch belastbarer könnte man die Konstruktion nur machen, indem man eine noch stärkere Füllung verwendet und mit zwei Nuten versieht, sodass sie auf beiden Seiten des Deckels erhoben ist.

Man fängt an, indem man durchgehende 10-mm-Schlitze in die Querfriese schneidet. Die Breite der Schlitze entspricht der Breite der Längsfriese (100 mm) minus 10 mm an jeder Seite. An den Seiten messen die Schlitze nur 10 x 10 mm. In diese kleinen Schlitze werden die Nutzapfen oder die untere Kante des Deckels passen.

Dann schneidet man Nute in die Längs und Querfriese, um die Verbindung zur Füllung herzustellen. Die Nute messen 10 x 10 mm und verlaufen auf der Gesamtlänge der Längs und Querfriese.

Weil die Nute an der gesamten Länge der Längs- und Querfriese entlang verlaufen, braucht man Nutzapfen an den Zapfen, um die Nute an den Enden der Friese zu füllen. Dies dient eher einem ästhetischen als strukturellen Zweck, aber der Nutzapfen trägt auch etwas zur Stärke bei und hindert die Friese daran, sich zu werfen.

Zum Schneiden langer Zapfen – diese sind 100 mm lang – benutze ich normalerweise meine Tischkreissäge mit einem Nutsägeblatt.

So kann man die Wangen und Brüstungen der Zapfen mühelos und sicher in der Länge zuschneiden, die nötig ist. Andere Methoden sind nicht so praktikabel.

Lang und stark. Dank ihrer Länge und Breite haben diese Zapfen riesige Leimflächen. Vorsicht beim Zusammenbau. Bis die Längs- und Querfriese verleimt sind, bleiben sie etwas schwach.

Es ist wichtig, den Nutzapfen nicht zu vergessen. Er misst 10 x 10 x 10 mm und passt in die Nut des Querfrieses. Man sollte den Rahmen ohne Leim zusammenbauen und ihn oben auf die Kiste legen. So kann man Probleme leicht erkennen und korrigieren. Falls der Rahmen verzogen ist oder die Bauteile zu groß sind, kann man sie eines nach dem anderen bearbeiten, bis der ganze Rahmen flach auf der Kante der Kiste liegt und an allen Seiten um 1,5 mm auskragt.

Der Zusammenbau ohne Leim ermöglicht die genaue Feststellung der Größe der Füllung. Sie sollte in die Nuten der Längsfriese passen, muss aber auch genügend Raum in den Nuten der Querfriese haben, um arbeiten zu können. Wie viel Spiel dafür notwendig ist, hängt von der Holzart und den jahreszeitlichen Änderungen der Luftfeuchtigkeit in der Werkstatt ab.

Da ich Weymouth-Kiefer verwendete, wusste ich, dass das Holz nicht stark arbeiten würde, weil dies eine ziemlich formstabile Holzart ist. Ich habe die Werkzeugkiste im Dezember gebaut, als die Luftfeuchtigkeit niedrig war. Ich wusste also, dass die Füllung während der warmen und feuchten Monate etwas quellen würde. Ich habe dafür einen Ausdehnungsraum von 4,5 mm gelassen. Das ist vielleicht ein bisschen mehr als nötig, aber ich finde es besser, etwas mehr Spielraum zu haben.

Die Konstruktion der Füllung

Es ist einfach, die Füllung zu konstruieren, wenn man weiß, wie man sie verputzt, damit sie genau passt. Nachdem man sie auf die endgültige Länge und Breite geschnitten hat, nimmt man ein Streichmaß, das genau auf die Breite der Nut in den Längs- und Querfriesen eingestellt ist.

Man reißt diese Maß an, indem man den Anschlag des Streichmaßes an der Unterseite der Füllung entlangführt.

Dann misst man die Stärke der oberen Kante der Längs- und Querfriese und nimmt ein Werkzeug, das diesen Abmessungen entspricht – das kann ein 10-mm-Nuthobeleisen oder ein Nutsägesatz mit drei Blättern und entsprechend vielen Zwischenscheiben sein.

Damit schneidet man eine Nut in alle vier Kanten der Füllung. Sie setzt an der gerade angerissenen Linie an und ist 10 mm tief.

Wenn die Füllung zu stramm in der Nut sitzt, kann man sie justieren, indem man entweder die Unterseite der Füllung oder die Oberseite des Rahmens mit dem Hobel nacharbeitet. Ich ziehe es vor, die Unterseite der Füllung zu hobeln. Wenn alles zusammenpasst, gibt es vor dem Zusammenleimen noch eine kleine Aufgabe: Die obere Kante der Füllung sollte mit einem Hobel leicht abgerundet wer-

Eine Probemontage. Man möchte wissen, ob der Rahmen vor dem Verleimen nachgearbeitet werden muss. Ein geringer Verzug oder zu kurze Längsfriese wären eine böse Überraschung, die man vermeiden kann. Ich würde lieber ein Bauteil neu fertigen, als den ganzen Deckel nach dem Verleimen verbrennen zu müssen.

den. So sieht es schöner aus und wird auch nicht so schnell durch Stöße beschädigt. Diese Aufgabe ist vor dem Zusammenbau leichter zu erledigen.

Nun kann der Deckel mit Leim zusammen gebaut und mit Schraubzwingen eingespannt werden. Dann gilt es zu warten, bis der Leim trocken ist.

Die Schürze des Deckels

Drei der vier Kanten des Deckels sind (ähnlich wie die Schürze und die Staubleiste am Korpus der Kiste) mit einer Schürze mit Schwalbenschwanzzinkungen versehen. Wie die Staubleiste hat auch die Deckelschürze nur einen einzigen Schwalbenschwanz an jeder Ecke, aber im Gegensatz zu den beiden anderen Schürzen ist diese leicht anzubringen, weil sie nur die Vorderkante und beide Enden des Deckels abdeckt.

Nachdem man so viele Schwalbenschwanzzinkungen am Korpus und an den Schürzen angeschnitten hat, sollte dies kinderleicht sein. Bei der leichtesten Methode muss man sich nicht einmal um genaue Abmessungen kümmern. Die drei Teile sollten jeweils mit etwa 12 mm Überlänge zugesägt werden. Dann verbindet man durch eine Schwalbenschwanzverbindung ein Seitenstück mit dem Vorderstück (die Schwalbenschwänze werden an den Endstücken geschnitten und die

Leicht versetzt. Die Zwinge sollte nicht direkt an die Schwalbenschwanzverbindungen gesetzt werden, stattdessen am Verbindungsgrund. So wird die Verbindung zusammen und die Schürze an den Deckel gedrückt.

Die Nägel sind die I-Tüpfelchen. Wenn man die Schürze mit handgeschmiedeten Nägeln am Deckel befestigt, stellt man sicher, dass sie auch am Deckel bleibt, wenn das Holz arbeitet oder man das Stück misshandelt.

Zinken am Vorderstück). Danach wird diese L-förmige Konstruktion an den Deckel gespannt. Durch den Deckel selber wird die Lage der Verbindungsgrundlinie am anderen Ende des Vorderstücks bestimmt. Die Grundlinie wird ganz um das Vorderstück herum angerissen.

Dann sollte es leicht sein, die Schwalbenschwanzverbindung für diese Ecke zu schneiden. Dann werden die Schwalbenschwanzzinkungen zusammengeleimt und die ganze Konstruktion wird an den Deckel geleimt, während der Leim noch flüssig ist. Nachdem der Leim getrocknet ist, können die Kanten mit dem Deckel bündig gehobelt werden. Man sollte aber nicht – ich wiederhole: nicht – die Überlänge an der Rückseite absägen. Diese Länge von etwa 12 mm kann als Stoppleiste für den Deckel dienen. Wir werden das weiter diskutieren, wenn wir die Scharniere besprechen.

Nachdem der Leim getrocknet ist, werden die Schraubzwingen entfernt und der Deckel wird auf den Korpus gelegt. Falls alles fehlerfrei gearbeitet wurde (höchst unwahrscheinlich...), sollten Schürze und Staubleiste überall perfekt aufeinander passen. An der Rückseite der Kiste sollten sich die Innenseite des Deckels und die Oberkante des Korpus gerade berühren oder um eine Haarfuge auseinander liegen.

Wenn man diese Perfektion nicht erreicht hat (ich habe es nicht), dann müssen die Schürze des Deckels und die Staubleiste des Korpus verputzt werden, bis sie perfekt aufeinander passen. Man sollte sich mit nichts weniger als Perfektion zufrieden geben, weil ungenaue Arbeit an dieser Stelle unübersehbar bleibt.

Wenn alles passt und richtig sitzt, treibt man Drahtstifte durch die Schürze und in die Längs und Querfriese. Die Nägel sind für den Fall eines Leimversagens. Es mag übertrieben erscheinen, aber viele alte Werkzeugkisten haben Nägel als zusätzliche Absicherung.

Die Scharniere am Deckel anbringen

Ich habe drei Scharniere aus Messing am Deckel angebracht. Obwohl zwei Scharniere wahrscheinlich ausreichen, habe ich viele alte Werkzeugkisten mit drei Scharnieren gesehen. Diese Entscheidung ist jedem frei gestellt.

Scharniere zu montieren ist auch für einen Anfänger eine ziemlich leichte Aufgabe, wenn man schrittweise vorgeht. Zuerst legt man den Deckel auf den Korpus und schiebt ihn hin und her, bis er sich an genau der richtigen Stelle befindet, d.h. dort liegt, wo er liegen sollte, nachdem die Scharniere angebracht worden sind. Es sollte eine schmale und gleichmäßige Fuge zwischen der Rückseite des Deckels und der Oberkante des Korpus geben.

Wenn man dieses kosmische Gleichgewicht annähernd erreicht hat, benötigt man ein Anreißmesser. Ziel ist es, mit einem perfekten senkrechten Stich durch die Fuge zwischen Deckel und Korpus die Seitenwand der Ausklinkung für eines der Scharnierblätter zu markieren.

Wo sollten die Scharniere liegen? Das mittlere Scharnier sollte genau in der Mitte liegen. Die anderen zwei sollten mit den Fugen zwischen den Längs und Querfriesen des Deckels fluchten. Das ist im Möbelbau so üblich.

Man muss nur einen „perfekten Stich“ pro Scharnier machen. Die Lage der anderen Wandung der Ausklinkung für das Scharnier wird durch das Scharnier selbst vorgegeben.

Den Stich zu markieren ist wie Chirurgie an einem Schmetterling. Es gibt keine Fehlertoleranz.

Wenn japanische Zimmerleute einen Tempel bauen, folgen sie einem Ritus: Der Meister kommt auf die Baustelle und setzt eine einzige Markierung. Alle weitere Risse, Schnitte und Konstruktionen beziehen sich auf diese Markierung.

Es kommt auf die Details an. Alle Schraubenschlitze sollten gleich ausgerichtet werden. Ja, nur ein Zwangsneurotiker legt auf so etwas Wert.

Wenn es um Scharniere geht, lasse ich mich von dieser Zeremonie inspirieren. Man bringt einen Riss für jedes Scharnier an, dann nimmt man den Deckel vom Korpus und holt die Scharniere.

Ein Streichmaß wird genau auf die Breite eines Scharnierblatts gestellt. Die Breite des Blatts entspricht der Entfernung von der Kante des Blatts bis zum Anfang des Scharniergelenks. Das Streichmaß wird auf dieses Maß fixiert und nicht verändert, bis alle Scharniere angebracht sind und richtig funktionieren.

Das Scharnier wird auf die Innenseite des Deckels und ein Ende des Blatts auf den perfekten Messerstich gelegt. Das andere Ende des Blatts wird mit dem Anreißmesser markiert. Mit diesen zwei Rissen und dem Streichmaß kann nun die Ausklinkung für das Scharnier angerissen werden.

Es fehlt noch eine kritische Abmessung: Die Tiefe der Ausklinkung. Dafür braucht man ein zweites Streichmaß. Er sollte auf die Stärke des Scharnierblatts eingestellt werden. Dieses Maß wird am Deckel angerissen.

Dann wird die Ausklinkung geschnitten. Ich schneide ihre Brüstungen mit einem Stechbeitel. Dann entferne ich mit Säge und Beitel den Großteil des Verschnitts und ebne den Boden der Ausklinkung mit einem kleinen Grundhobel.

Anbringen, abnehmen, wiederholen. Nachdem man ein Blatt des Scharniers angebracht hat, nimmt man das Scharnier wieder ab und schneidet die Ausklinkung für das andere Blatt. Eine gute Passung lässt sich mit abgenommenem Scharnier sehr viel leichter erreichen.

Der Grundhobel sollte auf die endgültigen Tiefe der Ausklinkung eingestellt bleiben, bis alle Scharniere angebracht sind.

Nachdem eine Ausklinkung geschnitten ist, sollte man das Scharnier anbringen, um eine Verwechselung der Scharniere zu vermeiden. Nicht alle Scharniere haben genau die gleiche Größe.

Man benötigt etwas Zeit, Scharnierschrauben richtig anzubringen. Zuerst muss ein Loch der passenden Größe vorgebohrt werden. Es muss im Loch des Scharniers zentriert werden. Einige Leute machen das mit dem bloßen Auge. Einige markieren mit einer Ahle und bohren dann das Loch. Andere benutzen einen speziellen selbstzentrierenden Bohrer.

Ich habe alle Methoden ausprobiert, und sie weisen unterschiedliche Grade von Genauigkeit und Kosten auf (die selbstzentrierenden Bohrer neigen zum Brechen).

Ich benutze einen selbstzentrierenden Körner für die Vorarbeiten. Dies ist ein günstiges Werkzeug, das man in allen Werkzeuggeschäften kaufen kann. Man muss aber lernen, ihn richtig zu benutzen. Einige Leute geben ihm einen leichten Hammerschlag, um die zentrierte Spitze ins Holz einzutreiben. Andere verwenden nur den Fingerdruck. Ich empfehle diese Methode, weil die Spitze dann weniger dazu neigt, von der Mitte abzuwandern.

Danach bohrt man vor und dreht die Schrauben hinein. Bei traditionellen Stücken benutze ich Schlitzschrauben. Ich finde Phillips- und andere moderne Schraubenköpfe nicht besonders schön. Die Schlitzschrauben sind leicht einzudrehen, wenn man den richtigen Schraubendreher hat. Die Spitze des Schraubendrehers sollte genau in den Schlitz der Schraube passen und auch die Gesamtbreite des Schlitzes füllen. Ein Schraubenzieher, der gut passt, neigt weniger zum Abrutschen. Man kann auch die Schraubengewinde in Paraffin tauchen, bevor man sie in die Löcher einführt. Paraffin ist unbedenklich und beschädigt weder Holz noch Metall noch den Kosmos.

Nachdem ein Scharnierblatt installiert ist, sollte man die Schrauben entfernen und den gesamten Vorgang mit dem anderen Blatt wiederholen. Wenn die beiden Außenscharniere angebracht sind, macht man eine Probe, um zu sehen, ob der Deckel sich aufmachen lässt, ohne zu klemmen oder sich zu verdrehen. Aber zuerst müssen die beiden überlangen Teile an der Rückseite der Schürze zurückgeschnitten werden.

Man kann an ihnen eine Fase anschneiden, um zu verhindern, dass sich der Deckel bis zum Maximum öffnet und so auf den Boden schlägt. Die Abbildung zeigt dies viel klarer, als man es mit Worten erklären kann. Wenn die Staubleiste richtig liegt, sollte ein etwa 10 bis 12 mm langer Überstand reichen.

Eine vorübergehende Lösung. Durch das Schneiden einer Fase am Überstand der Schürze des Deckels hat man einen vorübergehende Anschlag für den Deckel. Er kann dauerhaft sein, wenn man damit vorsichtig umgeht, aber eine Haltekette ist für die Scharniere und Schrauben schonender.

Anmerkung: Die Längs und Querfriese können wie in den Abbildungen oder wie in den Zeichnungen ausgelegt werden. Die Größen sind gleich. Die Ergebnisse sind gleich.

Deckel, Gesamtansicht

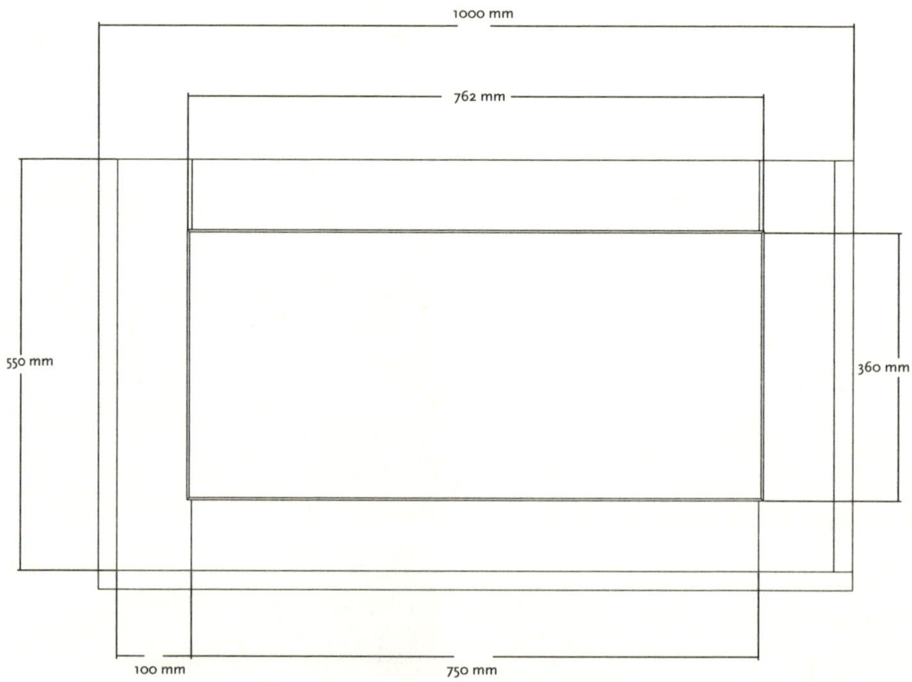

Deckel, Draufsicht

Ich empfehle dies nicht als dauerhafte Lösung, weil der Deckel beim Aufmachen die Scharnierschrauben aus dem Korpus zu ziehen versucht. Eine Kette an Deckel und Korpus anzubringen, ist eine sichere langfristige Lösung.

Ich habe zwar vor, eine Kette am Deckel anzubringen, aber ich werde auch den überstehenden Anschlag behalten. Er dient als Reserve, falls die Kette versagt oder aus dem Holz gezogen wird. Wenn die beiden äußeren Scharniere angebracht und die Überstände gekürzt sind, werden alle Beschläge abgenommen, und man bringt das dritte Scharnier an. Danach kann alles wieder montiert werden.

Wenn die Scharniere angebracht sind, hat man einen traditionellen Korpus für eine Werkzeugkiste fertiggestellt. Beim Installieren des Innenlebens ergeben sich eine Vielfalt von Möglichkeiten, den Raum aufzuteilen. Die Aufteilungen können einfach sein – wie zusammengenagelte Tablare – oder kompliziert – wie eine zweite Werkzeugkiste innerhalb der großen Kiste, die ein halbes Dutzend Schubladen und einen aufklappbaren Deckel hat.

Meine Lösung liegt ungefähr in der Mitte, und natürlich habe ich meine Gründe dafür.

18 | SÄGESTÄNDER UND DAS LAGERN VON HOBELN

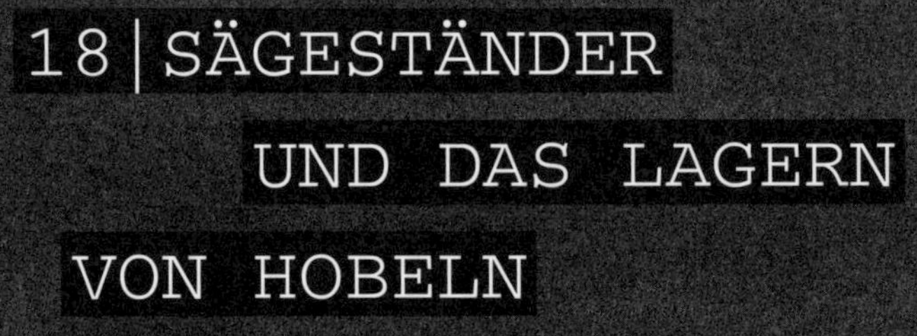

Eine der ersten Fragen, die man bei der Aufteilung des Raums innerhalb der Werkzeugkiste beantworten muss, ist die nach dem Aufbewahrungsort der größeren Werkzeuge. Als erstes muss man sich mit den längsten Werkzeugen beschäftigen – insbesondere mit den Handsägen und der Raubank. Man sollte nicht versuchen, sie am Schluss noch irgendwo hineinzuquetschen.

Es ist leicht, eine Stelle für die Raubank finden: Sie kommt auf den Boden der Kiste. Die meisten Werkzeugkisten haben dort genügend Platz für die Bank- und Verbindungshobel. Die schwierigere Frage ist, wo die Sägen zu lagern sind.

Manche englische Tischler würden einen Behälter für die Sägen an der Unterseite des Deckels anbringen. Das funktioniert (ich habe so einen Behälter in meiner ersten Werkzeugkiste). Der einzige Nachteil ist, dass man neben der Werkzeugkiste auf beiden Seiten ausreichenden Raum haben muss, um die Sägen herausnehmen zu können. Abhängig von der Ausstattung der Werkstatt können beim Herausnehmen von Sägen die Wände, Werkbänke, Regale und andere Werkzeugbehälter im Weg sein. Eine Alternative wäre es, einige Sägen an der Unterseite des Deckels durch Knebelleisten zu halten. So wird aber Raum im oberen Teil der Kiste in Anspruch genommen.

Die dritte Möglichkeit wäre ein Sägeständer auf dem Boden der Werkzeugkiste – normalerweise im vorderen Teil der Kiste. Hier liegt er günstig und man braucht keinen zusätzlichen Raum, um Werkzeuge herausnehmen zu können.

Gegen das Lagern von Sägen auf dem Boden der Kiste spricht, dass dadurch wertvoller Bodenraum sowie Raum oberhalb der Sägen beansprucht wird.

Das kann man umgehen, indem man andere Werkzeuge den Raum mit den Sägen teilen lässt. Typischerweise würden Tischler einen Ständer für Stecheisen, Lochbeitel und Hohleisen in oder um den Sägeständer herum bauen. Eine andere Möglichkeit wäre eine Halterung für Winkel an der inneren Vorderseite der Kiste. Noch eine Idee wäre es, die kleineren Rückensägen senkrecht zwischen den Fuchsschwanzsägen aufzubewahren.

Es gibt also einige bewährte Konzepte für die Gestaltung des Sägeständers. Ich habe Folgendes gemacht: Nach einigen Jahren Erfahrung mit einem englischen Sägebehälter an der Unterseite des Deckels meiner alten Werkzeugkiste wollte ich einen Sägeständer auf dem Boden der Kiste haben und andere Werkzeuge (Rückensägen, Winkel und vielleicht Beitel oder Hohleisen) um den Ständer herum platzieren.

Die Konstruktion des von mir gewählten Ständers ist traditionell und funktioniert gut. Er besteht einfach aus zwei senkrecht stehenden Holzstücken, die mit Schlitzen versehen sind. Die Sägeblätter stehen in den Schlitzen. Das andere in-

Dies ist eine Probe. Um sicher zu sein, dass meine Sägen leicht herauszunehmen sind, habe ich die zwei senkrechten Holzstücke für meinen Sägeständer provisorisch ausgesägt und erprobt. Nach einem einwöchigen Probelauf war ich zufrieden.

teressante Merkmal des Ständers ist, dass man einen Halbkreis aus der Oberseite der beiden Holzstücke aussägt. So sehen die Stücke etwas leichter aus, und es ist auch etwas einfacher, die gewünschte Säge herauszunehmen.

Bevor man aber den Ständer in die Werkzeugkiste einlegt, sollte man einen Prototypen auf der Hobelbank fertigen, um zu sehen, wie er zu benutzen ist. Erst wenn er eingebaut ist und man ihn einige Jahre lang benutzt hat, kann man seine Tauglichkeit wirklich beurteilen, aber wenn man ihn auf Anhieb unpraktisch findet, wird man ihn drei Jahre später auch nicht besser finden.

Dieser Ständer hat vier Schlitze. Drei sind für Fuchsschwanzsägen und einer für eine große Zapfensäge gedacht. Eine der Fuchsschwanzsägen mit relativ grober Zahnteilung ist für Längsschnitte. Die anderen zwei sind für Querschnitte. Die eine hat eine grobe (etwa 3,6 mm) und die andere eine feine (etwa 2,1 mm) Zahnteilung.

Wenn diese vier Sägen ein Zuhause bekommen haben, muss ich nur noch eine Zinkensäge und eine Rückensäge unterbringen und bin für alle Eventualitäten gerüstet.

Anschrauben. Die Wand wird mit Holzschrauben an den Ständern befestigt. Die Löcher werden vorgebohrt und versenkt, bevor man die Wand in der Kiste platziert. Ich habe die Löcher versenkt, damit die Schraubenköpfe die Seiten meiner Hobel nicht verkratzen.

Der Bau des Sägeständers

Wie stark die Teile des Sägeständers sind, ist nicht besonders wichtig. Die Länge und Breite sind jedoch genau zu bedenken.

Zur Breite: Die beiden Stücke sind etwa 12 cm breit und sollen vier Sägen halten. Jeder Schlitz ist etwa 3 mm breit, und die Schlitze haben alle den gleichen Abstand zueinander. Man sollte einen Zirkel benutzen, um ihre Lage zu markieren. Wenn man ein Lineal dafür benutzt, verschwendet man einen ganzen Tag seines Lebens und riskiert das Absterben unzähliger Gehirnzellen.

Die Breite der Ständerteile und der Abstand zwischen den Schlitzen machen es sehr leicht – wenigstens für mich – eine Säge herauszunehmen, ohne Knoten in die Finger zu bekommen.

Die Höhe der Ständerteile beträgt 30 cm, und die vier Schlitze sind etwa 18 cm lang (bevor man den Halbkreis aussägt). So werden die Sägen 12 cm oberhalb des Bodens der Werkzeugkiste gehalten. Ich benutze den Raum darunter, um meine Sägefeilen, Schränkzange und Sägekluppe aufzubewahren. Wenn man seine Sägen nicht selbst schärft, kann man dort stattdessen sein Marihuana lagern.

Nachdem die Teile des Ständers auf Größe geschnitten und die Schlitze gesägt sind, werden die oberen Halbkreise der Ständerteile ausgesägt. Die Halbkreise haben einen Durchmesser von 9 cm. Man reißt auf beiden Ständerteilen an, sägt die Halbkreise aus und verputzt die Schnittkanten mit einer Raspel oder Schleifpapier.

Dann stellt man beiden Teile auf die Hobelbank. Es sollte jetzt relativ leicht sein, die Sägen herauszunehmen, auch jene, die in der Mitte liegen.

Als Letztes muss man entscheiden, wo die beide Teile in der Kiste zu platzieren sind. Bei langen Fuchsschwanzsägen sollten die Ständerteile jeweils etwa 20 cm von der Mitte der Werkzeugkiste montiert werden. Wenn die Sägen kleiner sind, können beide Teile in Richtung eines Endes versetzt werden. Nachdem man die endgültige Lage des Ständers festgelegt hat, kann man die Trennwand anfertigen, die den Ständer von den Hobeln trennt.

Die Trennwand anbringen

Die Trennwand sollte etwa 33 cm hoch sein (etwas höher als der Ständer) und gerade lang genug, um in die Kiste zu passen. Die Wand wird an die zwei Ständer

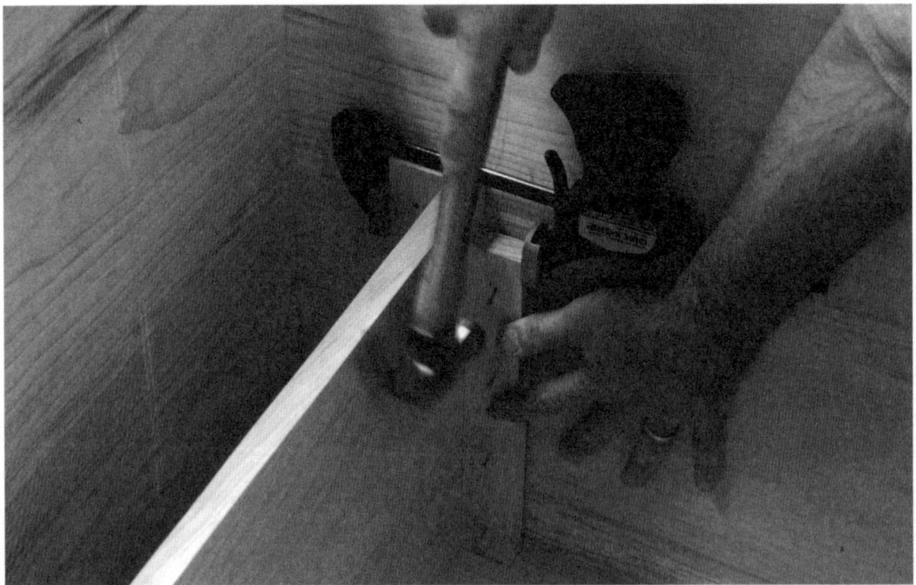

Leisten für den Augenblick. Es gibt permanentere Methoden, die Wand zwischen Sägen und Hobeln anzubringen, aber das Problem ist genau die Tatsache, dass diese Methoden permanent sind.

angeschraubt. Die Schraubenlöcher in der Wand sollten etwas länglich sein, damit das Holz arbeiten kann, ohne zu reißen.

Die Wand zwischen den Sägen und Hobeln kann man natürlich wieder mit übertrieben aufwendigen Verbindungen befestigen. Vielleicht eine Gratnut? Ich bevorzuge einfache Leisten, um die Zwischenwand an ihrer Stelle zu fixieren.

Außer der Schwerkraft gibt es keine nennenswerten Kräfte, die auf die Wand wirken. Für die Leisten spricht außerdem, dass ich vielleicht irgendwann die Wand ändern möchte. Vielleicht soll sie höher, vielleicht niedriger werden. Vielleicht möchte ich sie sogar entfernen.

Jetzt muss der zusammengebaute Ständer in der Kiste platziert werden, bevor die Leisten an beiden Seiten der Wand angespannt und mit Drahtstiften an den Enden der Kiste angenagelt werden. Die Nägel ermöglichen das Arbeiten der Teile, ohne dass sie reißen.

Um auf Nummer sicher zu gehen, schraube ich eine Schraube oben durch jeden Ständer bis in die Vorderwand der Kiste. Die beiden Schrauben hindern den Ständer daran, sich in der Kiste nach oben zu bewegen, wenn man auf einer Dampfschiffquerung des Atlantiks in schweres Wetter gerät – aber genug der Seefahrerromantik…

Der Halter für die Profilhobel

Glücklicherweise haben fast alle Profilhobel Körper der gleichen Höhe (manche früheren Profilhobel unterscheiden sich in der Länge voneinander). Diese Gleichheit erlaubt es, eine Halterung für die Profilhobel zu bauen, die aus einer niedrigen Wand und vier Leisten besteht.

Man lagert Profilhobel am besten mit den vorderen Enden nach unten. So kann man sofort das Profil jedes Hobels erkennen. Ich ziehe es vor, sie so und nicht mit dem vorderen Ende nach oben zu lagern, da auf diese Weise nicht die Gefahr besteht, dass die Eisen und Keile aus dem Hobel und auf den Boden der Kiste fallen.

Die Keile jener Profilhobel, die man nicht so häufig benutzt, können sich wegen des Arbeitens des Holzes allmählich lockern. Liegen die vorderen Enden nach unten, bleiben Keil und Eisen an ihrem Ort, bis man die Hobel herausnimmt. Für meine Hobel war die Wand 10 cm hoch und die Entfernung zur Wand der Kiste betrug 9 cm. Andere Hobel könnten andere Abmessungen erfordern.

Dann werden die Leisten positioniert und angenagelt, und das war's.

Noch mehr Leisten. Die niedrige Wand, die die hölzernen Profil- und Falzhobel hält, wird genauso angebracht wie die vordere Trennwand. In der Mitte des Bodens der Kiste finden die Bank- und Verbindungshobel Raum.

Der Raum zwischen den beiden Wänden ist für die Bank- und Verbindungshobel. Man könnte mit dem Zirkel den Platz für jeden einzelnen Hobel anreißen (das habe ich in anderen Werkzeugkisten gemacht). Vielleicht könnte man auch eine Hülle für jeden Hobel stricken, (soweit bin ich nicht gegangen). Oder man könnte es so machen wie ich und den Raum offen lassen. Dann kann man die Raubank hineinlegen und die anderen Hobel um sie herum platzieren.

Zu wenig Profilhobel?

Heutzutage lernt man selten einen Tischler kennen, der einen guten Satz Profilhobel besitzt. Noch seltener begegnet man einem Tischler, der mit ihnen umzugehen weiß. Falls man keine Ahnung von Profilhobeln hat, ist das kein Grund zu verzweifeln. Man gehört damit zur Mehrheit. Aber vielleicht lässt man sich ja überzeugen, sich der Gruppe von modernen Handwerkern anzuschließen, die ihre Handoberfräsen, Frästische und Fräsersammlungen verkauft und Profilhobel gekauft hat, um die Freiheit zu genießen, die diese mit sich bringen.

Wer Hobel benutzt, weiß, dass man mit ihnen wunderschöne Oberflächen schaffen kann, die ohne weitere Nacharbeit bereit für die Oberflächenbehandlung sind. Wer Handoberfräsen benutzt, weiß, wie abscheulich die Oberflächen sein können, die sie hinterlassen. Es verlangt viel Schleifarbeit, um die Spuren der Fräser zu entfernen, wodurch die Klarheit des Profils vollkommen verloren geht. Möbelstücke haben etwas Besseres verdient.

Ein halber Satz Hobel mit Rundkehl- und Halbstabeisen ist eine gute Investition. Dadurch befreit man sich von der Tyrannei der Fräserhersteller, die einen zwingen, einen einzigen Fräser für jedes Profil zu benutzen. Auch wenn man arm (oder geizig) ist, gibt es Schlimmeres, als zwei Paare Rundkehl- und Halbstabprofilhobel, ein paar gebrauchte Profilschweifhobel und Hobel mit zusammengesetzten Profilen zu kaufen. Die Kosten sind geringer als für eine einzige elektrische Handoberfräse.

Es gibt nicht genug Information über die Auswahl, das Einstellen und die Verwendung von Profilhobeln. Man findet 100 Zeitschriftenartikel über Einhand- und Bankhobel, jedoch nur einen zum Thema Profilhobel. Das ist sogar noch grob untertrieben: Das Verhältnis ist eher 1000 zu 1.

Nichtsdestotrotz: Es gibt diese Informationen über Profilhobel, und es wird dank der Bemühungen von Tischlern, die sich weigern, diese Technologie frühzeitig und unverdient aussterben zu lassen, immer leichter, sie aufzufinden. Das Interesse besteht nicht nur bei Sammlern von antiken Werkzeugen. Wenn es darum geht, Profilleisten in geringen Mengen herzustellen, sind Profilhobel in jeder Hinsicht besser als Handoberfräsen. Wenn es darum ginge, profilierte Teile für den Bau eines Hauses herzustellen, würde ich zur Handoberfräse greifen. Aber für Möbel? Der Hobel gewinnt allemal.

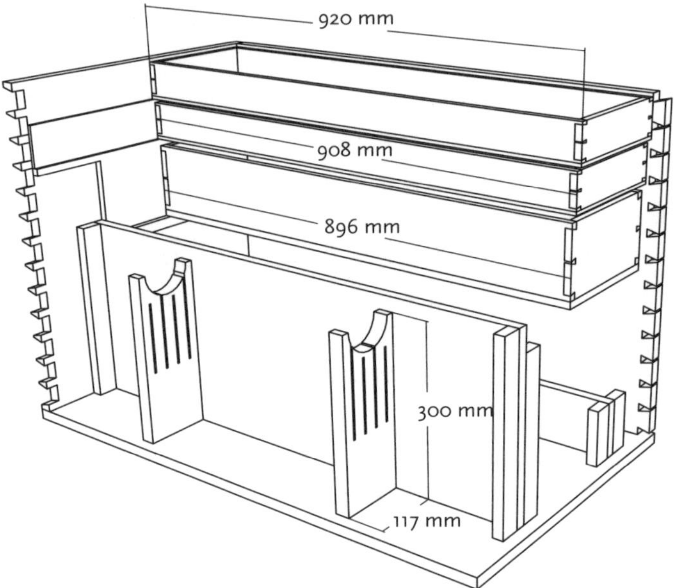

Innenansicht, gesamt

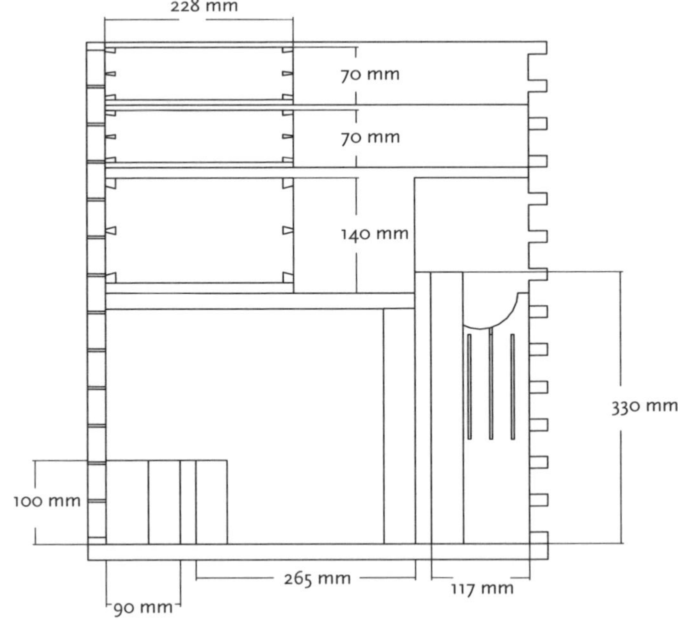

Innenquerschnitt, seitlich

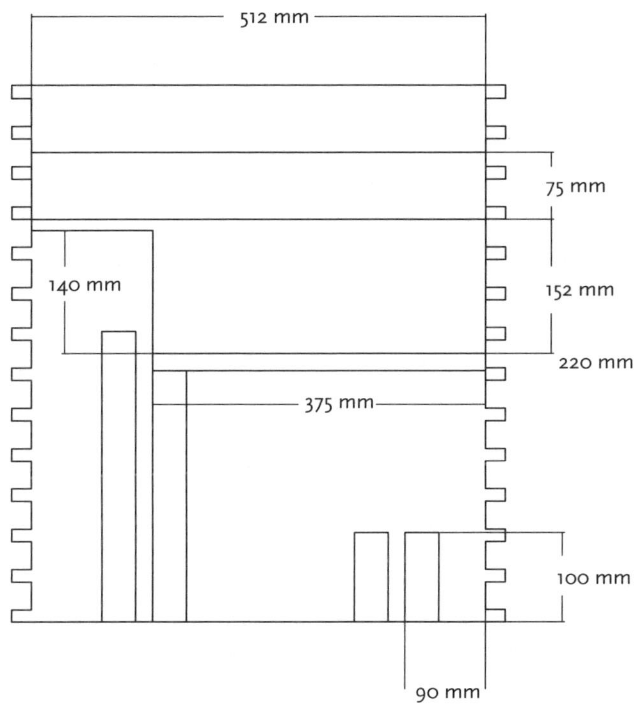

Innenwände, seitlicher Querschnitt

19 | TABLARE, BESCHLÄGE UND FARBE

Die letzte wichtige Aufgabe beim Bau der Werkzeugkiste ist die Konstruktion der verschiebbaren Tablare, die oberhalb der Hobel liegen. Traditionell sind diese Tablare nach vorne und hinten verschiebbar, um Zugriff zu den verschiedenen Ebenen der Werkzeugkiste zu ermöglichen.

Beim Entwurf der eigenen Kiste kommt man vielleicht – als typischer Vertreter der Moderne – auf die Idee, andere Wege zu gehen und die Tablare nach links und rechts verschiebbar zu machen. Wäre das gut, schlecht oder einfach nur anders? Ich habe einige wenige Werkzeugkisten mit links/rechts verschiebbaren Tablaren gesehen, und ich halte sie nicht für optimal.

Wer Werkzeuge hat, die länger als 40 cm sind, hätte Schwierigkeiten, sie vom Boden einer solchen Werkzeugkiste herauszunehmen. Wer also eine Säge oder Raubank besitzt, die 65 cm lang ist, sollte sich überlegen, ob er das historische Vorbild ignorieren sollte.

Was ist denn das historische Vorbild? Typischerweise weist es abhängig von der Höhe der Kiste zwei oder drei Tablare auf. Kleine Werkzeugkisten haben zwei Tablare und große Kisten haben drei. Das unterste Tablar ist das tiefste. Das obere oder die oberen Tablare sind flacher.

Als ich den Raum oberhalb meiner Hobel aufteilte, konnte ich zwei Tablare einbauen, die 7 cm tief und 23 cm breit sind (Abmessungen einschließlich des Bodens).

Das sind die äußeren Abmessungen der Tablare. Die inneren Abmessungen hängen davon ab, wie dünn man die Bauteile machen kann. Die Tablare sollten leicht, stark und strapazierfähig sein.

Um einen Kompromiss zwischen diesen konkurrierenden Faktoren zu erreichen, muss man die Verbindungen und die Eigenschaften der Holzarten beachten, die man beim Bau der Tablare benutzt.

Um die Tablare leicht und stark zu machen, sollte man die Wände aus dünnen Kiefernbrettern bauen, die an ihren Enden durch Schwalbenschwanzzinkungen miteinander verbunden sind. Kiefer mit einer Stärke von 12 mm sollte ausreichen. Um die Tablare strapazierfähig zu machen, habe ich die Böden aus Eichenbrettern gebaut, die an die Unterseiten der Wände genagelt wurden. Ich habe Eiche mit einer Stärke von 6 mm für die kleinen Tablare und 12 mm für das große Tablar benutzt.

Das Annageln der Böden an die Tablare dient mehreren Zwecken: Man hat so mehr Lagerraum, als es der Fall wäre, wenn die Böden in Nuten im Tablett eingelegt würden. Die Böden sind auch leicht zu ersetzen, falls sie einmal beschädigt werden. Die Tablare so zu bauen ist auch relativ einfach.

Gestaffelt. Hier sieht man wie die Führungen gebaut sind. Die unterste Führung liegt auf der darunterliegenden Leiste. Darüber befinden sich die 12 mm starken Führungen (man beachte die Verlängerung nahe der Vorderseite der Kiste). Die oberste Führung mit einer Stärke von 6 mm verläuft über die ganze Seite der Kiste.

Führungen für die Tablare

Man muss auch überlegen, wie die Tablare innerhalb der Kiste am besten nach vorne und hinten bewegt werden können. Die entsprechenden Führungen sollten strapazierfähig und möglichst leicht sein und kaum Platz in Anspruch nehmen.

Ich habe die Führungen aus dünnen Eichenbrettern angefertigt. Weil Eiche so stark und strapazierfähig ist, konnte ich dünnes Material verwenden. Das ist eine gute Sache, da amerikanische Weißeiche schwer ist und fast jede andere Holzart, die hier im Mittleren Westen der USA zu finden ist, schneller verschleißt.

Die drei Führungen unterscheiden sich in der Stärke voneinander. Sie sind gestaffelt und sehen an den Seitenwänden der Werkzeugkiste aus wie Stufen. Die untersten Führungen ragen 25 mm von der Seite der Kiste heraus. Die mittleren ragen 12 mm und die obersten 4 mm heraus. (Die untersten sind so stark, weil sie das schwerste Tablar unterstützen müssen.)

Alle Führungen werden auf Größe geschnitten und von unten nach oben installiert. Die untersten Führungen werden auf die Leisten gedrückt, die als Aufteilung des Kistenbodens dienen. Sie werden mit Leim und Nägeln an den Wänden der Kiste befestigt. Dann werden die 12 mm starken Führungen auf die 25 mm starken Führungen gelegt und ebenfalls mit Leim und Nägeln an den Wänden angebracht. Die 12-mm-Führungen haben eine kurze Verlängerung an ihren vorderen Enden, damit das mittlere Tablar ganz nach vorne verschoben werden kann. Schließlich werden die oberen Führungen (Stärke: 6 mm) an die Wände geleimt und genagelt. Danach kann man mit dem Bau der Tablare beginnen.

Zwei Schwalben. Jede Ecke der kleinen Tablare ist mit zwei offenen Schwalbenschwänzen versehen. Der Boden wird nicht eingenutet, die Zinkung ist also leicht anzuschneiden.

Konstruktion der Tablare

Nach dem Bau des schweren Korpus, der Schürzen und der Staubabdichtung sollte es leicht sein, diese Tablare aus dünnen Hölzern anzufertigen. Man beginnt mit den zwei oberen Tablaren und sägt zwei Schwalbenschwänze an jedes Ende der beiden Endstücke. Dann werden die Zinken an die Enden der Vorder- und Rückseiten angeschnitten.

Die Schwalbenschwänze an den Endstücken sorgen für die Robustheit, die wegen des andauernden vor und zurück Schiebens und Ziehens der Tablare nötig ist. Die Konstruktion erinnert insofern an eine einfache Schublade.

Das andere Merkmal, in dem die Tablare an Schubladen erinnern, ist ihre enge Passung in die Gesamtkonstruktion. Man könnte denken, dass mit Spiel installierte Tablare leichter gleiten sollten, aber das ist falsch. Schubladen bewegen sich besser, wenn sie eng sitzen.

Diese enge Passung verhindert das Verkanten der Tablare zwischen den Führungen. Wenn die Schubladen sich nicht verkanten können, können sie auch nicht klemmen. Die enge Passung mag kontraintuitiv sein, aber sie funktioniert.

Das untere Tablar ist etwas größer und hat vier anstatt zwei Schwalbenschwänze an jedem Ende. Sonst unterscheidet es sich von den beiden anderen nur wenig.

Etwas kleiner. Das mittlere Tablett hat dieselbe Höhe, aber es ist etwas – ca. 12 mm – kürzer. Die Ecken der Tablare sollten genau 90° betragen. Das Tablar wird rechtwinklig und fast genau auf Maß gearbeitet und dann auf Endmaß verputzt.

Angenagelte Böden

Die dünnen Böden aus Eiche sind mit Drahtstiften angenagelt. Die Köpfe der Nägel werden versenkt, damit sie nicht auf den Führungen reiben. Zusätzlich zum Annageln kann man die Böden verleimen, um sie zu verstärken, obwohl es dadurch schwieriger wird, sie bei Beschädigungen zu ersetzen.

Meine Konstruktion: Ich benutze schmale Eichenbretter mit stehenden Jahresringen, die durch Wechselfalze miteinander verbunden sind. Die Wechselfalze werden nicht verleimt, damit die Enden der Böden richtig liegen und mit den Vorder- und Rückseiten des Tablars fluchten.

Die Bodenbretter kann man dann an den Vorder- und Rückseiten der Tablare anleimen. Das Arbeiten des Holzes ist dann zur Mitte des Tablars gerichtet. Eine schmale Fuge zwischen den Bodenbrettern sorgt dafür, dass sich der Boden nicht aufwirft.

Nur wenige Werkzeugkisten, die ich gesehen habe, hatten Tablare mit Unterteilungen für einzelne Werkzeuge. Vielleicht hatten sie einige Trennwände, aber nur die wenigsten hatten maßgeschneiderte Werkzeugfächer, die eine Werkzeugkiste aussehen lassen, als ob sie bei der Reparatur des Hubble-Teleskops benutzt werden könnten.

Ich habe einzelne Abteilungen im obersten Tablar meiner ersten Werkzeugkiste eingebaut, aber innerhalb eines Jahres war der Inhalt durcheinander. Ich mag Ordnung, aber meine Arbeitsweise entwickelt sich ständig weiter, da sich meine Fertigkeiten und Interessen ändern. Manchmal müssen die Schnitzwerkzeuge meines Großvaters in Reichweite sein, manchmal brauche ich sie zwei Jahre lang nicht.

Außer meiner Werkzeugkiste habe ich in der Werkstatt auch einen Wandschrank für Werkzeuge. Die Aufteilung dieses Schranks ist mir viel besser gelungen als die meiner Werkzeugkiste. Ich habe ein paar Trennwände in jeder Schublade. So habe ich mehr Flexibilität, aber das Ganze gleicht nicht der Gerümpelschublade in meinem Haus, in der sich Bindfadenreste, leere Batterien und Tampons ein Stelldichein geben.

Das soll jetzt nicht der Versuch sein, möglichst bald mit diesem Buch zu Ende zu kommen. Ich mag es nicht, die Lagerung von Werkzeugen bis ins letzte Detail festzulegen. Die Ergebnisse sehen zwar gut aus, aber man verschwendet wertvollen Raum.

Noch weiter nageln. Die Böden sind genagelt. An bestimmten Stellen kann man sie auch verleimen – wenn man weiß, was man versteht, was man macht.

Metallteile

Wenn man die Tablare angefertigt hat, kann man, „Das war's“ sagen und sich wieder der Tischlerei zuwenden. Andererseits würden aber einige Dinge aus Metall die Kiste stärker, mobiler und sicherer machen. Erster Schritt: Man treibt lange (40 bis 50 mm) Nägel durch die Schürze in den Boden der Kiste.

Wenn die Werkzeugkiste auf dem Kopf steht, kann man auch gleich Laufrollen an den Ecken anbringen. So wird der Kistenboden gegen feuchtebedingte Fäulnis geschützt, und es fällt auch leichter, die Werkzeugkiste in der Werkstatt zu bewegen. Ich habe meine erste Werkzeugkiste mehr als ein Jahrzehnt benutzt, und nie habe ich gedacht, „Ich wünschte, sie würde an Ort und Stelle bleiben“.

Ich habe auch Ringe als Griffe an die Vorderseiten der Tablare angebracht. Ich gebe zu, dass wenige Werkzeugkisten dieses Merkmal aufweisen, aber ich wollte das mittlere Tablar leicht nach vorne ziehen können.

Außerdem habe ich ein Schloss und ein Schlüsselschild an der Vorderseite der Kiste angebracht. Eigentlich habe ich keine Angst vor Diebstahl – die Kiste steht zu Hause in meiner abgeschlossenen Werkstatt. Ein Schloss gehört aber traditio-

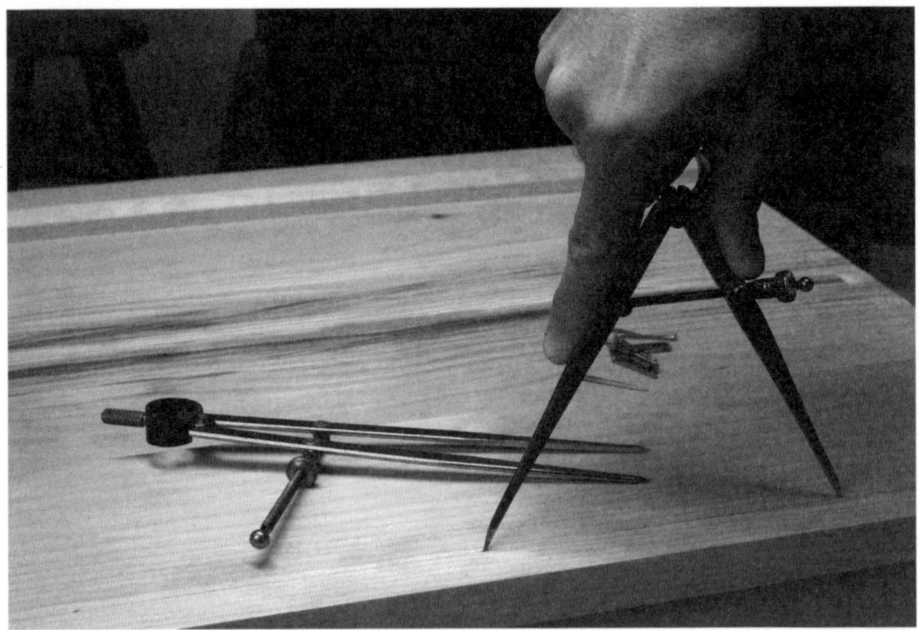

Noch mehr Nägel im Boden. Nachdem alles zusammengebaut ist, empfehle ich einige zusätzliche Maßnahmen, um die Werkzeugkiste noch schöner zu machen. Durch die Schürze werden Nägel in die Bodenbretter getrieben. Ich habe die Abstände zwischen den Nägeln mit einem Zirkel bestimmt.

Günstig und langlebig. Solche metallischen Laufrollen sind preiswert, und sie rollen auf dem hölzernen Boden meiner Werkstatt gut. Sie quietschen ein bisschen (auch wenn man sie geschmiert), aber man kann nicht alles haben.

Ich hasse Schlösser. Wirklich. Ich mag es nicht, Sachen abzuschließen, und ich bin in einem Haus groß geworden, das nur abgeschlossen wurde, während wir im Urlaub waren. Zu einer traditionellen Werkzeugkiste gehört jedoch ein Schloss.

Ein Führungsloch. Das Loch, das mit dem Dorn des Schlosses eine Linie bildet, ist kritisch. Ich habe diese kleine Lehre gebaut, um sicher zu sein, dass alles gerade ist.

nell zu einer Werkzeugkiste und es ist eine schöne Sache, wenn ein fachgerecht eingebautes Schloss reibungslos funktioniert.

Die Oberflächenbehandlung

Ich behandle die Oberflächen meiner Projekte entweder sehr einfach (Klarlack auf Holz) oder sehr aufwendig.

Da Werkzeugkisten farbig gestrichen werden, wusste ich, dass mir eine Art Selbstfolter bevorstand. Die erste Frage bei einem gestrichenen Stück lautet: Welche Farbe? Die Farbpalette bei Werkzeugkisten ist groß und reicht von Dunkelbraun über Dunkelgrün, Erbsengrün bis hin zu Baby-Kacke-Grün. Und dann gibt es auch noch Blau.

An meiner Arbeitsstelle habe ich schon eine blaue Werkzeugkiste, und ich brauche keine zweite. Mein erster Gedanke war es, sie rot zu streichen, weil das dazu führen würde, dass sie auf Fotos gut aussehen würde. Wenn es aber um gestrichene Möbel geht, besteht mein Lieblingsfarbschema aus schwarzer Kaseinfarbe auf einer Schicht roter Kaseinfarbe. So lackiere ich meine Stühle. Erst streicht man sie rot und dann schwarz. Dann überlässt man den Rest dem natürlichen Gang der

Abdecken. Die Flächen, die man nicht farbig streichen möchte, werden mit Klebeband abgedeckt. Man sollte sich auch selbst abwischen. Ich weiß, dass das verdammt offensichtlich ist, aber mir gefällt dieses Foto.

Dinge. Die schwarze Farbe wird allmählich abgerieben, und die rote Farbe zeigt sich an den am meisten abgenutzten Stellen. Das sieht großartig aus.

Ich habe mich für eine rot lackierte Werkzeugkiste entschieden, um zu sehen, wie sie aussehen würde. Im schlimmsten Fall könnte ich mich immer noch an die Rolling Stones halten und die Kiste dem Titel ihres Songs *Paint It Black* gemäß schwarz streichen.

Ich habe sie mit drei Schichten roter Kaseinfarbe gestrichen. Ich liebe Kaseinfarbe. Sie ist wie ein Mittelding aus einem Lack und einer Beize. Sie ist nicht stark deckend, und so bleibt die Struktur der Holzmaserung sichtbar. Das finde ich gut, es sei denn, man hat bei der Bearbeitung zu viele Werkzeugspuren hinterlassen.

Da ich die Kiste in Handarbeit gefertigt habe, haben die Werkzeuge einige sichtbare Spuren hinterlassen. Ich dachte eigentlich, es wären nicht sehr viele, aber die erste Schicht Kaseinfarbe hat einige Hobel- und Sägespuren an den Kanten der Staubleiste hervortreten lassen.

Ein paar Schichten Öl und Klarlack auf der roten Farbe haben die Lage nicht wesentlich verbessert, und so habe ich meine Frau Lucy nach ihrer Meinung gefragt. Wer schon eine Weile verheiratet ist (in unserem Fall sind es 18 Jahre), weiß, wie so ein Gespräch verläuft.

„Sie sieht toll aus“, sagte sie über die Kiste.

„Sie ist Scheiße“, antwortete ich und fragte mich, wie oft ich meiner armen Frau so etwas zugemutet hatte. „Ich kann die Spuren der Werkzeuge sehen und sie treiben mich in den Wahnsinn.“

Lucy sah die Kiste so lange an, dass man den Blick als ‚nachdenklich‘ bezeichnen konnte. Dann sah sie mir tief in die Augen und sagte: „Ich glaube, du solltest überlegen, wie perfekt ein Anarchist sie hätte haben wollen“.

Einatmen. Ausatmen. Ich habe meine Antwort. Wenn ich die Frage stelle, habe ich selbstverständlich schon die Antwort. Lucy drehte sich um und ging die Treppe hinauf.

Ich machte die Dose mit schwarzer Farbe auf, die ich an dem Tag in der Mittagspause gekauft hatte. Schwarze Farbe auf roter Farbe soll es sein.

Möbel zu streichen bedeutet nicht, einfach Farbe draufzuklatschen. Es ist viel schwieriger als einfach ein paar Schichten Klarlack aufzusprühen oder Schellack aufzutragen. Wenn ich Kaseinfarbe verwende, benutze ich einen Pinsel mit synthetischen Borsten, weil Kaseinfarbe sich wie Wasserfarbe verhält. Wenn man für wasserhaltige Oberflächenmittel einen Pinsel mit Naturborsten benutzt, ähneln die Borsten bald nassen Nudeln.

Nachdem man ein paar Schichten Kaseinfarbe aufgebracht hat, lässt man sie durchtrocknen und nimmt dann die Ergebnisse unter die Lupe. Trockene Kaseinfarbe sieht irgendwie kreideartig aus. Es gibt Tischler, die das völlig in Ordnung finden, ich aber nicht. Kaseinfarbe allein sieht etwas pastellartig aus.

Man kann an diesem Punkt eine Deckschicht auftragen, um die Kaseinfarbe zu verdunkeln. Leinölfirnis, Wachs, Schellack oder Klarlack wären gut geeignet. Öl oder Wachs schützen relativ wenig gegen Verschmutzung, sodass die Werkzeugkiste schnell alt aussieht. Das wäre nicht unbedingt schlecht.

Mit Klarlack werden die Oberflächen ziemlich gut geschützt, aber die Ecken und Kanten nicht. In einer Werkstatt sind sie vielen Strapazen ausgesetzt.

Nach dem Anstreichen mit Öl, Klarlack oder Wachs kann man noch einen Schritt weiter gehen. Ich habe es getan: Noch eine weitere Schicht Farbe auftragen.

Nachdem die Kaseinfarbe eine glatte Oberfläche bekommen hat, werden zwei Schichten Öl und dann zwei Schichten dünnflüssiger Klarlack aufgetragen. Ich habe noch zwei Schichten seidenmatte Latexfarbe aufgetragen. Wenn man schwarz streichen möchte, sollte man sich die Farbe nicht anmischen lassen, sondern im Fachhandel eine vorgefertigte schwarze Farbe kaufen. Diese Farben sind toll und zeichnen sich durch hohe Deckkraft aus, sodass das Rot nicht mehr zu sehen ist.

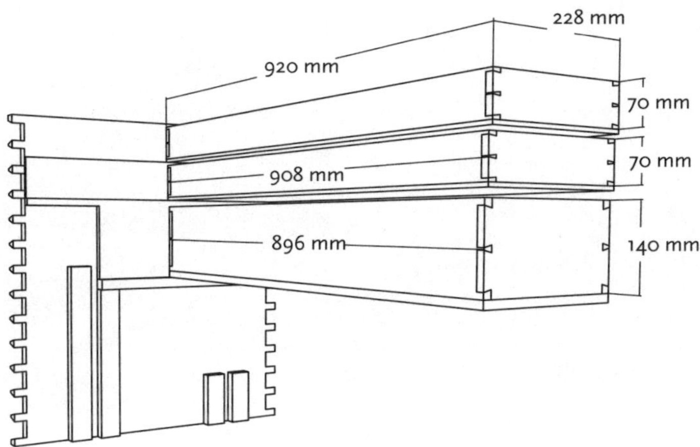

Tablare, Gesamtansicht

Nach zwei Schichten schwarzer Farbe kann man mit Johnny Cash zusammen auftreten, der immer Schwarz auf der Bühne trug.

Obwohl die schwarze Farbe alles überdeckt, werden die normalen Fährnisse des Werkstattlebens allmählich die rote Unterschicht zum Vorschein bringen und irgendwann auch das rohe Kiefernholz. Nach etwa 15 Jahren sieht die Werkzeugkiste dann unglaublich schön aus.

20 | NACH DEM KRIEG

„Das industrielle System hat viele großartige Vorteile mit sich gebracht. Es hat zur Folge, dass unsere Lebensqualität auf einem viel höheren Niveau als dasjenige unserer Vorfahren liegt und dass wir viel mehr Freizeit haben. Es zielt jedoch immer stärker in Richtung Gleichförmigkeit, und diese Gleichförmigkeit dient nur dazu, Kosten zu minimieren und Produktivität zu maximieren."

„Wenn wir das nicht nur dulden, sondern der Entwicklung sogar blindlings folgen, wohin auch immer diese führt, dann werden wir Vereinheitlichung bekommen und wir werden sie verdient haben."

„Wenn wir als Handwerker unser Urteilsvermögen wach halten und unser Geschmack differenzierungsfähig bleibt – das heißt, wenn wir unsere Individualität behalten –, können wir etwas gegen diese Tendenz unternehmen. Aber die Kinder, die ins Herz ihres eigenen Landes gereist sind und mit ihren eigenen Augen gesehen und alles erwogen haben, wie Kinder es tun, ich glaube, sie werden noch mehr erreichen!"

Charles H. Hayward, The Woodworker, April 1940.

Wenn ein Baum von einer Kettensäge oder einem Sturm gefällt wird, gibt es eine merkwürdige Zeit, in der sein Laub noch lebendig grün und frisch ist, als ob der Baum nicht bemerkt hätte, dass er schon tot ist. Es kann Tage dauern, bis die Nachrichten des Todes bis zu den entferntesten Enden des Baums gelangen. Dann welken und zerknittern die Blätter und eins nach dem anderen fallen sie ab, bis nur das verrottende Skelett der Äste übrigbleibt.

Ich halte es für eine kühne, aber zutreffende Behauptung, dass das amerikanische Holzhandwerk in der Nachfolge des Zweiten Weltkriegs zugrunde ging. Der Wiederaufbau von Europa und die dazu nötige Industrialisierung hat das Holzhandwerk schnell zum Absterben gebracht. Beitel wurden in die Regale gelegt und nicht wieder benutzt. Hölzerne Profilhobel wurden verbrannt. Sägen durften verrosten.

Es stimmt, dass schon seit Anfang der industriellen Revolution im 19. Jahrhundert die Bearbeitung von Holz per Hand rückläufig war und zwar besonders in Nordamerika. Aber während die Amerikaner die Industrie willkommen hießen, haben die Briten und Europäer dank des mittelalterlichen Zunftsystems das Handwerk am Leben erhalten. Vor dem Zweiten Weltkrieg wurden noch viele gute Werkzeuge hergestellt und in Werkstätten benutzt. Sogar Norris, der Hersteller von Infillhobeln, hat bis zum Krieg überlebt.

Bis 1945 waren Handwerkzeuge in jedem Haus eine Selbstverständlichkeit. Elektrowerkzeuge waren zu teuer und für die Industrie gedacht. Man muss nur die Geschichte von Stanley ansehen, um zu erkennen, wie sich alles abgespielt hat. Bis zum Krieg hatte Stanley eine ganze Palette von hochwertigen Hobeln und Beiteln im Angebot. Nach dem Krieg ging es in New Britain, Connecticut, bergab.

Heutzutage unterscheiden die Sammler sehr sorgfältig zwischen den Werkzeugen, die vor und nach dem Krieg hergestellt wurden.

Nach dem Krieg stand die ganze Welt Kopf. Der Wiederaufbau der zerstörten Städte auf dem europäischen Kontinent verlangte nach neuen Baumethoden (aus dieser Zeit stammt z.B. das 32-mm-Rastersystem zur Regalbrettaufhängung in Schränken). Neue Materialen wie der PVAC-Klebstoff (Tischlerleim) wurden eingeführt. Die Mechanisierung wurde weiter vorangetrieben, um die Produktion schnell und günstig zu machen. Das Gleiche galt auch für die Fabriken, die Elektrowerkzeuge herstellten. Jetzt wurden ihre Produkte preiswert genug für den Hobby-Handarbeiter.

Die Welt verändert sich nicht in einem Tag so schwerwiegend. Einige Menschen – wie mein Held Charles H. Hayward – haben diese Entwicklung aber früh erkannt. Er schrieb in seinen Leitartikeln in der Zeitschrift *The Woodworker* häufig darüber. Wie beim Tod eines Baumes hat es aber mehr als 60 Jahre gedauert, bis die Nachrichten die entlegensten Orte der Welt erreichten, darunter auch eine bemerkenswerte Werkstatt in Sunbury, Ohio.

Als ich bei *Popular Woodworking* anfing, führte mich einer meiner ersten Aufträge zu Troy Sexton. Er ist professioneller Tischler, der in einer geräumigen Werkstatt, die er auf seinem Bauernhof außerhalb von Columbus, Ohio, gebaut hat, Möbel herstellt. Ich hatte schon oft in unserer Zeitschrift über Troy berichtet. Er stellt die Möbel in seiner Werkstatt alleine her, aber irgendwie schafft er es, soviel wie drei Arbeiter zu produzieren. Er arbeitet unglaublich schnell. Wenn ich wegen eines Artikels für die Zeitschrift zu ihm fuhr, begann er um 08:30 Uhr mit einem neuen Werkstück. Bis zum Mittagessen war er fast fertig, bis auf etwas Schleif- und Detailarbeit.

Sein Geheimnis? Eigentlich gibt es kein Geheimnis. Troy ist einfach einer der klügsten und schnellsten Möbelschreiner, die ich je gesehen habe. Er kauft gute Werkzeuge und viele von ihnen sind für bestimmte Zwecke eingestellt. Einige Beispiele seiner genialen Arbeitsweise: Er hat einen kleinen Dickenhobel mit scharfen Messern, der genau auf 3/4 Zoll (19,05 mm) eingestellt ist, um Bretter dieser Stärke zu produzieren. Mit seinen größeren Geräten schneidet er seine Bretter zu und führt sie dann durch den Hobel, der eine tolle Oberfläche liefert und dafür sorgt, dass alle seine Bauteile gleichmäßig stark sind. Er hat eine kleine Tischkreissäge, mit der er nur die Wandungen von Zapfen schneidet. Eine zweite Säge schneidet nichts anderes als die Brüstungen an den Zapfen. Mit einer kleinen Vorrichtung an deren Anschlag werden dann die Nutzapfen angeschnitten. Er hat kleine Handoberfräsentische, mit denen er die Konterprofile an Rahmen schneidet, sodass sie immer genau passen. Verstärkt werden die Verbindungen mit losen Zapfen. Sein System für das Schneiden von Schwalbenschwänzen finde ich atemberaubend.

Ich weiß, was man als Leser jetzt denkt: „Was ist hier los? Ich dachte, bei diesem Buch würde sich alles um Handarbeit drehen?" Ja, Handarbeit liegt mir sehr am Herzen. Ich benutzte nur ein paar Maschinen und jedes Jahr werden es weniger. Aber diese Geschichte dreht sich um Maschinen, weil jede Wahl, die wir als Holzwerker treffen müssen, mit Mechanisierung zu tun hat.

Troy ist kein Amateur. Er hat alle Werkzeuge gemeistert, egal ob manuell oder elektrisch betrieben. Er hat einige alte Handhobel so extrem fein eingestellt, dass er historisch authentische Oberflächen herstellen kann. Er kann jedes Werkzeug völlig fachgerecht verwenden, weil er das Zusammenspiel von Stahl und Holz durch und durch gemeistert hat. Troy hat sich aber dafür entschieden, mit Maschinen auf ihrem ureigensten Gebiet zu konkurrieren. Er hat versucht, selbst zu einer Ein-Mann-Fabrik zu werden, und es ist ihm gelungen. Aber die effizienteste Ein-Mann-Fabrik der Welt kann nicht mit einer Hundert-Mann-Fabrik konkurrieren. Egal was Troy gemacht hat, die Preise für Arbeitsstücke (gut oder schlecht) sind gefallen. Die gut entworfenen Küchen von Ikea und der billige Schrott aus dem Möbelhandel haben dazu geführt, dass es ihm unmöglich geworden ist, einen vernünftigen Lebensunterhalt zu verdienen.

Troy kämpft mit seinem Geschäft also um das wirtschaftliche Überleben und das ist verrückt. Er sollte mehr Aufträge haben als er abarbeiten kann. Dennoch wurde es jedes Jahr schwieriger für ihn zu überleben, so wie es auch bei vielen professionellen Möbeltischlern der Fall ist, die ich kenne. Seine Tischlerei ist jetzt nur noch ein Schatten dessen, was sie einst war, und er verbringt den größeren Teil seiner Arbeitszeit als Angestellter in der erfolgreichen Steuerberatungskanzlei seiner Frau.

Wer ist schuld daran? Wir sind es. In unserer Kultur ist der Preis einer Ware zu seiner allerwichtigsten Eigenschaft geworden. Ob das Objekt hässlich, schlecht hergestellt oder aus nicht wieder verwendbaren Materialien ist, interessiert nicht mehr. Das Einzige, was zählt, ist ein möglichst niedriger Preis. Da die Preise von Verbrauchsgütern soweit gefallen sind, können wir ein Objekt einfach wegwerfen und etwas Neues kaufen, wenn es kaputt geht oder anfängt altmodisch auszusehen. Zum ersten Mal in der menschlichen Geschichte sind Möbel geradezu schockierend billig.

Es ist also kein Wunder, dass Handwerker ihren Beruf aufgeben. Es ist schwierig, gegen Möbel zu konkurrieren, die weniger als das kosten, was ein Handwerker für das Material ausgeben muss.

Fazit: Menschen können Maschinen nicht besiegen, indem sie sie imitieren.

Sie glauben mir nicht? Es gibt wenige Zweifel daran, dass die Anzahl von professionellen Handwerkern schrumpft. 1999 gab es in den Vereinigten Staaten 140 000 Tischler und Zimmerleute. 2003 waren es nur noch 126 350. Dem amerikanischen

Amt für Arbeitsstatistik (Bureau of Labor Statistics) zufolge schrumpfte diese Zahl bis 2009 auf 99 870. Diese abnehmenden Zahlen sind der Hauptgrund, warum ich *Die Werkzeugkiste des Anarchisten* geschrieben habe. Ja, ich weiß, man könnte behaupten, dass es eine Nabelschau in Buchform ist, das sich darum dreht, wie die Handarbeit den Bach runtergeht und und und… – es sei nichts mehr als Meckern und Händeringen. Aber die Wahrheit ist, dass persönliche Selbstverwirklichung mir herzlichst egal ist. Es bedeutet mir nichts, dass jemand Frieden in seinen Putzhobeln findet.

Was mir wichtig ist, ist das Handwerk des Tischlers, das heutzutage mehr als je in der menschlichen Geschichte zuvor vom Aussterben bedroht ist. Wie können wir es retten?

Ich freue mich sehr, dass die Frage gestellt wird. Als Amateure sind wir verpflichtet, das Wissen der professionellen Handwerker aufzubewahren. Sie haben diese schwere Last von Generation zu Generation für uns alle weiter getragen. Jetzt ist es an uns, für das Weiterleben der Kenntnisse um das Entwerfen, der Herstellung von Verbindungen und der Behandlung von Oberflächen zu sorgen – Fertigkeiten, die man heutzutage an CNC-Geräte delegiert.

Wie können wir es schaffen? Zum einen dadurch, dass wir diejenigen Werkzeughersteller unterstützen, deren Werkzeuge wirklich funktionieren. Zum anderen dadurch, dass wir das schriftliche Wissen über die Tischlerei aufbewahren, das uns erklärt, wie Möbel ohne Computer oder Automatisierung gebaut werden.

Das sind zwei eher leichte Aufgaben. Der schwierigste Teil ist auch der wichtigste: Wir müssen die handwerklichen Fertigkeiten erlernen, bewahren und weitergeben. Es reicht nicht, sie nur in einem Buch, einem Video oder einem Rechner festzuhalten. Es gibt nur einen Platz, wo man diese hart gewonnenen handwerklichen Fertigkeiten aufbewahren kann, um zukünftige Generationen Zugang zu ihnen zu garantieren: in den Händen und im Herzen.

Durch das Erlernen und Üben dieser Fertigkeiten können wir sicherstellen, dass sie nicht verloren gehen. Wir müssen auch bereit sein, sie jüngeren Handwerkern beizubringen. Während des größten Teils der menschlichen Geschichte wurde das wichtige Wissen über das Bearbeiten von Holz nie aufgeschrieben und außerhalb der verschworenen Gemeinschaften der Profis auch nicht weitergegeben. Das meiste von diesem Wissen ist schon verschollen. Das Buch *The Wheelwright's Shop* von George Stuart liefert ein erstklassiges Beispiel dafür. Ich bitte den Leser, sein Wissen mit jedem zu teilen, der bereit ist, ihm zuzuhören. Schreibe ein Buch. Fange einen Blog an.

Ich verlange aber mehr als diese Aufgaben (obwohl sie schwierig sind) vom Leser. Wer dieses Handwerk erhalten möchte, wer sogar seine Wiedergeburt erleben möchte, anstatt es als Kuriosität verkümmern zu sehen, könnte Folgendes probieren: In Betracht ziehen, wie ein Handwerker des 18. Jahrhunderts zu leben und weniger wie ein hemmungsloser Verbraucher des 21 Jahrhunderts. Das ist ein Weg, der nicht nur Spaß macht. Ich weiß es, weil ich auf ihm unterwegs bin. Während des letzten Jahrzehnts haben sich meine Prioritäten geändert, bis zu dem Punkt, dass ich jetzt:

- Dinge kaufe, die von geschickten Handwerkern gut hergestellt sind und die zu fairen Preisen angeboten werden.
- Mich weigere, Gegenstände zu kaufen, die als Wegwerfwaren konzipiert sind.
- Genau das, was ich brauche, möglichst selbst herstelle, anstatt Dinge zu kaufen, die nur annähernd ihren Zweck erfüllen.

Dieses Verhalten hat mich dazu geführt, die Institutionen in Frage zu stellen, die verschwenderischen Konsum fördern, insbesondere die großen Konzerne und die Regierungen, die ihnen dienen. Diese Einrichtungen sind das Gegenteil individueller Kreativität und Schaffenskraft. Ich mache mir Sorgen darüber, wie diese Institutionen funktionieren, weil ich glaube, dass sie eine Gefahr für unser Handwerk darstellen. Ich nenne das „praktischen Skeptizismus", aber richtiger wäre „Anarchismus". Sei's drum.

Indem ich als Handwerker lebe und andere dazu ermuntere, hoffe ich aufrichtig, dass wir irgendwann eine Wiedergeburt unseres Handwerks erleben werden, ähnlich wie es bei anderen fast verschollenen, vorindustriellen Gewerbezweigen wie den Kleinbrauereien, der ökologischen Agrarwirtschaft und sogar der Käserei geschehen ist.

Wenn es zu einer Wiedergeburt der Tischlerei kommen sollte, würde das bedeuten, dass wir die Fundamente für zukünftige Generationen von Handwerkern gelegt hätten. Durch unsere Hilfe werden sie die nötigen Fertigkeiten besitzen, die wir ihnen gelehrt haben. Sie werden Zugang zu den Büchern erhalten, die ihre Weiterentwicklung ermöglichen. Sie werden robuste Werkzeugkisten haben, die mit scharfen Werkzeugen hoher Qualität gefüllt sind. Sie werden fähig sein, langlebige Möbelstücke zu bauen, die besser sind als alles, was nach den Plänen eines Computers gebaut werden könnte.

Oder um dieses Buch in einem etwas „literarischeren" Stil zu beenden, also in einer Art und Weise, die mein Journalismus-Professor an der Uni gut gefunden hätte: Wir werden die Eicheln von dem gefällten Baum eingesammelt und sie durch das ganze Land gestreut haben, in der Hoffnung, dass einige von ihnen Wurzeln schlagen werden, um das zu ersetzen, was nach dem Krieg verschollen ist.

ANHANG

	Charles Hayward	Joseph Moxon	Randle Holme	Benjamin Seaton	Joiner & Etc.
Handsäge	Y	Y	Y	Y	Y
Rückensäge, 250 mm	Y			Y	
Fuchsschwanz für Längsschnitte				Y	
Zapfensäge/Gestellsäge	Y	Y	Y	Y/Y	Y
Schwalbenschwanzsäge	Y			Y	Y
Stichsäge				Y	
Kurze Raubank	Y			Y	Y
Schlichthobel	Y	Y	Y	Y	
Putzhobel	Y	Y	Y	Y	Y
Raubank		Y	Y	Y	Y
Großer Hirnholzhobel		Y			
Lochbeitel	Y	Y	Y	Y	Y
Hammer	Y	Y	Y	Y	Y
Klüpfel	Y	Y	Y		Y
Nageltreiber	Y			Y	Y
Kneifzange	Y			Y	Y
Schraubendreher	Y			Y	Y
Streichmaß mit Messer	Y			Y	
Bohrwinde	Y	Y	Y	Y	Y
Schlangenbohrer	Y				
Holzbohrer	Y				
Versenker	Y				Y
Zentrierbohrer	Y				Y
Stechahle	Y		Y	Y	Y
Anreißahle				Y	
Stangenzirkle				Y	
Tischlerwinkel, 150 mm	Y	Y	Y	Y	Y
Ziehkline	Y			Y	Y
Ölstein(e)	Y	Y		Y	Y
Lineal, faltbar	Y				Y
Bogensäge, 300 mm	Y	Y	Y	Y	Y
Stichsäge	Y	Y	Y	Y	Y

	Charles Hayward	Joseph Moxon	Randle Holme	Benjamin Seaton	Joiner & Etc.
Dekupiersäge	Y				
Eckensimshobel	Y				
Simshobel	Y				
Schiffshobel	Y		Y	Y	
Falzhobel	Y	Y	Y	Y	Y
Zahnhobel	Y			Y	Y
Nuthobel	Y	Y	Y	Y	Y
Profilhobel		Y		Y	Y
Profilhobel für Profilenden				Y	
Nutwangenhobel				Y	
Rundstabhobel				Y	
Stechbeitel, 38 mm	Y	Y	Y	Y	Y
Schrägbeitel		Y	Y		
Lochbeitel	Y	Y	Y	Y	Y
Modellbauerhammer	Y				
Streichmaß	Y	Y	Y	Y	Y
Zapfenstreichmaß	Y			Y	
Schweifhobel	Y			Y	
Bohrer mit Zentrierspitze	Y			Y	
Löffelbohrer				Y	
Konischer Ausreiber			Y	Y	
Türspanner, 900 mm	Y				Y
C-Zwingen	Y				
Holzwingen	Y				
Großer Tischlerwinkel	Y			Y	
Gehrungswinkel	Y	Y	Y		
Schmiege	Y	Y	Y	Y	
Hohlbeitel	Y	Y	Y	Y	Y
Raspeln/Suform-Raspeln	Y			Y	
Grundhobel	Y			Y	
Stechzirkel	Y	Y	Y	Y	Y
Gehrungsführung	Y			Y	

	Charles Hayward	Joseph Moxon	Randle Holme	Benjamin Seaton	Joiner & Etc.
Gehrungslade	Y	Y	Y		Y
Stoßlade	Y				
Leisten-Halterung				Y	
Haarlineal	Y				
Tischlerwinkel, 600 mm	Y		Y		
Richtscheite	Y				
Behälter für Ölsteine	Y	Y			Y
Furnierhammer	Y			Y	Y
Bankhaken	Y	Y	Y	Y	Y
Schabhobel	Y			Y	
Gehrungsschablone	Y				
Werkbank		Y	Y		Y
Hobelbankspindel		Y	Y		
Niederhalter		Y	Y		
Vorderzangenführung		Y	Y		
Beil		Y	Y		
Handbohrer		Y	Y	Y	Y
Bohrer	Y	Y	Y	Y	
Sägefeilkluppe		Y	Y		
Schränkeisen/Satz		Y	Y	Y	
Schrotsäge		Y	Y		
Zweimannsäge		Y	Y		
Sägeböcke		Y			
Lineal, 600 mm		Y	Y	Y	
Leimtopf		Y	Y		Y
Vorrichtung zur Erstellung gewellter Oberflächen		Y	Y		
Bankhaken (Metall)		Y	Y		
Rundstabhalterung mit V-Ausklinkung			Y		
Dechsel			Y		
Messschieber			Y		
Nuthobel				Y	

	Charles Hayward	Joseph Moxon	Randle Holme	Benjamin Seaton	Joiner & Etc.
Anreißlehre für Scharniere					Y
Kopierrad					Y
Schraubstock					Y
Kombizange					Y
Sägefeilen					Y

Quellen

Charles H. Hayward *Tools for Woodwork* Evans Bros., 1973

Joseph Moxon *Mechanick Exercises* Lost Art Press, first published 1678

Randle Holme III *The Academie of Armorie*, or, A Storehouse of Armor and Blazon The Scolar Press Limited, first pub. 1688

Anon. The Joiner & Cabinet Maker Lost Art Press, first pub. circa 1839

Ressourcen

Im Folgenden nennen wir einige Online-Shops, die qualitativ hochwertiges Werkzeug anbieten. Es gibt vielerorts auch noch lokale Werkzeughändler. Erkundigen Sieb sich diesbezüglich vor Ort, z.B. bei anderen Holzwerkern, Tischlereibetrieben oder Holzhändlern.

Bezugsquellen

- Dieter Schmid – Feine Werkzeuge, Berlin
  www.feinewerkzeuge.de
- Dictum, Plattling und München
  www.dictum.com/de
- Dictum bietet auch ein umfangreiches Kursprogramm an;
  u.a. auch mit Christopher Schwarz.
- Magma Tools, Aurolzmünster (Österreich)
  www.magmatools.com
- Ashley Deutschland, Johann Tremml, Bad Kötzting
  www.ashley.de
- Wolfknives, Feines Werkzeug und Handwerk, Landshut
  www.feineswerkzeug.de
- Schierding GmbH, Antike Beschläge und Antiquitäten, Delmenhorst
  www.antikebeschlaege.eu/

Außerhalb des deutschen Sprachraums:

- Axminster, Devon, England
  www.axminster.co.uk/
- Brusso (Beschläge), New York, USA
  www.brusso.com/de/

Ergänzende Literatur:

Viele der vom Verfasser erwähnten historischen Bücher zur Holzbearbeitung sind in seinem eigenen Verlag Lost Art Press als Reprints erschienen: www.lostartpress.com
Unter dieser Adresse schreibt Christopher Schwarz auch einen Blog. Einen weiteren von ihm finden Sie beim Magazin Popular Woodworking: www.popularwoodworking.com/chrisschwarzblog/

Von Chris Schwarz sind in deutscher Sprache erschienen:

- Christopher Schwarz: *Hobelbänke*
  Grundlagen, Bauanleitungen und eine Fundgrube an Ideen
  Holzwerken, ISBN 9783866309883
- Christopher Schwarz (Herausgeber); *Praktische Werkstattmöbel*
  Von der ersten Werkzeugkiste bis zur Hobelbank nach Maß
  Holzwerken; ISBN 9783866305984

Eine ausführliche Darstellung von Hobeln bietet:

- Scott Wynn, *Hobel*
  Amerikanische, europäische und asiatische Hobel. Bank, Profil und Spezialhobel.
  Holzwerken, ISBN 9783866309678

Für Einsteiger: Eine sehr einfache und grundlegende Einführung in das Arbeiten mit Holz ohne Maschineneinsatz finden Sie in

- Vic Tessolin, *Einfach Holzwerken*
  Die wichtigsten Handwerkzeuge und clevere Projekte für die eigene Werkstatt
  Holzwerken, ISBN 9783866305434

Falls Sie tiefer in das Thema Schärfen einsteigen wollen:

- Ron Hock, *Handbuch Schärfen*
  Grundlagen, Ausrüstung, Anwendung
  HolzWerken, ISBN 9783866305304

Nachwort

Die Idee zu diesem Buch kam mir im Februar 2010, als ich vor Sonnenaufgang eine leere Landstraße im Maine entlang lief und mir den Hintern abfror (oder den dünnen knochigen Teil meiner Anatomie, den ich als ‚Hintern' bezeichne).

Der Kern jenes frühmorgendlichen Geistesblitzes bestand darin, eine allgemeingültige Liste jener Werkzeuge aufzustellen, die man benötigt, um Möbel zu bauen – nicht mehr, nicht weniger. Ich wollte Anfängern auf dem Gebiet des Holzwerkens die Möglichkeit geben, sich auf jene etwa 40 Werkzeuge zu konzentrieren, anstatt sich von den Dutzenden und Aberdutzenden Werkzeugen blenden zu lassen, die zwar täuschend nützlich aussehen, aber im Grunde nichts weiter sind als nette Nachbauten von ungemein erfolglosen Werkzeugen, die jeder Sammler für seinen Trophäenraum unbedingt haben möchte.

Kurz gesagt, ich wollte das Buch schreiben, von dem ich wünsche, ich hätte es als Elfjähriger besessen. Nach dem Lauf an jenem Februarmorgen schmiss ich mich auf mein Bett und begann das Kapitel über Hobel zu schreiben, das in diesem Buch abgedruckt ist. Als ich es drei Tage später fertig hatte, gefiel es mir irgendwie. Ich dachte, meinem Arbeitgeber würde es auch gefallen. Also schrieb ich ein komplettes Exposé für dieses Buch und reichte es bei meinen Vorgesetzten bei F+W Media ein.

Etwa eine Woche danach setzte sich mein Chef Steve mit mir zusammen, um den Vorschlag zu diskutieren. Die Idee gefiel ihm zwar, aber Steve glaubte, das Buch würde besser, wenn ich die Richtung änderte und mich damit beschäftigte, wie man Hand- und Maschinenarbeit in einem Ansatz vereinen könnte, anstatt wie ich es vorhatte, eine Liste der unabdingbaren Handwerkzeuge aufzustellen, ihre Auswahl zu erörtern, und dann den Bau einer Werkzeugkiste zu zeigen, in der man sie aufbewahren kann.

Steve wies darauf hin, dass ein Buch über den kombinierten Einsatz von Handwerkzeug und Maschinen ein breiteres Thema abdecken würde und eine viel größere Zahl von Holzwerkern ansprechen würde.

Er hat ganz und gar und vollkommen Recht. Aber das ist ein Buch, das jemand anderes schreiben kann.

Ich sagte Steve, dass ich das Buch über den ‚gemischten Ansatz im Holzwerken', das er sich wünschte, nicht schreiben würde. Andere Vorgesetzte hätten mich für diese Weigerung gefeuert, aber Steve hat mich immer an einer langen Leine laufen lassen.

Also stürzte ich mich in meiner Freizeit in die Arbeit an dem Buch. Außerdem verfiel ich auf die Idee, eine Verbindung zwischen der radikalen Tat, Möbel-

für die Ewigkeit zu bauen, und dem amerikanischen Anarchismus herzustellen. Über das letzte Thema wusste ich gerade genug, um anderen Gästen bei Essenseinladungen auf die Nerven zu gehen.

Um meine Kenntnisse des amerikanischen Anarchismus zu vertiefen, las ich eine Vielzahl von Büchern mit Titeln, die sowohl meine liberalen wie auch meine konservativen Freunde beunruhigten. Ich sammelte Berichte über das Handwerk in vorkapitalistischen Zeiten in Estland und England. Ich gelangte zu drei unumstößlichen Gewissheiten:

- Wir können nicht erwarten, dass unsere Regierung sich um den Erhalt des Holzwerkens bemüht. In den vergangenen 20 Jahren hat unser Schulsystem nur Fächer abgeschafft, die sich mit handwerklichen Fähigkeiten beschäftigen. Unsere Schulen zielen darauf ab, Computer-Nerds und Menschen auszubilden, die Maschinen bedienen. Es gibt keinen Unterricht, in dem man ein Handwerk erlernen könnte.
- Wir können nicht erwarten, dass die freie Marktwirtschaft sich um den Erhalt des Holzwerkens bemüht. Die Mechanisierung der vergangenen 100 Jahre hat die meisten Möbelstücke und Werkzeuge gleichermaßen billig und minderwertig gemacht. Die Bemühungen der Konzerne, alles immer billiger zu machen, laufen dem Geist des Holzhandwerks zuwider.
- Die einzigen Menschen, die unser Handwerk am Leben erhalten werden, sind die leidenschaftlichen Amateure, die es sich leisten können, alle möglichen verrückten historischen Arbeitsverfahren anzuwenden, ohne ihren Hungertod zu riskieren.

Ob es einem nun gefällt oder nicht, diese drei Punkte beschreiben einen typischen angepassten, höflichen amerikanischen Anarchisten. Also mich. Vielleicht aber auch Sie, den Leser. Man kann es ‚Populismus' nennen, oder ‚Pragmatismus' oder ‚Mutualismus'. Das sind aber alles nur hochgestochene Bezeichnungen für die eigensinnigen Individualisten, die jene vorkapitalistische amerikanische Gesellschaft prägten, die auf den Bemühungen von Millionen von Holz-, Metall- und Textil-Handwerkern beruhte.

Je länger ich mit dem Verfassen dieses Buches und mit der Geschichte des Anarchismus beschäftigte, desto häufiger flüsterten jene längst verstorbenen Handwerker mir die folgenden Ideen ins Ohr: Gib deinen Angestelltenjob auf. Sorg' dafür, dass man dich feuert.

Aber irgendetwas hält mich auf der Gehaltsliste bei *Popular Woodworking Magazine*. Vielleicht bin ich einfach ein Angsthase. Vielleicht habe ich aber auch noch eine Aufgabe zu erfüllen, und ein Konzern, der Material über das Holzwerken für ein Massenpublikum auf den Markt bringt, ist ein großartiges Sprachrohr für meine Ideen darüber, wie unser Handwerk am Leben erhalten werden kann.

Eines Tages werden meine Vorgesetzten merken, dass ich blitzblanke Rasierklingen in den strahlend roten Äpfeln verstecke, die ich den Lesern der Zeitschrift und meiner Blogs anbiete. Dann werde ich mich als Freiberufler wiederfinden. (Die kleine Zeitung, an deren Gründung ich in den 1990er Jahren beteiligt war, entwickelte sich zu einem traurigen Fehlschlag.)

Bis jener Tag aber kommt, sollte dieses Ding mit dem Anarchismus noch unter uns bleiben.

Datum: 18. November 2011
Kurz nachdem ich den letzten Absatz meines ursprünglichen Textes so geschrieben hatte, wie er oben zu lesen ist, ging die erste Auflage dieses Buches in den Druck. Das gab mir Zeit, nachzudenken – eine gefährliche Angelegenheit.

Es gibt Menschen (ich gehöre nicht dazu!), die Bücher schreiben, weil sie hoffen, die Welt verändern zu können. Nach einem Leben als Autor kann ich versichern, dass die meisten Bücher nur bei einer Person Veränderungen bewirken – dem Verfasser. Nachdem ich mich zur Auseinandersetzung mit den dummen Dingen gezwungen hatte, die Institutionen Menschen antun, war es mir unmöglich, weiterhin tagtäglich für eine dieser Institutionen zu arbeiten.

Glücklicherweise hatten meine Frau und ich 2008 die Hypothek abbezahlt. Wir hatten keine Schulden und keine Verpflichtungen, wir mussten nichts außer Strom, Wasser und Katzenfutter bezahlen. Also kündigte ich. Es war der schönste Tag meines Lebens – gleich nach der Geburt meiner Kinder und nach meinem Hochzeitstag. (War das so richtig, Liebling? Habe ich das richtig formuliert?)

Seit dem Tag, an dem ich im Juni 2011 meinen phantastischen Traumjob aufgab, habe ich meine gesamte Energie darauf verwendet, Bücher und Blog-Einträge zu veröffentlichen, die für die Sache des Handwerks eintreten – meiner wahren Liebe.

Wenn Sie diese Sätze lesen, verdiene ich mein Geld vielleicht als Frittenverkäufer in einer Imbissbude im amerikanischen Mittleren Westen. Aber wenn ich nicht dabei bin, den Fettfilter an der Fritteuse zu reinigen oder mein Haarnetz so aufzusetzen, dass es meine beginnende Glatze kaschiert, dann schreibe ich in den Pausen die Ideen für mein nächstes Buch nieder.

Demnächst in diesem Theater: Möbelentwurf.

SACH- UND PERSONEN-VERZEICHNIS

Sach- und Personenverzeichnis

A

B

C

D

E

F

G

H

I

J

K

L

Richtscheit 20, 32, 56, 81, 83, 126, 136-138, 143, 309

S

T

V

W

Z

Informationen – in Büchern von *HolzWerken*

Andy Rae

Schubladen und Türen

Entwerfen – Fertigen – Einbauen

Gut entworfene und sorgfältig gebaute Schubladen und (Möbel-)Türen machen aus einem guten Möbelstück ein sehr gutes. Und es gibt zahlreiche Wege, Schubladen oder Türen zu bauen, je nach Verwendungszweck. Viele davon werden in diesem Buch gezeigt. Dazu auch Spezielles wie Geheimschubladen, Tastaturablagen, Drehteller, etc.
Der Autor geht auch ausführlich auf die Auswahl und Montage der verschiedenen Beschläge ein, wie Schubladenführungen, Schlösser, Stops, Scharniere, Griffe etc.

192 Seiten, 23,1 x 27,2 cm, gebunden

Best.-Nr. 21820
ISBN 978-3-7486-0507-2
E-Book ✔

Mehr zum Buch:

Melanie Kirchlechner

Oberflächen behandeln

Grundwissen, Materialien, Techniken

Welche Lacke, Lasuren, Öle und Wachse sind wofür am besten geeignet? Dieses Buch klärt auf!

Es bietet Orientierung bei irreführenden Namen und zeigt verständlich die Unterschiede der einzelnen Oberflächenmittel auf. Die Autorin veranschaulicht mit hohem Praxisbezug und Schritt für Schritt, wie edle Oberflächenbehandlung auch mit einfachen Mitteln gelingt.

204 Seiten, 23,1 x 27,2 cm, gebunden

Best.-Nr. 9180
ISBN 978-3-86630-709-4
E-Book ✔ Leseprobe ✔

Mehr zum Buch: 

Michael Pekovich

Wie wir Möbel bauen und warum

Dieses Buch liefert viele wichtige Informationen für Designer und Möbelbauer, die der Autor anschaulich mit vielen Illustrationen erklärt. Michael Pekovich deckt in Bezug auf Vollständigkeit, Klarheit, Präsentation alles ab: über Tipps, Holzauswahl, Designüberlegungen, Arbeitsweisen bis hin zur Endbearbeitung. Detaillierte Projekte runden das Buch ab.

218 Seiten, 21 x 28 cm, gebunden

Best.-Nr. 21037
ISBN 978-3-7486-0094-7
E-Book ✔ Leseprobe ✔

Mehr zum Buch: 

Bestellen Sie versandkostenfrei*

T +49 (0)6123 9238-253
www.holzwerken.net/shop

* innerhalb Deutschlands